新一代信息技术（人工智能）系列丛书

人工智能与数字经济

朱岩　沈抖◎著

清华大学出版社
北京

内 容 简 介

本书瞄准人工智能前沿技术与数字经济的结合，介绍人工智能影响下的数字经济理论新趋势和新路径。本书应用马克思主义哲学观和认知观，从生产力和生产关系两个视角分析人工智能与数字经济的基本内涵。就生产力而言，重点讨论以人工智能为代表的新质生产力的构成以及对社会经济系统的影响；从生产关系视角，重点探讨人工智能影响下的数字生产关系以及给政府、企业和个人所带来的转变。

本书对数字经济的各方面，尤其是数字产业化和产业数字化进行深度阐述。特别是就数字产业化中的人工智能基础设施建设，以及产业数字化中人工智能技术如何赋能千行百业，在理论阐述的基础上，配合大量国内外的产业实践，使读者能有系统和全局的理解。同时，本书还对数字经济的重点领域进行深入分析，就数据要素市场、数字需求、平台经济、产业互联网、大模型、数字金融等展开深入介绍。本书还对人工智能治理、伦理安全和相关实践进行专门的阐述。本书在重视理论体系的严谨性同时，充分注重可操作性，力争通过大量产业实践案例，让学生能够做到思学并举、学以致用。

本书为战略性新兴领域"十四五"高等教育教材，可在全国高校本科教学中使用。

图书在版编目（CIP）数据

人工智能与数字经济 / 朱岩，沈抖著. -- 北京：
清华大学出版社，2025. 5. --（新一代信息技术（人工
智能）系列丛书）. -- ISBN 978-7-302-68889-1

Ⅰ. TP18；F49

中国国家版本馆 CIP 数据核字第 20252RJ881 号

责任编辑：赵　凯
封面设计：杨玉兰
责任校对：胡伟民
责任印制：刘　菲

出版发行：清华大学出版社
　　　网　　　址：https://www.tup.com.cn，https://www.wqxuetang.com
　　　地　　　址：北京清华大学学研大厦 A 座　　邮　　编：100084
　　　社 总 机：010-83470000　　　　　　　　邮　　购：010-62786544
　　　投稿与读者服务：010-62776969，c-service@tup.tsinghua.edu.cn
　　　质量反馈：010-62772015，zhiliang@tup.tsinghua.edu.cn
　　　课件下载：https://www.tup.com.cn，010-83470236
印 装 者：三河市龙大印装有限公司
经　　销：全国新华书店
开　　本：210mm×260mm　　印　　张：19.25　　　　字　　数：478 千字
版　　次：2025 年 5 月第 1 版　　　　　　　　　印　　次：2025 年 5 月第 1 次印刷
印　　数：1～1500
定　　价：79.00 元

产品编号：107171-01

易江燕　清华大学

尹首一　清华大学

于　恒　北京师范大学

曾宪琳　北京理工大学

张　利　清华大学

张　鹏　清华大学

张晓燕　清华大学

张　昕　清华大学

张欣然　中央财经大学

张旭东　清华大学

张学工　清华大学

张长水　清华大学

张　佐　清华大学

赵明国　清华大学

郑相涵　福州大学

朱　丹　清华大学

朱　岩　清华大学

习近平总书记指出："人工智能是引领这一轮科技革命和产业变革的战略性技术,具有溢出带动性很强的'头雁'效应。"人工智能的发展掀开了智能时代的帷幕,并通过赋能技术革命性突破、带动生产要素创新性配置、促进产业深度转型升级,催生新质生产力,是我国实现高水平科技自立自强、推动经济高质量发展、增强国家竞争力的重要战略抓手。

当今世界的竞争说到底是人才竞争,人工智能未来竞争的关键是在人才的培养。与传统学科不同,人工智能具有很强的交叉属性,其诞生之初就是神经科学、计算机科学、数学等领域的交叉,当前日新月异的深度学习、大模型等技术也与各行各业紧密交织,这为人工智能人才的培养提出了更高的要求,迫切需要理学思维与工科实践的深度融合,加快推动交叉领域中创新人才的全面培养。我国人工智能领域的人才培养仍处在发展阶段,人才缺口客观存在。因此,一套理论体系健全、前沿知识集聚、实践案例丰富、发展方向明确的教材,将为我国人工智能教育教学工作开展和人才培养打下基础,也将为更高水平、可持续的新质生产力发展埋下种子。

在教育部"十四五"高等教育教材体系建设工作部署下,新一代信息技术(人工智能)教材体系的建设工作正全面展开。作为最早开展人工智能教学及科研工作的单位之一,清华大学自动化系在该领域的课程建设和人才培养方面积累了深厚的经验,取得了显著的成果。作为领域的排头兵,清华大学自动化系以牵引人工智能核心课程建设、提升领域人才自主培养质量为己任,发掘校内相关院系和国内其他高校的优秀科研、师资力量,联合组建了编写团队,以清晰的理论框架为依据,以前沿的科研知识为核心,以先进的实践案例为示范,以国家的发展政策为导向,编写了本套人工智能教材。

本套教材在编写过程中,以培养有交叉、懂理论、会实践、负责任的人工智能人才为目标,注重基础与前沿相结合、理论与实践相结合、技术与社会相结合。首先,本套教材涵盖了人工智能的经典基础理论、算法和模型,同时也并入和吸纳了大量国内外最新研究成果;其次,在理论知识学习的同时,也设计了与课程配套的实验和项目,提升解决实际问题的综合能力,并围绕产品设计、数字经济、生命健康、金融系统等多个领域,对人工智能的应用实践进行多维阐述和分析。最后,本套教材不仅关注了人工智能的技术发展,也兼顾了人工智能的安全与伦理问题,对于人工智能的内生风险、数据安全、人机关系、权责归属等方面进行了探讨。

我相信,这套人工智能系列教材的出版,将为广大读者特别是高校学生打开人工智能的大门,带领大家在人工智能的无限可能中尽情探索。我也期待广大读者能够充分利用这套教材,不断提升自己的专业素养和创新能力,成为具备"独辟蹊径"能力的创新拔尖人才、具备"领军开拓"能力的战略领军人才、具备"攻坚克难"能力的大国工匠人才,为我国人工智能事业的繁荣发展贡献智慧和力量。

最后,我要感谢所有参与教材编写和审稿工作的专家学者,感谢他们的辛勤付出和无私奉献,为保证本套教材的科学性、严谨性、前瞻性作出了重要贡献。同时,我也要感谢广大读者的信任和支持,希望这套教材能够成为您学习人工智能技术的良师益友,共同推动人工智能事业的发展。

中国人工智能学会理事长

中国工程院院士

戴琼海

2024 年 5 月

随着大数据、人工智能、物联网、云计算等为代表的新技术高速发展和普及,人类进入了一个崭新的时代——数字化时代。数字化引发人们的生活方式、生产方式和社会治理方式等发生了深刻变革,人们愈来愈清晰地认识到数据背后蕴藏的巨大价值,明确数据是重要的生产要素,推动了人类社会从工业经济走向数字经济。经过长期的努力和发展,我国拥有全球数量最多的网民和规模最大的数字消费市场。连续多年网络零售额居世界首位,数字经济在国民经济中的比重不断提升,成为国民经济的关键支撑和主要动力。一些发达地区,如北京、上海、浙江等,数字经济占 GDP 的比重已超过 50%。

人工智能作为数字经济的重要使能技术在其发展过程中扮演关键的角色。一般认为,人工智能始于 1956 年达特茅斯人工智能夏季研讨会,其发展历程并非一帆风顺,而是在跌宕起伏中顽强前行。进入新世纪以来,结合大数据等相关软硬件技术的快速发展,人工智能正在以惊人的速度重塑人类社会。尤其在 2022 年底,基于大模型的 ChatGPT 强大的自然语言处理能力和多模态转化能力使之可用于多个场景和领域,极大地激发了人们对人工智能的热情。而在 2025 年初,DeepSeek 的创新架构进一步使人们感到人工智能技术具备大规模普惠化的可能。

人工智能技术正以迅猛之势渗透各个行业,从制造业的智能工厂与个性化生产,到零售业的精准营销与"提前"配送,再到医疗健康领域的医学诊断、新药研发与健康智能顾问,最后到公共管理领域的风险防控与智能管理等,人工智能无处不在。与以往的工具革命不同,人工智能正在从单纯的工具向兼具工具和"伙伴"的角色发生转变。这一转变对人类社会的生产关系、人们的生活理念和思维方式、社会形态等都产生了深远影响,推动"范式"的变革。

随着人工智能能力的快速提升和应用的普及,"范式"的变革要求我们重新审视传统的理论方法在新时代的局限,期待研究新的理论方法以适应效率提升、新模式、新业态等创新的需要;同时,也将引发一些新的挑战,如隐私和伦理问题、公平问题、人机共生(自然人、机器人、数字人)问题等。

面对人工智能的快速发展与普及所带来的机遇与挑战,我们的教育体系也亟须更新以培养跨学科人才。朱岩教授等编写的《人工智能与数字经济》教材正逢其时。朱岩教授领衔的编写团队长期从事与人工智能、数字经济相关的研究,有很好的研究积累,为本书的编写奠定了坚实的基础。本书从生产力和生产关系两个视角分析人工智能与数字经济的基本内涵;深入介绍数据要素市场、数字需求、平台经济、产业互联网、大模型、数字金融等内容;深度阐述数字产业化和产业数字化的发展;还专门讨论了人工智能治理、伦理安全等相关问题。本书在重视理论方法介绍的同时,充分注重可操作性,通过大量产业实践案例,使读者能好地将理论方法与产业实践联系起来。

总之，本书不仅内容丰富、体系较为完整，而且在教学方法和内容呈现上都具有明显特色。我相信，本书的出版将有力地支持人工智能、数字经济方面的教学与人才培养。

清华经管学院联想讲席教授、清华大学现代管理研究中心主任数字经济是继农业经济、工业经济之后的主要经济形态，正推动生产方式、生活方式和治理方式深刻变革，成为重组全球要素资源、重塑全球经济结构、改变全球竞争格局的关键力量。人工智能作为数字经济创新发展的关键性新型前沿技术和数字经济的重要战略抓手，被视为推动整个国家数字经济发展的核心推动力。人工智能正逐步渗透经济社会的各个领域，推动生产方式的变革和产业结构的升级，成为数字经济时代的重要特征。

我国积极拥抱人工智能和数字经济变革，提出"数字中国"发展战略，《数字中国建设整体布局规划》强调建设数字中国对推进中国式现代化的重要性，明确数字中国建设按照"2522"的整体框架进行布局。推动数字中国建设，是我国紧紧抓住经济全球化和信息技术革命历史机遇、推动经济建设新旧动能加速转换、抢占新一轮科技竞争制高点的迫切需要。

数字经济是人类经济发展的新阶段，是人类社会经济系统的全方位变革，从生产要素的角度看数据成为新生产要素，从生产力的角度看新质生产力成为生产力的新代表，新生产力必然要求新的生产关系与之相适应，数字经济的发展必然要建构在新的数字生产关系之上。本书提出了数字技术基础设施、数字经济基础设施、数字供给、数字需求、数字治理等五方面构成的数字经济"五因素"模型，对数字经济各领域进行了深入分析。

2022年，ChatGPT横空出世，生成式人工智能（AI）大放异彩，一波新颖的大模型应用程序应运而生，特别是在AI绘画、AI音乐、AI视频等领域的应用造成轰动。那么，人工智能深度融合下的数字经济，在理论分析、技术迭代和应用领域、治理监管等方面会带来哪些革命性的改变？这也是本书思考的重要问题。

本书作为战略性新兴领域"十四五"高等教育教材之一，面向全国高校本科生通用。本书在撰写过程中，采用了文献综述、案例分析、政策分析、数据分析、专家访谈等多种方法：广泛搜集资料，细致梳理知识点；选取典型案例，深入剖析应用成效；倾听行业声音，汇聚专业见解；运用数据支撑，预测未来发展走向。这些严谨求实的方法保证了教材的理论深度、内容丰富性与权威性。

本书的编写，瞄准人工智能前沿技术与数字经济的结合，介绍人工智能影响下的数字经济理论新趋势和新路径。本书应用马克思主义哲学观和认知观，从生产力和生产关系两个视角分析人工智能与数字经济的基本内涵。就生产力而言，重点讨论以人工智能为代表的新质生产力的构成以及对社会经济系统的影响；从生产关系视角，重点探讨人工智能影响下的数字生产关系以及给政府、企业和个人所带来的转变。

本书对数字经济的各个方面，尤其是数字产业化和产业数字化进行了深度阐述。在理论阐述的基础上，配合大量国内外的产业实践，使读者能有系统和全局的理解。同时，本书还对数字中国与数字经济的重点领域进行深入分析，就数据要素市场、数字需求、数字供给、数字金融等展开深入介绍与分析。本书还对人工智能治理、伦理安全和相关实践进行专门的阐述。本书在重视理论体系严谨性的同时,充分注重可操作性,力争通过大量产业实践案例,让读者能够做到思学并举、学以致用。

　　本书的编写由清华大学经济管理学院和百度公司共同完成,具体分工如下:清华大学经济管理学院团队负责编写第 1 章(部分内容)至第 8 章、第 11 章、第 12 章,百度公司团队负责第 1 章(部分内容)、第 9 章、第 10 章、第 13 章。清华大学经济管理学院团队人员有:朱岩、李红娟、温建功、王兰仪、王晗、杨帆等;百度公司团队包括沈抖、袁佛玉、孙珂、吴健民、郑然、曹海涛等。本书在撰写过程中参考了国家政策及解读、科研论文、研究报告及专著,具体内容见参考文献,在此谨向相关作者表示感谢。

　　我们希望本书能够为读者提供人工智能与数字经济系统化理论,数字经济各领域的相关知识以及与人工智能的深度融合发展等内容,激发读者思考与探索的热情,引导读者投身数字经济与人工智能各领域前沿研究,为数字中国发展贡献力量。

　　当然,人工智能与数字经济各领域的发展日新月异,新技术、新理论方兴未艾,新产业、新业态、新模式不断涌现。本书不免存在疏漏与过时之处,恳请大家批评指正。衷心期待广大师生提出意见和建议。

作　者

2024 年 10 月

目录
CONTENTS

第1章　人工智能与数字经济概述

内容摘要

数字经济是继农业经济、工业经济之后的主要经济形态,数字经济发展速度之快、辐射范围之广、影响程度之深前所未有,正推动生产方式、生活方式和治理方式深刻变革,成为重组全球要素资源、重塑全球经济结构、改变全球竞争格局的关键力量。

人工智能作为数字经济创新发展的关键性新型前沿技术能力和数字经济的重要战略抓手,也被视为推动整个国家数字经济发展的核心推动力。数字经济的核心在于数据要素的开发,而人工智能则是处理和分析这些数据的关键技术。以人工智能为代表的科技突破正在成为第四次工业革命的驱动力量,尤其是生成式人工智能的出现,使科技从辅助脑力的角色向代替脑力的角色演变,这将从根本上改变我们的生活方式,彻底改变所有行业。近十余年,人工智能技术泛化能力、创新能力及应用效能不断提升,成为推动经济及社会发展的重要引擎。2023年起,以 ChatGPT、文心一言等为代表的大模型为用户带来了全新交互体验。通过其在内容生成、文本转化和逻辑推理等任务下的高效、易操作表现,大模型正逐步成为当前主流应用程序的重要组成部分。随着数据、算法和算力的不断突破,大模型将不断优化演进。目前,国内外大模型均发展迅速,已进入快速发展期。

本章重点阐述人工智能发展状况、数字经济发展状况以及人工智能与数字经济的关系。

本章重点

- 理解人工智能概念;
- 了解人工智能发展历程;
- 了解人工智能技术分类和热门研究领域;
- 了解大模型的基本原理和演进历程;
- 理解数字经济概念;
- 了解数字经济发展现状及未来发展趋势;
- 理解人工智能与数字经济的关系。

重要概念

- 人工智能:人工智能(Artificial Intelligence,AI),是一门研究如何使计算机能够模拟人类智能行为的科学和技术,目标在于开发能够感知、理解、学习、推理、决策和解决问题的智能机器。
- 大模型:大模型也称基础模型(Foundation Models),指基于广泛数据(通常使用大规模自我监督)训练的模型,大模型的发展标志着特定任务模型向更广泛构建的模型的转变,目前在各类领域均有广泛应用,如自然语言处理、计算机视觉、语音识别和推荐系统等。

- 数字经济:数字经济是继农业经济、工业经济之后的主要经济形态,是以数据资源为关键要素,以现代信息网络为主要载体,以信息通信技术融合应用、全要素数字化转型为重要推动力,促进公平与效率更加统一的新经济形态。

- 新质生产力:新质生产力对创新起主导作用,摆脱传统经济增长方式、生产力发展路径,具有高科技、高效能、高质量特征,符合新发展理念的先进生产力质态。

1.1 人工智能发展状况

1.1.1 人工智能的概念

18 世纪以来,世界人均 GDP 开始飞速增长,这主要得益于三次工业革命。蒸汽机的发明驱动了第一次工业革命,电力的使用引发了第二次工业革命,半导体、计算机、互联网的发明和应用催生了第三次工业革命。每一次技术创新都会给人类、国家、企业、各类组织与个人带来大量的机会和挑战。当前,以人工智能为代表的科技突破正在成为第四次工业革命的驱动力量,尤其是生成式人工智能的出现,使科技从辅助脑力的角色向代替脑力的角色演变,这将从根本上改变我们的生活方式,彻底改变所有行业。

人工智能是一门研究如何使计算机能够模拟人类智能行为的科学和技术,目标在于开发能够感知、理解、学习、推理、决策和解决问题的智能机器。

自 1956 年诞生以来,人工智能发展迅速,尽管是一个相对年轻的领域,但部分技术已经进入产业化发展阶段,被应用在金融、零售、交通运输、教育等不同领域。

本章节后续将主要介绍人工智能的基本概念和发展情况。如需深入了解人工智能对产业发展范式和产业结构的影响,请阅读本书第 10 章"人工智能与产业数字化"的内容。

1.1.2 人工智能发展简史

人工智能的历史可以追溯到古代,当时人们就梦想创造出能够像人一样思考和行动的机器。然而,直到 20 世纪中叶,人工智能才真正成为一门独立的学科。与任何一门新兴学科一样,人工智能的发展历程并非一帆风顺,而是由对未知领域的渴望和面对现实挑战的挫折所交织出的复杂历程。笔者试图在这里简略地将这一历程归纳为几个重要时期,以期为读者提供一些整体的认知。

1943—1956 年,人工智能的诞生:现在普遍认为,沃伦·麦卡洛克和沃尔特·皮茨于 1943 年提出的人工神经元模型是人工智能的第一项研究工作。1950 年,图灵测试被提出,为人工智能学科迈出第一步作出了重大贡献。1956 年,在达特茅斯学院举行的夏季研讨会上,一群科学家和工程师首次提出了"人工智能"这个术语,标志着人工智能作为一门学科的正式诞生。

1952—1969 年,早期的热情:20 世纪 50 年代,人工智能研究人员解决了一系列被认为可以显示人类智能的任务,如让计算机证明几何定理、学习和使用英语等。这使得研究人员对人工智能的前景相当乐观,认为具有完全智能的机器将在二十年内出现。这一时期的一个标志性事件是,亚瑟·萨缪尔通过现在被称为强化学习的方法,让程序可以与西洋跳棋的业余高手对抗。

1966—1973 年,第一次人工智能的寒冬:由于许多早期人工智能系统主要基于人类执行任务的方法而不是基于解决问题的机制本身,且对需要求解的问题的复杂性缺乏认识,使得它们在更复杂的问题上几乎全都失败了。乐观情绪、公众兴趣和研究经费同时跌入谷底,人工智能的研究迎来了第一次寒冬。

1969—1986 年,专家系统时期:20 世纪 80 年代,专家系统兴起,这种使用更强大的领域特定知识构建的程序可以更好地处理特定专业领域中的典型案例。代表性的工作包括能够根据分光计读数分辨混合物的 DENDRAL 程序,以及用于诊断血液感染的 MYCIN 系统。"专家系统"开始为全世界的公司所采纳,人工智能再一次获得了成功。

1987—1993 年,第二次人工智能寒冬:人们对专家系统的期望水涨船高,但事实证明,为复杂领域构建和维护专家系统十分困难,原因包括不确定性导致的系统崩溃,以及专家系统无法从经验中学习等问题。许多政府计划和公司都未能兑现它们原先的承诺,人工智能遭遇了一系列财政问题,进入第二次寒冬期。

1986 年至今,机器学习和神经网络:专家系统的复杂性与脆弱性催生了一种新的、更科学的方法,是一种基于统计机器学习而不是手工编码的方法。这一时期,人工智能从早期的符号计算中跳脱出来,再次开始与信息论等计算机科学的其他领域融合。比如,基于严格数学理论和大量真实语音数据的隐马尔可夫模型(HMM)在这一时期得到发展,贝叶斯网络的发展则带来了用于概率推理的实用算法。在这种融合的趋势下,人工智能在理论和应用上取得了较为明显的进步。

值得一提的是,20 世纪 80 年代中期,一种神经网络的训练方法"反向传播学习算法"被重新发明,并引起了一场轰动。90 年代神经网络获得了商业上的成功,它们被应用于光字符识别和语音识别软件。

2001 年至今,大数据:随着计算能力的显著提升和互联网带来的大量数据汇集,针对庞大(且多数情况下没有标签)数据集而设计的学习算法开始出现。人们发现,在合适的算法下,数据集规模的增加会带来算法性能的极大提升,这一点也在自然语言处理和计算机视觉等领域得到了印证。大数据的可用性和向机器学习的转变为人工智能带来了来自公众和商业的浓厚兴趣。

2011 年至今,深度学习:深度学习是一类机器学习技术的统称,它使用多层神经网络,这些网络由大量简单的、可调整的神经元(处理单元/激活单元等)组成,目的是高效地从原始输入数据中自动地提取复杂、抽象的特征表示,进而实现各种机器学习任务。这一技术先后被用于语音识别和视觉识别领域。2012 年的 ImageNet 竞赛中,杰弗里·辛顿团队开发的深度学习系统在图像分类任务中取得了远超传统基于手工特征的系统的效果,成为深度学习领域的标志性事件之一。同时期的轰动性事件还包括 2016 年 AlphaGo 战胜人类顶尖的围棋棋手等,这些影响力极大的事件重新燃起了公众、媒体、投资者和政府对人工智能高涨的兴趣,并持续至今。

1.1.3　人工智能技术分类

多年的历程中,人工智能的研究发展出了两个不同的学派,它们所采用的方法分别被称为弱人工智能和强人工智能。弱人工智能的支持者将任何表现出智能行为的系统都视为人工智能的范例,只关注程序是否被正确执行、执行结果是否达到预期。强人工智能的支持者则更关注生物可行性,也就是说,当人造物展现出智能行为时,它的行为应与人类的智能行为保持一致。简单来说,构建出具有人类理解力的目标程序,被称为强人工智能;而构建出不具备人类的理解力但可以模拟出人类特定能力的程序,被称为弱人工智能。

作为一门高速发展的新兴学科,人工智能的新技术不断出现、迭代,一些不同的分类方式也出现了。例如,百度创始人、董事长兼首席执行官李彦宏认为:"人工智能发展方向从辨别式走向生成式。什么是辨别式? 搜索引擎就是典型的辨别式。什么是生成式? 用AI进行文学创作,写报告、绘制海报等,这些都是生成式。"

从模型的角度来说,辨别式 AI 模型通常基于有标注的数据集训练而来,主要目标是学习数据特征和标签之间的关系,因此擅长分类、标签预测等任务;生成式 AI 模型则一般基于无标注的数据集进行训练,主要学习现有数据的概率分布,并生成具有类似分布的新数据,因此更擅长文本生成、图像生成等任务。

从产业角度来说,人工智能产业链涵盖了三个层面:基础层、平台层和应用层。基础层:为人工智能产业提供算力,是整个链条的基石,主要包含芯片、传感器、计算、存储等人工智能必需的基础技术。平台层:基于基础层,其涵盖了一系列人工智能应用的关键技术,如机器学习、深度学习、计算机视觉、自然语言处理等。应用层:是人工智能技术与实际应用的结合,包括各类具体应用场景的实现,覆盖领域包括医疗、教育、金融等。

1.1.4　人工智能的热门领域

人工智能的细分领域很多,以下是当前人工智能的一些热门研究方向。

深度学习与强化学习:作为人工智能的基础技术和机器学习的重要方法,深度学习和强化学习持续发挥着重要作用。其中,深度学习主要用于图像、视频、语音乃至更广泛的自然语言;强化学习则将机器学习的关注点从简单的模式识别转向了关注机器在真实环境下的自主决策能力,是人工智能走向真实世界的重要一步。

机器人:近年来智能机器人的高速发展得益于机器学习、计算机视觉、感应技术乃至芯片技术等多个领域的进步,虽然仍面临着真实世界环境交互等方面的重重挑战,但近期大模型的兴起带来了更强大的通用理解、规划与决策能力,为智能机器人的应用打开了一个新思路。

计算机视觉:计算机视觉仍然是机器感知中最重要的领域之一,在图像处理、自动驾驶、医疗、虚拟现实等领域都有着广泛的应用,3D 图像识别与分析,以及与生成式 AI 的结合都会是计算机视觉的重要发展方向。

自然语言处理与大模型:随着计算能力的飞速提升和数据资源的日益丰富,自然语言处理技术近年来取得了显著的进展。在深度理解上下文、高效处理海量复杂数据等方面,自然语言处理展现出了强大的实力和巨大的潜力。这一进步不仅推动了人工智能领域的发展,也为人们提供了更加智能、便捷的语言交互体验。(关于大模型的更多内容,详见本书第 1.1.5 章节。)

协作系统：这一领域研究的是能与其他人类或智能系统协同工作的人工智能系统，目的是通过能力互补来增强人类能力。近年来 AI 智能体（Agent）的飞速发展体现出了这一领域更大的潜力。

1.1.5　大模型的兴起

1. 大模型的基本介绍

大模型，指基于广泛数据（通常使用大规模自我监督）训练的模型，大模型的发展标志着特定任务模型向通用任务模型的转变，目前在各类领域均有广泛应用，如自然语言处理、计算机视觉、语音识别和推荐系统等。自 OpenAI 推出 GPT-3 后，业界常说的"大模型"便更多聚焦在大语言模型（Large Language Model，LLM）上，通过在海量无标注数据上进行大规模预训练，能够学习大量语言知识与世界知识，并通过指令微调、人类价值对齐等关键技术获得面向多任务的通用求解能力。

理解大模型，我们不妨用人脑来做类比。人类过去积累了很多经验，在我们大脑里形成了特定的神经元连接结构，继而形成认知能力。而大模型也是通过训练学习大量数据，用参数来定义、描述网络结构，最后形成理解、决策、推理、行动的能力，与人类大脑有很多相似之处。

大模型所谓"大"就是参数量非常大，以往我们认知中几千乃至几万的参数，在如今甚至不及大模型参数量的百万分之一。对于大模型的参数规模，业界尚无明确的定义。通常，当它的参数数量在十亿以上，便可称为大模型。

我们做个类比，当我们观察不同生物的智力水平，从水豚到猩猩，神经元数量不断扩增，智能水平不断提升，直到人类，智能水平发生突变。AI 领域的最新学术研究也显示，当模型规模达到百亿、千亿时，智能水平会从量变转化为质变，各类任务准确率出现明显的拐点，这也被科学家们称为"智能涌现"。过去的人工智能只能学习人类既定教授的内容，而当它出现"智能涌现"后，融会贯通、举一反三的能力迅速增强，甚至人类没教过的技能，它也能学会。

当然，模型参数规模只是一方面，模型效果还与数据量和算力有关。2020 年，OpenAI 首次在神经语言模型领域提出了著名的规模法则（Scaling Laws），即模型在测试集合上的损失，随模型参数量、训练数据规模和训练消耗算力的增长呈现幂律下降的规律。

Transformer 架构是目前大模型广泛采用的主流架构。它有三个特点：第一，Transformer 采用了自注意力机制（Self-attention Mechanism），使得模型能够同时关注序列中的所有位置，帮助模型更好地理解文本数据在上下文中的语义。相比之前的技术，Transformer 可以做到更长距离的注意力，模型可以处理几千、几万甚至几十万个词（tokens）之外的数据，更好地理解数据之间的复杂关系，这对于复杂的语言理解和生成任务尤其重要；第二，Transformer 相比之前的递归或者卷积网络结构，可以更充分发挥 GPU 并行计算的优势，显著提升训练效率；第三 Transformer 采用的下一个 token 预测的自回归生成方式，让模型可以生成更长更丰富的内容。

案例：理解 Transformer 的注意力机制

好比我们观察一个小孩的学习状态，常说"三岁看老"，很重要的一个特征是看他从小做事是不是很专一（见图1-1）。

人类注意力机制

激活部分神经元

自注意力网络

图 1-1　Transformer 的自注意力机制与人类注意力机制有着相似的作用原理

我猜大多数读者都一样，尽管图1-1中清雅荷塘，水波激滟，但当你在看这个图片时，你的注意力都被图中的鸭子吸引住。这是因为当我们专注某个问题时，大脑相应的区域就会被激活，从而屏蔽其他信息的干扰，在注意力集中的情况下，人类解决问题的能力才会特别强。

机器同理。经过大量的训练，即使参数庞大且复杂，但机器能够准确猜到下一个字符应该是谁对它的影响最大，以及影响有多大，这大幅提升了机器对参数的利用率，从而能够支撑超大规模的千亿级别的计算。

大模型的成功需要好的学习机制，以及大数据、大算力的驱动。

对于大模型而言，"数据"相当于人类需要学习的"知识"。这里的数据通常分为两大类：标注数据（Labeled Data）和无标注数据（Unlabeled Data）。大模型的开发需要首先利用海量的无标注数据和"自监督学习机制"构建预训练大模型，再通过高质量的标注数据微调后得到符合要求的模型。这一策略将模型可处理数据的范围从有限且成本高昂的标注数据扩展到海量的无标注数据，极大地丰富了大模型训练的数据来源。

同样，大模型需要大算力。运算需要很大能量，就像只占人体2%的大脑，却要消耗20%的能量，儿童时期甚至要占到60%。训练一次大模型，需要10^{20}次计算。拿英伟达的A100举例，它一秒钟可以算20万亿次，即便是这么快的速度，它也需要1000块卡算100天。如果打算盘，需要全世界80亿人算100万年，才能算一遍，训练一次。从这个角度来讲，大模型的出现堪称奇迹。大算力的需求带来的是昂贵的训练成本，按照目前的算力价格计算，每训练一次，成本大概为500万～1000万美元，而这也是芯片越来越抢手的关键原因之一。

此外，大模型同样需要好的训练方法。训练出一个好的大模型，一般分三个阶段：预训练（Pre-training）、监督微调（Supervised Fine-tuning，SFT）和基于人类反馈的强化学习（Reinforcement Learning from Human Feedback，RLHF）。我们用培养孩子写作文类比这个训练过程：

第一步，做大量的阅读和理解（这个阶段被称为预训练）。经过这个阶段的学习，大模型就能开始模仿人类语法，可以顺着话头往下说。

第二步，看范文（这个阶段被我们称为 SFT）。比如说看 10 篇公文写作，看完之后大模型就能体会到这类作文的基本套路，写出类似风格的文章。

第三步，强化训练（这个阶段被我们称为 RLHF）。大模型写好的作文由老师评分、指导，再重新写，无限循环，直到能写好作文。第二步与第三步合在一起被称为"指令学习"，通过这个阶段，大模型就具备了与人类对齐的价值观以及处理各类问题的能力。

2. 大模型的演进历程

2017 年，谷歌发表了开创性的论文"Attention is All You Need"，首次向世界介绍了 Transformer 架构。自此，大型模型进入了一个快速发展的新阶段。特别值得注意的是，2022 年底，ChatGPT 3.5 发布，很快便以卓越的对话能力和广泛的应用潜力引发了全球关注。

Transformer 通过自注意力机制来计算每个单词与其他单词之间的关系，并采用了经典的 Encoder-Decoder（编码器-解码器）架构。围绕这一点，世界各地的研究者逐渐探索出了不同的技术路径。常见的分类包括 Encoder-Decoder、Encoder-only 和 Decoder-only。

Encoder-Decoder 和 Encoder-only：这一类包含了同时采用编码器和解码器的架构和只用编码器的架构。其中最常见的模型是掩码语言模型（Masked Language Model），其训练方式是基于大量数据，让模型预测句子中被人为遮掩的部分单词。这样的大模型对词与词之间的关系以及上下文有着更深的理解，擅长情感色彩分析和实物识别。这类模型中最具代表性的是 BERT 模型、RoBERTa 模型和 T5 模型，因此也被称为类 BERT 模型。

Decoder-only：相对应地，这类模型架构中只有解码器，没有编码器，其中最常见的是自回归语言模型（Autoregressive Language Model）。在同样基于大量数据的前提下，Decoder-only 架构模型的训练方式是基于上文中词与词之间的关系预测序列中的下一个单词，因此更擅长文本生成和问答等任务。当下最热门的 GPT 系列模型，以及文心大模型、PaLM 模型等正是采用的这一架构，因此也被称为类 GPT 模型。

来自亚马逊公司、得克萨斯农工大学和莱斯大学的研究者在他们的大模型综述文章 "Harnessing the Power of LLMs in Practice：A Survey on ChatGPT and Beyond"中绘制了一张自 Transformer 发表以来的大语言模型"族谱"，梳理了近年来知名度较广的一些大模型。其中，粉色分支是 Encoder-only 架构的大模型，绿色分支是 Encoder-Decoder 架构的大模型，蓝色分支是 Decoder-only 架构的大模型，灰色分支则是少数不属于 Transformer 架构的模型（见图 1-2）。

在大模型发展的早期，Encoder-only 架构的模型更受欢迎，尤其是在 BERT 发布之后经历了一波繁荣，衍生出了一系列颇具影响力的模型。不过，在 GPT-3 发布之后，Decoder-only 架构的模型迎来了一轮爆发式增长，逐渐成为主流。当下流行的 GPT-4、Claude 3、LLaMa2 等大模型均是基于 Decoder-only 架构开发。

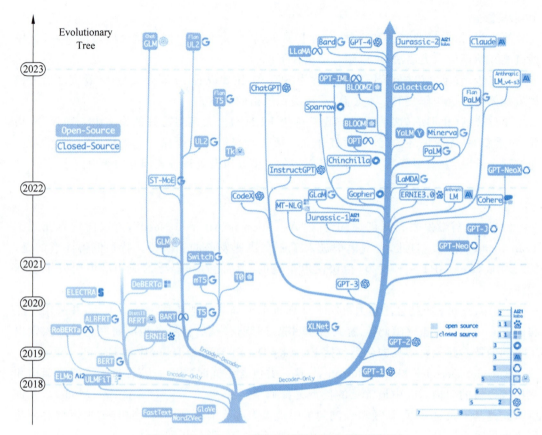

图 1-2　Transformer 发表之后的大语言模型"族谱"

3. 国内外大模型发展情况

中国和美国是大模型技术领域的主要玩家。据统计,中国和美国的大模型数量大幅领先,超过全球总数的 80%。美国近年来一直排名第一,中国从 2020 年起进入快速发展期,目前与美国保持同步增长态势。美国方面,OpenAI、Anthropic、谷歌纷纷推出能力强大的通用大模型并快速迭代;我国方面,2023 年 3 月 16 日,百度公司正式推出了基于百度新一代大语言模型的生成式 AI 产品"文心一言",成为国内率先推出大模型的科技公司。此后,阿里、华为、腾讯、科大讯飞等公司纷纷发布大模型,一时间国内大模型"百花齐放"。

在行业应用方面,美国大模型商业化应用进展全球领先,已覆盖医疗、金融、房地产、媒体等领域。我国大模型应用落地热情高涨,2023 年下半年,大量企业已经将大模型建设重心从基础能力建设向应用能力建设转移,产业数字化潜力持续释放。

4. 通用人工智能的发展

什么是通用人工智能(Artificial General Intelligence,AGI)?

事实上,AGI 在定义、目标和实现时间上,在业界都尚未达成共识。但普遍认为,大模型带动了 AGI 的快速发展。在这里,我们列出了一些专家和机构对 AGI 的不同解读,供读者参考。

斯坦福大学"以人为本"人工智能学院将通用人工智能视为人类级别的人工智能,并将其描述为全面智能且具备情境感知能力的机器。咨询机构 Gartner 将通用人工智能定义为一种能够理解、学习,并将这些知识用于许多不同任务和领域的人工智能。OpenAI 将通用人工智能定义为在各方面都比人类聪明的人工智能系统。

我们离实现通用人工智能还有多远?

在 OpenAI 发布 GPT-4 不久后,微软研究人员通过一系列的测试,认为 GPT-4 在可执行任务种类和专业领域知识方面表现出了前所未有的广度,且在大多数任务上的能力与人类相当,可以被视为通用人工智能的早期版本。

也有研究人员认为,包括 GPT、Bard、LLaMa、Claude 等在内的最新一代大模型,虽然有各种各样的缺陷,但已经可以被认为是通用人工智能的一些实例。

当然也有不同意见。图灵奖得主杨立昆曾不止一次公开表示,我们离通用人工智能的实现至少还有几十年的差距,现有的生成式人工智能也无法理解真实世界,不可能是走向通用人工智能的正确路径。

不论对通用人工智能持有什么态度,有一点可以肯定的是,人工智能技术的进步将持续而深刻地影响我们的工作和生活。当然,人工智能在带来生产力跃迁的同时,也面临着一系列的风险,如隐私安全、虚假信息、歧视偏见等。接下来我们来看看各国政府是如何通过政策、法规来最大化人工智能对我们的益处,并降低风险的。

1.1.6　各国对人工智能的政策法规

为促进人工智能的健康发展和规范应用,中国、美国、欧盟等国家或地区陆续发布了人工智能发展和治理的相关政策法规。相比之下,全球各国对人工智能治理的政策布局有所区别:

1. 美国

持续加大政策供给,全局力争领头羊。美国在全球人工智能领域率先布局,将 AI 提至国家战略高度,以《为未来人工智能做好准备》《美国国家人工智能研究与发展策略规划》《人工智能、自动化及经济》与《美国人工智能倡议》等政策文件为基础,建立技术、经济、人才等多维度发展体系,持续加大政策供给。此外,2020 年 6 月,美国国会提出三个两党法案,进一步提高人工智能在整个国防部署中的重要性。

2. 欧盟

重视伦理立法、安全隐私及人工智能规范治理建设。欧盟作为侧重国家统一规范的组织,自 2016 年以来,围绕 AI 先后出台多部强调监管与伦理边界的政策文件。2021 年,欧盟委员会提出全球首部监管 AI 的法律草案《人工智能法案》,将 AI 可能引发的伤害人类安全、基本权利的风险分级分类,旨在推动针对 AI 的共同监管和法律框架的落地,该法律草案经多轮修改,在生成式 AI 爆火后仍不断完善内容。经过长期的辩论和修订,欧洲议会于当地时间 2024 年 3 月 13 日最终通过了《人工智能法》(Artificial Intelligence Act)。这是世界上第一部人工智能全面监管法律。

3．中国

发展与规范并行，聚焦于实现人工智能与实体经济的深度融合，推动人工智能产业化发展。围绕促进人工智能产业发展，我国陆续出台《新一代人工智能发展规划》《促进新一代人工智能产业发展三年行动计划（2018—2020 年）》《"互联网＋"人工智能三年行动实施方案》《关于促进人工智能和实体经济深度融合的指导意见》《国家新一代人工智能创新发展试验区建设工作指引》和《国家新一代人工智能标准体系建设指南》等一系列政策文件，对人工智能的技术标准、产业规划、安全等方面提出明确要求；并在生成式 AI 兴起后，迅速出台了《生成式人工智能服务管理暂行办法》，坚持发展和安全并重、创新和依法治理相结合的原则，推动生成式 AI 的规范应用，把握新一代人工智能发展特点，促进 AI 产业化布局。

1.2 数字经济发展状况

1.2.1 数字经济概念

数字经济是继农业经济、工业经济和服务经济之后产生的新经济形态。不同于农业经济、工业经济，数字经济是以数据为核心生产要素的经济形态。表 1-1 中列举了不同组织对数字经济的理解。

表 1-1　不同组织对数字经济的理解

机构名称	定　　义	数字经济关键特征或要素
G20（二十国集团）	数字经济是指以使用数字化的知识和信息作为关键生产要素、以现代信息网络作为重要载体、以信息通信技术的有效使用作为效率提升和经济结构优化的重要推动力的一系列经济活动	使用数字化的知识和信息作为关键生产要素
		以现代信息网络作为重要载体
		以信息通信技术的有效使用作为效率提升和经济结构优化的重要推动力
美国商务部经济分析局（BEA）	数字经济主要指与互联网以及相关的信息与通信技术（Information and Communications Technology，ICT）相关的经济形态	数字基础设施
		电子商务
		数字媒体
国际货币基金组织（IMF）	将数字经济划分为狭义和广义：狭义上仅指在线平台以及依存于平台的活动，广义上是指使用了数字技术和数据的经济活动	数字经济通常用于表示数字技术已经扩散到从农业到仓储业等各个经济部门
		数字部门覆盖三大类数字化活动：在线平台、平台化服务、ICT 商品与服务，其中平台化服务涵盖了共享经济、协同金融、众包经济等新型业态
联合国贸易和发展会议	将数字经济细分为三类：核心的数字部门，即传统信息技术产业；狭义的数字经济，包含数字平台、共享经济、协议经济等新经济形态；广义的数字经济，包含电子商务、工业 4.0、算法经济等	
中国信息通信研究院	数字经济是以数字化的知识和信息为关键生产要素，以数字技术创新为核心驱动力，以现代信息网络为重要载体，通过数字技术与实体经济深度融合，不断提高传统产业数字化、智能化水平，加速重构经济发展与政府治理模式的新型经济形态	

续表

机构名称	定　义	数字经济关键特征或要素
中国信息化百人会	数字经济是全社会基于数据资源开发利用形成的经济总和	
阿里巴巴	数字经济两阶段说,即数字经济 1.0 和数字经济 2.0	数字经济 1.0 的核心是 IT(信息技术)化,信息技术在传统的行业和领域得到推广应用,属于 IT 技术的安装期
		数字经济 2.0 的核心是 DT(数据技术)化,以互联网平台为载体、以数据为驱动力

1.2.2　国内数字经济发展状况

中国学术界对于数字经济的研究也处于起步阶段,来自不同背景的人员对数字经济都有不同的理解。目前中国普遍采用的数字经济定义和测算方法与国际社会还是有一些差别的,特别是与美国在数字经济的统计口径上有很大不同。2021 年 12 月发布的《"十四五"数字经济规划》提出:数字经济是继农业经济、工业经济之后的主要经济形态,是以数据资源为关键要素。以现代信息网络为主要载体,以信息通信技术融合应用、全要素数字化转型为重要推动力,促进公平与效率更加统一的新经济形态。

中国目前最主流的数字经济 GDP 测算方式,是中国信通院和信息化百人会所倡导和采用的方法。这种方法将数字经济分为数字产业化和产业数字化两部分考量,比较适合中国目前经济系统分析的需要,对中国数字经济的发展起到了指导作用。

2021 年 6 月,国家统计局公布了《数字经济及其核心产业统计分类(2021)》,首次确定了数字经济的基本范围,为我国数字经济核算提供了统一可比的统计标准。《数字经济分类》从"数字产业化"和"产业数字化"两个方面确定了数字经济的基本范围,将其分为数字产品制造业、数字产品服务业、数字技术应用业、数字要素驱动业、数字化效率提升业等五大类。其中,前 4 大类为数字产业化部分,第 5 大类为产业数字化部分。

据中国信通院测算,2022 年,我国数字经济总量为 50.239 万亿元,总量稳居世界第二,同比名义增长 10.3%,已连续十一年显著高于同期 GDP 名义增速,数字经济占国内生产总值比重提升至 41.5%,相当于第二产业占 GDP 的比重。2022 年,我国数字产业化规模达到 9.2 万亿元,产业数字化规模为 41 万亿元,占数字经济比重分别为 18.3% 和 81.7%。其中,"三二一"产业数字经济渗透率分别为 44.7%、24.0% 和 10.5%,同比分别提升 1.6%、1.2% 和 0.4%,二产渗透率增幅与三产渗透率增幅差距进一步缩小,电子信息制造业、软件业务、工业互联网、农业数字化等多个数字经济核心业务同比快速增长。2023 年我国数字经济规模达 56.1 万亿元,2025 年有望达到 70.8 万亿元。根据中国信通院估计,到 2032 年,我国数字经济规模将超过 100 万亿元。数字经济已成为带动经济增长的核心动力,产业数字化也开始成为数字经济增长的主引擎。

2023 年 2 月,中共中央、国务院印发了《数字中国建设整体布局规划》,提出到 2025 年,要基本形成横向打通、纵向贯通、协调有力的一体化推进格局,数字中国建设取得重要进展。总体来看,我国已经在中央层面开始数字经济的系统化布局,尤其在社会基础规则变革层面,充分发挥了举国体制的优势,奠定了数据要素、新基建、数字人民币等一系列数字经济运行的基础规则体系。同时,中央政府鼓励各级地方政府、企业在国家统一规划的基础上,大胆创新,尝试数字经济的新模式、新业态、新产业。我国的数字经济正呈现出全社会、全产业、全国民立体推进的态势,具体表现为以下七个趋势:

第一,数据要素的资源、资产属性逐渐清晰,全国统一的数据要素市场规则已经开始建立。数据资产的技术服务体系、市场服务体系、监管体系等逐渐完善。数据要素市场化配置展现出多种形态,并逐渐开始形成规模。

第二,在全国统一大市场的基本原则指引下,正在建立基于数据要素的社会经济系统基础规则体系。我国数字经济的海量数据和丰富应用场景的优势正在以建立新规则的方式显现。

第三,政府和企业级的数字需求进一步释放,各行业针对行业特点制定行业内的数字交易规则,数据正在成为企业产品的重要组成部分。

第四,传统产业数字化转型加速,数字基础设施建设与产业数字生态正在进一步融合,企业的数据资产越来越受到重视,并产生了新的资产运营方式。

第五,开始重视数字空间与实体空间的相互作用,并重视探寻实体经济在数字空间中的运行规律。

第六,数字治理能力是我国治理现代化建设的重要组成部分,数字政府正在加速全面推进数字技术与实体经济的深度融合。

第七,数字化与绿色化将通过建立碳数据体系等措施进一步深度融合,数字碳中和路径初见雏形。

1. 我国数据要素市场化配置状况

2022年12月,《中共中央、国务院关于构建数据基础制度更好发挥数据要素作用的意见》(简称"数据二十条")对外公布,这是我国首部从生产要素高度部署数据要素价值释放的国家级专项政策文件,"数据二十条"确立了数据基础制度体系的"四梁八柱",如图1-3所示,在数据要素价值释放中具有里程碑式的重大意义。2023年12月,国家数据局会同有关

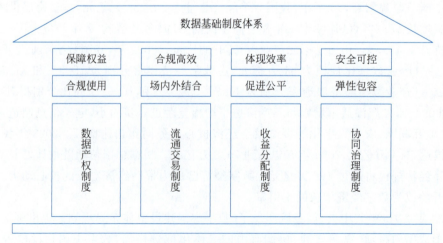

图1-3　数据基础制度体系

部门制定了《"数据要素×"三年行动计划(2024—2026 年)》,发挥数据要素乘数效应,赋能经济社会发展。随着数据要素顶层设计持续落地,数据产权、流通交易、收益分配、安全治理等基础制度加快建设,数据产业体系进一步健全,数据确权、定价、交易流通等市场化探索不断涌现,数据要素市场建设进程加速。数据开放、数据产权制度、数据保护、数据流动等环节的具体现状概括如表 1-2 所示。

表 1-2　中国数据要素配置状况

类　　别	现　　状
数据开放	数据开放程度有限,尚缺乏数据的安全可信的数据流通平台
数据产权制度	我国在"数据二十条"探索数据产权结构性分配制度中提出"建立公共数据、企业数据、个人数据的分类分级确权授权制度"。各类数据的概念范围界定以及数据产权登记方式还在进一步探索和迭代中
	2024 年 1 月 1 日财政部发布的《企业数据资源相关会计处理暂行规定》正式施行,肯定了资源的资产属性,但"数据价值如何确定"等一系列问题,包括数据资产的确权、评估、定价、质押等,还有待解决
数据保护	相关法规欠缺,监管能力还难以满足市场需要
数据流动	场内数据交易多元化探索不断取得突破,全国已先后成立 53 家数据交易机构,其中部分数据交易机构已上架数据产品超 12000 种。但数据流通、产权规则尚不清晰,数据要素流转机制尚处于探索期

2. 我国产业互联网发展状况

与消费互联网发展相比,我国产业互联网发展相对滞后。由于发展产业互联网不只是由信息技术来推动,还涉及产业生态中的价值链重塑以及大量的组织变革,所以很难如消费互联网那样实现单点突破。

我国产业互联网平台的发展已经具备一定基础,一批领先企业率先推出了相关产品及解决方案。然而国内的产业互联网平台产品在性能和适用性上仍存在一定的问题。国内数据平台多为专用系统和单项应用,缺乏基于平台二次开发的支撑能力。此外,虽然产业数字化转型在"三二一"产业逆向融合的路径已逐渐明朗,但工业、农业数字化转型仍面临较高壁垒。虽然平台经济、分享经济等新兴产业发展较快,但是体量尚小,对经济增长的支撑作用有限。

为了迎接数字经济的全面发展,中国正在加速构建数字化发展的社会经济系统基础规则体系,比如统一的信用体系、统一的市场准入体系等。数字经济正在从以流量为核心的消费互联网向以信用为核心的产业互联网提档升级,发展产业互联网正成为中国数字经济的关键抓手。

与消费互联网相比,产业互联网的价值链更复杂、链条更长,目的是实现产业链集群中的多方协作共赢。产业互联网的盈利模式是为产业创造价值、提高效率、节省开支等。在发展产业互联网的过程中,传统产业要进行大胆的变革,敢于抛弃落后的商业模式,对组织架构、组织能力进行升级迭代,提高组织内部等协同效率,更好、更快地为数字化转型服务。

3. 代表性国家数字经济发展趋势

目前,全球数字经济体量呈现如下特点:各国数字经济排名与 GDP 排名基本相当,各国数字经济成为国民经济的重要组成部分。从数字经济内部结构看,数字产业化正在平稳推进,是数字经济的先导产业;产业数字化蓬勃发展、各产业差距较大,是数字经济发展的主引擎;全球数字经济在"三二一"产业逆向渗透发展的特征明显。

美国聚焦前沿技术的创新和突破,持续推动先进技术的产业化应用;德国通过工业4.0、"数字战略2025"等推动数字经济发展,以传统产业数字化转型为重点,加强基础设施建设,全面推动中小企业数字化转型;日本以科技创新解决产业发展问题为重点,推动数字化转型、数字技术革新、数字人才培养,加速实体经济尤其是制造业的数字化转型;英国以数字战略和数字经济战略为指导,致力于产业结构调整、技术创新和智能化发展,数字经济发展重心偏向产业互联网。

1)国外代表性国家数据要素的市场化配置状况

全球各国都非常重视数据要素的市场化配置,具体情况如表1-3所示。

表1-3　国外数据要素市场化配置状况经验

细分领域	经验及典型做法
数据开放	完善组织架构,设立相关政府机构,明确权责,保障数据开放的有效推进
	各个数据部门跨部门协调,建立明确的分工与跨部门协作机制
数据交易	基于标准化构建安全可靠的数据共享虚拟结构,将分散的数据转化为可信的数据交换网络
	交易监管。《通用数据保护条例》(GDPR)提出全面监管原则,涵盖数据的归集、交易、使用等多个环节
数据保护	对数据的跨境流动提出了更高的监管要求,避免因其他国家法律保障不足而导致数据被滥用的风险
	推动个人信息保护制度的完善
数据监管	数据监管立法
	数据流动监管的原则:自由流动、规则透明、安全可靠

2)国外代表性国家产业互联网发展状况

从整体上看,大多数国家的工业领域的数字经济发展较为缓慢。产业互联网主要提供企业级服务,每个企业因其所处的行业、规模和发展阶段不同,面临的痛点和需求也就不一样,这就导致了企业服务的多样性和复杂性。如表1-4所示,大体来说,产业互联网主要有三类。

表1-4　产业互联网提供的服务及具体类别

类　　别	具　体　种　类
云基础设施服务	IaaS(基础设施即服务)、PaaS(平台即服务)和托管私有云服务
企业级SaaS(软件即服务)	包括CRM(客户关系管理)、HR(人力资源)、ERP、财务、IM(即时通信)等
B2B(企业对企业)	主要围绕电商和支付环节展开,以提升企业的交易效率

3)国外典型的数字经济基础设施

(1)数字经济基础硬件:以5G为例。

美国积累了大量的5G(第五代移动通信技术)核心技术,在研发、商用和国家安全等方面有一定的领先性;德国发布了《德国5G战略》,注重5G在工业、国家安全等领域的应用研究;日本是最早启动5G实验的国家之一,掌握了多项5G上游技术;英国也在积极推动部署5G技术的研发和测试。

（2）数字经济基础制度：以数字货币为例。

美国数字货币市场的发展较为完善，已建立了数字货币交易市场、期货市场、BTC（比特币）、ETH（以太坊）指数等，并且在利用数字货币开展跨境支付方面的研究和应用也取得了很多成果；德国率先承认了比特币的合法地位，允许比特币等数字货币作为购买商品和服务的工具，并制定了相关规定来规范数字货币的交易；日本是全球首个将数字货币纳入法律体系的国家，并出台了多个政策为数字货币交易的安全提供保障；英国 2020 年提出了加快推进中央银行数字货币（CBDC）的建设，并发布了《加密货币资产指引》等来进一步引导和保障数字货币市场的健康发展。

4）全球数字经济发展趋势

从全球数字经济的发展历程可以看到，数字经济呈现出三大特征：平台支撑、数据驱动、普惠共享。在这三个特征的支撑下，全球数字经济发展呈现以下六个趋势：

第一，工业时代的基础设施正在发生数字化重构，社会经济系统的既有规则将面临数字化挑战。

第二，数据逐渐展现出生产要素的基本特性，并逐渐成为全球新型的战略竞争资源。

第三，数字空间逐渐成为实体空间的补充，并正在展现与现实社会不一样的组织和市场特性。

第四，传统产业开始大规模进行数字化转型，产业互联网平台成为传统产业转型的一个重要方向。

第五，提供数字技术支撑的新兴产业、面向数字空间的新兴企业在国民经济中的比重将不断增加。

第六，数字政府建设正成为各国政府建设的重点，数字治理能力水平的高低将成为营商环境、政府安全的重要标志。

从上述六方面的趋势来看，即使是发达国家，其数字经济发展也处于起步阶段，在经济社会的发展规则重塑、模式创新等方面也面临着重大挑战。虽然这些国家具有发达的传统工业及配套体系，也有数字技术的领先优势，但数字经济的发展涉及思想体系的变革，因此建立一套数字经济新规则体系，还是有很大难度的。

1.2.3 中国发展数字经济的优势分析

习近平总书记在 2022 年第 2 期《求是》杂志发表的《不断做强做优做大我国数字经济》一文中指出，"数字经济……正在成为重组全球要素资源、重塑全球经济结构、改变全球竞争格局的关键力量"，要"推动实体经济和数字经济融合发展"。中国积极布局发展数字经济，既是自身经济转型发展的需要，也是改变全球竞争格局的需要。我们要清醒地看到自身发展数字经济的优势和劣势，扬长避短、迎头赶上。

中国数字经济的优势集中体现在以下 4 方面。

第一，制度优势。党的集中统一领导是中国最大的制度优势。"坚持党的科学理论，保持政治稳定，确保国家始终沿着社会主义方向前进的显著优势"。党的十九届四中全会从 13 个方面系统总结了我国国家制度和国家治理体系的显著优势，把"坚持党的集中统一领导"放在首位。中国共产党的领导是中国特色社会主义最本质的特征，是中国特色社会主义制度的最大优势。中国共产党领导人民进行革命、建设、改革的历史充分证明：没有中国共产党,就没有新中国;没有中国共产党坚强有力的领导,中国的繁荣发展就无从谈起。历史和现实都告诉我们,中国共产党的领导是党和国家的根本所在、命脉所在,是全国各族人民的利益所系、命运所系。发展数字经济需要激活数据要素、建立数据市场,而数据市场的效率越高就越需要建立一个全国统一大市场。中国的制度优势有利于建立全国统一数据大市场,这对于形成数字经济新业态、新模式有重要意义。

第二,政策优势。中国数字经济的政策体系是一个多层次、全方位、立体化的政策框架,旨在推动数字经济和数字中国建设的持续、健康和快速发展。首先,国家层面出台了一系列规划和政策文件,如《中华人民共和国国民经济和社会发展第十四个五年规划和2035年远景目标纲要》《"十四五"数字经济发展规划》《数字中国建设整体布局规划》等,明确了数字经济和数字中国建设的总体目标、重点任务和保障措施。这些规划和政策文件强调要加强数字基础设施建设,推动数据资源开放共享,加强应用基础研究,推动数字技术与实体经济深度融合,促进经济高质量发展。其次,各地方政府也结合本地实际,制定了一系列数字经济和数字中国建设的政策和行动计划。这些政策和行动计划旨在推动本地数字经济的发展,加强数字基础设施建设,促进数据资源开放共享,推动数字技术与本地产业深度融合,提升本地经济竞争力。此外,我国政府还出台了一系列支持数字经济发展的政策,如税收优惠、资金扶持、人才引进等。这些政策旨在降低数字经济企业的成本,提升企业的创新能力和市场竞争力,促进数字经济的健康发展。

第三,基础设施优势。数字经济不同于其他经济形态,需要新的基础设施做支撑。中国政府在建设支撑数字经济的新型基础设施时提前布局,已经在5G等通信网络基础设施建设上取得了领先,在云计算等新技术基础设施领域也形成了规模。对于人工智能基础设施,中国也在加快布局,为智能时代的数字经济企业提供更好的社会经济基础服务。在传统产业转型发展领域,中国积极推进融合基础设施建设,各产业数字化水平不断提升,创造出大量数字技术与实体经济融合发展的新模式。中国在数字基础技术研发上起步较晚,近些年正在通过布局创新基础设施建设,来提高自身的创新能力,目前已经形成了若干大科学装置、科研数据协同共享等创新基础设施,为我国数字技术能力的提升奠定了坚实基础。

第四,市场规模优势。我国具有世界上最齐全的产业门类以及最巨大的人口基数,这为数字经济的发展提供了巨大的市场。在消费互联网时代,我国培育了世界各国中最大的网民群体,并创造出多元化的消费互联网商业模式,用我国的市场规模优势培育了大量世界级的互联网平台企业。当前数字经济的发展进入产业互联网时代,我国在各产业领域的市场规模优势依然存在。只要我们能依托新基础设施,利用人工智能等新生产力工具,创新出切实可行的传统产业数字化发展新模式,我国的市场规模就足以支撑该模式的发展,并进而让中国模式为全球产业数字经济发展贡献力量。

综上所述,与发达国家相比,在发展数字经济方面我国具有很多不同之处。人类文明已经进入数字时代,中国作为一个文明古国,有义务也有能力在数字经济领域为人类文明进步作出贡献。发展好数字经济必须重新思考我国社会经济系统的基础架构,抓住不断涌现的数字技术背后的基本逻辑,建设支撑数字文明的新型基础设施。数字技术不断进步是推动数字经济发展的根本动力,数字技术对社会经济系统的改变,根本上是对各个层面的供给和需求的改变,而推动供需变革的是生产资料、劳动工具、劳动者的变革。在生产资料层面,数据已经成为重要的生产要素,是政府和企业下一步数字化转型创新的重要抓手。

在劳动工具层面,互联网工具所实现的信息互联优势已经告一段落,下一步更加需要基于人工智能技术的智能工具,帮助个人、企业、政府充分开发数据要素,释放数据要素市场的潜在价值。在劳动者层面,由于有了人工智能工具的辅助,无论是农民、工人还是医生、教师等,其工作方式都将发生革命性改变,就像人们今天利用机器开发土地、矿山等资源一样,未来人们将利用人工智能工具开发数据资源价值,并将其作为劳动者的基本技能。

1.3　人工智能与数字经济的关系

如前所述,人工智能是通过模拟和复制人类智能的技术和系统,使计算机具备感知、理解、推理和决策的能力。人工智能作为数字经济创新发展的关键性新型前沿技术能力和数字经济的重要战略抓手,也被视为推动整个国家数字经济发展的核心推动力。数字经济的核心在于数据要素的开发,而人工智能则是处理和分析这些数据的关键技术。就如同人们利用工厂转化煤炭、矿石等自然资源的价值一样,人们通过应用人工智能技术系统,可以帮助个人、企业、政府等组织从数据中提取有价值的信息,进而转化数据资源的价值。这种价值转化是通过改变供需内容来实现的,也就是在传统生产内容中利用人工智能等工具增加了数字内容。如果把数字经济系统划分为数字生产力和数字生产关系两部分内容,那么人工智能对数字经济的影响就是在改变着人类社会的生产力和生产关系这两个基本方面。

1.3.1　人工智能与新质生产力

2023 年 9 月 7 日,习近平总书记在黑龙江主持召开新时代推动东北全面振兴座谈会。在座谈会上,总书记首次提出新质生产力,他强调,要积极培育新能源、新材料、先进制造、电子信息等战略性新兴产业,积极培育未来产业,加快形成新质生产,增强发展新动能。次日,总书记在听取黑龙江省委和省政府工作汇报时再次提到新质生产力,他要求黑龙江省"整合科技创新资源,引领发展战略性新兴产业和未来产业,加快形成新质生产力"。新质生产力的提出,不仅指明了新发展阶段激发新动能的决定力量,更明确了我国重塑全球竞争新优势的关键着力点。2024 年 1 月 31 日,习近平在中共中央政治局第十一次集体学习时强调,加快发展新质生产力,扎实推进高质量发展。总书记指出,高质量发展需要新的生产力理论来指导,而新质生产力已经在实践中形成并展示出对高质量发展的强劲推动力、支撑力,需要我们从理论上进行总结、概括,用以指导新的发展实践。2024 年 3 月 5 日,习近平总书记在全国两会参加江苏代表团审议时强调,因地制宜发展新质生产力。

新质生产力是创新起主导作用,摆脱传统经济增长方式、生产力发展路径,具有高科技、高效能、高质量特征,符合新发展理念的先进生产力质态。它由技术革命性突破、生产要素创新性配置、产业深度转型升级而催生,以劳动者、劳动资料、劳动对象及其优化组合的跃升为基本内涵,以全要素生产率大幅提升为核心标志,特点是创新,关键在质优,本质是先进生产力。新质生产力是以大数据、云计算、人工智能、绿色低碳技术为代表的新技术与数智化机器设备、数智化劳动者、数字基础设施、海量数据、算力、新能源、新材料等新要素紧密结合的生产力新形态。与传统生产力相比,新质生产力对经济系统的影响则体现为三方面:以数据要素为新生产资料,以数字空间为新发展领域,以数据资产为新价值源泉。

数字经济时代涌现的大数据、人工智能、云计算等数字技术深刻改变了生产要素的构成,空前拓展了国民经济的业态结构,强力重塑了生产的动力结构,必然催生出新质生产力。习近平总书记提出的新质生产力是一个全新的概念,是对马克思主义生产力理论认识的全新突破,不仅意味着新时代高质量发展实践需要以科技创新推动产业升级,更极具前瞻性地指明了未来我国产业发展的方向和经济发展的新动能,为进一步适应时代要求,把握新的发展大势,为我国高质量发展提供了理论框架,明确了发展内容,厘清了发展路径。

生产力的本质在于最大程度地利用有限的资源,以最有效的方式完成工作或生产,以实现更高的产出。人工智能作为新质生产力的重要代表之一,是能够影响人类生产生活方式以及全球经济增长的颠覆性新兴科技。百度首席技术官、深度学习技术及应用国家工程研究中心主任王海峰提出:"人工智能具有多种典型能力,理解、生成、逻辑、记忆是其中的四项基础能力。四项能力不是单一出现,而是相辅相成的。"其中,人工智能的理解能力能够对乱序表述、模糊语义、复杂语境的提示词(Prompt)进行准确理解,而非对所有关键信息词进行无差别处理。生成能力是在理解 Prompt 之后,生成包括文字、图片、视频等在内的多模态内容;人工智能的逻辑能力体现在对应用问题的规划、运筹能力;记忆能力则是保持任务前后统一逻辑顺畅,存储大量数据。人工智能具备的以上四项基本能力能够从大规模数据中提取模式和知识,自动化决策和任务执行,能够极大程度地优化生产的效率、时间、质量、资源利用等,在降低成本的同时,为生产单位带来更高的产能,有助于加速各个领域的创新。

新质生产力是当代最先进科技赋能的生产力,是以人工智能技术造就的智能生产力为样态表征的生产力新质态,将改变传统生产力三要素劳动资料、劳动对象、劳动者,呈现出主体劳动脑力化、劳动工具智能化、生产要素数字化的鲜明特征。

1. 人工智能改变劳动资料

劳动资料是劳动者置于自己和劳动对象之间、用来把自己的活动传导到劳动对象上去的物或物的综合体。劳动资料在科学技术的嵌入下不断增强自身在社会生产活动中的客观力量,社会生产力依托科学技术的物化力量获得长足发展。人类创造的所有工具在提高生产效率的同时,也解放了劳动自身。从石器、铁器等原始劳动工具到机械化、电气化、自动化、智能化的现代劳动工具,都通过使用日益先进的生产工具解放了体力劳动。

劳动资料从模仿人类的体力劳动转向模仿人类的脑力劳动,劳动资料呈现出人类智能的属性,人类社会发展由此进入使用人工智能技术的时代。人工智能不仅能成为劳动资料,还可提升传统劳动资料的性能,改变了传统劳动方式,甚至可直接取代劳动者。例如人工智能模型、人工智能应用等,能够在没有人直接参与时自动地对劳动对象进行计算、识别、决策等信息处理,完成劳动。人工智能还能让劳动者使用更高效的生产工具,大幅度地降低人力成本,提升工作效率,降低人为差异带来的风险问题,提高创意上的启发,实现生产力的释放。具体可以体现在营销创意生成、智能地图的路线规划、智能助理处理复杂任务等。同时,伴随着人工智能更加成熟,人工智能在生产过程中能够实现自己总结经验、反馈信息、优化自身,并完成大量的知识积累,人工智能能力的增长将越来越多由人工智能自身驱动。

2. 人工智能改变劳动对象

人工智能的应用提高了人类的劳动能力,为了满足新的生产需求,有限物质和空间范围之外的劳动对象被创造,劳动对象范围大幅度拓展。人工智能时代,劳动对象不再单单是实实在在、有形可见的物质资料载体,数据、信息、虚拟客体等也将是重要的劳动对象。劳动对象的改变也将催生出数字劳动和网络劳动等非物质劳动新形式,完成从物能性劳动向信息性劳动的转变。知识、信息、数字技术等越来越成为驱动社会发展的根本力量,劳动对象与劳动资料界限模糊化。利用人工智能技术对劳动对象进行改造创新,能够实现更好的效能,提高生产效率。

3. 人工智能改变劳动者

当人工智能成为劳动者或者辅助劳动者工作,人工智能为形态的新劳动者将大量涌现,如人工智能员工、人工智能形象等,完成单一型体力劳动、一般型劳动、脑力型劳动等。它们不仅是单一劳动过程的直接完成者,还是社会劳动各环节的间接参与者,服务于政务、营销、客服等社会应用领域。高效的人工智能可取代部分原来由人类承担的一系列工作,可弥补人类自身劳动能力的不足,可替代完成人类自己无法完成的任务,颠覆性地改变现有的生产生活方式,大幅度地提升企业的人力资源效能。人工智能的应用使社会对高技术、复合型的劳动力需求增加,进而提高劳动者的综合素质,增强劳动者的能动性与创造性。

1.3.2　人工智能与数字生产关系

生产力决定了生产关系,生产关系也需适应生产力的发展,生产关系是生产力发展的形式,生产关系会反作用于生产力,生产力与生产关系是一对矛盾统一体。生产关系是一个多层次的复杂经济结构,是人们在物质资料生产过程中形成的社会关系,一般包括三个基本要素:生产资料所有制、人们在生产中的地位和交换关系、产品的分配方式。生产关系的变革是人类社会发展的重要组成部分,当生产力发展到一定阶段时,生产关系一定会改变。个体经济到城镇经济、手工业到机器工业、私人生产到社会化大生产、集体所有制到私有制都是人类社会发展过程中的主要生产关系变革。人工智能技术能够极大改进生产力,也将促使生产关系发生改变与优化,使生产关系更好地适应社会生产力。人工智能技术在生产过程的运用能够为整个社会提供更加丰富的可分配的物质财富,改善社会分配基础条件,提高劳动者价值和参与分配的能力,为人类进行按需分配的共产主义提供了社会生产力基础。

1. 生产资料所有制

一切生产实践的进行必须以生产资料与劳动者的结合为前提,生产资料与劳动者的不同结合方式就构成了生产资料的所有制关系。人类历史上产生了两种不同的生产关系类型,即公有制社会生产方式和私有制社会生产方式。生产资料所有制关系也因此成为区分社会经济结构或经济形态的基本标志。它决定生产关系的其他环节或方面,即决定不同的社会集团在生产中所处的地位以及它们之间如何交换自己的活动,决定并制约着产品的分配关系或分配方式,最终决定并制约着社会的消费关系或人们的消费形式。

人工智能能够完善生产资料所有制形式。随着人工智能实践方法的运用,个体获取物质生活资料的方式由体力劳动逐渐转变为脑力劳动,知识要素逐渐成为生产力发展的核心,这种虚拟价值的获取方式比物质财富积累更加广泛便捷,一个普通的劳动者就可以成为生产资料所有者。人工智能在拓展劳动对象的同时,还使劳动对象完成了从传统的仅属于资本家的不动产(如土地)到属于全体劳动者的共有动产(如数据)的转变,即个人所有带上了"公有"属性,完成了去中心化、主权个人化的转变。生产资料所有制形式可能变得更加合理丰富,或可出现公有私有混合制形式,而不再局限于传统的公有制与私有制一刀切的形式。

2. 人们在生产中的地位和相互关系

人们在生产中的地位和相互关系主要是指人们在生产过程中分别处于什么样的生产地位,以及他们之间怎样相互交换彼此活动的一种关系。当一部分人为别人提供自己的劳动而不能换取等量劳动产品的时候,他们之间就形成了支配与被支配、剥削与被剥削的关系。如果等量劳动能够换取等量报酬,他们之间就形成了平等的关系。

人工智能有助于劳动者地位趋向平等。人工智能对生产资料所有制的完善增加了劳动者获取生产资料的多样性,提供了个人发展的最低保障,缓解了人与人之间的竞争与对立关系。在人工智能时代,知识要素作为生产资料意味着脑力劳动者可以凭借对生产资料的占有实现阶层跨越,从而缩小阶层分化所固有的矛盾,拥有更高的社会地位。当生产资料能够被普通劳动者占有时,劳动者就不需要再完全依附于生产资料所有者,体力劳动者的地位也会随之得到改善,拥有较高的主动性与自由性。劳动者地位的提高有助于消除两极分化,缓解劳资双方之间的阶级对立,使传统的金字塔结构逐渐扁平化,形成更加合理的社会阶层结构,最终在各个阶层平等协作的基础上走向共产主义社会,实现劳动自由。

3. 产品分配的形式

产品的分配方式指生产的产品如何进行分配,即按什么原则和标准进行分配,它反映出人们之间是剥削与被剥削的关系,还是平均主义、按劳分配以及按需要分配的关系。产品的分配方式直接由生产资料所有制决定,体现了生产资料和劳动者之间的关系,是整个社会关系的直接表现。

人工智能有助于丰富社会分配形式。人工智能使社会财富总量成倍增加,按照生产要素分配的形式变得更加合理,为优化产品分配方式提供了可能。人工智能还增加了知识、信息等虚拟要素所创财富占社会总财富的比例,这就导致这些虚拟要素逐渐成为资本家竞相追逐的目标,从而使最终分配环节也必然要包含这些虚拟要素以满足生产阶段的投入,使传统分配方式变得更加丰富。由于知识、信息等虚拟要素具有无限性、可继承性与共享性,使得人们减少了对传统实体资料的依赖,更多地利用共享资源进行生产生活,体现着社会资源分配方式越来越趋于公平、公正。可以预见,共享分配模式或可成为必不可少的分配方式,随着分配方式的合理化,甚至有可能最终实现按需分配。

1.3.3　人工智能与数字经济治理

所谓数字经济治理,是政府运用大数据、云计算、物联网、人工智能、虚拟现实、区块链等新一代信息技术,对政府部门和社会的信息资源与数据资产进行管理、开发、分配和利用,通过建立完善的指导、监督和评估机制,切实推动国务院各部委与地方政府以及政府机构各部门之间的条块结合、业务协调和联动协同,实现政府所属公共资源数据的采集、攫取、清洗、挖掘、分析和共享,并提供安全、准确和可控的数据决策服务推动政府公共行政走向智慧型"善治"的过程。在公共治理领域,技术革新是驱动政府治理变革的强大力量,智能技术的发展为提升政府治理水平提供了全新工具。人工智能作为数字政府建设的新生长点,是推动政府数字化转型的关键力量,既具有公共领域的基本属性,又同时兼备技术自身的独特优势,能正向促进数字时代背景下国家治理体系与治理能力的现代化发展。

1. 智能监管

2023 年 2 月,国务院办公厅出台《关于深入推进跨部门综合监管的指导意见》,提出"加快大数据、人工智能、物联感知、区块链等技术应用,积极开展以部门协同远程监管、移动监管、预警防控等为特征的非现场监管,提升跨部门综合监管智能化水平"。政府监管作为一项重要的政府职能,在深化行政体制改革与完善中国特色社会主义市场经济体制过程中不断加强,提升政府监管效能成为加快统一大市场建设、推进治理现代化和高质量发展的必然要求。

人工智能技术加速发展,为丰富监管手段、驱动智能化监管带来了新机遇。当前,对于人工智能技术在政府监管领域应用和影响的研究已初见端倪,人工智能技术嵌入政府监管能够有效解决数字政府能力不足和注意力不足等问题,在收集数据、监管舆情、监管公民行为和维护市场秩序等方面具有显著优势。人工智能在政府治理领域的深度运用和融合,必将对传统的政府监管手段、监管模式、监管理念等产生影响。在智能监管系统中通过深度学习技术、增强学习技术、进化算法技术提取监管对象特征、学习最优监管策略、搜索最优监管方案。通过建立更加高效、准确的监管系统,完成自动化监测和预警、预测性分析、智能决策支持等,实现大规模数据分析和实时追踪,识别潜在问题和风险,使监管部门能够及时发现风险,进而采取预防性措施来降低风险和损失。同时,有助于监管人员更加客观、准确地作出决策,并根据实时数据调整监管策略和重点,灵活应对复杂的监管情境和不断变化的环境,增强监管的准确性和全面性。人工智能技术嵌入政府监管领域的治理图景,如金融、医疗、交通等领域,对于提高政府监管效能和精准性、提升政府决策效率和科学性、推进国家治理现代化具有重要意义。

案例:山西省吕梁市积极探索以智能化方式进行医保资金监管

传统的医保基金监管模式是人工审核,这种模式侧重于事后监管,由于监管力量不足、监管手段有限、制度体系不完善等原因,导致欺诈骗保、过度诊疗、基金滥用等问题较多。

山西省吕梁市积极探索 AI 引领医保基金监管技术创新,构建了四大核心能力,实现了医保资金的全面场景化监管。首要核心能力是"AI+医保合规性审核",主要依托医保"三目录"和地方管理政策对医保资金使用的合规性进行审核,以满足医保基金监管需求;第二大核心能力是"AI+诊疗合理性审核",主要围绕价值医疗回归临床本质,打击过度医疗;第三大核心能力是"AI+欺诈骗保监管",通过构建欺诈骗保监管模型,守护人民群众的"救命钱";第四大核心能力是"AI+大数据监管",依托"AI+大数据监管"引擎,运用大数据技术对患者从入院、治疗、出院、结算的全过程可能涉及的违规行为进行深度分析,以准确判断并监管串换项目、虚假就医、冒名就医等异常费用和行为。

人工智能审核提升了医保基金监管的效率性、准确性,抓住并化解了基金监管的根本矛盾,实现了医保基金监管的革新与优化。

2．智能服务

智能服务是由于数字转型时代人工智能、大数据、区块链等现代化信息技术的发展，催生出公众对公共服务供给的新需求。智能服务随着信息化和数字化技术工具不断融入政府的政务服务和社会生活而产生，是信息化智能化数字技术与文化服务的耦合共生，逐渐成为有效提升公共服务的效率与质量、实现公共服务的精准化和智能化、提高公共服务水平的关键一环。

政府部门具有服务用户多、覆盖领域广、场景多元、数据海量以及稳定性高等特征。利用人工智能等技术打造的智能服务系统，相较于传统的政务服务呈现出服务方式智能化、范围广泛化、内容精准化等优点，有助于进一步提升政务服务的速度、效率、个性化、多元性和创造性，塑造政务服务的"智能体"，构建一个具备整体运行、精准判断、持续进化、人机协同、对话感知和开放透明的智能政务系统。

生成式人工智能在精准感知、理解和响应物理世界中政务服务的基础上，塑造基于虚实智能融合的政务服务场景，让基于物理空间的政务情境和基于虚拟空间的政务仿真情境可以在一个智能共生的层面上结合起来。同时能够利用"数据挖掘、神经学习、智能生成、对话回应"等优势对政务服务的资源与要素等数据信息进行深入分析和训练迭代，形成高效地执行这些任务的计算方案和科学进路，并生成回应性的方案，提升"一网通办""一网统管""一网协同"等新型政务服务方式的对话性、预见性、情境性和敏捷性。从而回答了数字时代背景下"政府能恰当而成功地做什么事情，以及如何以最高的效率和最低的成本来做好这些恰当的事情"之追求与诉求。有助于解决"供需错位"的服务内容供给问题，摆脱前瞻不足的困境。

另外，生成式人工智能的出现，为有效集成政府部门数据信息、促进部门之间的协作、优化资源要素配置以及政务智能高效运作提供了技术可行性支撑，破解了复杂数据的集成整合问题，实现了与不同层次主体之间的互动和联合，通过将政务数据信息的获取、传输、存储、计算、分析与应用等过程自动串联起来，构成"一站式""一窗式"和"一网通办式"的政务服务终端。可以说，生成式人工智能极大拓展了政府部门数据处理和分析的广度和深度，从而将政务数据信息中的价值凝结和集成起来，并通过价值分析简化政务运作的过程，生成一个虚拟、整体、透明、灵活、流动以及连贯的无缝隙政府，塑造作为整体行动的政务运作。

> ### 案例："智慧丽江"城市大脑实践
>
> 丽江市是国际知名旅游城市、国家历史文化名城。近年来，丽江市坚持创新驱动发展，建设"智慧丽江"、打造"城市大脑"，着力推动城市治理体系和能力现代化。
>
> "智慧丽江"以城市大脑建设为核心，运用人工智能、互联网地图、大数据、区块链等核心技术，通过统一的技术标准和数据，打通了公安、交警、旅游、城管、环保等23个委办局系统，感知城市摄像头抓拍、水位传感设备，接入互联网社会概览数据，整合汇聚了8亿多条全域数据，建成具备12项国内领先AI能力、3000路视频识别能力、支持全天候不间断7×24小时智能识别处理能力的智慧城市底座，为各委办局业务提供数据支持和AI赋能，实现了丽江市在城市智能运行指挥、党建政务、文化旅游、社会治理、交通治理、生态环保等方面全方位的智慧化服务，实现了"一脑掌全局"的目标。

3．智能决策

在不完全的信息状态下，为避免可能的市场失灵导致社会经济不稳定，亟须政府层面进行宏观调控、加强政策供给。而政府宏观调控的有效性主要取决于政府各职能部门能否搜集、整合、分类和利用海量数据，获取完备、充足的有效、可用的信息的能力。在工业化时代，人类只能对图片、视频、声音等数据进行挖掘和搜集，此时只能获取历史数据而难以对正在发生或未来的数据进行处理和分析。在此情况下，政府宏观调控获取的信息可能是不完全或者不准确的，因而在制定和实施产业政策、财政政策、投融资政策时，政府在因果思维模式下的选择将不可避免有主观判断的成分。

随着大模型时代的到来，融合人工智能、大数据、云计算等技术的数智化政务服务在实践中悄然兴起，成为政务服务的技术、理论和实践前沿。相比于数字政务，数智政务扩展了"智能化"方面的潜力，以生成式人工智能大模型加持的政务系统使得完全信息成为可能。大模型在促进政务信息与数据及时有效地获取、存储、处理与加工等方面具有潜在的应用价值，以更低门槛、更高效率，打通部门数据断流节点的难题，推动各类数据在生产、配送、服务等环节的畅通流动，为政府决策提供更为全面、真实、有效的信息，大幅提高政府宏观决策的质量与效率。

1.4　小结

人工智能是一门研究如何使计算机能够模拟人类智能行为的科学和技术，自 1956 年诞生以来，发展迅速，已经从辨别式走向生成式，部分技术已经进入产业化发展阶段。数字经济是继农业经济、工业经济和服务经济之后产生的新经济形态，目前在各个国家尚处于起步阶段，在经济社会的发展规则重塑、模式创新等方面面临着重大挑战。人工智能是推动数字经济创新发展的重要新质生产力，它改变了传统生产力三要素——劳动资料、劳动对象和劳动者，也促使生产关系发生改变和优化，以使生产关系更好地适应社会生产力。人工智能也是推动政府数字化转型的关键力量，为政府数字化治理提供了新的工具，促进数字时代背景下国家治理体系与治理能力的现代化发展。

思考题

1．人工智能对经济发展起到重要作用，因此各国都高度重视人工智能发展，请梳理国内外重点国家的人工智能发展战略。

2．请简述人工智能与数字经济的关系。

3．如何理解"人工智能＋数字经济"对传统行业的重塑？

4．在人工智能与数字经济深度融合的背景下，应如何适应未来职业发展？

第 2 章　人工智能所带来的认知革命：数字哲学

内容提要

数字文明有望以一种基于数字技术的社会经济系统重构方式推动人类社会治理体系的革命和文明的进步。工业经济向数字经济转型，是人类文明发展的又一次巨大飞跃。数字经济带来了信息技术和人类生产生活的深度融合，深刻、持续地影响和改变人类经济和社会的生产方式、流通方式和消费方式，并通过基本面的变化来重塑传统产业、创新经济模式，引导人类进入真正的数字化发展时代。数字经济的社会基础是人群在实体和数字两个空间中的聚集，实体空间以树状结构为主，数字空间以网状结构为主。而人群的新行为特征创造了大量新的消费模式，其中数字消费成为推动数字经济发展的重要力量。

本章重点

- 理解四次工业革命带来的社会变革；
- 了解工业哲学面临的互联网挑战；
- 理解数字哲学的含义；
- 理解数字经济的社会基础——网状人群；
- 理解数字经济的价值基础——数实空间＋连接资源。

重要概念

- 数字哲学：数字哲学是东西方哲学思想融合的一种认知体系，强调广泛连接的系统论是数字哲学的基本框架，同时在系统框架指导下从连接的角度进一步研究具体技术，以期更好地建立一个完善的系统。

2.1　人类社会的演进方向

文明的更迭往往与科学技术的进步有着密不可分的关系，并由此引发社会经济系统中生产力与生产关系的矛盾，从而导致人类社会治理体系的革命和文明的进步。以往历次文明更迭所引发的生产力与生产关系矛盾，很多是以武力的形式解决的，这使得人类文明经常是在破坏中创造，在倒退中前进。数字文明有望打破这一历史前进的方式，以一种基于数字技术的社会经济系统重构方式来代替以往的破坏式方式。这种重构表面上也许没有刀光剑影，但其背后依然是残酷的产业升级、文明升级，大量落后的产业会被淘汰，不能在数字经济领域创新的国家与领先国家相比，差距将进一步被拉开。这是一次基于技术的文明创新赛跑，但不是仅仅有领先的数字技术就能赢得这场赛跑。这一轮的竞争，更加需要我们从发展逻辑、思想体系入手，来思考人类文明数字化发展的必然路径。

在人类历史上，一个国家或民族能够引领世界经济发展的潮流，往往在思想领域也是领先全球的。西方哲学的思想体系和东方哲学的思想体系都是人类宝贵的财富，对人类社会的发展都有不同的指导意义。在过去的 400 年中，以还原论为代表的西方哲学思想与人类工业化所需要的分工协作思想完美契合，从而使得工业文明在西方快速发展。随着人类文明进入数字经济时代，互联网通过比特流把全世界连接到一起，因此发展数字经济所需要的思想体系已经超越了还原论，而是要探寻广泛连接之后的人类社会经济系统的新运行规律。这一运行规律将更加体现系统性，用基于底层数据连接的整体性来创造人类社会新的发展模式。这种广泛连接的系统性思维，与东方哲学思想具有一定的契合度。东方哲学尤其是中国哲学体系强调万事万物［人体各部分（中医）、人与人（儒家）、人与自然（道家）］的互联互通，这一认知世界的角度在过去因为缺少实验数据的支持，往往被认为缺乏科学性。但随着技术的进步，可以看到，东方哲学体系也是揭示宇宙规律的一个重要角度，是指引人类发现未知的一种重要哲学思想。在数字经济领域可以看到，东方哲学的基本理念和数字经济的互联互通具有一致性。因此，发展数字经济必须把西方哲学理念与东方哲学理念相融合，既要重视局部技术的突破，也要重视系统性创新，从而打造人类数字文明的新时代。

2.1.1　四次工业革命的历史进程

2016 年施瓦布在《第四次工业革命》一书中提到，人类社会已经经历了三次工业革命，目前正在兴起第四次工业革命，也可以称为数字革命。

第一次工业革命，开创了"蒸汽时代"（1760—1840 年），标志着人类社会从农耕文明向工业文明的过渡，是人类发展史上的一个伟大阶段。当时中国还处于封建王朝后期，清王朝的闭关锁国政策让中国与发展现代工业文明的国家逐渐拉开了差距。

第二次工业革命，人类社会进入了"电气时代"（1860—1950 年），开启了"电气文明"。在近 100 年的时间里，电力、钢铁、铁路、化工、汽车等重工业兴起，石油、煤炭等成为世界财富的源泉，并促使交通行业迅速发展，世界各国的交流更为频繁，并逐渐形成了一个全球化的国际政治、经济体系。这一阶段，中国社会正处于水深火热之中，清王朝覆灭、军阀混战，接下来是抗日战争以及后来的解放战争。直到 1949 年中华人民共和国成立，中国才真正开始走上快速追赶的发展轨道。

第三次工业革命，开创了"信息时代"（1950—2020 年），人类社会进入了"信息文明"。在这 70 年中，全球信息交流变得更为迅速，大多数国家和地区都被卷入信息化、全球化的进程中，世界政治经济格局因为信息的快速流动而更加风云变幻。但从总体上来看，人类在这一阶段利用高新技术创造了巨大的财富，文明的发达程度也达到空前的高度。第三次工业革命中国赶上了一半，改革开放以前中国发展的核心任务使我们在当时无法赶上信息革命，但随着改革开放大幕拉开，中国开始逐渐融入"信息文明"，采取了工业化与信息化并重的发展战略，使中国经济保持了 30 年的高速增长，并逐渐形成了当前世界第二大综合经济体和第一大工业经济体。

第四次工业革命，是指人类社会即将迎来"数字文明"的新时代："数字时代"（2020—）。第四次工业革命我们不仅是跟进参与者，而且正在努力成为引领者。在这一次革命中，人类社会优化分配资源的方式因为数字技术的普及、数据资源的丰富而发生改变,并因此创新出大量的社会新需求、消费新模式。中国拥有庞大的人口基数、海量的数据资源、丰富的应用场景,具有创造数字文明新发展模式的良好基础,因此我们必须从文明更迭的角度,理解、把握好习近平总书记所讲的"百年未有之大变局",抓住机遇谋发展,在努力弥补中国在数字技术上短板的同时,大力发展新质生产力,探索数字哲学,创新数字经济理论和实践,让中国在第四次工业革命中为人类文明进步做出更大贡献。

2.1.2 数字时代的经济社会变革

从工业经济向数字经济转型,是人类文明的又一次巨大飞跃,它将涉及社会治理、宏观经济、企业经营、个人生活等各方面。

从社会经济总量来看,每一次大的文明飞跃,人类创造财富的能力都会有数十倍、百倍的提升,数字经济就是数字文明时代人类创造财富的新模式。这不同于传统的依赖消耗自然资源的工业经济,数字经济的基础生产资料是数据,数据将会成为人类社会新的治理之本、财富之源。基于数据资源,传统产业的产品内涵变得更加丰富,商业模式也会不断创新,从而走向数字化转型升级之路。

从企业发展的角度来看,数字时代的企业变革不同于第三次工业革命的信息化浪潮所带来的变革。信息化浪潮利用的是数字和网络系统的特性,利用信息技术提高效率、减少信息不对称。信息化工作从一般意义上来看主要是向一个企业内部发力,通过内部协同实现降本增效、提升自身竞争力,这一目标可以只由有变革意愿的这一家企业开展就可能实现。数字化不同于信息化的地方就是要去激活数据要素,而数据要素只有在更大范围的流动之中才会创造更大的价值,也就是说,数字化要让企业的数据在产业链、产业生态中流动起来,这一目标必须向企业外部发力(产业链、产业生态)才能实现。所以数字化要充分利用不断涌现的数字技术,改变产品的定义,通过构建产业互联网来挖掘产业链上数据资源的价值,挖掘产业生态内数据要素运营的新模式,创造大量数字经济新业态。

2.2 从还原论到系统论:工业经济向数字经济演化的东西方哲学的数字逻辑

大约 2500 年前,古希腊的毕达哥拉斯提出了"万物皆数"的理念,并试图用数来解释宇宙间的一切规律,从而开启了西方哲学用数字分解式描述世界的思维模式。与毕达哥拉斯差不多同一时期的东方哲学家老子、孔子,他们也在开创着东方人认知世界的路径,老子认为道是天地万物存在的本原,世界上任何事物都不是孤立的,而是相比较而存在;孔子深入思考了人与人之间的关系,对个体层面的"礼""仁"给出了规范,号召"见利思义","义"也就成为社会经济系统稳定运行的基础设施。这些朴素的辩证法思想,充分体现了中国哲学对社会经济系统运行的思考是从整体入手的,更强调各部分之间的紧密联系,而不只是研究孤立存在的局部规律。这种系统思维的方式非常接近于互联网思维,数字时代可以借助于网络上大量的可信数据,建立对"义"(信用、法律、道德等)的定量化标准,从而让我们建立数字世界的新规范。

2.2.1　工业哲学面临的互联网挑战

到了 18 世纪中叶,工业革命彻底颠覆了封建时代的农耕文明,由古希腊哲学逐渐衍生出的欧洲逻辑主义哲学与美国实用主义哲学成为工业文明的指导。在工业时代,借助于机器,人类似乎到了无所不能的地步,尤其是笛卡儿的哲学思想和方法论,对近现代科学体系影响颇深。当人类分门别类地开展各个细分领域的科学研究的时候,各个现代学科体系也就诞生了。时至今日,在很多细分领域人类已经越研究越深入,在很多方面似乎我们已经走到了该领域的尽头。

互联网的诞生让各个孤立发展的领域开始走向融合,连接的意义开始逐渐被大家认知。也就是说,在研究每个组成部分的同时,还应该研究各个组成部分是如何连接的,如研究原子等基本粒子很重要、但同时还要研究这些基本粒子是如何相互作用(连接)的。把这种广泛连接的理念用于人类社会也是一样,因为连接会带来人类社会巨大的变化,如当我们将"人"用互联网连接起来时,人类社会就会出现一种从来没有过的群居形态——"社交网络",在这种社会组织模式中,就会孕育出在工业时代从来没有过的生产力和创造力。于是在"人的网络"基础上,诞生了以谷歌、脸书、爱彼迎、微信、天猫、抖音等为代表的互联网经济业态。而由于人类在网络空间里聚集方式的改变,既有的社会经济系统面临着巨大挑战,我们必须站在实体空间和数字空间融合发展的角度,重新审视人类社会的发展规律。

因此,互联网的发展给工业时代的认知体系带来了挑战,无论是自然科学还是社会科学,都需要探索互联网思维指引下的大量新兴领域。经过四十年的探索,人类逐渐开始认识到数字哲学是东西方哲学思想融合的一种认知体系:强调广泛连接的系统论是数字哲学的基本框架,同时在系统框架指导下从连接的角度进一步研究具体技术,以期更好地建立一个完善的系统。

2.2.2　数字经济的发展逻辑

工业经济的发展逻辑里面,效率就是一切,规模化生产、细致化分工就是发展的基础。于是,在西方严谨的逻辑哲学与实用主义的分工模式下,出现了 GE(美国通用电气公司)等大批以精细化制造与分工明确闻名的企业。应该说在探索工业经济的发展逻辑过程中,西方诞生的大量哲学思想起到了关键性作用。

然而,时至今日,GE 不仅被那些具有互联网基因的老牌科技公司如微软、苹果、谷歌等远远甩在了身后,更是被 2004 年才上线的脸书以及来自中国的后起之秀腾讯公司超越。因此我们不得不承认,数字经济的发展逻辑与统治世界多年的西方工业经济的发展逻辑存在着差异。理论上讲,工业时代遵循的是生产型规模经济理论,即通过增加产量降低单位产品的价格,从而获取更大利润。而在互联网时代,经济发展所遵循的不仅是生产型规模经济效应,还应该充分考虑信息互联之后产品本身的变化,而市场对于产品数据内涵的需求,使得产品的需求在数字平台上也可以成规模,从而形成需求方的规模经济效应。

当人类被社交网络连接为一个整体的时候,人类社会的组织形态发生了巨大的转变,其中一个表现就是需求可以在社交网络上轻易聚集,从而出现了需求方的规模经济效应。在这一经济模式中,产品的内涵发生了巨大的转变,一件传统的工业品不仅要具有物质功能,还要有数据内涵、连接属性。也就是说,企业每卖出一件产品,所带来的收益不只是这件商品的销售收入,还包括产品的互联以及购买产品的人的互联所带来的附加价值。

在西方工业文明背景下,企业内部按照生产和销售逻辑进行分工是不可或缺的企业管理的核心部分,跨部门、跨企业的生产协作处于相对弱势的地位。市场中的"二八效应"决定了只有行业寡头才能够实现价值最大化。但"互联网"的实质是信息技术和人类生产生活的深度融合,进而深刻、持续地影响和改变人类经济活动的基本面——生产方式、流通方式和消费方式,并通过基本面的变化来重塑传统产业、创新经济模式,引导人类进入真正的数字化发展时代。

如果把工业时代和互联网时代做一个简单的对比,就能发现,后者取代前者是一个自然而然的过程:工业时代,人们更关注的是物质生产,是商品的物质属性,这就使得传统的工业商业模式注重的是如何运输商品、怎样满足大家最基本的物质生活需要,于是产量便成为工业生产的最大目的。不过,这种生产-销售关系是单边的,在信息传播不畅、需求简单直接的时候,这种单边关系通过规模化可以降低成本、提高效率,但到了信息高度互联的今天,仅仅依靠单边市场上的信息不对称创造价值已经远远不够了。市场主体出于自身需求(安全、可信等),会要求生产方提供相关产品的可靠数据,如农民种的苹果,市场主体就可能需要种植者提供苹果的各种数据(品种、农药、化肥等)来保证食品的安全。于是产品就具备了数据属性,而数据属性具有在数字空间里面的可连接性、流动性,于是就会改变产品的流通模式、消费模式,从而找到这类产品生产、流通的新的平衡点,这就是数字经济。

2.2.3　以广泛连接为基础的数字哲学

数字经济的参与者追求的是降低边际成本、拓展多边连接,以获得更高的数字化边际收益。数字经济使得全世界都开始考虑产品和服务该具备什么样的数字属性,并如何把这些属性以文化、社群的方式在市场中加以体现,因此如何进行数据的产品化、市场化,形成企业数据资产,产生数据收入,也就逐渐变成了数字经济时代企业运营的重要目标。

以早期的互联网商业模式为例,平台企业让零售从线下转到了线上,让信息传播从实体空间转到了网络空间,所以这一阶段数字经济发展受益最大的行业是信息聚合平台,当然与之配套的物流产业也得到了大发展。但现在,人类在各个行业都广泛应用数字技术并积累了海量数据,这些数据可以在数字空间中低成本传输,这样需求的自我扩散能力就会变得非常强。企业的经营将不再单纯以销售产品为目的,而是借助产品的数字属性,把需求方连成网络,并借助于这种需求网络,一方面提升服务市场的效率,另一方面不断创新数字化产品和服务满足海量需求,并形成需求方的规模经济效应。

所以,数字经济思维的核心,不是一种商业模式,更不是一次产业革命,而是一种创造和满足市场数字需求的过程,是市场的"形"与"神"的有机结合,契合了中国《易传》提出的"一阴一阳之谓道"、宋明理学家提出的"一物两体""分一为二,合二以一"的观点。

通俗来说,数字经济并不是数字技术和传统产业的简单叠加,而是利用数字技术以及互联网平台,让数字市场与传统行业进行深度融合,用数字思维引领人类产业的创新发展。数字思维代表了新社会形态下对世界的再认识,即充分发挥数字技术在社会资源配置中的优化和集成作用,将数字创新成果深度融合于社会经济系统的各个领域,提升全社会的创新力和生产力,形成更广泛的以数字基础设施和数字技术为主要生产工具的经济发展新形态。

数字经济刚开始起步，未来存在着发展的不确定性。但长期来看，数字思维对经济基础如何重塑和促进上层建筑更好地适应、指导当下和未来社会的发展，以及如何有效利用数字思维来创新社会经济的发展模型、构建创新型国家，具有举足轻重的作用。这已经远远超越了"技术"的范畴，上升到了思想领域，变成了哲学命题。

与美国的"工业互联网"、德国的"工业 4.0"相比，中国所倡导的数字经济与它们有着共同的技术特质，但同时又拥有独一无二的中国哲学智慧，因此拥有更高的指导意义和更丰富的内涵。因为继承了五千年源远流长的系统哲学思维、有中国特色社会主义理论框架的指引、有中华人民共和国成立以来经济领域的建设经验，所以中国必将能够为人类社会的发展贡献数字思维、创造数字哲学。

2.3　数字哲学：面向数实空间的发展模式

在工业经济发展过程中，《国富论》《资本论》等一系列伟大的著作，在理论制高点上为人类经济社会发展指明了方向，从而使人类走出了文明更迭时的迷茫。时至今日，我们又一次面临着文明更迭，人类社会所发生的基础转变更是历史上从未遇到的。我们看待数字文明下的人类社会和数字经济发展的视角需要转变。

2.3.1　网状人群：数字经济的社会基础

数字化时代，当人群开始向数字空间(Cyberspace)聚集时，人类文明必将进入一个全新的阶段。在这一阶段的经济发展模式和方法、社会的治理模式，都值得重新思考和归纳，数字经济理论体系正呼之欲出。

1. 从物理聚集到网络聚集

首先从规模上看，数字经济时代人类聚集的规模是历史上从未有过的。随着网络渗入每个个体的日常行为之中，人类突破了物理空间的限制，转而可以在数字空间中聚集在一起。随着这个聚集规模不断扩大、影响深度不断加深，人群形成了一种新的聚集形态：虚拟社会(Virtual Society)。虚拟社会中的人群聚集规模是工业时代无法比拟的。例如，截至2023 年 9 月 30 日，微信和 WeChat 的合并月活跃账户数已达到 13.36 亿，脸书的月活跃用户数为 30.5 亿人，WhatsApp(瓦次普)的月活跃用户数超过 27 亿，淘宝的活跃用户数超过10 亿。这些用户就如同生活在同一座现实城市中的人，生活在同一个网络空间里，用一种不同于城市生活的方式沟通、交友、学习、成长，从而在这个空间中形成新的文化、新的共同价值取向、新的消费习惯和消费模式等。于是，新的市场在虚拟社会中诞生了。

2. 从树状结构到网状结构

工业社会中工业分工的扩大，使人群逐渐演化出了一种职能化、层级化的树状结构，这种结构在工业生产的分工协作方面具有无可比拟的优势。随着社交网络的出现，人与人之间的关系形成了一种网状结构(见图 2-1)区块链等点到点(P2P)计算技术的应用，更使得在数字空间中人与人之间的平等性有了一定的技术保障。尤其对年轻群体来说，他们就是在物理和数字两个空间中成长起来的,更习惯于数字空间里面的新特征。当社会主流人群逐渐习惯了数字空间中的网状结构后,以下两个效应就会出现。

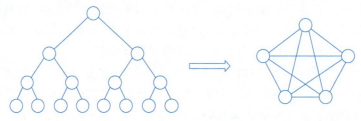

图 2-1　从树状结构到网状结构

一是六度效应。六度效应基于哈佛大学心理系斯坦利·米尔格拉姆(Stanley Milgram)教授在 1967 年提出的六度分隔(Six Degrees of Separation)理论,是数字空间内的一种传播效应。米尔格拉姆教授提出,你和任何一个陌生人之间所间隔的人不会超过六个,也就是说,最多通过六个人你就能够认识任何一个陌生人。如果人类社会在数字空间里面形成的网状人群已经足够大、信息传递的成本足够低,那么从网上任何一点出发,信息通过最多六次传播,就可以覆盖到网络上所有节点,这就是信息传播在网状人群中的六度效应。这种信息传播的方式不同于工业时代针对树状人群结构的传播模式,面向树状人群结构最有效的传播方式是广播、电视等公共媒体,它们借助机器的力量,实现对人群的快速覆盖,是截至工业时代人类最有效的信息传播方式,但成本相对比较高昂。针对网状人群,六度效应可以依靠人的力量在网络上形成自传播,一旦网络人群的自组织信息成本足够低、可信度足够高,这种传播将会以速度更快、成本更低的方式达成人群共识,也就是依靠数字口碑效应实现人群的共性认知,也可以说是建立了一种新的市场营销渠道。

二是挤出效应。在数字空间的网状人群结构中,每一个节点都有自己周边的子网络,因此每个节点都更倾向于相信自己邻近节点所传递来的信息,而对于间隔较远的节点信息吸收有限。至于来自网络外部的信息,也就是传统公共媒体所发出的信息,虽然仍然会广泛覆盖到很多节点,但因为节点信息来源变得多元化,公共媒体对它的影响力变弱。我们把这种网状人群对网络之外的信息输入依赖降低的现象称作挤出效应。一方面,挤出效应对传统媒体行业提出了挑战,要求媒体宣传必须同时重视大规模覆盖和六度传播。现在大量传统媒体走融媒体的道路,就是主动适应这种变化的表现。另一方面,挤出效应为数字市场建立提供了机遇,也就是加速了人类社会市场建立模式的变革,因此要善于利用信息传播的新特性、低成本建立高可信的市场。

随着人类在网络空间里的聚集规模不断扩大、聚集形式日益多元化,人类已经开始从最初在网络上的自然聚集,逐渐走向在数字空间中的规范聚集,数字空间随着治理结构的完善,正在变成人类社会的一个重要组成部分。人类将不只是聚集于以城乡为主体的实体空间之中,还开始聚集于以网络社区(游戏、论坛、兴趣组等)为主体的数字空间中,并形成了不同于任何历史时期的人与人之间的二维(实体＋数字)关系网络,这种二维的人群关系以及由此演化出的数字消费、数字化生产关系,是孕育未来数字经济的重要土壤。

3. 数字消费:数字经济的根本推动力

与工业时代相比,网状人群的消费模式也发生了巨大的变化,人们不是仅满足于实体商品的消费，而是更多地关注数字技术和基于数据的数字服务类的消费。这些消费的新业态和新模式是促进数字经济发展的根本动力。从人类数字经济迄今的发展历程可以看到，数字消费已经逐渐成为社会总体消费的重要组成部分。

数字消费是指消费市场针对产品和服务的数字内涵而发生的消费。随着数据成为新要素，生产单一的工业品已经不能完全满足消费市场的需要，无论是 2B（面向企业）还是 2C（面向用户），都需要企业所提供的产品和服务具备数字内涵、文化内涵。当企业的产品和服务被赋予这些数字特性之后，就可以充分利用数据要素来改变其消费方式，而这些数字消费方式会给市场注入新的活力，给企业带来新的发展机遇。与工业时代的消费不同，数字消费产生了如下变化。

（1）从功能型消费到数据型消费。随着消费者逐渐习惯对数据的消费，市场上的产品和服务不仅要具有某些物理功能，更要具备基于数据的服务功能。数据使得产品服务的能力在不断延展、便利性在逐渐增加，因而无论是企业还是民众都开始愿意为产品所提供的数据能力买单，从而形成了大量与数据相关的消费市场。

（2）从一次性消费到持续性消费。产品的数字化创新提高了产品与客户交互的频次和黏度，从而与客户形成了基于数据和连接的持续性服务模式。以互联网电视为例，客户不再只是一次性购买电视机，而是为联网的各种内容持续性付费。这种持续性消费模式改变了传统企业基于产品的商业模式，是传统企业必须重点考虑的数字化转型方向。

（3）从单一产品消费到联网型消费。工业时代具有一定功能的工业品的销售往往只是单一产品的消费。数字化转型使工业品具备了联网的能力，从而促使企业要对产品网络、客户网络进行管理和服务，并针对这些网络空间的特点，为市场不断提供创新型数字消费模式。

（4）从个体消费到社群消费。工业时代的消费模式以单一个体为单位，其生产、销售等往往都围绕着如何激活个体消费市场展开。在数据要素化时代，人与人之间具备了更加广泛的数据连接，这种紧密的连接关系使得商家面对的不再是单一个体，而是一个个的网络社群。

数字消费的特点是网络化，具有一定的自发性和民主性，因此要采用不同的政策体系来监管和释放数字消费。一方面要激发产品社群的活力、鼓励在各种社群中的自治行为，把社群变成为社会治理服务的重要工具；另一方面要加强对社群的监控管理，加强社群信用体系建设，避免违法犯罪行为的发生。

总体而言，数字消费是构建数字经济发展模式的基础，是全球经济转型的根本动力，是传统产业数字化发展的必由之路，是人类创造新财富的根本源泉。抓住数字消费这一机遇，是实现新旧动能转换、促进产业转型升级的关键。

2.3.2　数实空间＋连接资源：数字经济的价值基础

数字经济面对的是实体和数字两个空间，人群也不再只存在于实体空间之中，进入数字空间里的人群比重还在持续增大。人类社会的这种人群构成特征，形成了数字经济的二维市场结构。也就是说，数字经济时代的企业需要兼顾实体和数字两个市场，在实体市场上延续并创造新的实体消费，同时辅以在数字层面释放大量的数字消费，这种类型的企业称为社区型企业，如图 2-2 所示。社区型企业能够把分布于不同城市中的员工、合作伙伴、消费者等用数字社区的方式整合起来,并用社区的组织方式把所有的利益相关者、产品、服务连接在一起。

在这样一个二维市场中,挤出效应使市场传播模式从传统的广告模式,开始向基于六度效应的传播方式转变。企业一旦有了自己的数字市场,就拥有了在数字经济时代自己的"媒体",这也就是常说的"自媒体"时代的到来。每一个企业借助二维市场都可以变成媒体,并形成一种基于人的力量的传播模式。

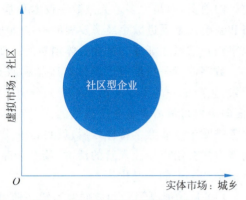

图 2-2　面向二维市场的社区型企业

在二维市场中,一方面,虚拟空间里每个参与者的平等性能最大限度地调动每一个参与者的潜力,让每一个参与者都能为社区贡献价值,并且在贡献价值的过程中实现每一个参与者自身的更大价值;另一方面,在社区中建立了大量连接,进一步形成了基于这些海量连接的新的价值创造模式。这种价值创造方式的改变,既为企业转型升级提供了成长的空间,也是经济发展新动能的重要源泉。

工业经济时代及以前的时代主要服务于实体市场,通过对自然资源的开发利用,人类解决了衣食住行各方面的问题,并借此为人类创造了巨大的价值。这一时期的发展消耗了大量的自然资源,以至于发展到当下,全球气候变暖、环境污染等问题日益突出。所以,人类美好生活的创造不能再以消耗自然资源为基础了。数字经济时代,人类必然会创造更为巨大的财富。但财富来源的基础是什么呢?或者说,在数字经济时代,人类拥有的取代自然资源的、赖以创造财富的资源是什么?通过审视这样的二维人群,我们不难发现,人群除了在实体中活动,还会在虚拟社区中活动。所以,在数字空间的社区,以及社区与实体的互动中,会产生大量的数字消费,这就是数字经济时代能够创造出不同于工业经济时代的社会财富的重要基础。

数字消费基于数据要素的市场化,产生于二维市场中广泛存在的各种连接之上,因此由二维市场带来的海量连接就是数字经济时代开发数据要素的重要手段,也是企业建立二维商业模式的最为重要的新财富源泉。企业需要利用各种新技术开发可能存在于自己周围的大量连接,并基于这些连接建立一种新的盈利模式。所以,在可信的数据要素基础上开发利用"连接"资源,是数字经济时代企业转型升级的重要基础,也是走向产业数字化的必由之路。

如图 2-3 所示,传统企业大多是在把产品和服务提供给自己的客户,如果只有五个客户,那这家企业经营的主要就是图中标出的五条连接。但如果这家企业为客户建立了一个可以互相连接的数字空间,就形成了 15 条连接,比原来多出了 10 条连接。并且随着客户量的增加,连接的数量会变成阶乘增加,从而急剧放大企业所拥有的连接资源。所以,数字经济时代的企业模型就是要思考如何利用新增加的大量连接资源,企业所提供的产品和服务也都要为建立和维持连接资源而服务。如果企业能在这些新增的连接资源上获取价值,那么在工业时代经营传统产品和服务的边甚至可以放弃,这意味着该行业的商业模式将会发生彻底革命。

所以,二维市场+连接资源,构成了数字经济存在的价值基础,这是我们重塑数字经济

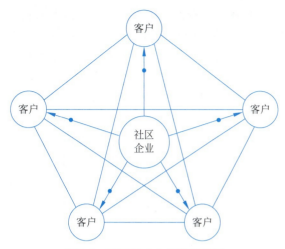

图 2-3　社区型企业的连接资源

时代各行业尤其是传统产业商业模式的基本路径。传统产业可以通过增加其产品的数字内涵，建立产品与产品之间的连接，并通过客户使用产品建立客户与客户之间的连接。在建立这些连接的过程中，客户的数字需求被满足，同时客户对数字内涵的消费，为企业成长开辟了新的空间，从而形成了新的数字经济生态。

　　数字经济的内在逻辑是一种广泛连接的社会经济系统，是中国传统哲学中系统思维的集中体现。人类社会发展到数字时代，中国无论是从璀璨传统文化中流传下来的哲学思想，还是近现代所形成的中国特色社会主义的理论创新，都与数字经济的发展逻辑具有一致性。在这些哲学思想指导下，中国市场能够孕育出最符合数字经济发展需要的数字化生产关系，并进而能够更好地释放数字生产力的创造性，引领人类社会整体进入数字经济新阶段。

　　数字经济的社会基础是人群在实体和数字两个空间中的聚集，实体空间以树状结构为主，数字空间以网状结构为主。而人群的新行为特征创造了大量新的消费模式，其中数字消费成为推动数字经济发展的重要力量。数字消费大大改变了传统市场，并进而成为诞生大量新经济企业的土壤。释放数字消费也就必然成为传统企业转型升级的重要目标。企业在面对网状人群、数字消费时的市场变化时，其商业模式也会做数字化延展，并逐渐转变为面向实体和数字两个市场的社区型企业。二维市场对社会经济发展的价值存在于对每个参与者的能力释放，也存在于参与者与参与者之间建立的广泛连接之中。因此，形成广泛连接的平台是开发数据要素的重要途径，而"连接"也是数字经济时代的重要资源，企业需要像在工业时代利用自然资源一样，大量开发连接资源，建设数字平台型企业。

2.4　小结

　　本章深入探讨了人工智能等数字技术所带来的认知革命，特别是数字哲学在人类社会演进中的作用。数字化转型不仅改变了企业经营模式，也促进了社会治理、宏观经济和个人生活方式的变革。

　　本章也探讨了工业经济向数字经济演化的东西方哲学的数字逻辑。数字经济的基础生产资料是数据,这与传统依赖自然资源的工业经济形成鲜明对比。数字经济并不是数字技术和传统产业的简单叠加,而是利用数字技术以及互联网平台,让数字市场与传统行业进行深度融合,用数字思维引领人类产业的创新发展。数字思维代表了新社会形态下对世界的再认识,即充分发挥数字技术在社会资源配置中的优化和集成作用,将数字创新成果深度融合于社会经济系统的各个领域,提升全社会的创新力和生产力,形成更广泛的以数字基础设施和数字技术为主要生产工具的经济发展新形态。

数字经济不仅改变了财富创造的方式,也对社会治理模式提出了新的挑战。数字经济的社会基础是人群在实体和数字两个空间中的聚集,实体空间以树状结构为主,数字空间以网状结构为主。而人群的新行为特征创造了大量新的消费模式,其中数字消费成为推动数字经济发展的重要力量。企业需要适应这种变化,转变为面向实体和数字两个市场的社区型企业,通过建立广泛的连接来开发数据要素,实现数字化转型。

思考题

1. 请拓展阅读东方哲学史和西方哲学史,分析二者的异同。

2. 当人工智能开始深刻地介入并改变人们的思考与认知过程时,这将引发哪些伦理和社会问题?例如,算法决策公平性、数据隐私保护、人机责任划分等。

3. 在人工智能持续驱动的认知革命中,未来的社会结构、工作形态、教育模式乃至人类思维方式可能发生哪些重要变化?

第3章　数字中国的战略布局及发展机遇

内容提要

2023 年 2 月 27 日,中共中央、国务院印发了《数字中国建设整体布局规划》(以下简称《规划》)。《规划》强调了建设数字中国对推进中国式现代化的重要性,明确数字中国建设按照"2522"的整体框架进行布局,即夯实数字基础设施和数据资源体系"两大基础",推进数字技术与经济、政治、文化、社会、生态文明建设"五位一体"深度融合,强化数字技术创新体系和数字安全屏障"两大能力",优化数字化发展国内国际"两个环境"。人工智能的出现和不断发展,将逐步渗入数字中国建设的方方面面。当前,面对人工智能发展,我国积极顺应新一代人工智能的发展潮流,将继续从政策和产学研方面积极引导和推动人工智能发展,为人工智能前沿创新和健康发展指明方向。

本章重点

- 熟悉我国数字中国战略的形成过程;
- 掌握数字中国建设整体布局规划以及建设内容;
- 熟悉我国人工智能政策发展过程;
- 了解人工智能在数字中国建设中的重要性。

重要概念

- 数字中国:是新时代国家信息化发展的新战略,是满足人民日益增长的美好生活需要的新举措,是驱动引领经济高质量发展的新动力,内容涵盖经济、政治、文化、社会、生态等各领域信息化建设。

3.1　数字中国战略的形成过程

数字中国战略是我国政府为了适应数字时代的发展需求,推动国家治理体系和治理能力现代化,促进经济社会全面数字化、网络化、智能化发展而制定的战略规划。2000 年,时任福建省省长的习近平同志提出了"数字福建"的奋斗目标;三年后,时任浙江省委书记的习近平同志提出要加快建设"数字浙江"。这两次重要行动部署后来成为数字中国发展所依循的内在逻辑,是数字中国建设的思想源头和实践起点。

2000 年,时任福建省省长的习近平敏锐捕捉到信息化发展的趋势,作出建设"数字福建"的批示。批示仅半个月后,"数字福建"就被写入福建省委提出的"十五"计划纲要建议。这也是"数字福建"的首次公开亮相。两个月后,习近平主持召开省政府专题会议,决定成立"数字福建"建设领导小组,并担任组长。"数字福建"开启福建推进信息化建设的进程,由此拉开了建设数字中国的序幕。

2003年，时任浙江省委书记的习近平指出，要坚持以信息化带动工业化，以工业化促进信息化，加快建设"数字浙江"。对浙江而言，"数字浙江"拉开了浙江经济新的发展格局，启动了浙江经济发展的主引擎。

党的十八大以来，以习近平同志为核心的党中央高度重视网络安全和信息化工作，高瞻远瞩，作出建设网络强国、数字中国的战略部署，推动我国信息化发展发生了历史性变革。2015年12月，习近平总书记在第二届世界互联网大会开幕式上首次正式提出推进"数字中国"建设的倡议，开启了数字中国建设新征程。其后，习近平总书记不断为数字中国建设把舵定向，不仅标定了前进路径，而且擘画了清晰未来。2017年10月，党的十九大报告明确提出要建设数字中国。这是"数字中国"首次被写入党和国家纲领性文件。2018年4月，习近平总书记在致首届数字中国建设峰会的贺信中强调，加快数字中国建设，就是要适应我国发展新的历史方位，全面贯彻新发展理念，以信息化培育新动能，用新动能推动新发展，以新发展创造新辉煌。2021年12月，中央网络安全和信息化委员会印发《"十四五"国家信息化规划》，明确指出：到2025年，数字中国建设取得决定性进展，信息化发展水平大幅跃升，数字基础设施全面夯实，数字技术创新能力显著增强，数据要素价值充分发挥，数字经济高质量发展，数字治理效能整体提升。

2023年2月，中共中央、国务院印发了《数字中国建设整体布局规划》，数字中国建设有了里程碑意义的顶层设计和整体谋划。《规划》指出，建设数字中国是数字时代推进中国式现代化的重要引擎，是构筑国家竞争新优势的有力支撑。加快数字中国建设，对全面建设社会主义现代化国家、全面推进中华民族伟大复兴具有重要意义和深远影响。《规划》从全局和战略高度，构建了新时代数字中国建设的整体战略，擘画了数字中国建设的时间表、任务书、路线图，为各地区各部门推进数字化发展提供了根本遵循。

3.2　从"十四五"规划到数字中国建设整体布局规划

2021年3月，《中华人民共和国国民经济和社会发展第十四个五年规划和2035年远景目标纲要》（以下简称《十四五规划》）公布。《"十四五"规划》重点提出：加快数字化发展，建设数字中国，迎接数字时代，激活数据要素潜能，推进网络强国建设，加快建设数字经济、数字社会、数字政府，以数字化转型整体驱动生产方式、生活方式和治理方式变革。《"十四五"规划》深刻阐明了加快数字经济发展对于把握数字时代机遇，建设数字中国的关键作用。

《"十四五"规划》明确指出打造数字经济新优势、加快数字社会建设步伐、提高数字政府建设水平和营造良好数字生态四大领域的重要任务。数字经济领域，2022年1月，国家发改委正式印发《"十四五"数字经济发展规划》，从顶层设计上明确了我国数字经济发展的总体思路、发展目标、重点任务和重大举措，是"十四五"时期推动我国数字经济高质量发展的行动纲领；数字政府领域，2022年6月，国务院正式印发《关于加强数字政府建设的指导意见》，系统谋划了数字政府建设的时间表、路线图、任务书；数字生态领域，习近平总书记强调，要"深化人工智能等数字技术应用，构建美丽中国数字化治理体系，建设绿色智慧的数字生态文明"。建设绿色智慧的数字生态文明，是实现经济转型升级和高质量发展的内在要求。

党的二十大报告指出,要加快建设网络强国、数字中国。建设数字中国是数字时代推进中国式现代化的重要引擎,是构筑国家竞争新优势的有力支撑。

2023 年 2 月,中共中央、国务院印发《数字中国建设整体布局规划》,数字中国建设有了里程碑意义的顶层设计和整体谋划。《数字中国建设整体布局规划》按照夯实基础、赋能全局、强化能力、优化环境的战略路径,明确了数字中国建设"2522"的整体框架,从党和国家事业发展全局的战略高度作出了全面部署。

从《"十四五"规划》到《数字中国建设整体布局规划》,我国建设数字中国的脉络和重点内容逐步清晰。作为党的二十大后我国信息化领域的首个全面规划,《数字中国建设整体布局规划》着眼党和国家事业发展全局,首次提出新时代数字中国建设的整体布局,将建设数字中国上升到"是数字时代推进中国式现代化的重要引擎,是构筑国家竞争新优势的有力支撑"的战略高度。

3.3　数字中国建设的内涵

《数字中国建设整体布局规划》明确,数字中国建设按照"2522"的整体框架进行布局,即夯实数字基础设施和数据资源体系"两大基础",推进数字技术与经济、政治、文化、社会、生态文明建设"五位一体"深度融合,强化数字技术创新体系和数字安全屏障"两大能力",优化数字化发展国内国际"两个环境"。图 3-1 为数字中国建设整体框架示意图。

图 3-1　数字中国建设整体框架示意图

3.3.1 "两大基础"

《规划》指出,要夯实数字中国建设基础。一是打通数字基础设施大动脉。加快 5G 网络与千兆光网协同建设,深入推进 IPv6 规模部署和应用,推进移动物联网全面发展,大力推进北斗规模应用。系统优化算力基础设施布局,促进东西部算力高效互补和协同联动,引导通用数据中心、超算中心、智能计算中心、边缘数据中心等合理梯次布局。整体提升应用基础设施水平,加强传统基础设施数字化、智能化改造。二是畅通数据资源大循环。构建国家数据管理体制机制,健全各级数据统筹管理机构。推动公共数据汇聚利用,建设公共卫生、科技、教育等重要领域国家数据资源库。释放商业数据价值潜能,加快建立数据产权制度,开展数据资产计价研究,建立数据要素按价值贡献参与分配机制。

数字基础设施和数据资源构成支撑数字中国的"一硬一软"两个基础。数字基础设施是数字中国的底座。数据资源是数字中国的核心要素。《规划》对数字基础设施布局进行系统优化,提升数字经济基础设施的建设水平,打好数字中国建设基础。另一方面,《规划》反复提及数据要素的重要价值,在推动公共数据资源汇集与释放商业数据价值方面进行布局,助推经济高质量发展和产业优化升级。

3.3.2 "五位一体"

《规划》指出,要全面赋能经济社会发展。一是做强做优做大数字经济。培育壮大数字经济核心产业,研究制定推动数字产业高质量发展的措施,打造具有国际竞争力的数字产业集群。推动数字技术和实体经济深度融合,在农业、工业、金融、教育、医疗、交通、能源等重点领域,加快数字技术创新应用。支持数字企业发展壮大,健全大中小企业融通创新工作机制,发挥"绿灯"投资案例引导作用,推动平台企业规范健康发展。二是发展高效协同的数字政务。加快制度规则创新,完善与数字政务建设相适应的规章制度。强化数字化能力建设,促进信息系统网络互联互通、数据按需共享、业务高效协同。提升数字化服务水平,加快推进"一件事一次办",推进线上线下融合,加强和规范政务移动互联网应用程序管理。三是打造自信繁荣的数字文化。大力发展网络文化,加强优质网络文化产品供给,引导各类平台和广大网民创作生产积极健康、向上向善的网络文化产品。推进文化数字化发展,深入实施国家文化数字化战略,建设国家文化大数据体系,形成中华文化数据库。提升数字文化服务能力,打造若干综合性数字文化展示平台,加快发展新型文化企业、文化业态、文化消费模式。四是构建普惠便捷的数字社会。促进数字公共服务普惠化,大力实施国家教育数字化战略行动,完善国家智慧教育平台,发展数字健康,规范互联网诊疗和互联网医院发展。推进数字社会治理精准化,深入实施数字乡村发展行动,以数字化赋能乡村产业发展、乡村建设和乡村治理。普及数字生活智能化,打造智慧便民生活圈、新型数字消费业态、面向未来的智能化沉浸式服务体验。五是建设绿色智慧的数字生态文明。推动生态环境智慧治理,加快构建智慧高效的生态环境信息化体系,运用数字技术推动山水林田湖草沙一体化保护和系统治理,完善自然资源三维立体"一张图"和国土空间基础信息平台,构建以数字孪生流域为核心的智慧水利体系。加快数字化绿色化协同转型。倡导绿色智慧生活方式。

相较于《"十四五"数字经济发展规划》来说,《数字中国建设整体布局规划》涉及范围远远超出经济领域,强调推进数字技术与经济、政治、文化、社会、生态文明建设"五位一体"深度融合。全面赋能"五位一体"总体布局关键在"充分"。

3.3.3　"两大能力"

《规划》指出,要强化数字中国关键能力。一是构筑自立自强的数字技术创新体系。健全社会主义市场经济条件下关键核心技术攻关新型举国体制,加强企业主导的产学研深度融合。强化企业科技创新主体地位,发挥科技型骨干企业引领支撑作用。加强知识产权保护,健全知识产权转化收益分配机制。二是筑牢可信可控的数字安全屏障。切实维护网络安全,完善网络安全法律法规和政策体系。增强数据安全保障能力,建立数据分类分级保护基础制度,健全网络数据监测预警和应急处置工作体系。

数字技术创新和数字安全屏障组成数字中国建设两大关键能力。抓住了创新,就抓住了牵动数字中国建设全局的核心;没有基础的网络安全、数据安全,就没有国家安全,坚守住安全,数字中国建设方能行稳致远。强化"两大能力"关键在"协同"。

3.3.4　"两个环境"

《规划》指出,要优化数字化发展环境。一是建设公平规范的数字治理生态。完善法律法规体系,加强立法统筹协调,研究制定数字领域立法规划,及时按程序调整不适应数字化发展的法律制度。构建技术标准体系,编制数字化标准工作指南,加快制定修订各行业数字化转型、产业交叉融合发展等应用标准。提升治理水平,健全网络综合治理体系,提升全方位多维度综合治理能力,构建科学、高效、有序的管网治网格局。净化网络空间,深入开展网络生态治理工作,推进"清朗""净网"系列专项行动,创新推进网络文明建设。二是构建开放共赢的数字领域国际合作格局。统筹谋划数字领域国际合作,建立多层面协同、多平台支撑、多主体参与的数字领域国际交流合作体系,高质量共建"数字丝绸之路",积极发展"丝路电商"。拓展数字领域国际合作空间,积极参与联合国、世界贸易组织、二十国集团、亚太经合组织、金砖国家、上合组织等多边框架下的数字领域合作平台,高质量搭建数字领域开放合作新平台,积极参与数据跨境流动等相关国际规则构建。

公平规范的数字治理生态和开放共赢的数字领域国际合作格局构成数字中国建设"两大环境"。一方面,数字治理生态是数字中国健康可持续发展的重要保障;另一方面,面对国际数字经济的竞争与发展,积极营造数字合作互利共赢的全球数字发展环境,是我国把握数字化发展机遇、主动应对挑战的重要举措。

3.4　数字中国建设中的人工智能

我国很早就注意到了人工智能技术在数字中国建设中可以发挥重要作用,早在 2017 年 2 月,国务院印发了《新一代人工智能发展规划》,这是我国在人工智能领域中的首个系统部署的文件,也是面向未来打造我国先发优势的顶层设计文件,将人工智能正式上升为国家战略,提出了面向 2030 年我国新一代人工智能发展的指导思想、战略目标、重点任务和保障措施。

自 2017 年《规划》颁布后,我国人工智能政策进入密集发布期,在各部委层面陆续出台了关于人工智能产业的发展规划、行动计划、实施方案等政策。2018 年 4 月,教育部发布《高等学校人工智能创新行动计划》,从"优化高校人工智能科技创新体系""完善人工智能领域人才培养体系"和"推动高校人工智能领域科技成果转化与示范应用"三个方面着力推动高校人工智能创新。2020 年 7 月,国家标准化管理委员会等五部门印发《国家新一代人工智能标准体系建设指南》。2022 年 07 月,科技部等六部门联合印发了《关于加快场景创新以人工智能高水平应用促进经济高质量发展的指导意见》,统筹人工智能场景创新。同年 8 月,科技部又公布了《关于支持建设新一代人工智能示范应用场景的通知》,支持建设包括智慧农场、智能港口在内的 10 个人工智能示范应用场景。

2021 年 3 月发布的《中华人民共和国国民经济和社会发展第十四个五年规划和 2035 年远景目标纲要》提出:加强关键数字技术创新应用,聚焦高端芯片、操作系统、人工智能关键算法、传感器等关键领域;加快推动数字产业化,培育壮大人工智能、大数据、区块链、云计算、网络安全等新兴数字产业。在加强网络安全保护方面,规划提出:加强网络安全关键技术研发,加快人工智能安全技术创新,提升网络安全产业综合竞争力。在强化国家战略科技方面,规划提出:聚焦量子信息、光子与微纳电子、网络通信、人工智能、生物医药、现代能源系统等重大创新领域组建一批国家实验室;瞄准人工智能、量子信息、集成电路、生命健康、脑科学、生物育种、空天科技、深地深海等前沿领域,实施一批具有前瞻性、战略性的国家重大科技项目。

面对生成式人工智能的快速发展,2023 年 7 月,国家网信办联合国家发展改革委、教育部、科技部、工业和信息化部、公安部、广电总局公布《生成式人工智能服务管理暂行办法》(以下简称《暂行办法》),自 2023 年 8 月 15 日起施行。《暂行办法》旨在促进生成式人工智能健康发展和规范应用,维护国家安全和社会公共利益,保护公民、法人和其他组织的合法权益。同年 11 月,为推动智能网联汽车产业高质量发展,工业和信息化部等四部门部署开展智能网联汽车准入和上路通行试点工作;2024 年 1 月,国家数据局发布的《"数据要素×"三年行动计划(2024—2026 年)》政策中,提出支持龙头企业推进运输高质量数据集建设和复用,培育行业人工智能平台和人工智能工具。

随着数字经济的全面发展和数字中国建设的深入,人工智能的积极作用越来越凸显。近年来我国一系列政策的出台,为人工智能前沿创新和健康发展指明了方向。在中央政府出台的政策文件中,政策主题由引导人工智能发展向加强人工智能治理和人工智能应用转变,人工智能政策较为强调人工智能技术在各个行业场景的应用,力图推动人工智能产业深入影响数字中国各个领域的建设。

3.5 小结

推动数字中国建设,是紧紧抓住经济全球化和信息技术革命历史机遇、推动经济建设新旧动能加速转换、抢占新一轮科技竞争制高点的迫切需要。

《"十四五"规划》已对建设"数字中国"作出重要部署,随后的《数字中国建设整体布局规划》进一步为加快建设数字中国提供了顶层设计和战略指引。数字中国建设是数字时代推进中国式现代化的重要引擎,对于全面建设社会主义现代化国家、全面推进中华民族伟大复兴具有重要意义。我们要审时度势、精心谋划,在加强统筹协调、推进协同创新、营造良好生态等方面持续发力,加快推进数字中国建设。

思考题

1. 请思考教育在数字中国建设中的角色定位和发挥作用。

2. 请举出在数字中国战略的框架下,未来进一步优化人工智能技术的研发环境与产业布局的措施。

3. 在全球数字化竞争背景下,我国如何借助人工智能技术研发与应用,增强在数字领域的国际竞争力?

4. 我国提出了数字丝绸之路倡议,请思考我国如何利用人工智能深化数字经济合作,共同推进全球数字经济发展。

第4章 基于人工智能的数字经济总体架构

内容提要

本章首先对数字经济的理论基础进行了分析,介绍了数字经济的基本概念到五因素模型,以及数字经济对经济活动的重新定义和对企业运营模式的重构;随后拆解分析了数字经济的技术架构和市场架构;最后结合数字中国建设的相关要求,以及《"十四五"数字经济发展规划》等政策提炼本书的数字经济建设内容。本书第5章至第12章的内容是按照数字经济理论基础的分析和数字经济建设的内容来安排的。

本章重点

- 掌握数字经济理论基础;
- 了解数字经济技术架构;
- 了解数字经济市场架构;
- 掌握数字经济建设内容。

重要概念

- 数字技术基础设施:是指为了支撑数字经济发展而建立的硬件技术基础设施,包括通信网络基础设施、以人工智能为代表的新一代信息技术基础设施、算力基础设施等。

- 数字经济基础设施:是指为了支撑数字经济运营而建立的经济系统规范和规则,它是生产关系变革的集中体现。数字经济基础设施强调数字经济运行所需要的基础制度体系,是与新质生产力相适应的新质生产关系的体现,它包括支撑数字经济运行的数字信用体系、数据流通市场、数据资产管理体系等。

- 数字需求:是拉动数字经济发展的根本,是数字经济发展的核心因素。数字内需是指在技术基础设施和经济基础设施基础之上,针对人群生活的数字空间,企业所能提供的以数据要素为基础的各类需求。数字需求创新是数字商业模式创新的基础,也是数字供给的源泉所在。

- 数字供给:是指在数字基础设施支持下,企业充分考虑市场中不断涌现的数字需求,通过把数据要素融入企业的方方面面,基于数据来创新产品和服务,进而改变企业经营的战略方向和商业模式,实现产业数字化和数字产业化的融合发展。数字供给是数字经济的直接体现,也是企业数字化转型的主要内容。

- 数字治理:体现的是一个基于数据开放共享的多方共治体系,政府将充分发挥规则制定者的作用,通过规划数字空间、建立经济基础设施、发行数字人民币、制定收益分配制度等,为数字经济的运营建立新的"四梁八柱";企业一方面是社会经济数字治理体系的基本单元,另一方面企业自身的数字治理体系建设也是至关重要的;个人也是数字治理的重要参与者,个体在数字经济中不是传统的消费者,而是个人数据的所有者,也是社会共治体系的参与者。

4.1　数字经济的理论基础

数字经济是人类经济发展的新阶段,是人类社会经济系统的全方位变革。建立以数字经济为核心的社会经济系统,需要充分开发新质生产力,摆脱传统经济增长方式和生产力发展路径,从劳动者、劳动资料、劳动对象优化组合的角度,建立数字经济的理论框架体系。

4.1.1　数字经济基本概念

自 1996 年唐·泰普斯科特(Don Tapscott)提出"数字经济"这一术语以来,关于数字经济的定义有很多种,但很难有统一看法。比较具有共识的数字经济定义是 G20 杭州峰会通过的《二十国集团数字经济发展与合作倡议》中所提出的:"数字经济是指以使用数字化的知识和信息作为关键生产要素、以现代信息网络作为重要载体、以信息通信技术的有效使用作为效率提升和经济结构优化的重要推动力的一系列经济活动。"

我国高度重视数字经济发展。2021 年 12 月 12 日,国务院印发《"十四五"数字经济发展规划》,给出了数字经济的定义:数字经济是继农业经济、工业经济之后的主要经济形态,是以数据资源为关键要素,以现代信息网络为主要载体,以信息通信技术融合应用、全要素数字化转型为重要推动力,促进公平与效率更加统一的新经济形态。

一般认为,数字经济主要包括数字产业化和产业数字化两方面。2021 年 5 月,国家统计局公布《数字经济及其核心产业统计分类(2021)》,将数字经济产业范围确定为 01 数字产品制造业、02 数字产品服务业、03 数字技术应用业、04 数字要素驱动业、05 数字化效率提升业等 5 个大类。

数字产业化即数字经济核心产业(对应 01~04 大类),是指为产业数字化发展提供数字技术、产品、服务、基础设施和解决方案,以及完全依赖于数字技术、数据要素的各类经济活动。

产业数字化(第 05 大类)是指应用数字技术和数据资源为传统产业带来的产出增加和效率提升,是数字技术与实体经济的深度融合。

4.1.2　数字经济的五因素模型

数字经济是新质生产力发展的产物。从生产要素的角度看,农业经济的核心生产要素是土地和劳动力,工业经济的核心生产要素是劳动力、技术和资本,数字经济的核心生产要素是数字技术和数据要素。数字经济的发展离不开现代信息网络、新一代信息技术等技术基础设施的支撑。新生产力必然要求新的生产关系与之相适应,数字经济的发展必然要建构在新的生产关系之上,这就要求构建形成新生产关系的经济基础设施。技术基础设施和经济基础设施共同构成了数字基础设施,支撑数字经济发展。

供给和需求是使市场经济运行过程中平衡发展的两方面。在新质生产力和生产关系的推动下,数字经济需要通过创造数字需求来带动数字供给,数字需求是发展数字经济的核心动力。

在数字经济系统中,数字治理也是非常重要的一个因素,通过建立数字治理平台和数字公共服务体系,既为数字经济的健康运行保驾护航,也为数字经济的供需创新奠定基础规则。

也就是说,数字技术基础设施、数字经济基础设施、数字供给、数字需求、数字治理等五方面构成了数字经济的基本因素,如图 4-1 所示。

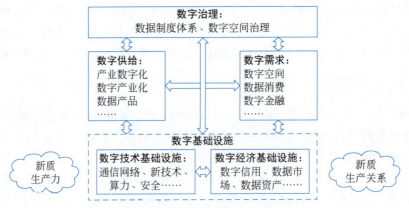

图 4-1　数字经济五因素模型

数字技术基础设施是指为了支撑数字经济发展而建立的硬件技术基础设施,包括通信网络基础设施、以人工智能为代表的新一代信息技术基础设施、算力基础设施等,这些技术基础设施是新质生产力的代表,也是开发新质生产力的技术基础。

数字经济基础设施是指为了支撑数字经济运营而建立的经济系统规范和规则,它是生产关系变革的集中体现。经济基础设施强调数字经济运行所需要的基础制度体系,是与新质生产力相适应的新质生产关系的体现,它包括支撑数字经济运行的数字信用体系、数据流通市场、数据资产管理体系等。

数字需求是拉动数字经济发展的根本,是数字经济发展的核心因素。数字内需是指在技术基础设施和经济基础设施基础之上,针对人群生活的数字空间,企业所能提供的以数据要素为基础的各类需求。这些需求从 2B 的角度,重点解决产业链模式创新、产业链效率提升、数字金融体系建立等问题;从 2C 的角度,重点解决数据消费模式创新、可信消费环境建立等问题。数字需求创新是数字商业模式创新的基础,也是数字供给的源泉所在。

数字供给是指在数字基础设施支持下,企业充分考虑市场中不断涌现的数字需求,通过把数据要素融入企业的方方面面,基于数据来创新产品和服务,进而改变企业经营的战略方向和商业模式,实现产业数字化和数字产业化的融合发展。数字供给是数字经济的直接体现,也是企业数字化转型的主要内容。

数字治理体现的是一个基于数据开放共享的多方共治体系,政府将充分发挥规则制定者的作用,通过规划数字空间、建立经济基础设施、发行数字人民币、制定收益分配制度等,为数字经济的运营建立新的"四梁八柱";企业一方面是社会经济数字治理体系的基本单元,另一方面企业自身的数字治理体系建设也是至关重要的;个人也是数字治理的重要参与者,个体在数字经济中不是传统的消费者,而是个人数据的所有者,也是社会共治体系的参与者。

4.1.3　数字经济对经济活动的重新定义

数字经济通过五因素模型重塑了整个社会经济系统,站在企业的角度,数字经济对企业经济活动的四部分内容都进行了重新定义:产品、劳动、企业和产业链(生态)。

1. 重新定义产品

数字时代,数据已经成为产品的重要属性,产品的定义已经超出了物质产品的范畴,"传统产品+数据"成为数字产品的新形态。例如,产品上的二维码蕴含了产品的数据属性,用户通过手机扫描二维码,就可以了解与该件产品相关的所有数据,这些数据与该件产品具有依存性,也就是不同的传统产品看到的数据可以是不同的。消费者购买该件产品的数据,满足的是消费者对产品真实性、可靠性等方面的需求。同时,产品数据平台也是用户和厂家交流的平台,通过扫描二维码用户可以发表自己对产品的意见和建议,让消费者直接参与到产品的设计、生产和服务过程。通过运营具有数据属性的产品,企业一方面获得了数据价值的增值,另一方面也可以通过收集、整理、分析产品所带来的海量数据,更精准地了解市场需求,从而创新出更符合市场需要的产品和服务。

2. 重新定义劳动

劳动是生产力的重要组成,是社会发展的内在动力基础。在数字经济时代,数字生产力(数字劳动)的构成要素与传统生产力(传统劳动)发生了重大变化。如果说人类在农业经济时代的生产力主要要素构成是牲畜、土地、农民;在工业经济时代的生产力构成是机器、工厂、工人。那么相对应地,在数字经济时代的数字生产力构成可以概括为以算法为代表的数字技术(劳动资料)、以连接为代表的数据要素(劳动对象)、以分析师为代表的数字劳动者(劳动者)。数字技术是一种全面影响人类社会进程的科学技术,是先进生产力中最为突出的代表,包括了通信网络基础设施、数字产品、算法等内容,其中算法在数据要素的开发过程中显得至关重要,因此它也是数字经济时代的最主要的生产工具。数字经济的劳动对象不再只是实体空间中的农田、机器,而是数字空间中基于可信数据要素建立起来的各种连接,万物互联、人物互联,使得世界在数字空间中成为一个整体,并为劳动者提供了完全不同的劳动对象。数字空间的劳动者可以是数据分析师、程序员、算法工程师、虚拟产品设计师等,他们运用新生产工具,不断激活数据要素的潜在价值,满足人类日益增长的数字消费,创造实体和数字两个空间的人类财富。

3. 重新定义企业

数字经济所面对的是实体和数字两个经济发展空间,经济的主要载体——人群也不再只存在于实体之中,数字空间里同样有人群、同样也有面向数字人群的经济活动。由于人类同时在两个空间中进行经济活动,于是使得数字经济也必然在数字和实体两个空间中相互融合地展开。如果把实体空间和数字空间看作是数字市场的两个维度,数字市场就是一个二维的市场结构。也就是说,数字经济时代的企业需要兼顾实体和数字两个市场,在实体市场上延续并创造和满足新的实体需求,同时企业还要在数字层面努力释放大量的数字需求。横跨实体和数字两个空间的企业,我们把它称为社区型企业。社区型企业能够把实体空间中分布于不同城市的员工、合作伙伴、消费者等用数字空间中的社区方式整合起来，并用数字空间的数据共享规则，把所有成员连接在一起，通过连接为社区成员创造大量新价值。

4.重新定义产业链

当企业走向数实融合的二维市场，传统的产业链也发生了重构，原有的链条变成了广泛连接的网络，产业链也就变成了产业互联网。当传统产业的产品具有了数据属性之后，这些企业就有了对产品数据联网管理的需求，合作伙伴就有了智能交易的需求，终端消费者就有了对产品数据的联网认证的需求，等等，而这些需求是传统产业链难以满足的，需要构建产业互联网来满足这些需求。产业互联网不同于消费互联网，是以信用为核心、以数据共享为基础、以智能合约为手段建立起来的产业数字生态，通过产业互联网可以实现产业生态的数据透明化运营，从而大大降低交易成本，提高产业生态协同创新的能力。

4.1.4　数字经济重构企业的运营模式

数字经济通过重新定义产品、劳动、企业、产业链，正在推动传统产业的运营模式走向产业互联网，从而改变这些企业的运营模式。数字经济时代企业的运营模式可以概括为"四新"：以数据要素为新生产资料，以人工智能为新生产工具，以数字空间为新发展领域，以数据资产为新价值源泉，如图 4-2 所示。

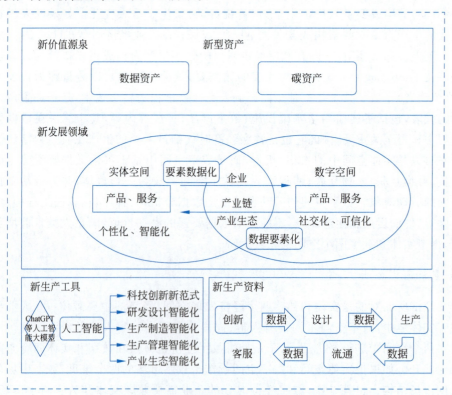

图 4-2　数字企业运营模式的"四新"特征

1. 以数据要素为新生产资料

数据作为新生产资料参与到实体经济转型发展的全生命周期中,企业的创新、设计、生产、流通、服务等各个环节都要利用数据生产资料进行变革,创造基于数据要素的产品,用以满足市场的数字需求。

2. 以人工智能为新生产工具

人工智能技术带来了新的科技革命,基于人工智能开发的新工具正在成为劳动者的新技能、企业经营的新手段。"人工智能大模型＋大数据"是企业科技创新的新范式,企业的研发设计、生产制造、生产管理等方面,都在人工智能助力下发生着革命性改变。

3. 以数字空间为新发展领域

数字空间是人类开展社会经济活动的新领域,它既是企业的新市场空间也同时是新的运营场所。数字空间的开发是基于下一代互联网(Web 3.0)技术和数据基础设施,把政府、企业、个人的大量社会经济活动转移到这一空间中,通过建立数字空间中的社会和经济系统运行规则,为人类创造新的价值。数字空间突破了实体空间的制约,可以满足人类社会跨时空的交流需要,因而需要政府加强数字空间的治理能力,企业要能够利用这一空间进行数字化转型,个人通过两个空间的融合提高数字生存能力。

4. 以数据资产为新价值源泉

随着数据要素全面融入社会经济系统,企业的经营内容被重新定义,数据一方面成为新资产,可以被开发成数据产品,另一方面传统产品也与数据融合创新出新产品、开发出新运营模式。数据逐渐成了人类社会的一个新价值源泉,无论是政府还是企业都在探索下一步数据资产的运营模式,创新开发巨大规模数据市场的方式方法。

4.1.5　从数字经济五因素模型看我国发展数字经济的优劣势

基于数字经济的五因素模型,可以从技术基础设施、经济基础设施、数字需求、数字供给、数字治理等五方面比较和分析我国与其他国家在数字经济领域的发展优劣势。

1. 技术基础设施方面

从核心数字技术研发能力上看,发达国家有较大的优势,但从支撑数字经济的系统性技术基础设施来看,中国正在通信网络、工业互联网、卫星互联网、算力网等领域形成规模化布局,尤其是在 5G 网络建设等方面甚至领先全球。虽然我国在人工智能算力、云计算基础设施、区块链基础设施等方面相对落后,但我国可以通过充分发挥丰富应用场景、海量数据和庞大市场潜力优势,在应用实践中不断总结和探索,努力实现技术上从跟随到追赶再到超越。

案例： 在生成式人工智能（Artificial Intelligence Generated Content，AIGC）领域，当前国内的文心一言、通义千问等模型要比美国的 ChatGPT、Gemini、Sora、Claude 等落后 1～2 个代差，但大模型的训练离不开数据，而我国在某些领域的数据积累优于美国，这些数据可以让我们把大模型较快地应用起来，如短视频、直播带货平台等的数据可以让大模型迅速在数字营销领域取得突破。

2. 经济基础设施方面

发达国家在微观的企业生产关系变革方面积累了较多经验。中国则在国家主导的宏观社会生产关系变革方面优势明显。

数字经济发展的核心是数据要素市场的构建，一个经济体要通过一系列制度重塑，从宏观上建立支撑数据要素的可信、公平、安全流动的经济环境。中国的新型举国体制，为构建全国统一的数据流动平台、数字信用体系、数据资产互认体系和交易体系奠定了重要的制度基础，这是我国发展数字经济的重要优势所在。目前，我国已经在覆盖全国的数字经济基础设施上做了大量布局，随着全国数字信用体系、数据资产相关法规等方面的不断完善，中国的制度优势将更好地转化为数字经济发展的宏观生产关系优势。发达国家企业具有很强的创新能力，微软、苹果、Alphabet、Meta 等公司走在公司级生产关系变革的前列。中国企业需要认真学习，并借助中国社会生产关系变革的宏观优势，主动打造面向数字产业生态的新型生产关系。通过激活数据要素，用人工智能等新技术释放生产关系各个环节的新需求，建立全新的奖惩机制，从而改变企业生产的组织方式、创造新的产品交换模式、创新社会成员参与分配的方式。

3. 数字需求方面

发达国家因其全球技术和经济的引领者地位，在创造全球数字经济新需求方面有优势。中国则在文化、人口和产业门类等方面具有突出优势，数字需求潜力巨大。

需求是数字经济发展的重要动力。发达国家因为其在产业领域积累的全球引领者地位，无论是在数字产业化还是产业数字化领域，都有创造数字需求的强大能力。中国一方面要做好数字内需的挖掘和释放工作，同时也要牢牢把握全球产业链重塑的机遇，积极参与全球数字需求的创造。国家级数据体系、信用体系等建成后，围绕新兴产业和传统产业数字化转型，会产生大量数字新需求。这些需求具有鲜明的数据要素特征，同时也具备突出的文化、地域特征。中国拥有源远流长的中华文化、规模巨大的人口条件以及门类齐全的工业产业，在创造数字需求方面有巨大空间，在一、二、三产业的各个领域都拥有巨大的数字化发展潜力。

4. 数字供给方面

发达国家企业级的数字供给能力举世瞩目、优势明显，中国大量企业还需要认真学习、努力追赶。但是，数字经济时代的供给，已经超出了工业时代、互联网时代的定义，产品和服务都开始内生出"实体＋数据"两部分内容。如前所述，产品定义的变化使得数字经济的竞争更多聚焦于产业互联网的竞争，这种产业生态的重塑，无论对发达国家还是发展中国家都是全新事物。中国在产业生态级的数字供给上并不落后,尤其是一些传统产业生态,在激活数据要素之后,具有明显的地域性特点,如果打造具有国际竞争力的产业互联网平台是中国各级政府和企业要抓住的机遇。

5. 数字治理方面

数字治理是数字经济正常运营的保障。发达国家作为发达市场的代表,其经济系统市场化运营历史悠久、经验丰富,与数字经济相关的立法具有一定优势。但如前所述,数字经济时代的要素市场、基础设施、供给和需求等都发生了根本性转变,相对应的很多治理问题也都是全新的。在数字经济这个全新领域,中国的宏观治理并不落后于发达国家,比如在数据要素治理制度方面,中国的布局还具有一定领先性。

4.2 数字经济的技术架构

数字经济的内涵宽泛,凡是直接或间接通过数字技术利用数据来引导要素市场发挥作用,推动生产力发展的经济形态都可以纳入其范畴。因此,数字经济的技术架构也不是千篇一律的,要根据具体的数字技术和产业生态需要做相应调整。

4.2.1 基于人工智能的数字经济技术架构

基于人工智能的数字经济的技术架构如图 4-3 所示,共分为 3 个层次,最底层是技术基础设施层,中间层是经济基础设施层,最上层是行业应用层。

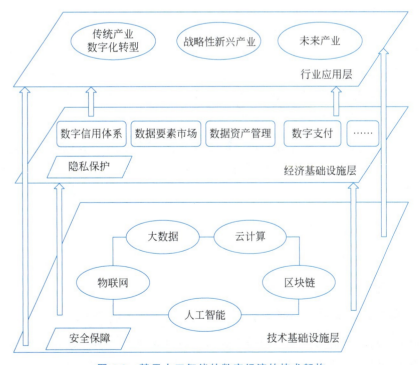

图 4-3 基于人工智能的数字经济的技术架构

1. 技术基础设施层

技术基础设施是基于新一代信息技术演化生成的基础设施。例如,以 5G、物联网、工业互联网、卫星互联网为代表的通信网络基础设施,以人工智能、大数据、云计算、物联网、区块链等为代表的新技术基础设施,以数据中心、智能计算中心为代表的算力基础设施等。除了通用性的技术基础设施,还需充分考虑量子计算、6G、未来网络等新兴技术或者前沿技术的布局。

2. 经济基础设施层

经济基础设施是支撑经济运行的基础制度规则体系。其中,信用体系是数字经济时代市场体制的重要组成部分,也是国家数字治理体系的基础工程。数字信用基础设施,是在数据可信、共享的基础上,建立起来的对所有市场主体的行为记录与评价体系,通过数字信用体系,可以保障大量的交易过程的自动化执行,并为交易模式创新奠定基础。此外,数据是数字经济时代的新生产要素,围绕数据要素的市场化配置也需要建立相应的制度体系,如数据确权、登记制度,数据流通、交易制度、收益分配制度等。针对公共数据、企业数据和个人数据,目前从中央到地方都在建立相应的数据制度体系。例如,2023 年 8 月财政部发布了《企业数据资源相关会计处理暂行规定》,确定了企业数据资源进入资产负债表的确认范围和会计处理适用准则。经济基础设施不只是规则制度,还包括保障这些规则制度实施的技术平台,这也是建立数字经济制度体系的特点之一。

3. 行业应用层

数字经济要与实体经济深度融合,通过技术赋能建立适应数字化、网络化、智能化、绿色化发展趋势的现代产业体系。近些年来,随着数字产业化和产业数字化逐步推进,各行各业都积累了大量的生产、销售、运营等数据,建立了相关的数字平台和系统,涌现出一批新的应用和运营模式。与行业应用层对应的技术架构是产业互联网平台,通过建设产业互联网可以激活数据要素,推动传统产业转型升级、并孵化未来产业。

> **案例**:树根、忽米网是国家级跨行业跨领域工业互联网平台的典型代表,它们分别从工业互联网操作系统和工业互联网大数据的角度切入,助力不同领域、不同规模、不同需求的企业进行数字化转型,打造产业生态体系。

4.2.2 各层次技术架构的核心技术

支撑技术基础设施、经济基础设施和应用开发需要一体化的设计理念,但同时也要针对不同层次的特点选择不同的技术方案。

1. 技术基础设施层的核心技术

人工智能是技术基础设施的关键技术之一。通过构建人工智能基础设施,能够把人工智能算法应用到社会经济系统的各个应用场景,如智能推荐、自动驾驶、自然语言处理、智能合约等。

大数据是技术基础设施中建立数据基础设施的关键技术。利用大数据技术,能够开展大规模并行处理(Massively Parallel Processing,MPP)、可信计算、数据挖掘、分布式存储等,从而为数字经济中数据供得出、流得动、用得好奠定基础。

物联网通过5G、互联网等技术将各种设备连接起来,实现设备之间的通信和数据交换。物联网能有效保障数据采集的客观性、实时性,因而是数字经济底层数据采集的核心技术。目前,物联网已经被广泛应用到农业、家居、工业、交通、医疗等各个领域。

云计算是技术基础设施中数据运算的主要支撑技术。云计算以数据中心和智能计算中心为载体,将计算和存储资源从本地转移到云端,使得数据的存储和分析变得更加高效和灵活。

区块链是技术基础设施中保障数据可信性的核心技术。区块链本质上是一个去中心化的分布式存储数据库,它通过数据协议、加密算法、共识机制,把数据点对点地传输到区块中的所有其他节点,从而构建一种去中心化、不可篡改、安全可验证的数据库,建立一种点对点的信任体系。随着数据资产化进程的加速,用区块链来保障数据资产的可信性已成为必须。

数字安全技术是确保数字经济系统安全运营的基础技术。网络安全、数据安全等方面,都需要建立一个更加安全可靠的技术架构。

2. 经济基础设施的核心技术

数字信用技术体系。建立数字信用需要与传统信用体系不一样的技术支持,它包括客观数据采集、可信计算底座、交易数据确权、数据穿透等技术,其核心还是建立可信数据体系。

数据要素市场技术体系。数据要素市场的建立需要建立一个支持数据要素的确权、登记、定价、流通交易、收益分配、安全治理的技术体系。为了更好地对数据确权授权和登记,需要数据资产的封装技术,从而保障被封装数据的唯一性。数据资产的特性使得其定价技术是一个应用难点,也是目前数据要素领域的研究热点之一。流通交易市场也在探索不同的技术架构,用以支持场内外结合的流通交易模式。为了保障数据要素收益分配的公平性,建立收益分配的技术体系也至关重要。

数字支付技术。数字支付技术是支撑数字经济的关键技术之一,也是构建数字经济制度体系的核心,在数字支付领域中国的技术体系主体就是数字人民币。数字人民币改变了传统货币发行、运营的模式,由于其与数据伴生,因而应用数字人民币技术实质上是应用可信支付数据的技术。这些可信支付数据将极大改变商业流通行为,进而影响企业的数字化发展路径。

3. 行业应用层的核心技术

产业互联网。发展数字经济行业应用的一个核心技术就是产业互联网。产业互联网技术不同于消费互联网,它必须建立在可信计算的底座上,以信用为核心,构建平台上各伙伴之间的智能协同模式。产业互联网技术是互联网、经济学、系统论等学科领域的融合,必须针对具体的行业应用进行具体开发。

产业数字金融。产业数字金融理论是对传统金融理论的扬弃(详见第11章),发展产业数字金融对数字经济的应用场景开发具有重要的意义,是数据价值转化的一个重要途径。

产业链重构与优化技术。数字经济的产业链结构与传统经济相比，已经发生了巨大转变。因而需要基于数字技术来对产业链上的生产系统、物资采购、金融服务、人员调配做综合的分析优化，通过构建数据透明的产业链架构，实现"良币驱逐劣币"的现代化产业链。

> **案例**：在汽车产业，我国通过电动汽车市场的整体布局、生产线上物联网技术的使用、自动驾驶技术和车联网[①]技术的研发和使用，实现了从产品生产到产品服务的全产业链的数字化转型，这里的产品服务包括：车辆的远程诊断与维护服务、智能交通导航服务、智慧停车服务、安全驾驶辅助服务、UBI保险[②]服务、车辆的紧急救援服务、车辆的节能环保服务、商用车辆的智能物流管理等。

4.3 数字经济的市场架构

4.3.1 供需循环理论

供需理论是西方经济学中最重要的基础理论，它描述了市场上商品或服务的供应量和需求量之间的关系。在市场经济中，消费者通过购买他们想要的商品和服务来满足需求；同时，生产者通过生产商品和服务来满足市场需求。

供需理论是解释市场运作和商品价格形成的重要工具，它帮助人们理解市场中的交易和价格变动，并为经济政策的制定提供了重要的理论支撑。

传统经济形态下的供需循环和市场架构如图 4-4 所示，图中以家庭和企业为例，概要描述了传统经济中家庭和企业之间的供需循环和市场结构。

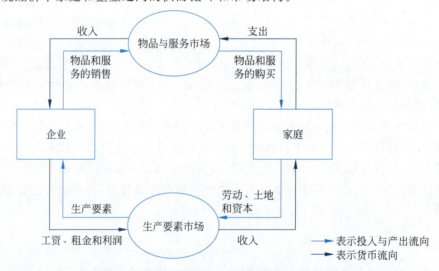

图 4-4　传统经济形态下的供需循环和市场架构

---

① 车联网（Internet of Vehicles，IoV）技术是将车辆与车辆（Vehicle-to-Vehicle，V2V）、车辆与基础设施（Vehicle-to-Infrastructure，V2I）、车辆与行人（Vehicle-to-Pedestrian，V2P）、车辆与网络（Vehicle-to-Network，V2N）等多方连接起来的综合性技术，旨在提高道路交通安全、效率和舒适度，同时促进环保节能和智能交通系统的发展。

② UBI（Usage-Based Insurance）保险：基于车联网数据的保险服务，根据驾驶员的实际驾驶行为和车辆使用情况定制保费。

对于数字经济,消费者对产品和服务提出了数字需求,如数字娱乐产品、数字工具产品、电子商务服务、社交服务等;随着消费市场需求的不断升级,供应方就会不断利用新技术生产数字商品、提供数字服务以满足市场需求。

4.3.2　我国数字经济的供需平衡

如前所述,我国数字经济的发展,创造数字需求是关键。从技术的角度来看,我国各产业对新技术的采纳普遍积极性较高,但对数字需求的创造还存在一定认知上的偏差。为此,当前阶段我国数字经济的供需平衡,要以需求创造为牵引,在政府、企业、个人三个层面释放海量的数字需求。

在围绕数字化、绿色化创造大量新需求的基础上,各产业的供给因此而发生巨大改变。**数字一产**:基于数据要素对农产品、农民、农业、农村进行重新定义,一产的数据需求将被大量激活,一产的海量数据产品保障了餐桌上的安全性和高品质,这些数据产品会扩大一产规模、实现数字乡村振兴;**数字二产**:加快推进新型工业化,利用产业互联网等工具发展数字经济、实现制造业的数字化转型。**数字三产**:激活数据要素,会带来第三产业的大量发展机遇,数字金融、数字医疗、数字文旅、数字科创等领域将会涌现大量的新供给模式。

4.4　数字经济建设内容

4.4.1　数字中国的数字经济建设内容

《数字中国建设整体布局规划》指出要做强做优做大数字经济,包括三方面内容:一是培育壮大数字经济核心产业,研究制定推动数字产业高质量发展的措施,打造具有国际竞争力的数字产业集群;二是推动数字技术和实体经济深度融合,在农业、工业、金融、教育、医疗、交通、能源等重点领域,加快数字技术创新应用;三是支持数字企业发展壮大,健全大中小企业融通创新工作机制,发挥"绿灯"投资案例引导作用,推动平台企业规范健康发展。数字经济建设内容如图 4-5 所示。

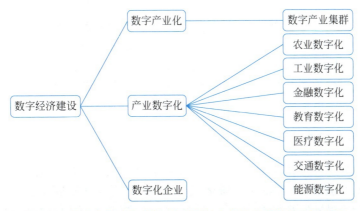

图 4-5　《数字中国建设整体布局规划》中的数字经济的建设内容

4.4.2 《"十四五"数字经济发展规划》的数字经济建设内容

2021 年 12 月 12 日,国务院印发了《"十四五"数字经济发展规划》(以下简称《数字经济规划》),给出数字经济的概念是"以数据资源为关键要素,以现代信息网络为主要载体,以信息通信技术融合应用、全要素数字化转型为重要推动力,促进公平与效率更加统一的新经济形态"。

在《数字经济规划》中,提出了我国数字经济发展现状和形式,明确了"十四五"期间我国数字经济的发展目标,并部署了优化升级数字基础设施、充分发挥数据要素作用、大力推进产业数字化转型、加快推动数字产业化、持续提升公共服务数字化水平、健全完善数字经济治理体系、着力加强数字经济安全体系、有效拓展数字经济国际合作等八方面的建设内容,如图 4-6 所示。

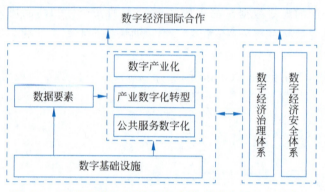

图 4-6 《"十四五"数字经济发展规划》的数字经济建设内容

1. 优化升级数字基础设施

数字基础设施是数字经济时代的基座。《数字经济规划》提出"加快建设信息网络基础设施、推进云网协同和融合发展、有序推进基础设施智能升级"三项任务。数字基础设施是数字经济发展的坚实基础,率先建设数字经济基础设施,将为后续数字经济的发展带来巨大优势。

与数字基础设施概念相对应的,就是新型基础设施的概念。在《"十四五"规划》中,明确了新型基础设施是我国现代化基础设施体系的重要组成部分,新型基础设施主要包括信息基础设施、融合基础设施和创新基础设施。数字基础设施与新型基础设施相比,更多地集中在信息基础设施和融合基础设施方面。其中,信息基础设施是数字技术发展的基础,融合基础设施体现了数字技术与产业融合后赋能传统基础设施向数字化转型的重要趋势。

2. 充分发挥数据要素作用

数据要素是数字经济的重要生产要素。《数字经济规划》提出"充分发挥数据要素作用",并在数据要素供给、数据要素市场化、数据要素开发利用机制等三方面进行了部署。当前我国数据资源规模虽然很大,但数据质量参差不齐,而且我国数据要素市场化在数据要素供给、确权、开放共享、流通、交易等多个环节方面的相关制度措施也还不完善。为了加快培育数据要素市场,2022 年 12 月,中共中央、国务院印发了《关于构建数据基础制度更好发挥数据要素作用的意见》;2023 年 8 月,财政部印发了《企业数据资源相关会计处理暂行规定》,对规范企业数据资源相关会计处理和加强相关会计信息披露具有重要意义;2024年 1 月,国家数据局等部门印发了《"数据要素×"三年行动计划(2024—2026 年)》,赋能经济社会发展。

3. 大力推进产业数字化转型

产业数字化转型是数字经济发展的主战场。"十四五"期间是我国产业数字化转型的关键时期。《数字经济规划》从企业数字化转型、重点产业数字化转型、产业园区和产业集群数字化转型三个层面展开,分别部署了数字化转型任务,并提出要"培育转型支撑服务生态"。产业数字化转型是数字经济的重要组成部分,传统产业通过数字技术应用和深度融合,提高生产效率,最终实现全链条数字化水平提升。

《数字经济规划》中另一个重点是"培育转型支撑服务生态",这是其在正式规划目标和发展任务中的首次亮相,体现了我国推动产业数字化转型生态化、体系化的决心。一方面,引导产业园区和产业集群做好产业数字化转型和服务;另一方面,重视市场化与公共服务共同驱动下的技术、资本、人才、数据等多要素支撑的数字化转型服务生态的搭建,以数字化转型服务生态来提升企业、产业和产业集群的转型意愿和实效。

4. 加快推动数字产业化

数字产业化是发展数字经济的驱动力。《数字经济规划》部署了关键技术创新、提升核心产业竞争力和加快培育新业态新模式等任务,体现了科技创新在数字经济中的重要地位。在《数字经济及其核心产业统计分类(2021)》中指出数字产业化是数字经济的核心产业,它包括数字产品制造业、数字产品服务业、数字技术应用业和数字要素驱动业共四大类产业。《数字经济规划》针对数字经济核心产业设置了"数字经济核心产业增加值占 GDP比重(%)"这一重要指标,凸显对数字产业化的重视。

5. 持续提升公共服务数字化水平

公共服务数字化是推动数字经济向普惠化、便捷化发展的重要手段。《数字经济规划》要求"持续提升公共服务数字化水平",在政务服务、社会服务、数字城乡融合发展、新型数字生活打造等方面布置了任务,突出了数字经济时代下公共服务智能化、普惠化和便捷化的发展趋势,让广大人民群众共享到服务数字化转型的发展成果,切实体会数字经济带来的改变。

6. 健全完善数字经济治理体系

数字经济治理是推进国家治理体系现代化的重要手段。《数字经济规划》对完善数字经济治理体系做出了要求:"强化协同治理和监管机制,增强政府数字化治理能力,完善多元共治新格局。"数字经济治理体系的构建是规范数字经济发展、提升政府治理能力、保障数字经济发展成果的必然要求。数字经济治理体系涵盖数字经济的方方面面,需要政府、平台、企业、行业组织和社会公众多元参与、有效协同,需要强化协同监管机制,增强政府数字化治理能力,进而提升国家数字经济治理水平,提升治理现代化水平。

7. 着力强化数字经济安全体系

数字经济安全体系是维护数字经济发展的安全屏障。 数字经济的快速发展带来了更多数字安全问题,如数据安全、信息安全、网络安全等。《数字经济规划》从网络安全防护、数据安全、防范各类风险的角度强调数字经济安全的重要性,只有筑牢安全屏障,建立起数字安全体系,才能为数字经济创造安全发展空间。

8. 有效拓展数字经济国际合作

推进数字经济国际合作是我国推动高水平对外开放、构建新发展格局、畅通双循环的重要手段。 数字经济在全球发展迅速,突破了传统地理限制,数字贸易逐步发展壮大。我国在数字经济的国际合作方面已早有布局,如"数字丝绸之路"行动的持续开展为"一带一路"倡议提供了数字化支撑,中国国际数字经济博览会已成为我国数字经济国际合作的新平台。数字经济国际合作体系将成为我国推动全球数字经济发展、构建网络空间命运共同体的重要保障。

4.4.3 五因素模型的数字经济建设内容

结合本章提出的数字经济五因素模型,本书对数字经济建设的阐述从五因素展开,即技术基础设施、经济基础设施、数字需求、数字供给和数字治理。与《数字中国》相比,本书涵盖了《数字中国》的数字产业化和产业数字化,与《数字经济规划》相比,本书涵盖了其全部数字经济建设内容,对比关系如图 4-7 所示。

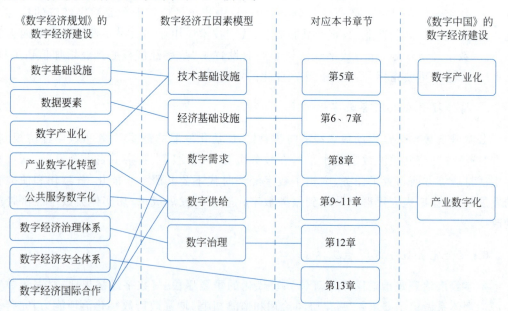

图 4-7　本书数字经济建设与《数字中国》《数字经济规划》的数字经济建设对比

第 5 章重点关注技术基础设施,从生产力的角度入手,阐述了人工智能带来的生产力变革,同时也介绍了云计算、大数据、区块链等典型的数字生产力;第 6、7 章重点关注经济基础设施,其中,第 6 章从生产关系的角度入手,阐述了人工智能带来的生产关系变革以及数字生产关系对社会的影响,第 7 章从生产要素的角度入手,阐述数据要素市场化的关键点;第 8 章重点关注数字需求,从市场需求来源于居民消费的角度入手,阐述了数字需求的重要性,并举例介绍了数字需求的典型场景;第 9～11 章重点关注数字供给,其中第 9 章从新型基础设施的角度入手阐述人工智能与数字产业化的发展,第 10 章从一产、二产、三产的角度入手阐述人工智能为产业数字化带来的发展变化,第 11 章把三产中的金融单列成章,是考虑到金融的数字化转型在数字经济中起到至关重要的作用;第 12 章重点关注数字治理,从政府职能转变的角度入手,阐述数字时代政府治理的重要性和方法方式建议。

4.5 小结

本章梳理了数字经济的基本概念,提出了数字经济的五因素模型,提出数字经济重新定义了经济活动,重构了企业发展模式,并比较了我国与发达国家发展数字经济的优劣势。随后,基于数字经济的五因素模型,分析了数字经济的技术架构和市场架构。

思考题

1. 请阐述数字经济的基本概念。
2. 请叙述数字经济如何影响经济活动。
3. 请简述数字经济的理论模型、技术架构和市场架构。
4. 结合当前数字经济发展形势,进一步思考我国数字经济建设还需要注意哪些内容。

第5章 人工智能与数字生产力

内容摘要

大力发展数字经济,促进数字经济和实体经济深度融合,是加快形成新质生产力的重点和路径之一。新质生产力是具有高科技、高效能、高质量特征,符合新发展理念的先进生产力质态。它由技术革命性突破、生产要素创新性配置、产业深度转型升级而催生,以劳动者、劳动资料、劳动对象及其优化组合的跃升为基本内涵,以全要素生产率大幅提升为核心标志,特点是创新,关键在质优,本质是先进生产力。数字生产力是新质生产力的重要组成,发展数字生产力需要在加速要素转换、科技创新驱动、促进产业升级、加快制度改革、注重人才培养等五方面发力。数字生产力具备的"五全特征"是对传统产业产生颠覆性冲击的原因所在。人工智能作为一种典型的数字生产力,其对生产力的方方面面都会产生巨大影响,劳动者、劳动资料、劳动对象在人工智能推动下,其内涵和外延都得到极大丰富。本章主要阐述新质生产力与数字生产力的内涵与特征,数字生产力的发展路径,以人工智能为代表的数字生产力以及其他典型数字技术所带来的生产力变革。

本章重点

- 理解新质生产力的内涵与发展要素;
- 理解数字生产力的内涵及特点;
- 理解人工智能带来的生产力的变化;
- 理解其他数字生产力。

重要概念

- 新质生产力:是指具有高科技、高效能、高质量特征,符合新发展理念的先进生产力质态。它由技术革命性突破、生产要素创新性配置、产业深度转型升级而催生,以劳动者、劳动资料、劳动对象及其优化组合的跃升为基本内涵,以全要素生产率大幅提升为核心标志,特点是创新,关键在质优,本质是先进生产力。
- 数字生产力:是指在数字经济时代,人类在创造财富过程中所用到的数字化工具、数字对象和数字生产者。
- "五全特征":是指"全空域""全流程""全场景""全解析""全价值"。
- "五全信息":是指结构型、动态型、秩序型、信用型、生态型的信息。

5.1　新质生产力与数字生产力

5.1.1　生产力的变革路径

1. 生产工具的进步推动生产力变革

以土地要素、劳动力要素为主的农业经济的诞生是原始社会的一场科技革命,人们利用农业工具对植物、动物进行驯化,使人们拥有了相对稳定的食物来源,让定居成为可能。

随着农业工具的进一步完善,以及人们对农业知识与经验的不断积累,劳动效率出现大幅提升,农业所得不断增加,可以供养更多人口,使得劳动力数量逐渐上升。在这一阶段,开发土地要素成为农业生产的关键。

2. 生产力变革需要与生产关系匹配

农业产出过剩之后,物物交换越发频繁,在一些地区便出现了资本主义萌芽。在新生产关系确立后,人类社会开始进入工业经济,技术要素和资本要素逐渐成为社会发展的重要要素。在瓦特改良蒸汽机以后,人类社会的机械化时代正式开启,蒸汽机也就成为适应早期资本主义社会的生产力的象征,人类生产关系开始进入以工厂为代表的阶段。

19 世纪 60 年代开始的电气革命,让电力生产力工具渗透经济社会的方方面面,大规模协作、全球化、托拉斯等成为这个时代生产关系的代表。两次世界大战之后,20 世纪 40～50 年代,随着以集成电路、计算机、互联网为核心的信息技术的快速发展,人类社会经济系统开始进入以信息技术为生产力工具的信息时代,人类的生产关系也开始走入网络化时代。

当前,数字经济高速发展,数据成为新生产要素,数字技术也成为新的生产力工具,人类的生产关系也进入了数字生产关系时代。

5.1.2　新质生产力的内涵

2023 年 9 月 7 日,习近平总书记在新时代推动东北全面振兴座谈会上首次提出"新质生产力"的概念:"积极培育新能源、新材料、先进制造、电子信息等战略性新兴产业,积极培育未来产业,加快形成新质生产力,增强发展新动能。"

2023 年 12 月 11 日至 12 日,中央经济工作会议召开,习近平总书记在会上进一步强调指出,"要以科技创新推动产业创新,特别是以颠覆性技术和前沿技术催生新产业、新模式、新动能,发展新质生产力。"

2024 年 1 月 31 日,中共中央政治局就扎实推进高质量发展进行第十一次集体学习,习近平总书记在主持学习时全面阐释了新质生产力的基本内涵:"新质生产力是创新起主导作用,摆脱传统经济增长方式、生产力发展路径,具有高科技、高效能、高质量特征,符合新发展理念的先进生产力质态。它由技术革命性突破、生产要素创新性配置、产业深度转型升级而催生,以劳动者、劳动资料、劳动对象及其优化组合的跃升为基本内涵,以全要素生产率大幅提升为核心标志,特点是创新,关键在质优,本质是先进生产力。"

1. 新质生产力的核心要素

科技创新能够催生新产业、新模式、新动能,是发展新质生产力的核心要素。必须加强科技创新特别是原创性、颠覆性科技创新,加快实现高水平科技自立自强,打好关键核心技术攻坚战使原创性、颠覆性科技创新成果竞相涌现,才能培育发展新质生产力的新动能。

新质生产力作为生产力发展到高级阶段的产物,是由技术革命性突破、生产要素创新性配置、产业深度转型升级而催生的先进生产力。新质生产力既是对马克思主义生产力理论的创新和发展,又进一步丰富了习近平经济思想的内涵,具有重要的理论意义和深刻的实践意义。

新质生产力中的"新",指的是新技术、新要素、新产业,主要强调以高新技术研发应用为主要特征、以新经济新产业新业态为主要支撑、科技创新发挥主导作用的生产力;"质"指的是高质量、多质性、双质效,体现的是生产力在信息化、数字化、智能化生产条件下因科技突破创新与产业转型升级衍生的新形式、新质态。

2. 与传统生产力的差异

新质生产力有别于传统生产力,关键在于技术创新驱动劳动者、劳动资料和劳动对象发生"质"的变革。

一是代表新质生产力的新劳动者必须具备数字素养。随着数智时代的到来,劳动者的基本劳动技能也走向数字化、智能化,劳动者基本素质必须包括基本数字技能。新质劳动者要能够充分利用现代数字技术、操作现代高端先进设备、具有知识快速迭代能力。

二是代表新质生产力的新劳动资料呈现智能化趋势。传统劳动资料与科学技术相融合,出现了无人机、生成式人工智能等一批具有颠覆性的生产工具,这在很大程度上促使整个社会的物质生产体系发生质的飞跃。

三是代表新质生产力的新劳动对象往往具备数据属性。数据作为生产要素,是人类社会全新的劳动对象;与此同时,这一劳动对象正在与传统劳动对象深度融合,让传统劳动对象具有了数据属性。

5.1.3 新质生产力与数字生产力的关系

数字生产力是指在数字经济时代,人类在创造财富过程中所用到的数字化工具、数字对象和数字生产者。如果说人类在农业经济时代的生产力构成要素是牲畜、土地、农民,在工业经济时代的生产力构成要素是机器、工厂、工人,那么相应的,在数字经济时代的数字生产力构成要素可以概括为算法、连接、分析师。数字生产力以数字技术为劳动资料、以数据要素为劳动对象、以数据劳动力为劳动者,重构了数字经济时代生产力三要素,为高质量发展提供新要素动能、新技术动力、新产业支撑。

新质生产力是数字时代更具融合性、更体现新内涵的生产力,数字生产力是新质生产力的一种具体表现形式。当数据成为新生产要素后,要素变革推动了劳动者、劳动资料和劳动对象的改变,数字技术也就成为推动新质生产力发展的主要技术。因此,从某种程度上说,**数字经济时代的新质生产力就是以数字技术创新应用为主驱动力的"数字生产力"**。

5.2　数字生产力的发展路径

党的二十大报告提出,必须坚持科技是第一生产力、人才是第一资源、创新是第一动力,深入实施科教兴国战略、人才强国战略、创新驱动发展战略,开辟发展新领域新赛道,不断塑造发展新动能新优势。加快培育数字生产力要分别从劳动者、劳动对象、劳动资料以及生产关系四点把握,通过要素转换、科技创新驱动、产业升级、制度改革、人才培养等五方面形成发展数字生产力的重要支撑。

5.2.1　加快促进数据要素赋能实体经济,提升全要素生产率

数据是数字生产力的新劳动对象,数据要素通过与传统生产要素深度融合,能够释放出更多的价值。因此,要不断挖掘数据要素赋能实体经济高质量发展的新路径,促使数据要素赋能全要素生产率的提升。

一是要加快培育数字生产力的要素市场。遵循新型生产要素的发展规律,瞄准人力、资本、技术、土地、数据等要素,探索要素市场体制机制创新的新路径。

二是要提升数据要素市场的牵引力。加强数据要素市场基础设施建设,建立算力网、智算中心、数字信用体系等基础设施,建设覆盖各区域、各行业的数据资源体系,创新数据资源管理体制机制,促进数据资产的良性发展。

三是要构建与数字生产力发展相适应的数据要素制度体系。要着力建立数据产权制度、登记制度,探索数据资产的定价模式,创新数据资产的流通交易模式、收益分配模式,建设安全可控的数据安全保障体系。通过一系列制度建设,提高数据要素在生产活动和价值创造中的作用,释放数据要素在推动经济高质量发展中的潜力。

5.2.2　坚持以科技创新为引领,强化关键核心数字技术攻关突破

科技创新是推动高质量发展的第一动力,而关键核心技术是发挥科技创新引领作用的重要抓手。为此,我们必须增强科技创新能力,在关键核心技术创新上持续发力,不断创造全新的数字生产力。

一是要发挥新型举国体制对科技创新的重要作用。重点聚焦引领未来科技发展的突破性技术和重大创新,引导各类创新主体主动对接国家重大战略需求,组建创新联合体开展原创性科学技术联合攻关。

二是要强化企业科研创新的主体地位。加强产业链龙头骨干企业在基础研究与创新突破上的引领作用,从科技需求端发力,实现科技高水平自立自强。

三是要完善科技成果转化体系。加强科技成果转化制度保障,完善科技成果转化激励政策,打造科技、产业、金融等紧密结合的创新体系,构建以企业为主体、市场为导向、产学研用深度融合的技术创新体系。

5.2.3　构建现代化产业体系,前瞻性谋划战略性新兴产业和未来产业

发展新质生产力必须构建现代化产业体系,进一步培育战略性新兴产业、前瞻布局谋划代表科技发展方向的未来产业。在构建现代化产业体系过程中,我们必须注意:

一是要利用数字技术改造升级传统产业。通过应用数字技术对传统产业进行全方位、全链条改造，推动产品的数据化、数据的产品化，建设数字化产业互联网平台，实现传统产业的数字化、网络化、智能化转型。

二是要加快战略性新兴产业集群化发展。深入推进国家战略性新兴产业集群发展工程，建立健全产业集群组织管理和专业化推进机制，加速形成创新能力强的新兴产业集群园区，着力构建新一代信息技术、人工智能、新能源、新材料、生物医药等一批有特色的产业集群。

三是要培育壮大未来产业。在准确判断前沿科技创新方向的基础上，遴选支持未来产业的重点技术领域，加强关键技术攻关。在量子计算、量子通信、神经芯片、DNA 存储、脑机接口、基因工程等领域提前布局，既要发挥新型举国体制的引领作用，也要建立市场机制，引导企业投入未来产业培育工作。

5.2.4 全面深化体制改革，营造新型数字生产关系

数字生产力作为先进生产力代表，需要与之相适应的生产关系，全面深化改革就是要不断调整生产关系使之适应新质生产力发展的需要。通过全面深化体制改革，着力打通束缚新质生产力发展的堵点卡点，让各类生产要素顺畅流动和高效配置，促使市场机制、科技创新机制与区域协调机制共同发挥作用，进而激发新质生产力的发展活力。为此需要做到：

一是营造竞争有序、高效公平的市场环境。减少行政审批，降低市场准入门槛，鼓励民间投资，拓展战略性新兴产业和未来产业发展空间。

二是全面深化科技体制改革。完善基础研究合作创新平台和科研激励机制建设，优化科技成果评价体系，提高科技成果转移转化能力。

三是加快构建区域协调发展新机制。建立区域发展战略统筹机制，健全全国市场一体化发展机制，深化区域合作机制，优化区域互助机制，创新区域政策调控机制，促进区域协调发展向更高水平和更高质量迈进。

5.2.5 加快培养数字人才队伍，全方位提高劳动者素质

人才是社会经济系统发展的主体，是生产活动的具体承担者，科学技术创新必须依靠高素质的人才队伍。要加大力度培养掌握数字生产力的战略人才和能够熟练掌握新型生产资料的应用型人才，探索多元化的人才培养模式，激发各类人才的创新活力和潜力，造就一大批掌握现代科技工具，符合新质生产力发展要求的高素质人才队伍，为发展新质生产力提供强有力的数字人才保障。

5.3 数字生产力的内涵与特征

5.3.1 数字生产力的内涵

第 5.1.3 小节介绍了数字生产力是指在数字经济时代，人类在创造财富过程中所用到的数字化工具、数字劳动对象和数字生产者。其中，数字化工具包括硬件、软件、算法等，数

字劳动对象包括数据、连接、信用等,数字生产者包括分析师、程序员、设计师等。

数字生产力构成要素可以概括为算法、连接、分析师。也就是说,数字生产力的内涵包括:

一是以算法为代表的数字技术(劳动资料)。 数字技术是一种全面影响人类社会进程的科学技术,是新质生产力中最为突出的代表。数字技术包括通信网络基础设施、数字产品、算法等内容,其中算法在数据要素的开发过程中至关重要,因此它也是数字经济时代最主要的生产工具。

二是以连接为代表的数据要素(劳动对象)。 数字经济的劳动对象不再只是实体空间中的农田、机器等,还可以是数字空间中基于可信数据要素建立起来的各种连接。万物互联、人物互联,使得世界在数字空间中成为一个整体,并为劳动者提供了完全不同的劳动对象。

三是以分析师为代表的数字劳动者(劳动者)。 数字空间的劳动者可以是数据分析师、程序员、算法工程师、虚拟产品设计师等。他们运用新生产工具,不断激活数据要素的潜在价值,满足人类日益增长的数字需求,创造实体和数字两个空间中的人类新财富。

5.3.2　数字生产力的特征

为什么数字生产力所带来的数字化平台会有如此强大的颠覆性?近些年的研究表明,这些植根于实体经济的数字化平台存在着"五全特征":全空域、全流程、全场景、全解析和全价值,并给全社会带来了"五全信息"。

"全空域"是指:打破区域和空间障碍,从天到地、从地面到水下、从国内到国际可以泛在地连成一体。

"全流程"是指:关系到人类所有生产、生活流程中每一个点,每天 24 小时不停地积累信息。

"全场景"是指:跨越行业界别,把人类所有生活、工作中的行为场景全部打通。

"全解析"是指:通过人工智能的收集、分析和判断,预测人类所有行为信息,产生异于传统的全新认知、全新行为和全新价值。

"全价值"是指:打破单个价值体系的封闭性,穿透所有价值体系,并整合与创建出前所未有的、巨大的价值链。

现代产业链通过数据存储、数据计算、数据通信跟全世界发生各种各样的联系,产生了"五全"特征,形成了产业链上的数据市场。产业链数据市场流转的信息是全产业链的信息、全流程的信息、全价值链的信息、全场景的信息,是具有巨大价值的数据资源。

产业链上的"五全信息"具有以下五个特征:

"五全信息"是结构型的信息。 数字时代所采集的"五全信息",是全样本的结构型信息,这些信息必须包含社会经济系统的各种结构性特征:产业系统要有关于产业的各种特征描述,社会系统要有社会运营的各方面数据。"五全信息"的结构性体现了"数字孪生"的概念,是企业运营、产业生态和社会系统的全样本刻画。

"五全信息"是动态型的信息。 具有五全特性的信息,是一个经济系统或社会系统运营的动态信息,每一条"五全信息"都有时间戳,体现事物在某一时刻的状态。"五全信息"积累起来可以揭晓事物的历史规律和预测未来的发展趋势。

"五全信息"是秩序型的信息。 某一个系统的"五全信息",体现了这一系统的秩序。"五全信息"既包含社会经济系统的基本制度,也包含其运营规则。也就是说,"五全信息"来自系统现有的秩序,也会帮助系统构建新的秩序。

"五全信息"是信用型的信息。 在以往的社会系统中,始终无法彻底解决全社会、全产业领域的信用问题。而进入"五全信息"社会,这些信息因为区块链等新技术的广泛应用,具有高度的可信性。基于新的信用体系,无论是金融还是其他社会经济系统都将发生更加彻底的革命。

"五全信息"是生态型的信息。 "五全信息"不是孤立存在的,而是存在于特定的社会生态、产业生态之中,是在描述特定生态里面的特定状态。各类信息之间往往存在大量关联,并以一个整体的形式展现出来。例如,"五全信息"与制造业结合就形成智能制造、工业 4.0,与物流行业相结合就形成智能物流体系,与城市管理相结合就形成智慧城市,与金融结合就形成金融科技或科技金融。

总之,在云计算、大数据、人工智能、区块链等技术的驱动下,随着中国的数字化生产关系日趋成熟,数字社会将拥有越来越多的"五全信息"。传统产业链一旦通过发展数字生产力,主动创造并利用"五全信息",就会立即形成新的产业组织方式,从而对传统产业构成颠覆性的冲击。

5.4 数字生产力的主力军:人工智能

生产力的本质在于最大程度地利用有限的资源,以最有效的方式完成特定工作任务,以实现更高的产出。如本书所述,人工智能是数字生产力的重要代表之一,应用人工智能技术将会改变传统生产力的三要素——劳动者、劳动资料、劳动对象,使它们呈现出劳动主体脑力化、劳动工具智能化、生产要素数字化的鲜明特征。

5.4.1 人工智能影响劳动者

人工智能技术改变了劳动者的工作方式,智能机器极大地替代了劳动者的体力劳动,智能算法大大提升了劳动者脑力劳动的效率、扩大了脑力劳动的范围。在实际生产过程中,基于人工智能算法的智能机器强调生产过程的系统性和智能性,劳动者不需要全程参与生产过程,生产中大部分工作都可以由智能机器来代替。每台智能机器构成一个生产模块,所有模块通过数字技术、信息处理技术实现产品生产自动化。传统劳动者将主要作为设计者。人工智能算法也大大拓展了劳动者脑力劳动的能力,劳动者原来在记忆、分析、推理上的局限性,在有了海量数据和大模型之后得到突破,从而大幅提升了劳动者的决策能力。

也就是说,人工智能的广泛应用会导致劳动需求的结构性变化,会要求劳动者具备与工业时代不一样的技能。人工智能的应用对劳动者的技能要求呈现出多样性和差异性。对于不同技能领域来说,人工智能在特定的劳动密集型职业领域的应用可能会导致这部分职位的就业需求下降;但是,人工智能也会带来大量关于数据、算法、分析等方面的新就业需求,从而为劳动者创造更多的就业岗位。

5.4.2　人工智能成为智能社会重要的劳动工具

劳动资料是劳动者置于自己和劳动对象之间、用来把自己的活动传导到劳动对象上去的物或物的综合体。劳动工具本质上就是人的外化功能体,它不只是劳动工具简单地充当劳动功能的载体,而是人的劳动功能(体力、脑力)随着科学技术发展与社会进步,以不同的形态和方式向劳动工具不断转移,这种转移形态、方式及其深度决定着人类社会具体形态。人类创造的所有工具在提高生产效率的同时,也解放了劳动自身。从石器、铁器等原始劳动工具到机械化、电气化、自动化、智能化的现代劳动工具,都是通过使用日益先进的生产工具解放了体力或脑力劳动。

人工智能使得劳动资料从模仿人类的体力劳动转向模仿人类的脑力劳动,劳动资料呈现出人类智能的属性。人工智能是当代劳动工具的典型形态,是"自动的机器体系"的演化,并从"机器自动化生产体系"转型为"智能自动化生产体系",使人类劳动工具再一次发生质变和飞跃。

人工智能是创造智能社会劳动工具的关键性技术。人工智能在当代人类生产、生活各个领域都发挥着支撑作用。通用人工智能时代,所有模型的底座都有了一个基础模式,在这一基础模式支撑下,智能计算、智能网联、智能制造、智能生产、数字人等工具,都将在人工智能驱动下得以实现,在具体劳动生产过程中,各行各业正在以通用基础大模型为基座,打造实现行业标准的专用智能大模型,并在实际生产环境中反复磨炼,真正让智能转化为生产力跃升的根本动力。

从历史来看,大工业的起点是劳动资料的革命,当机器生产进入自动机器体系阶段之后,工人与劳动工具的主客体依附关系就发生了变化,工人不再是劳动过程的主体,机器则变成劳动过程的主体,工人只是依附于机器之上的辅助者、看管者。进入人工智能时代,传统的劳动可以被人类发明出来的新一代人工智能劳动工具替代,劳动者越来越成为某些行业的辅助角色,人工智能劳动工具成为行业的主导角色。人工智能能够实现对生产过程的自主控制、检测和调整。人类不再需要站在机器旁边做辅助的工作,机器设备可以自行完成程序内设定的所有任务,甚至人们可以通过远程遥控智能系统来管理和控制机器设备的工作,真正实现生产过程的无人化。

5.4.3　人工智能扩大劳动对象范围

人工智能技术的运用扩大了劳动对象的范围。受传统生产工具和技术的限制,以及人自身知识水平的限制,人们对劳动对象的认识范围也是在不断变化的。人工智能的应用提高了人类劳动能力,提升了人的视觉、触觉和听觉能力,为了满足新的生产需求,有限物质和空间范围之外的劳动对象被创造,劳动对象范围大幅度拓展,劳动对象多样化程度提高。因此,人工智能时代,劳动对象不再单单是实实在在、有形可见的物质资料,数据、信息、虚拟世界等也将是智能时代重要的劳动对象。劳动对象的改变也将催生出数字劳动和网络劳动等非物质劳动,完成人类社会从物能性劳动向信息性劳动的转变,数据、信息、知识等劳动对象越来越成为驱动社会发展的根本力量。

5.5　其他数字生产力的典型代表

5.5.1　云计算

云计算可以被理解成一个系统硬件,一个具有巨大的计算能力、网络通信能力和存储能力的数据处理中心。数据处理中心本质上是大量服务器的集合,数据处理中心的功能、规模是以服务器的数量来衡量的。

云计算具备三个特点。第一,在数据信息的存储能力方面,服务器中能存储大量数据;第二,在计算能力方面,每台服务器实质上是一台计算机;第三,在通信能力方面,服务器连接着千家万户的手机、计算机等移动终端,是互联网、物联网的通信枢纽,是网络通信能力的具体体现。

正因为数据处理中心、云计算的硬件功能具有超大规模化的通信能力、计算能力、存储能力,服务商才能够在这些硬件的基础上,以私有云、公共云作为客户服务的接口,向客户提供数据服务。

云计算技术的发展,有助于释放各行各业生产力,实现生产力的提升:通过租用云计算服务,节约了企业自己建设和运营数据中心的成本,提高了企业的整体生产率。

5.5.2　大数据

数据是基础性资源,也是重要生产力。大数据是指一种规模大到在获取、存储、管理、分析方面大大超出了传统数据库软件工具能力范围的数据集合,需要新处理模式才能具有更强的决策力、洞察发现力和流程优化能力。大数据具备"5V"特点:Volume(容量)、Velocity(速度)、Variety(种类)、Value(价值)、Veracity(真实性)。

数据应用一般有三个步骤:数据—信息,信息—知识,知识—智慧。所谓大数据蕴含着人工智能,就在于把杂乱无章的数据提取为信息,把信息归纳出知识,通过知识的综合做出判断,这就是大数据智能化所包含的三个环节。

大数据与人工智能、云计算、物联网等技术相结合,能够让生产资料配置更高效,正在迅疾并将日益深刻地改变人们的生产生活方式。

5.5.3　区块链

区块链本质上是一个去中心化的分布式数据处理系统,它打破了原来由中心化机构授信的机制,通过数据协议、加密算法、共识机制,点对点地将数据传输到这个区块中的所有其他节点,从而构建了一种去中心化、不可篡改、安全可验证的数据库,建立了一种新的信任机制。

这种信任机制表现出五个特征。

一是开放性。区块链的技术基础是开源的,除了交易各方的私有信息被加密外,区块链数据对所有人开放,任何人都可以通过公开接口查询区块链上的数据和开发相关应用,整个系统信息高度透明。

二是防篡改性。任何人要改变区块链里面的信息,必须攻击或篡改 51% 链上节点的数据库才能把数据更改掉,难度非常大。

三是匿名性。由于区块链各节点之间的数据交换必须遵循固定的、预知的算法,因此区块链上节点之间不需要彼此认知,也不需要实名认证,而只基于地址、算法的正确性进行彼此识别和数据交换。

四是去中心化。正因为区块链里所有节点都在记账,无须有一个中心再去记账,所以它可以不需要中心。

五是可追溯性。区块链是一个分散数据库,每个节点数据(或行为)都被其他人记录,所以区块链上的每个人的数据(或行为)都可以被追踪和还原。

因此,区块链技术为社会生产活动中提供了一种新的管理方式,通过新的信任机制大幅拓展人类协作的广度和深度,同时降低了信息交易成本,引起生产力和生产关系的变革。

5.5.4　5G 基础上的无线通信

5G(第五代移动通信技术)是具备高速率、低时延、海量连接等特性的新一代宽带移动通信技术,是数据资源畅通循环的关键支撑。

根据 ITU(国际电信联盟)的定义,5G 有三大应用场景:eMBB(增强移动宽带场景)、uRLLC(低时延高可靠场景)和 mMTC(海量大连接场景)。其中:eMBB 就是在移动宽带的基础上,利用 5G 更高的传输速率为用户提供更好的网络连接服务,实现 3D/超高清视频的直播和传输等大流量移动宽带业务;uRLLC 是服务于低时延、高可靠性要求的场景,普遍应用于工业控制系统、远程医疗、无人机控制等;mMTC 是指大规模机器通信业务,不仅要求超高的连接密度,还具有分布范围广、低功耗等特点,主要面向智慧城市、智慧家居、智能物流等应用场景。

5G 不仅是万物互联的基础,还可以促进万物的信息交互,使社会生产各个环节都具备"信息"属性,从而使社会生产资料流转更畅通,为企业赋值,为产业赋能,生产效率明显提升,激发出更优质的数字生产力。

本节所讨论的数字技术的四个典型代表是一个有机结合的整体,是一个类似人体的智慧生命体。互联网、移动互联网以及物联网就像人类的神经系统,大数据就像人体内的五脏六腑、皮肤以及器官,云计算相当于人体的骨骼。没有网络,五脏六腑与骨骼就无法相互协同;没有云计算,五脏六腑就无法挂架;没有大数据,云计算就如行尸走肉、空心骷髅。有了神经系统、骨骼、五脏六腑、皮肤和器官之后,加上相当于灵魂的人工智能——人的大脑和神经末梢系统,基础的数字化平台就成形了。而区块链技术既具有人体中几万年遗传下来的不可篡改、可追溯的基因特性,又具有人体基因的去中心、分布式特性。就像更先进的"基因改造技术",从基础层面大幅度提升大脑反应速度、骨骼健壮程度、四肢操控灵活性。数字化平台在区块链技术的帮助下,基础功能和应用将得到颠覆性改造,从而对经济社会产生更强劲的推动力。

5.6　小结

数字经济高速发展,数据成为新生产要素,数字技术也成为了新生产力工具,人类的生产关系也进入了数字生产关系时代,一场新的生产力变革已然发生。新质生产力有别于传统生产力,是由技术革命性突破、生产要素创新性配置、产业深度转型升级而催生的先进生产力,关键在于技术创新驱动劳动者、劳动资料和劳动对象发生"质"的变革。数字经济时代的新质生产力就是以数字技术创新应用为主驱动力的"数字生产力",数字生产力以数字技术为劳动资料、以数据要素为劳动对象、以数据劳动力为劳动者,重构了数字经济时代生产力三要素,为高质量发展提供新要素动能、新技术动力、新产业支撑。发展数字生产力需要在加速要素转换、科技创新驱动、促进产业升级、加快制度改革、注重人才培养等五个方面发力。

传统产业链通过发展数字生产力,主动创造并利用全产业链的信息、全流程的信息、全价值链的信息、全场景的信息,"五全信息"在产业链数据市场流转,产生具有巨大价值的数据资源,对传统产业构成颠覆性的冲击。人工智能作为一种典型的数字生产力,其对生产力的方方面面都会产生巨大影响,劳动者、劳动资料、劳动对象在人工智能推动下其内涵和外延都得到极大丰富。

思考题

1. 请简述由数字生产力重塑下的社会出现了哪些重要变革。
2. 请简述还有哪些数字生产力的代表性技术。
3. 思考当前我国发展数字生产力还存在哪些阻碍和不足?如何通过改革破除发展数字生产力的阻碍?
4. 在发展新质生产力背景下,哪些新兴行业和职业将会崛起?

第6章　人工智能与数字生产关系

内容提要

马克思主义认为,物质生产力是全部社会生活的物质前提,同生产力发展一定阶段相适应的生产关系的总和构成社会经济基础。生产力和生产关系、经济基础和上层建筑相互作用、相互制约,支配着整个社会发展进程。从农耕文明到工业文明,再到数字文明,生产力与生产关系的矛盾也在不断地发展和进步。数字社会的生产力高速发展,以人工智能等技术为代表的新质生产力的出现,使得工业时代的生产关系已经不能适应新质生产力的需要,甚至在某种程度上还与新质生产力之间存在一定的矛盾。当前中国特色社会主义制度建设使得中国的生产关系逐渐走向数字化,人工智能技术的迅速发展进一步给生产关系变革带来了新的动力。中国的生产关系变革既包括宏观层面的布局,也包括微观层面的创新,这些数字化的生产关系概括起来有三个特征:数据透明、全员可信和身份对等。

本章重点
- 了解生产关系的含义、结构与变革历程;
- 熟悉数字经济时代的生产关系变革;
- 掌握数字生产关系的透明性、可信性和对等性含义;
- 理解数字生产关系对社会发展带来的变化;
- 了解人工智能对生产关系带来的影响。

重要概念
- 生产关系:生产关系也称经济关系,是指人们在物质资料的生产过程中形成的社会关系,是生产方式的社会形式,包括生产资料所有制的形式、人们在生产中的地位和相互关系、产品分配的形式等。其中,生产资料所有制的形式是最基本的,起决定作用的。生产关系概念是马克思、恩格斯提出的标志历史唯物主义形式的基本概念。
- 数字生产关系:新一代科技革命和产业变革不断演进深入下,能够匹配数字生产力、推动人类社会进入数字经济新时代的数字化生产关系。

6.1　生产关系的变革

生产力决定生产关系,生产关系对生产力具有反作用,是历史唯物主义的基本原理。马克思认为,生产力是人类社会生活和全部历史的物质基础,并且生产力与生产关系是不可分割地相互联系着的。生产关系是人们在物质生产过程中形成的不以人的意志为转移的经济关系。马克思指出:"为了进行生产,人们相互之间便发生一定的联系和关系;只有在这些社会联系和社会关系的范围内,才会有他们对自然界的影响,才会有生产。"生产关系是社会关系中最基本的关系,政治关系、家庭关系、宗教关系等其他社会关系,都受生产关系的支配和制约。

广义的生产关系是指人们在社会再生产过程中建立的各种经济关系的总和,具体包括生产、分配、交换和消费四方面的关系。在社会生产总过程中,生产、分配、交换和消费是一个相互联系、相互制约的有机整体。首先,生产是社会再生产过程的起点,起着决定性作用;其次,分配、交换和消费对生产具有反作用,即促进或阻碍生产的发展。如果分配、交换、消费适应于生产,就会促进生产的发展,否则就会阻碍生产的发展。

6.1.1 生产关系的基本要素

生产关系是一个多层次的复杂经济结构,一般包括三个基本要素:生产资料所有制关系、生产中人与人的关系和产品分配关系。

第一个基本要素是生产资料所有制。在生产关系中,生产资料所有制关系是最基本的,一切生产实践的进行必须以生产资料与劳动者的结合为前提,生产资料与劳动者的不同结合方式就构成了生产资料所有制关系。依据生产资料所有制的性质,生产关系区分为两种基本类型:公有制社会生产方式和私有制社会生产方式。以生产资料公有制为基础的生产关系的根本特征是:生产资料为劳动者共同占有,人们在生产过程中处于平等地位,在产品分配上不存在剥削。以生产资料私有制为基础的生产关系的根本特征是:生产资料归少数剥削者占有,劳动者占有很少或根本没有生产资料,并在生产中处于被剥削地位。在数字经济时代,这两种基本类型的生产关系是并存的,随着生产力的进一步发展,以生产资料公有制为基础的生产关系必将取代以生产资料私有制为基础的生产关系。生产资料所有制关系也因此成为区分社会经济结构或经济形态的基本标志。它决定生产关系的其他环节或方面,即决定不同的社会集团在生产中所处的地位以及它们之间如何交换自己的活动,决定并制约着产品的分配关系或分配方式,最终决定并制约着社会的消费关系或人们的消费形式。

第二个基本要素是人们在生产中的地位和交换关系。主要是指人们在生产过程中分别处于什么样的生产地位,以及他们之间怎样相互交换彼此的活动。生产过程中人们的地位和相互关系是由生产资料所有制形式决定的。当一部分人为别人提供自己的劳动而不能换取等量劳动产品的时候,他们之间就形成了支配与被支配、剥削与被剥削的关系。如果等量劳动能够换取等量报酬,他们之间就形成了平等的关系。

第三个基本要素是产品的分配方式。主要是指生产的产品如何进行分配,即按什么原则和标准进行分配,它反映出人们之间是剥削与被剥削的关系,还是平均主义、按劳分配以及按需要分配的关系。产品的分配方式直接由生产资料所有制决定,体现了生产资料和劳动者之间的关系,是整个社会关系的直接表现。

6.1.2 生产关系所包含的社会关系

建立在物质生产基础上的生产关系所包括的社会关系,具有以下三个层级。

第一层是最基础的"**劳动价值关系**"。在社会分工的条件下,每个人为社会上的其他人生产商品,因而其劳动对他人的生存与发展有价值,这就是"劳动价值",它构成了人与人的最基本的联系。这些价值有一部分是构筑层级化、职能化社会结构的基础,以具有等级制符号意义的各种物质产品为载体;另一部分则在民间市场以商品的使用价值为载体而表现为交换价值。在资本主义市场经济社会,商品成为最普遍的社会关系,劳动价值关系成为资本主义社会最基本的关系。

第二层是建立在"劳动价值关系"基础上的各种"经济权力关系"。生产关系所包括的各种社会关系,首先是由生产资料所有权决定的各种经济权力关系(生产、交换、分配的各种权力)。"经济权力关系"的基础是财产(特别是生产资料)的所有权关系。由人们在生产实践过程中逐渐形成的财产所有权——首先是氏族社会的集体所有权,以及后来出现的私人所有权,超越了自然物质范畴,是以物质为载体的由社会授权的社会关系。其中生产资料所有权是最基本的所有权。由这种生产资料所有权衍生出各种权力:在生产过程中形成的权力关系(如资本的经营权、在生产过程中对劳动者的支配权),在交换过程中拥有的交易权(如定价权、转让权、并购权等),以及利益分配权(如工资与股份红利的分配权等)。我国改革开放中出现的承包制生产关系,本质上是一种权力关系——经营权与所有权的关系。当代广泛实行的经理人制度也是一种权力关系——所有权与经营权关系。此外,虚拟经济与实体经济的关系——金融资本与产业资本的关系,以及虚拟经济内部大股东与小股东之间的关系,都是权力关系。

第三层是建立在前两者基础上的"经济利益关系"。人们之间的利益关系要以权力为基础,但并不等同于权力。在同一权力架构下,可以具有不同的利益格局,从而形成不同的利益关系。这种利益关系包括人们在利益上的竞争、合作、垄断、各种利益分配方式等。人们之间的竞争关系并非权力关系,而是由权力所决定的利益关系——竞争某种利益。而作为生产关系的重要形式之一的垄断,实质上是权力关系与利益关系的结合体,既基于权力,也产生了垄断利益。同样,与竞争相对立的人们之间的合作关系也是生产关系的重要内容。在企业内部所采取的各种利益分配政策与激励措施,同样是人们之间的利益关系,也应当属于生产关系。

6.1.3　生产关系的变革路径

生产力与生产关系的相互关系是:生产力决定生产关系,而生产关系反作用于生产力。生产关系是由生产力水平决定的,不以人的意志为转移;同时,也体现在社会生活中,每一个人生下来就得接受现成的生产关系作为自己生活的起点。

生产关系对生产力具有能动的反作用。主要表现为当生产关系符合生产力发展的客观要求时,对生产力的发展起推动作用;当生产关系不符合生产力发展的客观要求时,就会阻碍生产力的发展。生产力是不断发展变化的,随着新生产力的产生,已经建立起来的与旧生产力相适应的生产关系就会成为新生产力更进一步发展的障碍。此时,变革这种不适应生产力的生产关系就成为时代发展的客观要求。

从手工工具到机械化,再到近现代工业革命爆发,再到数字时代的来临,人类社会每一次生产力的变革都在引发生产关系的变革。

1. 手工工具时代

从原始社会、奴隶社会到封建社会,手工工具的发展实践经历了一个长期的过程。石器时代的原始社会,由于生产力低下,实行的是氏族公有制,人们劳动的成果基本上仅仅只是保障自己活着,没有剩余的劳动产品出现,也就基本上没有产品交换。进入奴隶社会,青铜器逐步大量使用,逐渐产生了奴隶主阶级,他们拥有对奴隶的所有权和使用权,奴隶主提供给奴隶的只是维持生命的物质,从而形成了奴隶主私有制。随着生产工具由铜器变为铁器,生产有了一定程度的发展,奴隶逐渐转变成农民,一家一户的封建制的小农经济逐渐形成,进而土地兼并不断发生,地主阶级形成,大量农民成为依附于地主的佃农,人类社会进入封建社会。

2. 机械化工业化时代

近现代工业革命爆发,机器大工业取代了手工劳动,社会大生产取代了农业社会的小生产,生产关系发生了革命性的变化。

从微观上看,生产组织发生了根本性的变化,工业企业逐渐出现,很多人分工、协作,共同完成同一产品。19世纪末20世纪初,随着生产社会化的进一步发展以及垄断组织的出现,规模庞大的垄断公司的资本的所有权与经营权分离,企业已经由职业管理者集体行使着经营管理权,资本所有者则主要掌握着宏观决策权。

从宏观上看,机械革命出现以后,社会化的大生产使企业间的社会联系产生了,这在客观上对社会管理提出了新的要求。随着生产社会化的进一步发展,机械化进一步向电气化深入,生产力的发展促进生产关系进行相应的调整。当主要资本主义国家因经济危机爆发而不愿去调整生产关系的时候,战争成了转嫁危机的一种方式。而另一种方式是实行新政,由国家对经济生活进行干预、调节和控制,形成计划与市场相结合的经济管理体制。

3. 数字时代

当前,新一代科技革命和产业变革不断演进深入,数字生产力推动了人类社会进入数字经济新时代。目前,不能匹配先进生产力的生产关系已经导致全球经济发展出现了大量问题:一方面,大数据时代使得社会向着透明、诚信、公平的方向发展,走向人类命运共同体;另一方面,立足于层级社会的单边主义、保护主义导致了大量的不公平现象,原有不够透明的生产关系形成了"劣币驱逐良币"的产业生态,这就使得传统产业的转型升级困难重重。

习近平总书记在中共中央政治局第十一次集体学习时强调:"生产关系必须与生产力发展要求相适应。发展新质生产力,必须进一步全面深化改革,形成与之相适应的新型生产关系。"新质生产力作为生产力发展质的跃迁,使人与物、人与人的相互关系发生了变化,特别是新质生产力中的"新科技""新要素"对现有生产关系构成了新挑战,冲击着生产、流通、交换和消费各个环节,要求生产关系作出必要的调适。从全社会、全产业、全供应链的角度来看,创造匹配新质生产力的数字生产关系势在必行。

6.2 数字生产关系的特点

创造数字生产关系可以从传统生产关系中的生产、交换、分配、消费等几方面入手,用数字技术改变生产的组织方式,创造新的交换模式,创新社会成员参与分配的方式、方法,释放适应数字时代的生产力的大量新消费。无论是政府职能部门,还是企业、个体劳动者,都需要重新思考自身在新生产关系中的定位,共同创造一个能够为每个人带来美好生活的公平、可信、价值最大化的生产关系。一般而言,数字化生产关系应该具备透明性、可信性、对等性三个特性。

6.2.1　透明性

作为数字经济的关键生产要素,数据能够将劳动力从简单的体力劳动中解放出来,通过不断激发人类的智力潜能促进经济高质量发展。数据驱动的生产力让各经济主体越发注重数据的价值属性,数据只有在共享、流动之中才能创造价值,但现有的生产关系限制了数据流动。所以,数字化生产关系必须能够促进数据的共享与流动。

1. 打破数据孤岛

目前,数据的总量快速上升,但海量数据并没有与应用场景深度融合,对经济增长的贡献还远远不够。

第 53 次《中国互联网络发展状况统计报告》显示,截至 2023 年 12 月,我国网民规模达 10.92 亿人,较 2022 年 12 月增长 2480 万人,互联网普及率达 77.5%,已经形成了全球规模最大、应用渗透最强的数字社会,互联网应用和服务的广泛渗透构建起数字社会的新形态:10.53 亿人看短视频,8.16 亿人看直播,短视频、直播正在成为全民新的生活方式;9.15 亿人网购,5.45 亿人叫外卖,人们的购物方式、餐饮方式发生了明显变化;5.28 亿人用网约车,4.14 亿人用互联网医疗,在线公共服务进一步便利了民众。这些海量数据蕴藏着经济发展和社会福利的巨大潜能,但这些数据资源仅在各自领域中发挥了有限的作用,并没有形成统一的市场。关键在于数据对生产力的贡献要在流通中形成,数据要以"流转"来实现价值创造的循环,而现实中的"数据孤岛"或者"数据垄断"极大地阻碍了数据潜在价值的释放。

2. 实现数据透明

大数据时代,社会各界一方面拥有海量数据,另一方面却难以建立产业生态内的数据透明。而数据不透明必然会带来不同程度的权力寻租,或者当权者的不作为,因而极大地影响社会的公平性。公平性的缺失导致了"劣币驱逐良币"的现象,从而导致了落后产能的大量存在。

在数字生产关系中,数据是透明的。这意味着在生产过程中,数据的收集、分析和使用都是公开的,所有人都可以了解并监督数据的生成过程。数据透明所带来的公平性是构建新型生产关系的基础特性,也就是哪个国家能率先利用新技术构建一个促进社会公平性的生产关系,这个国家就具备释放和发展新生产力的更大的空间。中国的新经济布局必须以促进互联网环境下的数据透明为基础,才能夯实向数字经济转型的基础。

6.2.2　可信性

信用是经济的基石,信任是组织建设的基础。全员可信的信用体系是建立新型生产关系的另一个重要基础。

1. 信用是经济的基石

信用对经济的发展具有重大的促进作用,在万物互联背景下,经济平台化、协同化已成趋势,例如,共享经济的兴起与发展就离不开信用体系的建立。绝大多数时候,共享经济的背后是典型的陌生人之间的社会交换,突破信任壁垒是共享经济或协同消费的关键。可以说,信用就是数字经济的"货币",只有当这种货币被接受时,交换才能发生。缺少信用机制,就会导致市场分配资源失去公正性,社会经济的健康运行、产业转型升级就难以进行。

2. 信任是组织建设的基础

信任是一个组织建设的基础,它嵌入了组织中的各种规则、制度、文化规范之中。和传统的机械式组织不同,一个组织生态内包含了各种各样的参与主体,各个主体之间不是靠传统组织的权力和命令来约束,而主要是依赖价值契约来进行约束。契约是刚性的,是硬实力;而信任则是柔性的,是软实力。契约与信任形成了生态组织治理的两大机制。组织信任的研究表明,信任可以显著地降低紧张关系,并提升个体绩效、团队绩效与组织绩效。更重要的是,协同的内核和基础是信任。尽管信任因素并不是合作所需的充分条件,但是信任的存在能够降低风险,减少复杂性。

从外部环境来讲,在网络式组织兴起的情境下,为了降低交易成本、防止机会主义,需要建立组织间的信任,网络式组织形成的基础也正是依赖节点间的信任。信任一直是我们为了更好地协作而付出的最小成本,各类的法律法规、合同、契约、约束机制等,其实都是为了审核信任、发展信任,以及获得信任。特别是进入万物互联时代,信任的主体在不断扩大,不仅组织内的个体高度互联,需要信任支撑,组织外的价值网络生态也要求高度信任和协同成长。组织间的信任能很好地降低各主体因不确定性和依赖产生的投机行为。生态网络体系有效运作的核心也在于信任,现在很多企业都在构建生态链、价值网络,只有建立信任后带来资源或信息输送,才能有效帮助单个企业克服"能力困境""资源孤岛""信息孤岛"等问题。

3. 构建全员可信的信用体系

全员可信是指参与社会经济活动的每一个主体(政府部门、企业、个人)都是可信的。过去25年中国经济发展过程中消费互联网发挥了很大作用,但消费互联网的发展核心是流量,信用机制不够健全;而未来中国数字经济的发展,尤其是产业互联网的布局,其核心应该是建设信用体系。数字生产关系中,数据的可信度不仅基于算法和程序,而且也取决于所有参与者的行为和决策。因此,每个参与者都需要被赋予一定的信任,他们的行为和决策都会直接影响到数据的可信度。为了维护这种信任,需要建立一套机制来对每个参与者的行为进行监督和管理。所以要抓住机遇,在各个行业生态中建立数字信用体系,从而为建立"良币驱逐劣币"的生产关系奠定基础。

6.2.3 对等性

人的价值最大化是一切商业模式和管理模式的核心。在这个百年未有之大变局中,个体力量得以充分释放,充分激发组织中的每一个个体的潜能,才能为人类创造更大的价值。

1. 身份对等

不同于工业时代的层级化、职能化生产关系,数字生产关系中的每一个成员都是对等
□□□□□□□□□□个参与者在生产过程中的权益,同时也有利于建立一种

□□□□□□□□□□经过几千年的进化,逐渐走向了尊重每个个体的文明社
□□□□□□□□□□之间的身份对等性,从而让人类社会走向了基于透明和可
□□□□□□□□□□社会。

□□□□□□□□□□术手段保证每个参与方的对等性,有助于最大限度地释
□□□□□□□□□□个经济生态创造最大化的价值。以个人为例,一旦能够
□□□□□□□□□□济生活中,个体的创造力将不会受传统岗位的限制,个体
□□□□□□□□□□立工作中,从而贡献更大价值,释放"智慧人口红利"。共
□□□□□□□□□□等性是数字化生产关系的重要组成部分。

□□□□□□"? 作为劳动力大国,中国的"人口红利"在过去很长一段
□□□□□□但自 2012 年起,我国劳动年龄人口数量和比例持续"双
□□□□□□因此我国需要从靠劳动力数量取胜逐渐走向靠劳动力质量
□□□□□□的价值贡献率。从生理学上看,人的大脑还有无穷的潜力
□□□□□□能开发人的智力的 20%~30%。在对等化的数字化生产关
□□□□□□会做自己最擅长的事情,从而大大开发人的大脑潜力,形成
□□□□□□人口红利是通过数字化生产关系的各种层面的变革,使得劳
□□□□□□挥智慧和才能,从而创造出更大的社会价值和经济价值,进
□□□□□□生产力。

□□□□□□0 年,中国可能有多达 2.2 亿劳动者(占劳动力总数的 30%)
□□□□□□者的需求可能增长 46%,熟练专业人才增长 28%,一线服务
□□□□□□27%,建筑和农业劳动者减少 28%;体力和人工操作技能
□□□□□□别下降 18% 和 11%,社会和情感沟通技能以及技术技能需求
□□□□□□种变化趋势也说明,人类的劳动已经从体力劳动逐渐向脑力
□□□□□□据作为原料,需要软件和算法技能作为工具。这些脑力工作
□□□□□□式也会和以往大不相同,需要重新设计。

□□□□□□智慧人口红利? 在开发智慧人口红利的过程中,应秉持以人
为本的原则,重视人的全面发展,运用数字技术和海量数据,建立劳动力大数据体系和公共
就业信息服务体系,加快培养数字化劳动力等数字经济专门人才;培育数字空间的灵活就
业形态,鼓励实体和数字空间中的创新创业;推进农村劳动力城镇落户、高质量就业。在数
字人才培养方面,2024 年 4 月 17 日,人力资源和社会保障部等九部门发布《加快数字人才
培育支撑数字经济发展行动方案(2024—2026 年)》(以下简称《行动方案》),明确提出,用
3 年左右时间,扎实开展数字人才育、引、留、用等专项行动,提升数字人才自主创新能力,激
发数字人才创新创业活力。《行动方案》从产业、企业和高校等层面入手,规划了未来数字
人才的"成长地图"和培育体系,持续优化人才要素结构和发展环境,夯实数字经济"加速
跑"的人才"底座"。在数字空间的创新创业方面,传统的劳动形式被数字劳动替代,使得

"劳动"这一过程更加灵活和效率,其次对劳动者产生了新的数字技能、数字素养的基本需求,数字空间的出现创新了生产关系,传统企业的组织模式变化为远程工作、灵活就业等多种形式,数字空间降低了技术和数字劳动的参与门槛,人人平等,鼓励竞争。就劳动力而言,中国的人口红利时代告一段落,但就智慧而言,中国的人口红利时代刚刚开始。新的生产关系就是要打破旧的生产关系中对每个人创造力的束缚。

2. 共治赋能

数字时代,以管理个体为核心的传统管理观念已经行不通了,管理者必须把自己调整为赋能者,成为帮助员工更好地发挥潜能的教练。比如,谷歌公司推出了与员工"共治"的管理模式,TGIF(Thank God. Its Friday)会议是谷歌公司共治模式的重要组成环节。1998年至今,谷歌公司每周都会召开一次由全体员工参加的 TGIF 会议。公司创始人和高层管理者都会参加,并向员工介绍公司一周内发生的重大事件,也常常针对某一个热点问题进行辩论,与会人员则可以直接向谷歌公司最高领导层发问,提问自己关心的任何关于公司的问题。

"共治"的目的在于:

一是外部环境发生变化。管理者已经不再像以前"一切尽在掌握"。数字化环境下,很多信息都可能不再掌握在管理者手中,第一线员工、终端消费者都是信息的拥有者。这使得每个个体都有参与决策的机会,复杂的决策也必须在大家共同参与下完成。

二是工作性质发生变化。随着人工智能等数字技术的不断发展,越来越多具有重复性的工作将被人工智能替代,但那些需要创造精神、以人际关系为导向的、专家型的工作职位仍然会保留下来,如大学教授、建筑设计师、心理咨询师等,并且越来越多的人会成为专家,这就更加需要组织能够给这些人提供开放的工作平台。

三是从分工到协同的转变。工业化时代,流水线的工作强调分工,过去管理者的主要工作是计划、组织和控制。数智化时代,跨界融合越来越普遍,企业运作更强调协同。所谓的协同,不仅是组织内部的协同,还有组织外的协同。管理者的主要工作也就变成了协调和赋能,让每个个体的效能得到最大限度发挥,从而保证系统价值的最大化。

6.3 数字生产关系对社会的影响

数字时代,网络已经成为人们生活、工作、生命的一部分,人类的基本活动正在从物理空间逐渐向数字空间拓展。网络改变了经济的形态。在供给端,网络正在改造旧的生产工具、生产资料和劳动力;同时,网络也在颠覆原有的商业逻辑,创造新的商业模式,如免费+广告、免费+服务、知识付费等。在需求端,数十亿网民形成了一个庞大的、不断延伸的"数字世界",同时,网络还在将物理世界中的人、物、事等迁移到数字空间,由此产生了新市场空间中的巨大需求。过去几年,在"互联网"的乘数效应推动下,人类的传统经济格局已经发生了翻天覆地的变化。经济的组织形式出现了新的特征,层级化、职能化的旧的组织结构将被打破,企业转向构建平台型的组织生态。

6.3.1　敏捷组织

传统的组织形式大多是由事业部、职能部门组成的,这是科层式组织结构的标准组件,其问题是不灵活、不敏捷。数字时代的竞争将是"大平台＋小团队"。一线小团队面对顾客,需要灵活应对问题、灵活决策,满足顾客瞬息万变的需求,并及时应对对手的竞争策略。小团队之所以作战能力强、敏捷性高,是因为它们有强大的平台支持。否则,一线团队就会在孤立无援中迅速溃败。平台需要支持前端的小团队迅速掌握信息,快速做出判断,敏捷调度中台甚至是后台的力量,从而引领整个组织为顾客创造价值。

企业组织结构重组不再以企业为中心,而是以顾客需求和用户价值为中心,并为组织员工提供服务支持、资源供给、价值评估与愿景激励,从而使组织员工拥有更好的热度、资源和能力去满足顾客的需求。组织结构更具有灵活性和非结构化特征,组织结构的小单元、去中心化等特征使个体被充分激活。在这样的组织结构体系中,信息流向不再是单向或者双向的,而是网状的。

6.3.2　开放组织

数字时代,适应性强的组织必须是开放的组织。这涉及组织的边界界定问题。任何一个组织中都存在三种边界:纵向边界、横向边界和外部边界。纵向边界与企业的管理层次和职位等级有关,管理层级和职位等级越多,纵向的边界距离就越大。横向边界与部门的设计和工作专门化程度有关,横向部门越多,工作的专业化程度越高,横向边界的距离就越大。外部边界是企业与顾客、政府、供应商等外部组织之间的边界。构建开放型组织就是要在纵向边界、横向边界和外部边界三方面思考如何走向开放。

对开放型组织而言:信息、资源、创意、能量应该能够快捷顺利地穿越组织的纵向边界和横向边界,使整个企业内部的各部门真正融为一体;同时,外部环境中的资源、信息和能量也能够顺利穿越组织的外部边界,使企业能够和外部环境融为一体。

在个体与组织的关系上,传统的"企业＋雇员"的形式受到了冲击,组织内工作不一定全部依赖于全职雇员来完成,而是可以通过多元化的工作主体和方式来完成。在信息技术支持下,员工也不再局限于某一具体领域或具体组织的工作个体,他可以跨团队或组织提供知识、技能和服务。而且,越来越多的人更加期待自由、非雇佣的关系。

6.3.3　数字化工作方式

数字时代,各种在线协同软件带来了数字化工作方式。尤其在新冠肺炎疫情防控期间,很多公司开始使用钉钉、企业微信和飞书等在线协同软件,加速了数字化工作方式时代的到来。

数字化工作方式依托于五个在线,即组织在线、沟通在线、协同在线、业务在线和生态在线。"组织在线"强调的是组织关系的在线化,依托构建权责清晰、扁平可视化、人脉资源共享的组织关系开创全新的组织方式。"沟通在线"实现高效沟通,在线协同软件为每一个员工提供专属的沟通工作在线场景,不仅能够随时联系,交流创意和想法,还有利于知识的保密。"协同在线"使得组织成员在线实现业务上的协同工作,让各个任务之间能够相互支持。"业务在线"实现业务升维,从业务流程和业务行为的数据化、智能化和移动化入手,增强企业的大数据决策分析能力。"生态在线"实现智能决策,以企业为中心的上下游伙伴和客户都实现在线连接,数据化、智能化、移动化产生的大数据将驱动生产和销售效率不断优化提升。

数字化工作方式透露出来的管理思想是透明管理,即让每一个人的优秀表现能够被大家看到,让组织里优秀的个体脱颖而出,激发出每个人的创造力,团队也因此变得更优秀。组织的激励机制也会发生改变,由销售业绩激励逐渐转变为创新价值激励。

6.3.4　自组织的组织集群

国内外的实践表明,组织集群所带来的价值越来越大,波特认为集群竞争甚至可以提升国家竞争能力。借鉴复杂理论的概念和思想,组织集群可以看作一个复杂的自适应系统,组织集群的形成是一个系统自组织的过程。组织集群有三种类型:蜂窝型、专业市场型和主企业领导型。

蜂窝型组织集群由处于不同的生产链体系中的不同生产环节的小企业组合而成。处于产业链中的小企业如同"蜂窝"中的小单元,以彼此紧密相连、相互衔接、相互信任、利益共享的方式,完成对某一产品的生产,一般呈现在劳动力密集和传统的轻型加工产业中。义乌小商品市场就是范例,自1982年成立至今,义乌小商品市场已经成为国际小商品流通中心、展示中心和研发中心,辐射200多个国家和地区,当之无愧地成为中国小商品走向世界的桥梁。

专业市场型组织集群的特点是:需要依附于专业的销售网络或市场,形成"前店后厂"的组织集群形式。这种类型的组织集群,通常会形成同质化、有限差异化的产品,一方面具有成本优势,另一方面可以保证集群内企业的利润空间。如日本的7-Eleven,很早就把前店后厂的供应商、加盟商、服务商全部组合在一个大的数据平台上,同时能够很好地满足顾客需求,不断提升单店的销售额和毛利率,从而通过规模化连锁经营,降低店面的边际成本。

主企业领导型组织集群的特点是:具有一个有控制能力的领导型组织,具有超市场契约条款的定制权,且可以凭借自身优势要求其他集群成员进行协同升级。这个主导的组织一般会最大限度地攫取整个组织集群的垄断利润,用以支持产业升级和技术创新。例如,耐克公司,它在43个国家设有生产工厂,雇用人数近100万人。由于耐克品牌价值高,这些加工厂面对耐克公司的议价能力并不高,因此一旦代工国的劳动力成本提升,耐克公司随时可能进行转移,寻求更低的劳动力成本,保证其品牌的获利能力。

当组织之间可以形成组织集群,实现组织外协同创新时,大组织发挥资源优势,小组织发挥灵活性和行为优势,将创造巨大的价值。例如,美国硅谷、英国苏格兰科技区、中国台北新竹等,都是激活创新活力和创新协同效应的有益尝试。

6.4　人工智能带来的生产关系变革

数字时代,以人工智能为代表的新质生产力的发展,带来了生产效率的提升和生产方式的变革。人工智能的不断发展也会促使生产关系的进一步创新。

6.4.1　劳动力和劳动市场的变化

工业时代的机器大生产，一定程度上开始了机器对人类体力劳动的替代。在人工智能时代，多种多样的人工智能大模型的出现，极大地提升了智能设备的能力，这些设备和算法扩展了人类脑力劳动的范围，并对一些重复性脑力劳动进行了替代。在传统行业，随着人工智能的普及，许多传统的生产流程和工作岗位将被自动化和智能化。人工智能对劳动力和劳动市场的冲击是一种"创造性破坏"：一方面，人工智能的应用冲击了部分旧的行业和职业，特别是标准化操作型的就业岗位，如办公室行政、电话客服、会计师、金融分析师等；另一方面，人工智能又会创造出许多新行业新岗位，如数据分析师、算力工程师、云计算工程师、机器人程序员等。

事实上，当人工智能代替了传统的职业和工作之后，会有更多的劳动者将把时间转向智能化或更具创造力的工作任务，借助人工智能的变革，将这种变革向其他行业扩散，带动人工智能与各行各业的融合发展，在供给端带来诸如智慧农业、智能家居、智慧医疗等新产品，刺激数字消费需求，从而促进新的职业产生。

6.4.2　生产资料的组织形式发生变化

随着人工智能的应用，生产资料和生产过程变得更加数字化、智能化，生产关系也相应地发生了变化，工业机器人、服务机器人、工业互联网、数字化平台等智能化的生产资料不断应用于现代化生产和服务中。在智能生产体系下，人工智能赋能的工业机器人、工业互联网等新生产资料，会逐步取代传统机械化、半自动化生产资料，成为新生产力的代表，极大地提升了工厂的生产效率，数据和算法在产品生产过程中扮演着越来越重要的角色，生产过程会变得更加灵活和透明。自动化和智能化的生产方式让企业能够根据市场变化灵活及时地进行个性化定制商品。

6.4.3　组织管理的智能化变革

人工智能的发展为组织管理提供了智能化新思路。人工智能等技术推动管理的自动化和智能化，更好地协调和管理人力资源、物资和信息。人工智能时代，人将不再是劳动的主要完成者，智能化机器人将成为劳动力的一部分，在智能工厂中，智能化平台保证各类信息实时畅通，智能决策及时下达，在这种情境下，传统的管理人的管理方式，以及各类组织管理模式将迎来更多变化。

智能化也会为企业等组织提供更加精准的智能化决策支持，形成智能组织。传统的企业管理系统往往只能提供基于历史数据的分析和报告，而人工智能技术可以通过数据挖掘和机器学习算法，实现更加智能化的决策支持。组织管理系统可以通过分析海量数据，发现其中的规律和趋势，为管理者提供更准确、更快速的决策建议。此外，人工智能大模型的快速发展，推动了组织管理可以在多个方面进行智能化革新，例如智能客服系统，可以帮助企业实现自动回复和问题解决；智能生产调度系统，可以帮助企业优化生产调度、库存管理等业务流程；智能财务与人力资源系统，可以辅助企业开展更加高效的财务管理和人力资源管理等。

6.5　小结

数字时代,人类正面临着生产关系变革的关键时期,各个国家都在努力建立更能匹配数字生产力发展的新型生产关系。中国虽然在数字技术上略有短板,但在数字生产关系领域,无论是中国源远流长的哲学思想,还是中国特色社会主义制度的基本主张,以及中国构建人类命运共同体的宏伟梦想,都指引着数字化生产关系的发展方向。因此,从生产关系视角来看,中国的数字经济正在迎来前所未有的发展机遇,我们必须从宏观到微观,抓住社会生产关系变革的主要矛盾,大胆创新,建立具有中国特色、全球价值的数字化生产关系。

传统产业的数字化转型升级需要抓住数字化生产关系的三个特点,从生产、交换、分配、消费等几个角度进行商业模式创新。中国经济通过构建数字化生产关系走向"良币驱逐劣币"的产业生态是历史的必然。在解决数字时代生产力与生产关系的矛盾上,中国与其他国家都在同一起跑线上。在宏观层面,因为马克思主义哲学和中国特色社会主义制度的先进性,中国在数字化生产关系的宏观布局上,已经有一定的领先性;在微观层面,发达国家的科技型企业积极创新探索新工作模式,具有一定先发优势。我国企业需要充分发挥我国政府在宏观生产关系布局上的优势,努力创新形成具有中国特色的、数据透明、全员可信、身份对等的数字化生产关系。

企业在建立数字化生产关系的过程中,一方面,需要大力发展以大数据、人工智能、物联网、云计算、区块链等为代表的各种数字生产力;另一方面,需要努力激活数据要素市场,从全社会、全产业、全供应链的角度,通过建设产业互联网释放企业活力、实现全产业链的转型升级。

思考题

1. 什么是生产关系?与数字生产力匹配的生产关系有什么特征?
2. 数据透明在数字生产关系中有什么作用?
3. 为什么信用体系在数字生产关系中具有重要地位?
4. 什么是智慧人口红利?如何变革生产关系释放智慧人口红利?
5. 人工智能对生产关系的变革提出了哪些新要求?
6. 请列举人工智能时代可能会大量出现的新岗位。

第7章 数字经济的基础：数据要素市场

内容提要

数据作为一种新生产要素，在数字经济不断深入发展的过程中居于越来越重要的地位。随着我国把数据上升到生产要素的高度来统一规划，数据要素市场已经成为我国建设数字中国的重要组成部分。建立有效的数据要素市场，是推动数据资源流通和共享、增加数据使用价值、激发数字市场新动能的重要手段。数据要素市场是指将尚未完全由市场配置的数据要素转向由市场配置的过程，最终目的是形成以市场为根本调配的机制，实现数据流动的价值。

2022年12月中共中央、国务院印发的《关于构建数据基础制度更好发挥数据要素作用的意见》（以下简称"数据二十条"），系统布局了数据要素基础制度体系的"四梁八柱"，为加快构建数据基础制度体系、培育数据要素市场、充分释放数据要素价值，提出了明确的发展方向和实施路径。随后2023年底国家数据局正式揭牌成立，年底印发了《"数据要素×"三年行动计划（2024—2026年）》，启动实施"数据要素×"行动计划，聚焦智能制造、商贸物流、金融服务、医疗健康等15个领域形成一批典型应用场景，推动数据在各类场景中发挥"乘数效应"。

本章重点

- 熟悉要素市场的基本概念；
- 熟悉数据要素市场的形成过程；
- 掌握数据要素市场的基本结构；
- 熟悉目前数据要素化的基本步骤；
- 掌握数据资产化的内容和要求；
- 熟悉"数据要素×"的内容。

重要概念

- 数据要素：基于数据资源形成的，形态稳定、产权清晰、能够市场化流通、规模化应用，参与经济循环、实现价值提升，进而产生经济社会效益的数据初级产品（中间态）。
- 数据要素市场：数据要素市场是数据要素在交换或流通过程中形成的市场，既包括在数据价值化过程中的交易关系或买卖关系，又包括这些数据交易的场所或领域。
- 数据要素×："数据要素×"行动是国家数据局发起的，旨在通过推动数据在多场景应用，提高资源配置效率，创造新产业新模式，培育发展新动能，从而实现数据对经济发展的倍增效应。

7.1 要素市场的基本概念

7.1.1 生产要素

生产要素是指进行社会生产经营活动时所需要的各种社会资源,是维系国民经济运行及市场主体生产经营过程中所必须具备的基本因素。根据马克思主义政治经济学,生产要素是构成生产力的各种要素,是人类进行物质资料生产必需的各种经济资源和条件。在社会经济发展的历史过程中,生产要素的内涵不断变化,不断有新生产要素进入生产过程。

在农业经济时代,土地和劳动力构成了最基础和最重要的生产要素。关于这一观点的最经典的论断是英国古典政治经济学家威廉·配第给出的:"土地为财富之母,而劳动则为财富之父和能动的要素",这一观点也被称为"生产要素二元论"。

进入工业时代,随着第一次工业革命的到来,生产要素组合也随着时代更迭发生了变化。机器的大量应用解放了一部分劳动力,而资本以机器设备等物质形态表现出来并在生产过程中的重要性不断凸显。亚当·斯密、大卫李嘉图等经济学家将土地、劳动力和资本定义为生产"三要素"。

在电气工业时代,相比于第一次工业革命,第二次工业革命表现为科学革命和技术革命的紧密结合,这一时期,技术已成为决定社会生产的关键要素,而随着资本主义的深入发展,组织和企业家才能也逐步被重视,19世纪末,英国经济学家阿尔弗里德·马歇尔在《经济学原理》艺术中提出了生产要素四元论:即土地、劳动、资本和企业家才能,马歇尔认为工资、利息和利润分别是劳动、资本和"组织"的均衡价格,而地租则是使用土地的代价。

进入信息化时代,即第三次工业革命(也称为信息革命)以来,信息化成为时代发展的重要特征,信息资源也逐步成为重要的战略资源,全社会的信息化催生了数据资源的大量积累,尤其是全球逐步发展进入数字时代,数据在数字经济发展中的重要性愈加凸显。2017年习近平总书记强调,"互联网经济时代,数据是新的生产要素,是基础性资源和战略性资源,也是重要生产力""要构建以数据为关键要素的数字经济"。数据已和其他要素一起融入经济价值创造过程之中,对生产力发展具有广泛影响。2020年4月,中共中央、国务院发布《关于构建更加完善的要素市场化配置体制机制的意见》,文件首次将数据与土地、劳动力、资本和技术并列,明确将数据作为一种新型生产要素,并提出要充分发挥数据这一新型要素对其他要素市场效率的倍增作用,培育发展数据要素市场,使大数据成为推动经济高质量发展的新动能。

7.1.2 要素市场

要素市场即生产要素市场,指生产要素作为商品所进行的一切交换和买卖活动,以及用商品交易方式把生产要素的需求和供给联系起来的一种经济关系。要素市场化配置是解决我国经济结构性矛盾、推动高质量发展的根本途径。《关于构建更加完善的要素市场化配置体制机制的意见》文件提出:"完善要素市场化配置是建设统一开放、竞争有序市场体系的内在要求,是坚持和完善社会主义基本经济制度、加快完善社会主义市场经济体制的重要内容。"

生产要素市场属于生产资料市场,对于当前的土地、劳动力、资本、技术和数据五大生产要素,要素市场相应的有土地市场、劳动力市场、资本市场、技术市场以及数据市场。

7.1.3　数据的要素属性

人类对于客观物理世界未经处理的原始记录,就是数据(data)。人类诞生以后,为了更好地记录世界,将客观世界的数据以编码的形式表达出来,就形成了信息(information)。数据强调的是客观记录,信息强调的是对客观记录的解释,是一种已经被加工为特定形式的数据,如文字、语言、音乐等。而知识(knowledge)是人类基于认知模型,对信息进行结构化重组而形成的更高级别的系统性认知。知识表现为两个特征:第一,它是有逻辑的,是人类基于数据和信息自主进化的产物;第二,它可以独立于数据与信息而存在,表现为抽象且没有实体的客观知识,如文学、艺术、科学理论、经济交往中的商业模式等。显然,未经加工过的数据不是信息,未经综合提炼的信息不是知识。

数据是整个数据要素市场最基本的构成元素。计算机科学将数据定义为"对所有输入计算机并被计算机程序处理的符号的总称"。国际数据管理协会(DAMA)也给出了相似的定义,"数据是以文字、数字、图形、图像、声音和视频等格式对事实进行表现"。国际标准化组织(ISO)对以上两种定义进行了进一步概括,认为"数据是对事实、概念或指令的一种形式化表示"。以上定义各有侧重:一方面,数据若想为人所用,必须能够被计算机以数字化、可视化的形式呈现出来,这是数据必备的外在形态;另一方面,数据之所以有价值,是因为其承载着某些客观事实,这是数据的内在实质。

数据是对客观事物(如事实、事件、事物、过程或思想)的数字化记录或描述,是无序的、未经加工处理的原始素材。数据可以是连续的,如声音、图像;也可以是离散的,如符号、文字。数据有六大特性:

第一,数据是取之不尽、用之不竭的。与土地、劳动力、资本等生产要素不同,数据作为客观世界的"符号",随着客观世界的演化而不断产生,从这个角度,我们可以将数据看作客观世界"熵"的反映。数据的这个特性意味着数据是无穷无尽的,因此要充分发挥数据的潜力,将数据转化为信息、知识、智慧。

第二,原始数据是碎片化的、没有意义的。知识的产生要经历数据和信息两个阶段,意味着如果没有人类的组织、加工,这些千千万万的数据本身对于社会将会毫无意义。只有将数据组织起来,从中探索出信息、知识,才能更好地推动人类文明进步。

第三,数据不可能完全地"原始",其加工过程就是由无序到有序的过程。数据并非独立于思想、工具、实践而存在。恰恰相反,从人类的视角来看,数据的出现就意味着处理、分析流程已经在运作。因此,数据就是信息本身。所以,不存在先于分析的或作为客观独立元素的数据。数据的加工过程,就是将处于原始状态的数据,即无序的数据变成有序的数据的过程。有序是极为重要的概念。

第四,数据产生数据。与其他生产要素相比,数据的一种主要特性是按照指数模式增长,并且具有数据产生数据的特征。于是,数据的总体规模不断呈现数量级的增长。不久之前是 PB(Petabyte,千万亿字节,拍字节)、现在是 EB(Exabyte,百亿亿字节,艾字节)、未来很快是 ZB(Zettabyte,十万亿亿字节,泽字节)。

第五,数据在利用过程中产生了价值与产权。数据经过人工与机器处理后成为信息,然后变成知识,再变成决策判断、信用判断的工具,为数据平台带来了商业利益,从而数据就创造了价值。同时,数据在创造价值的过程中,数据的产权归谁所有,利益如何分配,也是数据利用所面临的一项重大课题。

第六,数据可以多次转让和买卖。数据是无形的,作为一种非消耗性资源,使用越多,产生的数据越多,其可能带来的价值就越大。经过人类解释后的数据,如果仅仅被个别人使用,它能够产生的知识就相对有限,产生的价值也会大打折扣。

判断数据是不是已经成为一个生产要素的依据,主要在于其是否产生了社会经济效益。数据要素具有如下特征:一是非竞争性。数据要素开发成本高,在动态使用中发挥价值,边际成本递减。二是非排他性(或非独占性)。数据可复制、可共享、可多方同时使用,共享增值。三是非耗竭性。数据可重复使用、可再生,在合理运维情况下可永久使用。四是非稀缺性。万物数据化,快速海量积累,总量趋近无限,具有自我繁衍性。五是非恒价性。数据要素的价值随着应用场景的变化而变化。不同的应用场景,数据要素价值也不同。

单一的数据不是资源,也不是生产要素和资产。数据要成为资源、成为生产要素,就要经过要素化过程,即数据需要经过采集、传输、计算、存储和分析等过程,成为有价值的信息、知识,然后才能在生产、业务、决策、管理等过程中发挥重要作用。因而,数据采集、清洗、标注、挖掘等处理过程,数据存储、计算、通信等关键硬件,数据算法、工具、解决方案等关键软件,构成了数据要素化的重要基础。

此外,作为加快培育数据要素市场的重要举措,《关于构建数据基础制度更好发挥数据要素作用的意见》提出将有关领域数据采集标准化,这是数据要素可交易、可流通的一个关键基础。如果数据运行各个环节的采集标准不一致,其共享共用就很难实现。推进数据采集标准化正是数据要素市场的关键性、基础性举措。

7.2 数据要素市场的形成过程

7.2.1 数据要素的地位确立

我国是第一个从国家层面把数据列为生产要素的国家。

在政策脉络上,2019 年 10 月 31 日,党的十九届四中全会通过的《中共中央关于坚持和完善中国特色社会主义制度推进国家治理体系和治理能力现代化若干重大问题的决定》中,明确提出,将"数据"作为生产要素,健全各种生产要素由市场评价贡献、按贡献决定报酬的机制。2020 年 4 月,《中共中央、国务院关于构建更加完善的要素市场化配置体制机制的意见》发布,提出加快培育数据要素市场,要求推进政府数据开放共享,提升社会数据资源价值,加强数据资源整合和安全保护,这是数据作为一种新生产要素首次写入了中央文件中,与土地、资本、技术、劳动并列为五大生产要素。2020 年 6 月,《中共中央、国务院关于新时代加快完善社会主义市场经济体制的意见》文件发布,文件提出:"加快培育发展数据要素市场,建立数据资源清单管理机制,完善数据权属界定、开放共享、交易流通等标准和措施,发挥社会数据资源价值。推进数字政府建设,加强数据有序共享,依法保护个人信息。"政策在逐步明确数据要素交易规则、数据要素市场建设等数据要素化实践的内容。

2021 年 3 月发布的《十四五规划》提出"建设高标准市场体系,推进土地、劳动力、资本、技术、数据等要素市场化改革"的战略部署,并要求建立数据资源产权、交易流通、跨境传输和安全保护等基础制度和标准规范,推动数据资源开发利用。2021 年 12 月,《"十四五"数字经济发展规划》印发,文件着重提出"充分发挥数据要素作用",并在强化高质量数据要素供给、加快数据要素市场化流通和创新数据要素开发利用机制等方面进行了具体部署。

2022 年 12 月,中共中央、国务院印发《关于构建数据基础制度更好发挥数据要素作用的意见》,提出搭建我国数据基础制度体系的二十条政策措施(以下简称"数据二十条")。"数据二十条"的核心是提出四项数据基础制度,包括数据产权制度、数据要素流通和交易制度、数据要素收益分配制度、数据要素治理制度,具体结构如图 7-1 所示。在这四项制度中,数据产权制度是基础,流通和交易制度是核心,收益分配制度是动力,治理制度是保障。"数据二十条"初步搭建了我国数据基础制度体系的"四梁八柱"。

图 7-1　数据基础制度

资料来源：国家发展和改革委员会

2023 年 2 月,中共中央、国务院印发《数字中国建设整体布局规划》将"畅通数据资源大循环"作为夯实数字中国建设基础的"两大基础"之一。2023 年 8 月,财政部印发《企业数据资源相关会计处理暂行规定》,同年 12 月,财政部又印发了《关于加强数据资产管理的指导意见》。2023 年 12 月,国家数据局发布《"数据要素×"三年行动计划(2024—2026 年)》,推出"数据要素×"行动。截至 2024 年初,有关数据要素市场建设的数据确权、定价、交易流转、安全保护、治理等具体环节的一系列的司法解释和实施细则正在逐渐探索形成之中。

在政府行动层面,2023 年 3 月,中共中央、国务院发布《党和国家机构改革方案》,提出将组建国家数据局。同年 10 月 25 日,国家数据局正式挂牌。国家数据局由国家发展和改革委员会管理,承担多项重要职责,包括拟定数字中国建设方案、协调推动公共服务和社会治理信息化、协调促进智慧城市建设、协调国家重要信息资源开发利用与共享、推动信息资源跨行业部门互联互通等。此外,国家数据局还负责统筹推进数字经济发展、组织实施国家大数据战略、推进数据要素基础制度建设、推动数字基础设施布局建设等。

从国家顶层设计来看,组建国家级数据管理机构,是落实习近平经济思想将数据确立为生产要素的重要举措,是统筹构建数据基础制度的机构创新,将在发挥数据要素驱动作用、培育数据要素市场、形成数据价格链等方面产生深远影响。国家数据局成立以来,数据要素制度改革创新步伐进一步加快,从"首论数据要素"到提出"数据基础设施"概念,再到提出"数据要素×"行动,数据要素统筹管理、协调发展的体制机制进一步完善。

数据被确立为生产要素以来,我国各省市数据要素化及数据要素市场相关政策密集出台,产业探索与实践跃跃欲试,各地密集发布当地数据要素化、数据条例、数据资产化或公共数据授权运营相关激励政策,更加积极主动地探索推进数据要素发展的实施规范乃至细化的操作流程。据中国信通院统计,截至 2023 年 8 月,全国已有 27 个省(自治区、直辖市)设置了专门的省级大数据管理机构;此外,部分地区发布发展规划、行动方案等政策文件,将数据要素的产业集聚、流通交易、数据驱动的经济高质量发展等作为重点,致力于营造公平高效的数据要素发展环境。先行地区的制度与机制体现了数据要素领域有效市场和有为政府相结合的创新成果，对中央和其他地方引导和推进数据要素发展均有重要的借鉴意义。

7.2.2 数据要素市场配置理论：从数据到数据要素

数据要想成为生产要素，能被交易和流通，并产生真正的价值，就需要具备要素属性并经历要素化的过程。

从关系上来讲，权属明确的数据资源即可成为数据资产，而数据资产为生产过程所必需即会转化为数据要素，如图 7-2 所示，数据价值化过程如图 7-3 所示。

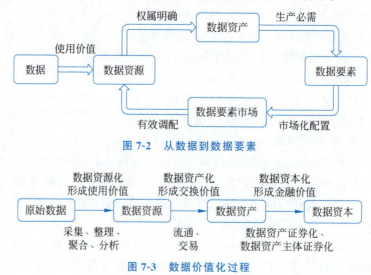

图 7-2　从数据到数据要素

图 7-3　数据价值化过程

1. 数据资源化

资源是指自然界和人类社会中可以用于创造物质财富和精神财富的具有一定量的积累的客观存在形态。由此可见，单一的数据不能成为资源。数据资源化是使无序、混乱的原始数据成为有序、有使用价值的数据资源。数据资源化是激发数据价值的基础，其本质是提升数据质量、形成数据使用价值的过程。数据资源化是要让数据能够参与社会生产经营活动、可以为使用者或所有者带来经济效益。区别数据与数据资源的依据主要在于数据是否可以规模化开发利用。一个国家、一座城市，首先要完成对数据资源的普查，制定数据资源的开发策略和基本模式，并建设相关的基础设施。

2. 数据资产化

随着数据资源的广泛开发，数据价值开始被普遍认可，数据将逐渐成为个人、企业、政府的一项重要资产。数据资产化是数据通过流通交易给使用者或所有者带来经济利益的过程。数据资产化是实现数据价值的核心，其本质是形成数据交换价值。根据《企业会计准则》中的定义，资产是指企业过去的交易或者事项形成的、由企业拥有或者控制的、预期会给企业带来经济利益的资源。把这个定义推广到数据资源，可以说数据资产是指在过去的经济社会活动中形成的，由个人、企业、政府拥有或者控制的，预期会给个人、企业、政府带来经济利益的数据资源。在数字时代，越来越多的企业意识到企业所掌握的数据资源的规模、数据的鲜活程度，以及采集、分析、处理、挖掘数据的能力决定了企业在数据时代的核心竞争力。2023 年，财政部出台了《企业数据资源相关会计处理暂行规定》，为企业在数据资源入表和数据资产管理方面指明了方向；2023 年底，财政部印发的《关于加强数据资产管理的指导意见》明确提出：构建"市场主导、政府引导、多方共建"的数据资产治理模式，逐步建立完善数据资产管理制度，不断拓展应用场景，不断提升和丰富数据资产经济价值和社会价值，推进数据资产全过程管理以及合规化、标准化、增值化。

3. 数据资本化

数据成为资产之后，数据在经济活动中的地位开始等同于传统的资本投入。根据宏观经济学观点，资本可以划分为物质资本、人力资本、自然资源、技术知识等。数据资产是在数字经济时代，资本范围的扩大，也就是数据也可以成为资本的一部分。数据资本化是拓展数据价值的途径，其本质是实现数据要素的市场化、社会化配置。目前国内已经有若干数据交易中心，正在尝试数据资本化的模式，探索建立数据资本市场的可行之路。

7.2.3　数据要素市场配置理论：要素数据化

推动数据要素市场化配置的另一个重要内容是要素数据化。在数字技术和数据要素的作用下，土地、劳动力、资本、技术这些传统生产要素迎来了数字化变革的新机遇。

要素数据化，一方面是传统生产要素本身的数字化；另一方面，传统要素在数字空间里会产生"新土地""新劳动力""新资本""新技术"，从而丰富传统要素的内容和市场化方式。传统生产要素在数字空间里的不断创新必将给社会经济系统带来新价值，因此也必然会带来这些要素市场化及配置的新规则、新模式。

对土地要素而言，有效的土地流转，离不开土地资源数据的互联互通。劳动力要素与数据要素融合，将会建立完善的劳动力大数据体系、重塑人才培养体系，这将会是每座城市未来的竞争力所在。在资本要素中，信用是金融的基础，数据要素的融入会改变社会信用的评价方式，并进而改变资本市场的运行方式。技术要素与数据要素的融合，也会进一步提高技术开发的效率和效果，并有助于建立技术多样化交易机制。

1. 土地要素与数据要素的融合

无论是城市土地还是乡村土地，在与数据要素融合后，会把实体空间的土地映射到数字空间中，并借助数字手段建立土地开发、流通、监管新模式。

例如，探索建立全国性的建设用地、补充耕地指标跨区域交易机制。以这一机制为依托，按照自愿有偿、守住耕地红线、保持集体土地所有权性质不变的原则，推进农村宅基地复垦为耕地后结余的建设用地指标入市。而有效的土地流转，离不开土地资源数据的互联互通，尤其是考虑到土地的碳指标，更需要数字技术、大数据系统加以支撑。因此，加速农村土地交易大数据系统的建设，将有助于快速建立这个跨区域土地交易机制。

案例1：2018年，上海和云南开展了跨省域的增减挂钩土地指标交易尝试，云南将3万亩建设用地指标以每亩50万元价格调剂给上海，获得了150亿元的收入。这笔收入极大地促进了云南农村振兴和脱贫攻坚，也增加了上海的可用地能力。

案例2：西部地区在有条件的地方发展新型戈壁农业，将戈壁滩改造成蔬菜粮食生产基地；假设这样的农业搞了1.5亿亩，每亩1万元产值，将产生1.5万亿元产值；同时相当于增加了1.5亿亩耕地，如果可以将因此而形成的耕地指标、碳汇指标卖给东部地区，既筹集了资金，又为东部城市群都市圈建设增加了用地指标。

案例3：关于耕地占补平衡指标和城乡建设用地增减排钩指标交易，近些年重庆市做了一些有益探索：2008年，经国务院同意，重庆市提出了设立农村土地交易所、开展地票交易试点的构想，经过10年来的探索完善，已经形成了"自愿复垦，公开交易，收益归农，价款直拨，依规使用"的比较成熟的制度体系。截至2022年12月底，重庆市累计交易地票36.9万亩、724.42亿元，重庆土交所已发展成为集土地指标交易、实物交易、服务交易三大类，20余个交易品种于一体的综合性农村产权交易平台，助力重庆地票改革结出硕果。农房由原先不值钱或几千元增加到几万元，农民财产性收益明显增加，地票交易深受农民欢迎。10余年来农民已从地票交易中累计获得近400亿元收益，同时集体经济组织也获得约150亿元。地票制度建立了市场化的"远距离、大范围"城乡区域反哺机制，让远在千里之外的农村土地的价值得以发现和大幅提升，在促进脱贫攻坚、耕地保护、城乡统筹、区域协调、助农增收、生态保护等方面发挥了重要作用。2018年重庆地票制度入选全国"改革开放40年地方改革创新40案例"。

土地要素与数据要素融合，会在原有的土地基础上，衍生出大量新的市场空间，创造大量土地要素的数字经营模式。

一是土地自身带来的数字空间。在物联网、卫星遥感、地理信息系统（Geographic Information System，GIS）、建筑信息建模（Building Information Modelling，BIM）、城市信息建模（City Information Modelling，CIM）、大数据、云计算、人工智能、区块链等新兴数字技术的支持下，可以对土地自身、土地上的建筑物和设备等物理空间的数据进行采集和整合，形成"城市一张图""农村一张图""园区一张图""建筑一张图"等，基于这些数据构成多种多样的土地数字空间映射。在这些土地数字空间中，蕴含着数据要素开发的巨大机会，通过激活数字空间中的市场需求能够创造出丰富多彩的数字经济新业态、新模式，如数字中央商务区（Central Business District，CBD）、直播农田、数字化车间、数字城市治理等。

以房地产企业为例。在数字经济形态下，房地产商可以转化角色，成为房地产项目的数字空间运营商。通过将整个社区物理空间做数字化映射、智能化服务，房地产商可以更全面、深入地了解和发掘住户的数字需求，并提供更多的产品和服务；反过来，住户也可以充分利用自己小区的数字空间，把自己的装修方案、创意美食、生活直播等通过房地产商搭建起来的平台分享出去。推而广之，如果房地产商拥有多个楼盘、多栋物业，那么它就可以构建起更为庞大的数字社区运营服务平台，创造数字空间中更多的运营模式。

二是土地要素数字空间里的新机遇。当前，日益发展壮大的网络数字空间成为数字经济的"新土地要素"，从而创造了大量新产品、新业务、新模式，如基于微信社群的微商，基于网络社区的文化创意交易，基于游戏空间的装备交易以及数字城市第二人生（Secondlife.com）等。

"绿水青山就是金山银山"理念不仅适用于自然界的绿水青山，也适用于网络数字空间的绿色生态体系建设。数字化新土地治理好了、运用好了，将产生巨大价值，形成巨大的发展新空间。近年来元宇宙（Metaverse）概念的基础，在某种程度上就是土地要素的数字空间拓展。

2. 资本要素与数据要素的融合

资本要素和数据要素具有天然的关联性，在数字经济时代到来之前，资本要素也是以数据的形式体现，只不过处理数据的工具和方法与今天大不相同。所以，资本要素的市场本质在数据时代没有大的变化，或者说人类利用资本要素创造价值的基本逻辑并没有太大改变。资本要素的基本逻辑还是如何促进资金的有效循环，提高资本在社会经济系统循环中的价值贡献。在引入数据要素后，一方面，数据改变了资本循环的范围、内容和方式；另一方面，数据也会资本化，参与到资本循环过程中。资本要素的一个重要应用领域就是金融系统，金融的本质是由信用、杠杆、风控相互作用的资本要素流通系统，以风控为边界，以杠杆为手段，以信用为基石。所以，信用是资本要素市场化配置的立身之本，是资本要素的生命线。当数据要素与资本要素融合之后，海量数据和丰富的数字技术手段改变了社会信用的评价内容和方式，进而会改变资本市场的运行方式。

1）从主体信用到交易信用：数据穿透了曾经的高风险交易

中小微企业为什么融资难、融资贵？从当今资本市场的基本逻辑出发是很容易理解的。在近 400 年人类资本要素的开发过程中，为了降低资本流通的风险，人类一直在努力构建能有效控制资本使用者风险的模式，并逐渐形成了对资本使用者的主体信用评价模式。对市场主体的这种评价模式，基本上偏向于有资产、经营状况好的企业，也就是所谓的"嫌贫爱富"。大部分中小微企业很难满足这种主体信用评价的需要，所以很难得到资本市场的资金支持。这些中小微企业的资产规模小且存在诸多不稳定因素，银行等机构为它们服务的风控成本太高，所以融资难、融资贵的"板子"不能单纯打在银行身上，银行的行为从主体信用逻辑方面来说是完全可以理解的。而数字时代，中小微企业的数量还在不断增加，它们的资产总量不容忽视，现代资本市场必须找到为它们服务的路径，那就是资本要素与数据要素的融合。资本市场有了海量数据和数字技术，中小微企业原本散乱的交易行为就有了新的衡量方法，通过搭建可信的数据穿透系统，能有效控制这些企业的资本使用风险，从而建立一套与原有资本市场互补的新的资本服务模式。

这个新系统要解决现今产业资本服务里面的三个痛点：一是不信任，企业主体信用度不高；二是不清楚，产业链错综复杂，看不清交易真伪；三是不透明，企业底层资产不透明，无法穿透。为此，新系统要通过运用多方可信计算、区块链等技术对企业的动态资产进行全生命周期的管理，解决它的碎片化、不真实等问题，把物理世界中的行为映射到虚拟世界中去，通过虚拟世界的算法分析得出物理世界中企业的不可信行为，从而判定是否可以给企业提供服务。

2）基于数字平台做好数字监管，促进资本市场的数字创新

如前所述，数字科技与资本市场的融合并不会改变资本市场监管的基本逻辑，任何打着科技创新的幌子搞非法集资或是资本无序扩张的行为都应该被禁止。数据要素的引入也会极大地提升政府的资本监管能力，"监管沙箱"就是大数据数字监管的典范。政府要花大力气建立这样的数字监管体系，对违反资本市场基本逻辑的行为进行全面遏制。资本要

素市场的科技创新最合理、最有前途的模式是产业互联网或物联网形成的数字平台(大数据、云计算、人工智能)与各类资本要素市场机构的有机结合,各尽所能、各展所长,形成各资本要素的数字化平台,并与各类实体经济的产业链、供应链、价值链相结合建立基于产业互联网平台的产业链金融。

基于此,在产业互联网时代,一个有作为的网络数据公司,分心去接触金融业务,一要有金融企业所必需的充足资本金,二要有规范的放贷资金的市场来源,三要有专业的金融理财人士,还要受到国家监管部门的严格监管,这无异于弃长做短。所以,一个有作为的网络数据平台公司应当发挥自己的长处,深耕各类产业的产业链、供应链、价值链,形成各行业的"五全信息",提供给相应的金融战略伙伴,使产业链金融平台服务效率得到最大化的提升、资源得到优化配置、运行风险和坏账率得以下降等。

资本要素与数据要素融合后的各种数字创新主体,将通过五种渠道取得效益和红利:一是通过大数据、云计算、人工智能的应用,提高资本服务的工作效率;二是实现数字网络平台公司和资本服务的资源优化配置,产生优化红利;三是通过物联网、大数据、人工智能的运筹、统计、调度,降低产业链、供应链的物流成本;四是由于全产业链、全流程、全场景的信息传递功能,降低了资本服务运行成本和风险;五是将这些看得见、摸得着的红利,合理地返还于产业链、供应链的上游和下游、金融方和数据平台经营方,从而产生万流归宗的洼地效益和商家趋利集聚效益。

同样,与网络数字平台合作的银行等资本服务企业,也可以通过四种优势为合作项目取得效益和红利。一是低成本融资的优势。金融企业获取企业、居民的储蓄资金和从人民银行运行的货币市场获取资金的低成本优势。二是企业信用判断的优势。网络数字平台对客户信用的诊断相当于是用X光(X射线)、CT(计算机体层摄影)或是核磁共振进行身体检查,代替不了医生临门一脚的诊断治疗。对客户放贷的实际净值调查、信用判断,以及客户的抵押、信用、风险防范,本质上还要金融企业独立担当,这方面更是金融企业的强项。三是资本规模的优势。网络数据平台尽管可能有巨大的客户征信规模(百亿元、千亿元、万亿元),但资本金规模往往很小,要真正实现放贷融资,自身至少要有相应的融资规模10%以上的资本金。只有银行、信托、保险等专业的金融公司有这种资本金规模和与时俱进的扩张能力。四是社会信用的优势。不论是金融监管当局的管理习惯,还是老百姓存款习惯,或是企业投融资习惯,与有牌照、有传统的金融企业打交道往往更放心、更顺手、更相通。在这方面,专业的金融企业比网络数据平台更为有利。基于上述四项分析,网络数据公司与专业的资本服务企业的合作应该是强强联合、优势互补、资源优化配置,这才是最好的发展模式。

3. 科技要素与数据要素的融合

科技要素与数据要素的融合,也可进一步提高科技研发的效率和效果,变革科技创新体制机制,充分调动各方面力量突破"卡脖子"技术,增强国家科技战略力量。同时,可信科技创新大数据系统的建立,也有助于建立科技成果的多样化交易机制。

1)基于数据要素的科技创新基础设施及模式创新

数据要素时代,尤其是人工智能时代的到来,"数据+算法+算力"成为人工智能发展的重要组成部分,开源、共享、协同成为科技创新的新模式。

随着实体空间和数字空间的融合发展，人类的科技创新将面对更复杂的场景、更巨量的信息，需要创新者具备一定的创新链协调处理能力、一定的算法能力或者海量信息处理能力。即人类的创新基础设施在发生着革命性改变，从图书馆变成了数据库，从研讨会变成了开放社区，从实验室变成了算力模拟，从单一设备变成了设备网络。这些创新基础设施的变化，对政府、企业、个体都提出了全新的要求。政府会将一部分算力、算法、数据变成公共创新资源，并开放给相应创新主体，为他们提供创新的数字土壤。企业将打破原有的学科和产业界限，通过数字空间进行协同创新，打造共建共享共治的科技创新新模式。个体创新者的智慧也将通过数字手段得到最大限度的释放，形成个体互联的数字创新社区。

（1）数字科技创新基础设施：算力网。

随着数字经济与实体经济的深度融合加快，算力先发国家或地区在科技创新领域的优势可能将进一步加强，而后发国家或地区的落后情况可能会更难改变。以汽车制造为例，借助虚拟现实（Virtual Reality，VR）技术在不生产真实样车的情况下即可完成对新车的设计；应用数字孪生技术可以降低制造成本、提升生产效率，针对个性化喜好进行汽车定制等。这些创新能力都需要更强大的算力支撑。我国目前在大力实施"东数西算"工程，对于推动数据中心合理布局、优化算力供需、绿色集约和互联互通等意义重大。随着"东数西算"工程的实施，未来可能出现类似电力插座一样的"算力插座"，用户只需像购买电力一样付费，就可以购买到无处不在、方便易用的算力服务；随着算力需求的持续增长和技术的成熟，未来还可能出现类似发电厂的"算力工厂""算法工厂"，类似电网的"算网"，用户能够像现今购买手机流量套餐一样，购买面向各种创新应用的算力服务套餐，从而为基于算力、算法的创新建立坚实的国家基础设施。

（2）数字科技创新的模式创新：开放创新平台。

企业积极探索开放创新平台。随着数字经济的迅速发展，许多传统制造业领先的龙头企业都在借助自身的生态系统向平台模式转型，重新构建创新链、产业链和价值链。产业链平台、物联网平台、工业互联网平台逐渐成为传统产业数字化转型的主要内容。

以工业互联网平台为例。工业互联网涉及工业生产、分配、交换、消费等各个环节，贯穿于企业的研发、设计、采购、生产、销售、金融、物流等各个经营环节。工业互联网集成应用了云计算、大数据、移动互联网、物联网、人工智能、区块链等新一代信息技术，已经逐渐演化成工业企业最重要的开放创新平台。个性化定制形成了以用户需求为主导的工业企业技术创新模式，实现了在交互、定制、设计、采购、生产、物流、服务等环节的用户深度参与，把用户变成了企业技术创新的一个重要组成部分。

> **案例1**：海尔集团的工业互联网平台卡奥斯 COSMO Plat 集成了系统集成商、独立软件供应商、技术合作伙伴、解决方案提供商和渠道经销商，致力于打造工业新生态。用户可以通过智能设备提出需求，在需求形成一定规模后，COSMO Plat 可以通过所连接的九大互联工厂实现产品研发制造，从而生产出符合用户需求的个性化产品。

（3）数字科技创新的模式创新：开源生态。

"软件定义未来的世界，开源决定软件的未来。"开源是全球软件技术和产业创新的主导模式；开源软件已经成为软件产业创新源泉和"标准件库"。开源理念还开辟了科技创新的新赛道，基于全球开发者众研、众用、众创的开源创新生态正加速形成。

开源创新生态政策逐渐成熟。在《中华人民共和国国民经济和社会发展第十四个五年规划和2035年远景目标纲要》中,"开源"首次被明确提及,指出要支持数字技术开源社区等创新联合体发展,完善开源知识产权和法律体系,鼓励企业开放软件源代码、硬件设计和应用服务。工业和信息化部印发的《"十四五"软件和信息技术服务业发展规划》,突出强调开源在驱动软件产业创新发展、赋能数字中国建设的重要作用,提出到2025年建2～3个具有国际影响力的开源社区,设置"开源生态培育"专项行动,统筹推进建设高水平基金会,打造优秀开源项目,深化开源技术应用,夯实开源基础设施,普及开源文化,完善开源治理机制和治理规则,加强开源国际合作,推动形成众研众用众创的开源软件生态。中央网络安全和信息化委员会印发《"十四五"国家信息化规划》,鼓励我国相关机构和企业积极加入国际重大核心技术的开源组织,参与国际标准合作共建,加快国际化的开源社区和开源平台建设,联合有关国家和组织完善开源开发平台接口建设,规范开源产品法律、市场和许可。

此外,中国人民银行办公厅、中央网络安全和信息化委员会办公室秘书局、工业和信息化部办公厅、中国银行保险监督管理委员会①办公厅、中国证券监督管理委员会办公厅联合发布了《关于规范金融业开源技术应用与发展的意见》,鼓励金融机构将开源技术应用纳入自身信息化发展规划,加强对开源技术应用的组织管理和统筹协调,建立健全开源技术应用管理制度体系,制定合理的开源技术应用策略;鼓励金融机构提升自身对开源技术的评估能力、合规审查能力、应急处置能力、供应链管理能力等;鼓励金融机构积极参与开源生态建设,加大与产学研交流合作力度,加入开源社会组织等。

产业界也积极投身开源创新生态建设。目前,我国互联网、金融、软件和信息技术服务等行业是开源创新的主要参与者,医疗、电信、能源、交通物流、制造业在内的众多传统行业也在不断拥抱开源模式,探索科技创新新路径。从全球来看,中国已成为开源技术的主要消费者和贡献者;与此同时,国内大型科技企业对世界级开源项目的贡献持续保持着较高的水平。越来越多的中国开发者在国际开源社区中扮演着越来越重要的角色,成为各大国际开源基金会的管理层,参与到国际开源标准的制定中。

2）基于数据要素的科技成果转化新模式

创新活动从无中生有到产业化,大致可分为三个阶段。

第一阶段是"0～1",是原始创新、基础创新、无中生有的科技创新。这是高层次专业人才在科研院所的实验室、大专院校的工程中心、企业集团的研发中心研究出来的,需要的是国家科研经费、企业科研经费以及种子基金、天使基金的投入。

第二阶段是"1～100",是技术转化创新,是将基础原理转化为生产技术专利的创新,包括小试、中试,也包括技术成果转化为产品开发形成功能性样机,确立生产工艺等。这是各种科创中心、孵化基地、加速器的主要业务。

第三阶段是"100～100万",是将转化成果变成大规模生产能力的过程。例如,一个手机雏形,怎么变成几百万台、几千万台手机成品,最后卖到全世界去呢?既要有大规模的生产基地,这是各种开发区、大型企业投资的结果,也要通过产业链水平整合、垂直整合,形成具有国际竞争力的产业集群。

近年来,中国研究与试验发展(R&D)经费投入继续保持较快增长,年均增长率超过

---

① 注:国家金融监督管理总局于2023年5月18日正式挂牌,同时不再保留中国银行保险监督管理委员会。

10%,总规模已经跃居世界第二位,2022 年达到 30 728.9 亿元,R&D 经费投入强度(与国内生产总值之比)为 2.54%,涌现了一大批重大科技成果。但科技成果产业化方面仍然不尽如人意,科技成果转化率低、科学研究与产业发展之间"两张皮"的现象较为突出,贯穿从科学研究到技术开发再到市场推广的创新链条没有完全打通。其中,缺乏训练有素的技术转移机构和技术经理人是一大痛点。

作为科技与产业的桥梁,技术转移机构和技术经理人的使命就是面向企业和产业需求,组织和整合科技力量进行深度研发,通过将科学转化为技术、以中试验证和改进技术来为企业界提供先进的技术解决方案。著名的德国弗朗恩霍夫研究所就专注于此。类似的机构在德国有很多,这也是德国科技创新如此先进的关键。

数据要素与科技要素的融合,在技术转移机构设置和技术经理人培育上,都会产生许多新模式。创新数据平台和创新网络的建立,将会直接连接创新供给者和需求者,通过区块链等可信计算环境记录每一个参与创新者的贡献,从而把传统的技术转移机构分散化、网络化,以充分发挥每个机构的能力。此外,技术经理人体系在大数据支持下也会变得更加广泛和高效,从而能更好地激活市场创新投入能力和创新者的创新潜力。建立面向不同创新阶段的数字化创新成果转化模式,是提升国家、企业、个体创新能力的关键,也是保持持续创新动力的根本。

4. 劳动力要素与数据要素的融合

劳动力要素在引入数据要素之后,因为有了海量基础数据和大量数字化工具,在劳动力的培养、开发、管理、评价等方面都会有许多新方法,从而能够进一步释放劳动力所带来的价值。

改革开放以来,劳动力要素在我国经济发展中发挥了至关重要的作用,中国 40 多年来的高速发展是劳动力人口红利的集中体现。但是,随着中国经济发展逐步向高质量阶段迈进,我国劳动力要素的市场化配置面临许多新问题。

第一,我国劳动人口数量逐年下降。劳动年龄人口在总人口中的比重由 2010 年的 74.5% 下降至 2020 年的 71%,人口"抚养比"持续上升。2015 年,我国 0～19 岁和 65 岁以上人口数量与 20～64 岁人口数量之比为 49.6%,根据联合国的数据,这一数字到 2035 年将上升至 69.1%。

第二,青年人的择业观发生变化。在传统建筑业工地上干活的普遍都是年龄偏大的人,即使工资不断上涨,仍然很少有年轻人愿意来工地工作。青年人习惯于在实体和数字两个空间中生活,数字空间正在为年轻人提供更多的就业机会,也成为最吸引年轻人的就业领域,如主播、写手等。

第三,高技能人才短缺。技能劳动者数量只占全国就业人员总量的 19%,高技能人才不足 6%,而日本产业工人中高级技工占 40%,德国占 50%。这一方面和年轻人就业观的变化有关系,但更重要的是高技能人才的培养方式和工作方式落后,只注重传统的技能培养,忽视了数字空间的技能开发,从而不能吸引年轻人加入。

在有了充足的劳动力数据之后,这些问题就会有解决方案。我们要从靠劳动力数量取胜,逐渐走向靠劳动力质量取胜,也就是要提高单一劳动力的价值贡献率。因此数字生产关系变革下,需要持续挖掘"智慧人口红利"。智慧人口红利是通过数字化生产关系的各种层面的变革,使得劳动能深入开发自身潜力,充分发挥智慧和才能,从而创造出更大的社会价值和经济价值,进而提高整个社会的生产效率和生产力。在开发智慧人口红利的过程中,应秉持以人为本的原则,重视人的全面发展,运用数字技术和海量数据,建立劳动力大数据体系和公共就业信息服务体系,加快培养数字化劳动力等数字经济专门人才;培育数字空间的灵活就业形态,鼓励实体和数字空间中的创新创业;推进农村劳动力城镇落户、高质量就业。

1)推进农村劳动力城镇落户、高质量就业

20世纪80年代农村承包制改革把劳动力释放到城里,产生了轰轰烈烈的城市化过程,这是巨大的劳动力释放。近年来,中央明确提出"放开放宽除个别超大城市外的城市落户限制,试行以经常居住地登记户口制度。建立城镇教育、就业创业、医疗卫生等基本公共服务与常住人口挂钩机制,推动公共资源按常住人口规模配置"。这是延长和释放潜在人口红利的重大举措。大量农村劳动力在城镇落户后,既带来了丰富的劳动力资源,也带来了更大的就业压力。传统经济模式难以消纳这么多新增的就业需求和消费需求,而数字经济则可提供可行的解决方案。例如,运用大数据、云计算等现代信息技术,建立劳动力大数据体系和公共就业信息服务体系,搭建地方人力资源信息统计平台和动态就业信息发布平台,促进更多居民就业;大力发展平台经济、共享经济,通过线上线下相结合,发展新个体经济、微经济,支持微商电商、网络直播等多样化就业增收等;多渠道支持灵活就业、新就业形态发展,支持劳动者开展临时性、非全日制、季节性、弹性制工作等;鼓励和支持居民尤其是乡村居民借助电商平台开展平台网购、在线团购、餐饮外卖、共享出行等非接触消费等。

2)加快发展数字化劳动力

数字经济不断发展壮大,既催生了新兴的数字产业,也大大推动了传统产业的数字化转型升级。新的经济形态对劳动力的数字素养提出了新的要求,加快发展数字化劳动力成为当下必须重视的问题。

那么什么是数字素养?数字素养与技能是指数字社会公民学习工作生活应具备的数字获取、制作、使用、评价、交互、分享、创新、安全保障、伦理道德等一系列素质与能力的集合。具体来看,数字素养包括:数字意识、计算思维、数字化学习与创新、数字社会责任。其中,数字意识包括:内化的数字敏感性、数字的真伪和价值,主动发现和利用真实的、准确的数字的动机,在协同学习和工作中分享真实、科学、有效的数据,主动维护数据的安全。计算思维包括:分析问题和解决问题时,主动抽象问题、分解问题、构造解决问题的模型和算法,善用迭代和优化,并形成高效解决同类问题的范式。数字化学习与创新包括:在学习和生活中,积极利用丰富的数字化资源、广泛的数字化工具和泛在的数字化平台,开展探索和创新。它要求不仅将数字化资源、工具和平台用来提升学习的效率和生活的幸福感,还要将它们作为探索和创新的基础,不断养成探索和创新的思维习惯与工作习惯,确立探索和创新的目标、设计探索和创新的路线、完成实践探索和创新的过程、交流探索和创新的成果,从而逐步形成探索和创新的意识,积累探索和创新的动力,储备探索和创新的能力,同时也形成团队精神。数字社会责任包括:形成正确的价值观、道德观、法治观,遵循数字伦理规范。在数字环境中,保持对国家的热爱、对法律的敬畏、对民族文化的认同、对科学的追求和热爱,主动维护国家安全和民族尊严,在各种数字场景中不伤害他人和社会,积极维护数字经济的健康发展秩序和生态。

如何加快发展数字化劳动力？

一是提高劳动力数字化能力素养。加大人力资本投资，深化教育改革，出台优惠扶持政策，营造鼓励基础理论研究的社会环境。实施精英人才培养工程。进一步加大职业教育和技能培训，全面提升劳动者素质。

二是优化劳动力数字化发展环境。建立劳动力年假数字化管理、全民健身运动管理、健康体检管理、心理辅导服务等平台和机制，让劳动力身心更加健康。

三是探索培养数字化新劳动力。运用人工智能、大数据、增强现实（AR）、虚拟现实（VR）等新一代信息技术，探索培养和使用数字教师、数字医生、数字服务员等数字空间劳动力的方法和机制。

四是加快培养数字经济专业人才。2024 年 4 月发布的《加快数字人才培育支撑数字经济发展行动方案（2024—2026 年）》已为数字人才的培养指明了方向。未来数字经济各领域将需要以下几类关键人才：数字化的基础研发人才、数字化的交叉融合型人才、数字化的治理型人才。为此，要深度开展产教融合创新，人才引进和外脑联合，建设便利学员合作创新的服务体系，以全面、系统、专业的数字经济人才培养体系，提高全民全社会的数字经济素质素养和技能，夯实我国数字经济发展的社会基础。

7.2.4　我国数据要素市场发展状况

"十四五"期间，数据的生产要素地位被确立，我国数据要素市场发展进入全新阶段。数据交易市场逐渐成熟，大数据交易所、数据服务公司和数据治理和安全企业相继成立，逐步形成了完整的数据要素市场产业生态，数据交易量和交易价值逐步增长。

上海数据交易所等机构联合发布的《2023 年中国数据交易市场研究分析报告》显示，2021—2022 年中国数据交易行业市场规模由 617.6 亿元增长至 876.8 亿元，年增长率约为 42.0%，增速明显。未来，中国数据交易行业仍有可观的市场增长空间，市场规模仍将呈现稳步增长的趋势，到 2025 年中国数据行业市场规模有望达到 2046.0 亿元，到 2030 年中国数据行业市场规模有望达到 5155.9 亿元，2025—2030 年复合增长率约为 20.3%。未来十年中国数据交易市场规模年复合增长率远高于全球数据交易市场 CAGR 水平。

7.3　数据要素市场的基本结构

从产业链的角度出发，数据要素市场可归结为数据采集、数据存储、数据加工、数据流通、数据分析、数据应用和生态保障七大模块，覆盖数据要素从产生到发生要素作用的全过程。数据要素化的关键是要让数据要素可确权、可定价、可交易。数据要素市场就是将尚未完全由市场配置的数据要素转向由市场配置的动态过程，其目的是形成以市场为根本调配机制，实现数据在流动中的价值。数据要素市场化配置建立在明确的数据产权、定价机制、交易机制、分配机制、监管机制、法律保障等制度体系基础上。

7.3.1　微观方面

数据要素市场可以分为一级市场和二级市场。

数据一级市场是针对政府、企业、个人的数据直接存储和使用的市场，在数据一级市场上,围绕 5G、物联网、工业互联网等新基建领域,在未来几年将会产生巨大的市场空间;当数据一级市场逐步完善,基于此就会产生大量的融合应用,并形成二级交易市场,也就是数据交易场所。建设数据二级市场的数据交易场所需要注意以下五方面的问题。

一是要注重数据的功能性价值发现。找到可以不断发掘的数据,并形成针对不同功能的应用场景。

二是注重针对不同场景的数据定价系统。有了价值发现,数据就通过不同交易场景形成定价机制。

三是注重数据交易的现金流管理。数据交易市场的自动交易特性会产生巨额的现金流,该现金流如何管控也是一个新课题。

四是设计完善的数据交易机制。数据交易涉及买家、卖家、中介机构等,与数据交易有关的各种中介机构在数据交易所中发挥各自功能,需要建立一套新的交易规范。

五是注意数据交易过程中的风险防范。数据交易市场和传统的商品交易市场、要素市场都不同。传统的商品交易市场是有形的商品、有形的交易空间,要素市场是有形的商品、无形的交易空间,而数据交易市场是无形的商品、无形的交易空间,该空间中的风险更大,更需要加强监管和防范。

7.3.2 宏观方面

2022 年 12 月,《中共中央、国务院关于构建数据基础制度更好发挥数据要素作用的意见》(以下简称"数据二十条")发布,从顶层设计方面,搭建起我国数据基础制度体系。当前,数据要素"1+N"政策体系已初步确立,"数据二十条"是数据要素政策体系的基础性文件,建立完善数据产权制度和数据要素流通和交易制度是"十四五"期间的政策重心。"数据二十条"提出了"促进数据合规、高效流通使用,赋能实体经济"一条主线,以及"数据产权制度、数据要素流通和交易制度、数据要素收益分配制度、数据要素治理制度"四项基础制度。

数据要素"1+N"政策体系中的"N"个配套文件目前仍处于探索阶段,当前有关数据资产入表的部分政策已先行发布,后续数据要素制度将在确权、登记、定价、交易流通、收益分配、安全治理等领域出台其他配套文件。

7.4 数据要素化的基本步骤

"数据二十条"从数据产权、流通交易、收益分配、安全治理等方面构建数据基础制度,提出了二十条政策举措。本节将从数据确权、数据定价、流通交易、收益分配、安全治理等方面阐述数据要素化的基本步骤。

7.4.1 数据确权

数据要成为资产,并能够顺畅地进行流通和交易,最重要的是对数据进行确权。当前,数据的所有权、使用权、管理权、交易权等尚未被法律明确界定,国际社会也仍没有达成共识和通行规则。这导致企业在采集、处理、加工、使用和共享数据的过程中存在诸多隐患和风险,也关系到数据产业能否健康、安全及可持续发展。"数据二十条"提出:"建立保障权益、合规使用的数据产权制度"。探索建立数据产权制度，推动数据产权结构性分置和有序流通，结合数据要素特性强化高质量数据要素供给；在国家数据分类分级保护制度下，推进数据分类分级确权授权使用和市场化流通交易，健全数据要素权益保护制度，逐步形成具有中国特色的数据产权制度体系。

1. 数据确权的国际探索

欧盟确立了"个人数据"和"非个人数据"的二元架构。针对任何与已识别或可识别的自然人相关的"个人数据"，其权利归属于该自然人，其享有包括知情同意权、修改权、删除权、拒绝和限制处理权、遗忘权、可携权等一系列广泛且绝对的权利。针对"个人数据"以外的"非个人数据"，企业享有"数据生产者权"。但欧盟数据确权的尝试并不算成功，"个人数据"和"非个人数据"的区分方式与现有数据流转实践不符。个人数据的范围过于宽泛，在数字时代，几乎没有什么数据不能够通过组合和处理，与特定自然人相联系。由此，同一个数据集往往同时包含个人数据和非个人数据，想要把这些相互混合的数据区分开来，即使技术上有可能做到，在操作上也非常困难，可能过犹不及，会伤及互联网成熟业态，阻碍人工智能、区块链和云计算等新兴产业的发展。

美国的数据确权是一种实用主义的市场化路径。美国个人数据置于传统隐私权的架构下，利用"信息隐私权"化解互联网对隐私信息的威胁，在金融、医疗、通信等领域制定了行业法，辅以行业自律机制，形成了相对灵活的体制。美国的确权机制充分发挥了市场的作用，在政府数据的开放共享方面做了很多有益的尝试，但过分自由的分散确权机制，不利于数据要素的规模化开发利用。

综合考虑欧洲和美国市场在数据确权上的做法，我国在进行数据确权时，要结合中国国情和数据要素的市场化实践，"数据二十条"指出要"建立数据资源持有权、数据加工使用权、数据产品经营权等分置的产权运行机制"，明确了我国数据确权的基本方向。在建立确权体系的过程中，需要解决好以下五方面问题：

一是安全性。数据是一个国家重要的战略资源，因此任何数据要素的开发要充分保障数据的安全性，不得以任何形式危害国家安全。同时，也要建立数据分类分级安全保护制度，充分考虑对政务数据、企业商业秘密和个人数据的安全保护。

二是隐私保护。欧美数据隐私保护的做法值得我们借鉴，要根据中国不同地域、不同产业、不同用途的需要，建立中国的数据隐私保护体系，从技术、法规、市场多个角度保障数据确权过程中不侵犯个人的隐私数据。

三是公平性。数据的确权机制一定要保障数据要素市场体系的公平性。其中，区块链等技术体系是确保数据要素市场公平性的技术基础。在技术底座基础上，通过制定公平的确权机制，确保在数据要素层面能够建立公平的收益分配机制。

四是价值导向。经过确权的数据才可以变成数据资产，而数据资产要在市场中发挥作用，创造新的价值。所以确权的一个重要目的还是有利于数据资产的价值创造，是为了在未来能方便快捷、公平合理地进行数据交易。

五是技术工具。要充分利用数字技术手段赋能数据确权。例如，针对数据资产的独立性、不可篡改、多方参与等特性，可采用多方安全计算，对数据资产进行封装，即在不改变数据实际占有和控制权或所有权模糊的情况下，将计算能力移动到数据端，在保障企业数据安全和个人隐私的同时,促进数据资产在共享利用中创造价值。

2. 数据产权和价值分配

数据产权归属是数据要素市场需要解决的基本问题之一,它决定着如何在不同主体间分配数据价值、义务和责任。土地、资本或劳动力等要素具有专属性,但数据很复杂,目前在确权方面缺乏实际的标准规则。"数据二十条"在产权领域提出:"建立公共数据、企业数据、个人数据的分类分级确权授权制度"。根据数据来源和数据生成特征,分别界定数据生产、流通、使用过程中各参与方享有的合法权利,建立数据资源持有权、数据加工使用权、数据产品经营权等分置的产权运行机制,推进非公共数据按市场化方式"共同使用、共享收益"的新模式,为激活数据要素价值创造和价值实现提供基础性制度保障。研究数据产权登记新方式。在保障安全前提下,推动数据处理者依法依规对原始数据进行开发利用,支持数据处理者依法依规行使数据应用相关权利,促进数据使用价值复用与充分利用,促进数据使用权交换和市场化流通。要审慎对待原始数据的流转交易行为。

一般而言,数据涉及以下四项基本权利:管辖权、交易监管权、所有权和使用权。

1)数据的管辖权、交易监管权由国家所有

数据是一个国家的新型基础性资源,具有极高的价值,对经济发展、社会治理、人民生活都产生了重大而深刻的影响,这意味着任何主体对数据的非法收集、传输、使用都可能构成对国家核心利益的侵害。数据安全已经成为事关国家安全与经济社会发展的重大问题,与切实维护国家主权、安全和发展利益密切相关。

因此,各类数据活动的管辖权、交易监管权应当归属于国家,内部的任何数据活动都应该遵循国家数据安全法规,目前,我国已成立国家数据局来负责协调推进数据基础制度建设,统筹数据资源整合共享和开发利用,推进数字中国、数字经济、数字社会规划和建设等。

2)数据所有权、使用权的界定应以保护隐私权为前提

在数字化时代,个人数据需要参与到各类网络双边交易中,在平台上经过加工、处理转化成信息、知识,必然需要对数据产权进行合理界定。

消费者在网络平台购物、浏览网页时,留下的有关个人信息(如手机号、身份证号、邮箱、消费偏好等)原始记录的数据应该归消费者自己所有,网络平台应只有使用权,除非征得消费者明确同意,否则网络平台不应当拥有上述个人信息的所有权。例如,个人在微软浏览器上的浏览记录,自己是可以直接删除的,网络平台不得私自保存。这实际上就是公民隐私权的体现。网络平台对个人留下的数据只有使用权,则可以用个人数据在平台上为买卖双方进行撮合或导流。又例如,今日头条可以根据个人的浏览记录来推送个人感兴趣的新闻和信息,这个过程就是行使了对个人信息的使用权。与之相关,网络平台在行使其掌握的个人信息使用权时,不能借助该信息优势进行任何可能侵害所有权人利益的不当操作,比如搞大数据杀熟、利用数据优势进行价格歧视等。因为使用权仅仅是所有权的权能之一,所以网络平台对他人的个人信息行使使用权时,不能对所有权人本身的利益构成损害。

如果网络平台对个人信息进行脱敏后形成了新的数据集,这个数据是加工后的信息,在不以任何形式侵犯个人隐私权的前提下,网络平台原则上可以拥有脱敏后个人信息的所有权。根据自身经营需要,网络平台可以交易此类数据,如可以被用作各种市场研究,研究

某个产品可能的市场需求率、客户群体的分类等。换言之，任何网络平台不能把未脱敏的数据对外出售；只要是出售的数据，就一定是脱敏过的。审核职能可以由国家相关机构来承担，如果把有关数据交易的监管权力界定给国家，国家就可以对数据交易征税。未脱敏的数据应只限于在本网络平台使用，而且只有网络平台运营商在一定规则下（该规则要经过监管部门审核认可）才能使用。这些未脱敏数据不能以任何形式出售或提供给体系外的银行、广告商等机构。否则原始数据所有人就拥有向网络平台主张获益的权利。但原始数据人的该项权利应当如何保护，存在一定的操作难度，技术上可能需要用到区块链技术，制度上国家也应实行严监管，不仅要先证后照，还要重罚严惩。

3）数据转让后的主体仅拥有使用权，未经允许不得进行再度转让

数据使用权即使用指定数据的权利。一般来说，物品的使用权由物品的所有者行使，但也可依据法律、政策或所有者的意愿将物品的使用权转移给他人，最典型的使用权转移是国有土地使用权的转移和影视、音乐等使用权的转移。由于数据能够低成本复制，同时在使用的过程中一般也不会造成数据的损耗和数据质量的下降，反而还会因为数据的使用创造新的经济价值，因此数据的使用权转移是一项多方共赢的行为。

但是，数据在使用权的转移过程中，往往已经被加工成了相应的数据产品和数据服务，成为类似于影视、音乐的知识产权。人们在娱乐平台上观看欣赏影视和音乐后，是不允许将作品私自下载再转售给他人的。与此类似，数据的使用权通常不允许转授，即数据所有者将指定数据的使用权授予使用者后，数据的使用者不能将数据转手倒卖获利。

7.4.2　数据定价

数据资产的定价相对于其他资产而言存在巨大的差异，数据资产的价值主要来源于其直接或间接产生的业务收益，但数据自身存在的无损复制性、按不同业务场景产生收益的可叠加性，使得特定数据资产的价值与传统资产价值不同，不是一个固定值，而是一个随不同因素变化的动态值。"数据二十条"提出："支持探索多样化、符合数据要素特性的定价模式和价格形成机制"。推动用于数字化发展的公共数据按政府指导定价有偿使用，企业与个人信息数据市场自主定价。

数据定价的一个思路是基于对数据自身价值的评估。目前资产价值评估方法主要包括市场法、收益法及成本法等，而数据自身的无形化、虚拟化等特性使得上述资产价值评估基础理论方法很难直接应用到数据资产的定价上。

市场法基于数据资产在市场中的交易价格作为数据所代表的价值，从而为数据要素市场下一步交易提供价格参考。市场法的优势在于，通过交易价格易于得到数据价值判断的依据，且数据价值与交易价格呈正相关。但是，如果数据交易很不活跃，交易量又很少，就不能为市场提供准确的定价指导。同时，数据价值评估反作用于市场交易定价，如果市场存在不规范交易行为，那么这种数据定价机制将陷入"先有鸡还是先有蛋"的问题中。

收益法和成本法是基于数据要素市场中由于数据交易而带来的收益或者消耗的成本来进行定价的方法。收益法与成本法的优势在于通过利润或成本可以体现出数据创造价值的本质，并为数据价值提供更直观的描述。但是，由于数据价值的复杂性，数据持有方往往难以界定哪些利润是由数据交易带来的，哪些成本应该归于数据交易成本，所以也就比较难以给出一个令人信服的数据交易定价。

由于数据的特殊性，它既有大宗商品比如煤炭、石油等因为供求关系而形成的垄断定价特征，也因为可重复交易而享有边际效应递增的特征，因此数据产品的定价机制与一般商品有所不同，如前所述，数据的定价机制可能更多地与专利、知识产权的定价机制类似。首先，数据的定价一定是市场化的，即充分发挥市场在数据资源配置中的决定性作用。如果数据本身没有主体愿意使用，它就没有价值可言。有很多主体愿意反复地使用，就证明其具有较高的价值，这个时候就由交易的双方来确定它的价格。其次，数据最终产生的收益，应当由数据所有者共享。数据的原始贡献者与二次加工者都应当享有数据的财产分配权。数据财产权的分配比例，可以大致模仿知识产权的分配模式，如美国的《拜杜法案》。政府是为人民提供公共服务责任、履行法定义务的执行机构，因此由政府作为个人数据财产分配权益的受让主体更为合理。同时，政府也可以将这部分收益用于加强数字化基础设施建设，从而反哺数据生态系统。

7.4.3　数据流通交易

数据市场可以分为一级市场和二级市场。数据一级市场是政府、企业、个人的数据直接存储和使用的市场，在数据一级市场上，围绕着 5G、物联网、工业互联网等新基建领域，在未来几年将会产生巨大的市场空间；当数据一级市场逐步完善，基于此会产生大量的融合应用，并形成二级交易市场，也就是数据交易场所。

1. 国外数据交易模式

1）美国：充分市场化的数据交易

美国发达的信息产业提供了强大的数据供给和需求驱动力，为其数据交易流通市场的形成和发展奠定了基础。美国在数据交易流通市场构建过程中，制定了数据交易产业推动政策和相关法规，这些政策法规又进一步规范了数据交易产业的发展。

首先，建立了政务数据开放机制。美国联邦政府自 2009 年发布《开放政府指令》后，便通过建立"一站式"的政府数据服务平台 Data.gov 加快开放数据进程。联邦政府、州政府、部门机构和民间组织将数据统一上传到该平台，政府通过此平台将经济、医疗、教育、环境与地理等方面的数据以多种访问方式发布，并将分散的数据整合，数据开发商还可通过平台对数据进行加工和二次开发。

其次，发展多元数据交易模式。美国现阶段主要采用 C2B（消费者对企业）分销、B2B 集中销售和 B2B2C（企业对企业对消费者）分销集销混合三种数据交易模式，其中 B2B2C 模式发展迅速，占据美国数据交易产业主流。所谓数据平台 C2B 分销模式，是指个人用户将自己的数据贡献给数据平台以换取一定数额的商品、货币、服务、积分等对价利益，相关平台如 Personal.com、Car and Driver 等；数据平台 B2B 集中销售模式，即以美国微软 Azure 为首的数据平台以中间代理人身份为数据的提供方和购买方提供数据交易撮合服务；数据平台 B2B2C 分销集销混合模式，即以数据平台安客诚（Acxiom）为首的数据经纪商收集用户个人数据并将其转让、共享给他人的模式。

最后，平衡数据安全与产业利益。在涉及数据安全保护等方面，目前美国尚没有联邦层面的数据保护统一立法，数据保护立法多按照行业领域分类。虽然脸书、雅虎、优步等公司近些年来均有信息失窃案件发生，但硅谷巨头的游说使得美国联邦在个人数据保护上进展较为缓慢。

2）欧盟：加强数据立法顶层设计

欧盟委员会希望通过政策和法律手段促进数据流通，解决数据市场分裂问题，将 27 个成员国打造成统一的数字交易流通市场。同时，通过发挥数据的规模优势建立起单一数字市场，摆脱美国"数据霸权"，回收欧盟自身"数据主权"，以繁荣欧盟数字经济。

首先，建立数据流通法律基础。2018 年 5 月，《通用数据保护条例》(GDPR)在欧盟正式生效，其特别注重"数据权利保护"与"数据自由流通"之间的平衡。由于 GDPR 的条款较为苛刻，该法案推出后，欧盟科技企业筹集到的风险投资大幅减少，每笔交易的平均融资规模比推行前的 12 个月减少了 33%。

其次，积极推动数据开放共享。2018 年，欧盟提出构建专有领域数字空间战略，涉及制造业、环保、交通、医疗、财政、能源、农业、公共服务和教育等多个行业和领域，以此推动公共部门数据开放共享、科研数据共享、私营企业数据分享。

最后，完善数据市场顶层设计。欧盟基于 GDPR 发布了《欧盟数据战略》，提出在保证个人和非个人数据(包括敏感的业务数据)安全的情况下，有"数据利他主义"意愿的个人可以更方便地将产生的数据用于公共平台建设，打造欧洲公共数据空间。2020 年 12 月 15 日，欧盟委员会颁布了两项新法案——《数字服务法》和《数字市场法》，旨在弥补监管漏洞，通过完善的法律体系解决垄断以及数据主权的问题。《数字服务法》法案为大型在线平台提供了关于监督、问责以及透明度的监管框架。《数字市场法》法案旨在促进数字市场的创新和竞争，解决数字市场上的不公平竞争问题。

3）德国：打造"数据空间"的可信流通体系

德国提供了一种"实践先行"的思路，通过建设行业内安全可信的数据交换途径，排除企业对数据交换不安全性的种种担忧，实现各行业、企业间的数据互联互通，打造相对完整的数据流通共享生态。德国的"数据空间"是一个基于标准化通信接口并用于确保数据共享安全的虚拟架构，其关键特征是有明确的数据权属逻辑。它允许用户决定谁拥有访问他们专有数据的权力，从而实现对其数据的持续监控。目前，德国数据空间已经得到包括中国、日本、美国在内的 20 多个国家、超过 118 家企业和机构的支持。

4）英国：先行先试金融数据交易

英国政府也高度重视数据的价值，采用开放银行战略对金融数据进行开发和利用，促进金融领域数据的交易和流通。该战略通过在金融市场开放安全的应用程序接口(API)将数据提供给授权的第三方使用，使金融市场中的中小企业与金融服务商更加安全、便捷地共享数据，从而激发市场活力、促进金融创新。开放银行战略为具有合适能力和地位的市场参与者提供了六种可能的商业模式：前端提供商、生态系统、应用程序商店、特许经销商、流量巨头、产品专家和行业专家。其中，金融科技公司、数字银行等前端提供商通过为中小企业提供降本增效服务来换取数据，而流量巨头作为开放银行的最终支柱掌握着银行业参与者所有的资产和负债表，控制着行业内的资本流动性。目前，英国已有超过 100 家金融服务商参与了开放银行计划并开发出大量创新服务，金融数据交易流通市场初具规模。

5）日本：设立"数据银行"，成立数字厅

日本从自身国情出发，创建"数据银行"交易模式，以期最大化地释放个人数据价值，提升数据交易市场的活力。数据银行在与个人签订契约之后，通过个人数据商店对个人数据

进行管理,在获得个人明确授意的前提下,将数据作为资产提供给数据交易市场进行开发和利用。从数据分类来看,数据银行内所交易的数据大致分为行为数据、金融数据、医疗健康数据以及嗜好数据等;从业务内容来看,数据银行从事包括数据保管、贩卖、流通在内的基本业务以及个人信用评分业务。数据银行管理个人数据以日本《个人信息保护法》(APPI)为基础,对数据权属界定以自由流通为原则,但医疗健康数据等高度敏感信息除外。日本通过数据银行搭建起个人数据交易和流通的桥梁,促进了数据交易市场的发展。

2021 年 5 月 12 日,日本参议院通过了 6 部有关数字化改革的法案,其中十分重要的是《个人信息保护法》的修订:统一日本各私营企业、行政机关和地方政府的个人信息保护制度。同时,为了杜绝个人隐私滥用,个人情报保护委员会的监管权力也扩大到了所有的行政机构。2021 年 9 月 1 日,经过近一年的筹备,负责日本数字化的最高部门——日本数字厅正式成立。日本数字厅直接由日本内阁总理大臣管辖,下设数字大臣、专职副大臣和大臣政务官各一位,协助内阁总理大臣管理数字厅相关事务。该厅将负责维护、管理国家信息系统,保证各地方政府的共同使用和信息协调。由于权力较大,数字厅可以向其他部委和机构提出建议、审查业务。同时,数字厅还计划和相关机构合作,为医疗、教育、防灾等公共事务开发数据应用系统,也能整合私企、土地、交通状况的数据用于商业。

6) 韩国 Mydata 模式

Mydata 模式由信息源(消费者)进行授权,商家将个人数据传输至 Mydata。消费者可以通过 Mydata 查询个人数据。其他授权企业也可以通过中介向 Mydata 查询个人数据(脱敏),可查询企业包括韩国部分政府部门、部分国有中央会、部分证券交易所,此过程由个人信息保护委员会和金融委员会共同监管,Mydata 支援中心进行支援。

综上所述,发达国家在数据交易市场方面已经做了大量尝试,在技术、平台、法规、监管、商业模式等方面值得我们借鉴。国外数据交易平台自 2008 年前后开始起步,发展至今,既有美国的 BDEX、Infochimps、Mashape、RapidAPI 等综合性数据交易中心,也有很多专注细分领域的数据交易商,如位置数据领域的 Factual,经济金融领域的 Quandl、Qlik Data Market,工业数据领域的 GE Predix、德国弗劳恩霍夫协会工业数据空间 IDS 项目,个人数据领域的 DataCoup、Personal 等。除专业数据交易平台外,近年来,国外很多 IT 头部企业依托自身庞大的云服务和数据资源体系,也在构建各自的数据交易平台,以此作为打造数据要素流通生态的核心抓手。较为知名的如亚马逊 AWS Data Exchange、谷歌云、微软 Azure Marketplace、LinkedIn Fliptop 平台、Twitter Gnip 平台、富士通 Data Plaza、Oracle Data Cloud 等。

目前,国外数据交易机构采取完全市场化模式,数据交易产品主要集中在消费者行为、位置动态、商业财务信息、人口健康信息、医保理赔记录等领域。

2. 我国数据交易市场

2023 全球数商大会上发布的报告显示,2022 年中国数据交易行业市场规模为 876.8 亿元,占全球数据交易市场规模的 13.4%,占亚洲数据交易市场规模的 66.5%。根据国家工业信息安全发展研究中心预测,到 2025 年,我国数据要素市场规模有望达到 1749 亿元,2022—2025 年复合增速将达到 28.99%。

在数据开放共享方面,截至 2020 年,国家电子政务网站接入中央部门和相关单位共计

162 家,接入全国政务部门共计约 25.2 万家,初步形成了国家数据共享平台。31 个国务院部门在国家共享平台注册发布实时数据共享接口 1153 个,约 1.1 万个数据项。国家共享平台累计为生态环境部、商务部、税务总局等 27 个国务院部门、31 个省(自治区、直辖市)和新疆兵团提供查询核验服务 9.12 亿次,有力地支持了网上身份核验、不动产登记、人才引进、企业开办等业务。其他各类数据开放平台达到 142 个,有效数据集达到 98 558 个。

国内数据交易机构起步于 2015 年,截至 2024 年 8 月,国内主要数据交易场所达到 65 个,北京国际大数据交易所、上海数据交易所、深圳数据交易所和广州数据交易所等相继成立。数据供应者、数据需求方、数据交易所(中心)、数据交易技术支撑方、第三方专业服务机构、监管方等数据要素多元市场主体涌现。截至 2023 年 12 月,中国数商企业超 200 万家,近十年年均复合增长率超 30%,其中数据产品供应商超 150 万家、占比超七成。国内 IT 头部企业亦在构建各自的数据交易平台,如阿里云、腾讯云、百度云各自旗下的 API 市场,以及京东万象、浪潮天元等。在国家政策的大力支持下,我国多地出台地方数据管理条例、建设数据交易所,逐步形成属地化数据开发和治理新模式,推动地方数据走向资源化、资产化。

7.4.4　数据要素市场收益分配

"数据二十条"提出:顺应数字产业化、产业数字化发展趋势,充分发挥市场在资源配置中的决定性作用,更好发挥政府作用。完善数据要素市场化配置机制,扩大数据要素市场化配置范围和按价值贡献参与分配渠道。完善数据要素收益的再分配调节机制,让全体人民更好共享数字经济发展成果。政策明确了健全数据要素由市场评价贡献、按贡献决定报酬机制;以及更好发挥政府在数据要素收益分配中的引导调节作用。

数据作为生产要素参与分配,在本质上是政府将其作为一种激励制度,以"劳有所得"为基本原则,支持数据要素市场参与主体按贡献获取报酬,以吸引更多主体参与数据要素市场建设。数据给谁、如何分配和分配多少是数据要素参与分配的三个关键问题。分配多少与数据要素的估值与定价密切相关。

7.4.5　数据要素市场安全治理

在构建数据要素治理制度方面,"数据二十条"提出:把安全贯穿数据治理全过程,构建政府、企业、社会多方协同的治理模式,创新政府治理方式,明确各方主体责任和义务,完善行业自律机制,规范市场发展秩序,形成有效市场和有为政府相结合的数据要素治理格局。

1. 数据要素市场的安全保障设计

随着数据流通及服务的商业模式和市场业态为全社会所认知,在利益诱导和监管不完善的情况下,数据交易及服务面临的问题也越发凸显:数据侵权、数据窃取、非法数据使用、非法数据买卖已随着数据市场的成熟而逐渐出现。目前,我国虽然已经推出了《数据安全法》《个人信息保护法》等相关法律,但还需要不断根据行业发展情况进行修订。要使数据在阳光下以公平、公正的原则来交易,还需要安全可靠的信息科技系统和行业规制政策来支撑。

一是要建立可交易数据的可追溯系统。数据的管辖权、交易权、所有权、使用权、财产分配权,都需要对数据有全息的可追溯过程,并且保证是不可更改的,区块链等技术在这方面的应用前景广阔。

二是要建立数据价值分类体系。例如,有的数据不需要经过太多加工就可以成为资产,有的数据需要深度加工才有价值;有的数据价值具有长期性和稳定性,有的数据价值存在显而易见的时效性。这就需要有一套对数据进行分类的操作标准和价值评估体系,以便数据的后续利用。条件成熟时,可以通过立法,如数据资产法,加强这方面的工作。

三是培育可信市场主体。参与数据领域加工交易的市场主体都应该像金融机构那样,是持牌的、有资质的。只有持牌机构才能对政府数据、商业数据、互联网数据、金融数据等数据,按照其职能进行系统的采集、清洗、建模、分析、确权等操作,参与数据市场交易。通过建立基于数字技术的数据产业多样化持牌体系,确保全国和地方的数据资产安全交易、数据资源的优化配置。

四是要应用人工智能等先进技术。面对日益增加的海量数据,如何让数据再产生更加有价值的数据,离不开人工智能等先进数字技术的持续进步和迭代。实际上,人工智能近些年的巨大进步就是建立在大数据规模不断扩大的基础上的,反过来它也必将对数据的加工和利用模式带来新的革命。

2. 采用新技术、新机制,打造数据交易平台安全与治理的新架构、新模式

一是建立"数据可用不可见""数据可算不可识""可控可计量"等技术平台。通过采用多方安全计算、联邦学习等隐私计算技术,在不泄露原始数据的前提下对数据进行采集、加工、分析、处理与验证,在不断提升系统效率的基础上实现数据在加密状态下被用户使用和分析,从而在保证数据所有者权益、保护用户隐私和商业秘密的同时,充分挖掘发挥数据价值。

二是可以采用分布式存储技术保障数据安全,如星际文件系统(InterPlanetary File System,IPFS)。目前的数据网络主要是建立在传输控制协议/网际协议 TCP/IP (Transmission Control Protocol/Internet Protocol)、超文本传输协议(Hyper Text Transfer Protocol,HTTP)等协议基础上的,这种中心寻址的传输控制模式在安全性、访问效率、开放性等方面还存在不足。目前兴起的分布式存储技术,正在改变着原有数据中心的运营模式。以星际文件系统 IPFS 为代表的分布式存储,能够高效地利用数据存储资源,同时采用内容寻址提高数据存储的安全性,消除域名攻击等安全隐患。同时,分布式存储还能降低存储成本,提高数据传输效率。

三是研发多样化数据资产封装技术。数据资产的确权需要技术平台的保障,应开展各类数据资产确权技术的研究,以保证其在交易过程中的公平性和可信性。区块链技术的发展为数据资产的确权封装提供了可行的底层技术,能够确保数据流通中技术层面的公平性。例如,NFT(Non-Fungible Token)是一种架构在区块链上通过智能合约而产生的权益证明,在数据资产化领域具有广泛的应用价值。

3. 数据要素化治理

数据要素化治理是指通过构建制度、技术、市场有机融合的体制机制,组织与协调各参与主体,安全、合规、高效推进数据加工处理、多元主体协调、市场化配置等数据要素体系化的活动集合。数据要素化治理的内涵主要包括数据要素化的工程技术实现、市场主体之间

的权益协调和共治共享的体系构建三方面。

数据要素化的工程技术实现，需要确保在数据要素化的关键技术环节上具备自主可控的能力，构建起"体系性安全、规模化开发、产品化流通、平台化运营"的数据要素化治理体系。

市场主体之间的权益协调，由于数据源发主体、数据资源持有主体、数据加工使用主体和数据产品经营主体是主要参与主体，因此各主体之间需要进行权益协调，充分保障数据源发主体和数据开发利用主体的权利，从而激发市场活力。

共享共治制度体系的构建，需要完善数据要素化治理的政策法规，激励引导相关市场主体积极参与数据要素化治理活动；构建适应数据要素化治理需求的组织架构，优化治理的组织框架，落实各方主体责任，明确行为边界和关联关系，实现不同主体间权力责任的合理配置；需要建立系统、全面的数据要素化治理管理制度，利用制度化的方式规范，形成覆盖数据要素化治理全方位、全流程的制度规则。

7.4.6　数据要素市场的培育：数据要素×

随着数字经济的快速发展，数据要素市场在我国各行各业中都在加速发展。2024 年 1 月，国家数据局等 17 部门联合印发《"数据要素×"三年行动计划（2024—2026 年）》（本章以下简称《行动计划》），旨在充分发挥数据要素乘数效应，赋能经济社会的全面数字化发展。《行动计划》提出：实施"数据要素×"行动，就是要发挥我国超大规模市场、海量数据资源、丰富应用场景等多重优势，推动数据要素与土地、资本、科技、劳动力等要素协同，以数据流引领技术流、资金流、人才流、物资流，突破传统资源要素的约束，提高全要素生产率。《行动计划》要求要促进数据多场景应用、多主体复用，培育基于数据要素的新产品和新服务，实现知识扩散、价值倍增，开辟经济增长新空间；要加快多源数据融合，以数据规模扩张和数据类型丰富，促进生产工具创新升级，催生新产业、新模式，培育经济发展新动能。《行动计划》明确提出到 2026 年底数据要素应用总体目标，包括打造 300 个以上示范性强、显示度高、带动性广的典型应用场景，数据产业年均增速超过 20%。

"互联网＋"和"数据要素×"之间存在三个转变：一是从连接到协同的转变。"互联网＋"强调的是连接，即各行各业拥抱互联网，实现基于数据生成和传递的互联互通；而"数据要素×"强调的是数据协同，是基于数据有效应用的全局优化。二是从使用到复用的转变。"互联网＋"强调的是千行百业利用互联网技术；而"数据要素×"强调的是基于行业间数据复用的价值创造，拓展经济增长新空间。三是从叠加到融合的转变。"互联网＋"强调的是通过汇聚数据来提升效率；而"数据要素×"强调的是融合多来源、多类型的数据，驱动创新，培育经济增长新动能。

"数据要素×"行动聚焦选取工业制造、现代农业、商贸流通、交通运输、金融服务、科技创新、文化旅游、医疗健康、应急管理、气象服务、城市治理、绿色低碳等 12 个行业和领域，推动发挥数据要素乘数效应，释放数据要素价值。12 个重点领域，基本覆盖了一、二、三产业的各行业及重点细分领域。"数据要素×"之所以是"×"（乘），其本质还是要推动数据要素的高水平应用，充分释放数据要素的倍增效应、乘数效应。

7.5 数据资产化

从会计学角度来看,资产是指由企业的交易或事项形成的、由企业拥有或者控制的、预期会给企业带来经济利益的资源。对于数据要素来说,数据资产化则是数据资源化后,形成基于企业自身数据资源的数据资产包。数据资产化把数据作为一种资产分离出来,在社会上独立流转,通过交易、流通、抵押等传统资产流通模式,实现数据资源价值变现。

2023年8月21日财政部出台了《企业数据资源相关会计处理暂行规定》(本章以下简称《暂行规定》),为企业在数据资源进入财务报表和数据资产管理方面指明了方向。《暂行规定》于2024年1月1日起施行,2024年因此也被称为"数据资产入表元年"。目前,数据资产入表存在着诸多不确定性,数据的价值公允的衡量标准还没有建立起来,这使得企业必须慎重考虑如何将数据资源列入财务报表。数据资产入表凸显了企业数据资源的价值,通过入表可以促进企业数据价值的兑现,通过有价值的数据的流通使用逐步培育数据产业生态。数据资产入表是数据要素市场化配置改革的重要一环,未来数据资产入表需要进一步完善相关的制度和技术,推动数据资产入表的规范化、标准化和普及化。

2023年12月31日,财政部印发了《关于加强数据资产管理的指导意见》(以下简称《指导意见》)明确提出:构建"市场主导、政府引导、多方共建"的数据资产治理模式,逐步建立完善数据资产管理制度,不断拓展应用场景,不断提升和丰富数据资产经济价值和社会价值,推进数据资产全过程管理以及合规化、标准化、增值化。从政策脉络上来看,《指导意见》是承接"数据二十条"国家数据基础制度,贯彻落实党中央、国务院决策部署,积极推进数据资产管理工作的体现,明确数据的资产属性,是对数据资产作为经济社会数字化转型中的新兴资产类型的充分认可。《指导意见》与《行动计划》政策相互契合,明确鼓励在金融、交通、医疗、能源、工业、电信等数据富集行业探索开展多种形式的数据资产开发利用。

2024年2月,财政部又印发了《关于加强行政事业单位数据资产管理的通知》,该通知进一步明晰了行政事业单位数据资产的管理责任,提出健全管理制度的要求。同时,对规范管理行为、释放资产价值和严格防控风险、确保数据安全也提出了要求。

7.6 小结

数据是数字经济时代的重要生产资料,是和土地、资本、劳动力、技术等要素一样的生产要素。但与其他生产要素相比,数据要素具有很多独特的属性,如数据要素数量无上限,其规模越来越大;数据要素具有可再生性,数据资源可以通过不断地加工、分析和应用来创造更多数据;数据要素具有高渗透性,它可以渗透到所有其他要素中,影响所有行业的发展、社会的治理和个人的生活。

开发数据要素需要建立完善的数据要素市场和规范安全的数据要素治理环境。数据要素的市场化配置,既包括数据要素市场的建立,也包括传统要素的数据化。国家出台的"数据二十条"等一系列政策,为建设我国规范的数据要素市场奠定了坚实的基础,对数据要素的确权、登记、定价、流通与交易、收益分配、安全治理等问题做出了基础性规定,提出可以采用数据产权的结构性分置制度、建立场内外结合的流通与交易制度、体现效率和促进公平的收益分配制度等。在数据要素市场基础制度之上，我国也在积极探索数据资产化的新路径，并已经开展数据资产进入财务报表的一系列工作，为企业规范化进行数据资产管理提供了指导。

为了进一步推进数据要素市场建设，国家数据局等部门还出台了"数据要素×"行动计划，通过该计划的实施逐步完善数据要素市场基础制度，释放数据要素的倍增效应、乘数效应，推进数据要素在相关行业的高质量利用。

数据要素市场的安全治理也是一个非常重要的领域，建立完善的安全治理体系必须是基于数字技术和数据自身的。政府通过采用治理科技，不断创新数据要素市场治理环境和手段，企业通过数据资产化规范自身数据的运营、提升数据资产质量。同时，安全治理也要充分发挥社会力量多方参与的协同治理作用。

思考题

1. 什么是要素市场？数据要素与土地、资本、科技、人才等传统要素相比，有什么异同？

2. 请简述如何实现数据的资源化、资产化、资本化。

3. "数据二十条"中的数据产权制度是如何表述的？请对比其他国家的数据确权制度。

4. 数据确权与登记需要什么样的技术平台来支撑？如何构建确权与登记的技术平台？

5. 常用的数据定价方式有哪些？它们有什么样的适用范围？

6. 如何保障数据要素市场的安全性？如何进行更高质量的数据要素治理？

7. 当前数据资产如何进入财务报表？数据资产进入财务报表对企业的价值如何？

第8章 数字需求

内容提要

当前我国经济发展的关键在于释放需求,而数字需求是所有需求中很重要的一部分。数字需求是指消费市场对数字基础设施、数据要素、数字产品、算法算力、数字服务等产生的需求。数字需求不仅包括面向消费者的消费层级的数字需求,也包括面向企业的产业层级的数字需求。在数字技术快速发展的背景下,创造数字需求的条件逐渐成熟,这些条件包括:数字中国建设系列政策出台、新型基础设施陆续建成、数据要素市场逐渐建立、全民数字素养日益提升、数字治理体系逐渐完善等。数字需求主要包括:基础设施需求、治理环境需求、数字空间需求、数字消费、数字供应链,等等。我们必须在人工智能等数字技术的驱动下,充分挖掘和创造数字需求,这样才能在2B和2C创造高品质的市场,推动建设中国式现代化产业体系。

本章重点

- 了解经典需求理论;
- 了解释放需求对经济发展的作用;
- 掌握数字需求的概念;
- 掌握创造数字需求的方法;
- 了解人工智能对数字需求的推动。

重要概念

- 有效需求:是指与社会总供给相等从而处于均衡状态的社会总需求,它包括消费需求(消费支出)和投资需求(投资支出)两个部分。
- 需求方规模经济:是指遍布全球的零散需求通过数字技术实现低成本聚合,达到一定规模后,随着新需求的接入,带来需求网络的不断增值的现象。
- 数字需求:是消费市场对数字基础设施、数据要素、数字产品、算法算力、数字服务等产生的需求,是指在数字经济时代,个人或组织对各种数字产品、服务、解决方案或数据资源的需要和期望值。
- 数字产品:是指基于数字格式的交换物或通过网络以比特流方式传递的产品,以及基于数字技术的电子产品或将其转化为数字形式通过网络来传播和收发,或者依托于一定的物理载体而存在的数据产品等。
- 数字消费:是指各类消费市场针对商品的数字内涵而发生的消费。

8.1　从生活需求到数字需求

在 4.3.1 小节中,我们概述了需求供给理论,即供给与需求需要匹配发展。从历史来看,需求市场总是与一个时代的技术、治理特点密切相关,随着技术的不断进步,需求市场也在不断变化。

8.1.1　马斯洛的需求层次理论

20 世纪 40 年代,美国心理学家亚伯拉罕·马斯洛提出了需求层次理论,他从人的基本需要[①]出发研究人的需求行为,探索人的激励方式,认为人类价值体系存在两类不同的需要,一类是沿生物谱系上升方向逐渐变弱的本能或冲动,被称为低级需要或生理需要;另一类是随生物进化而逐渐显现的潜能需要,被称为高级需要或实现需要;低层次的需要基本得到满足以后,它的激励作用就会降低,其优势地位将不再保持下去,高层次的需要会取代它成为决定人的市场行为的主要原因。该理论在行为科学管理理论中占有重要地位。

1. 演化过程

1943 年,马斯洛在论文《人类动机理论》中首次提出了需求层次的概念,将人的需求划分为基本需求(生理和安全需求)与心理需求(社交、尊重和自我实现需求)两大类别。1954年,马斯洛在《动机与人格》一书中进一步细化了他的理论,正式提出了五层次需求模型,即生理需求、安全需求、社交需求、尊重需求和自我实现需求,且这五个层次的需求按照从低到高的顺序排列,形成一个金字塔式的结构,如图 8-1 所示。

图 8-1　马斯洛的需求层次理论

2. 主要内容

(1) 生理需求:这是人类生存的最基本要求,包括衣食住行等。只有这些最基本的需求得到满足后,人类其他的需求才能成为新的行为激励因素[②]。

(2) 安全需求:人们需要安全、稳定的生活,追求人身安全、职业保障、财产安全等。

---

① "需要"在心理学的定义是:有机体在生存和发展的过程中,感受到的对客观事物的某种要求,包括生理上的要求和心理上的要求。"需要"是有机体生存和发展的重要条件,它反映了有机体对内部环境或外部生活条件的稳定要求。

② 激励因素是指能够对被激励者的行为产生刺激作用,从而调动其积极性的因素。

（3）社交需求：人们对情感方面的需求，包括友情、亲情、爱情等。

（4）尊重需求：包括两方面的需求，一是自尊需求，如自信心、成就感、独立性等；二是他尊需求，如获得他人尊重、认可等。

（5）自我实现需求：这是最高层次的需求，是指个体追求个人潜力的最大限度发挥，实现个人价值，追求成就、创造力和自我实现的过程。

3. 基本观点

一般来说，当人类某一层次的需求得到了满足，就会向高一层次的需求发展。但这五种需求层次的次序不是完全固定的，存在例外情况。

五种需求可以分为高低两级，其中生理需求、安全需求属于低级需求，通过外部条件就可以满足；而社交需求、尊重需求和自我实现需求是高级需求，需要通过内部因素才能满足。

各层次的需求相互依赖和重叠，高级需求发展后，低级需求仍然存在，只是对人的行为影响的程度大大减小。

从国家层面看，一个国家多数人的需求层次结构，是同这个国家的经济发展水平、科技发展水平、文化和人民受教育的程度直接相关的。在不发达国家，低级需求占主导的人数比例较大，而高级需求占主导的人数比例较小；在发达国家，则刚好相反。

在同一国家的不同时期，人们的需求层次会随着生产水平的变化而变化，当生产水平提高时，高级需求占主导的人数比例就会增加，而当生产水平降低时，低级需求占主导的人数比例就会增加。

4. 典型应用

1）人力资源管理与组织行为领域

企业在设计激励机制时，要理解员工的内在动机，为他们提供不同需求层次的工作环境和福利待遇。例如，企业提供五险一金，组织团队建设活动，制定尊重个人贡献的表彰体系，以及设定鼓励创新和实现个人价值的项目，就是为了分别满足员工的安全需求、社交需求、尊重需求和自我实现需求。

2）市场营销与消费者行为领域

企业在产品设计、定价、广告宣传等方面，应依据消费者可能处于的不同需求层次来制定相应的方案和策略。例如，对于那些用来满足人们基本生理需求的食品和日用品，要强调其实用性和性价比；对于那些需要满足人们在社交、尊重或自我实现方面需求的商品或服务，则要突出它们的品牌故事、社会地位象征或个性化定制等特点。再比如，市场的竞争，总是越低端的需求市场竞争越激烈，因为当"需求层次"被降到最低的时候，消费者感受不到更多的"满意"，那么他就不愿意支付更高的价格。所以，同一品类的产品，如果能满足消费者高层次的需求，则消费者能接受的产品定价也就越高，如 LV、GUCCI 等品牌的箱包，定价就比普通的箱包高很多。

3）社会政策与公共管理领域

政策制定者可以利用需求层次理论来制定社会福利政策、社会保障体系、社区发展项目等，以满足不同群体的基本需求，并向更高层次的需求延伸。例如，政府提供住房补贴、医疗保险等政策来保障人们的安全需求；政府投资社区设施、组织社区活动等以满足人们的社交需求。

4）跨文化交流与国际发展领域

在理解和解决不同文化背景下人们的需求时，需求层次理论提供了一个普适的框架。例如，在国际援助和发展项目中，项目设计者要考虑受援国人民的不同层次的需求，确保援助项目既能解决基本生存问题，也能促进人们的社会关系、尊严感和个体发展潜力的提升。

总之，马斯洛的需求层次理论作为一种解释和预测人类行为的工具，已广泛渗透到个人发展、组织管理、市场策略、社会政策等多个领域。

8.1.2 马歇尔的消费者需求理论

马歇尔的消费者需求理论是英国经济学家阿尔弗雷德·马歇尔在 19 世纪末提出的，它是现代微观经济学中关于消费者需求的经典理论，为理解和分析消费者行为、市场供求关系、价格决定机制、市场效率评估等提供了理论基础。

1. 演化过程

1）源于古典经济学

马歇尔的需求理论继承和发展了古典经济学家亚当·斯密和大卫·李嘉图的思想，特别是关于商品价值由生产成本决定的观点。马歇尔将这些思想与当时新兴的心理学和社会学理论相结合，试图构建一个更为全面的消费者需求理论体系。

2）与边际主义融合

马歇尔吸收了边际主义学派的边际效用[①]理论，他将边际效用与价格相联系，揭示了边际效用递减规律，即随着消费量增加，同一商品的边际效用逐渐减少，这解释了为什么需求量随价格上升而下降等现象。

3）引入需求函数

马歇尔引入了需求函数的概念，表示在既定收入和其他条件不变的情况下，某一商品的需求量与其价格的函数关系。

4）定义需求的价格弹性公式

马歇尔特别关注商品需求量与价格变动的关系，定义了需求的价格弹性绝对值（点弹性）和需求的价格弧弹性（区间弹性），这些概念至今仍是经济学分析中的重要工具。

5）创造性提出消费者剩余概念

马歇尔在《经济学原理》中提出了"消费者剩余（Consumer Surplus）"的概念，即消费者愿意支付的价格与实际支付价格之间的差额，反映了消费者从购买商品中获得的主观价值超过实际成本的部分。这一概念对于评估市场效率、公共政策效果以及消费者福利具有重要意义。

---

① 效用是指商品或服务满足人的欲望的能力，即指消费者在消费商品或服务时所感受到的满足程度。边际的含义是额外增量。边际效用是指消费者对某种物品的消费量每增加一单位所增加的额外满足程度。在边际效用中，自变量是某物品的消费量，因变量是消费者的满足程度或效用。

2．主要内容

马歇尔模式认为，消费者购买商品是为了满足需求，获得最大的效用；而要达到这个目的，消费者通常要经过仔细的经济计算来决定是否进行购买。

需求定律：指在其他条件不变的情况下，一种商品的需求量与其价格呈反方向变动，即价格上升，需求量下降；价格下降，需求量上升。

需求函数：描述商品的需求量与影响需求的诸多因素（如价格、收入、偏好、相关商品价格等）之间的定量关系。

需求价格弹性：需求价格弹性是指市场商品的需求量对于价格变动做出反应的敏感程度。通常用需求量变动的百分比与价格变动的百分比比值来表示。

影响商品需求价格弹性大小的因素主要有：一是重要程度。通常是生活必需品的需求弹性小，奢侈品的需求弹性大。二是可替代性。难于替代的商品需求弹性小，易于替代的商品需求弹性大。三是用途。用途单一的商品需求弹性小，用途广泛的商品需求弹性大。四是普及程度。社会已普及、饱和的商品需求弹性小，普及率低的商品需求弹性大。五是单价。单价低的商品需求弹性小，单价高的商品需求弹性大。

消费者剩余：是指消费者对某一商品愿意支付的价格和这个商品市场价格之间的差额。当市场价格低于消费者所愿意支付的价格时，消费者不仅在购买中得到了满足，还可以得到额外的福利。例如，如果一杯咖啡的价格为 20 元，但消费者认为它价值 50 元，那么消费者剩余就是 30 元，这时消费者会觉得他获得了 30 元的福利。

3．典型应用

1）商品定价领域

企业运用马歇尔需求理论分析目标市场的需求价格弹性，可以制定出既能实现利润最大化又能兼顾市场接受度的商品定价策略。例如，对于需求价格弹性大的商品，企业可以制定较低的价格以刺激商品销量的增长；对于需求价格弹性小的商品，则需要采取高价策略以获取更多利润。

2）社会政策与公共管理领域

政府在制定税收政策、补贴政策、价格管制等经济政策时，会参考马歇尔的需求理论来评估政策对消费者需求、市场均衡以及社会福利的影响。例如，政府通过分析某种商品的需求价格弹性，来判断如果提高该商品的相关税赋或实行价格上限是否会显著抑制市场需求，进而影响市场供应和整体经济效果。

3）市场分析领域

在市场竞争研究中，马歇尔的需求理论被用来分析不同企业间的价格竞争、产品差异化以及市场进入壁垒等问题。例如，企业在面临竞争对手降价时，可以通过考察市场中该商品的需求价格弹性，来判断应如何调整自身策略以保持竞争优势。

4）消费者行为研究领域

市场营销、消费者行为学等领域也广泛应用马歇尔的需求理论，来理解消费者购买决策、品牌忠诚度、产品替代效应等现象。例如，企业通过调查消费者对商品不同价格水平的反应，来优化产品组合、调整促销策略，以最大化消费者剩余。

总之,马歇尔的消费者需求理论是在古典经济学和边际主义基础上发展起来的,它对现代经济学理论、企业决策、公共政策制定以及市场分析等领域产生了深远影响。在数字经济时代,我们也可以借助该理论,分析数据要素市场所带来的供需变化。

8.1.3　凯恩斯的消费需求、有效需求理论

20 世纪 30 年代,英国经济学家约翰·梅纳德·凯恩斯的著作《就业、利息和货币通论》(以下简称《通论》)出版,目的是希望政府能够采取一些措施让人们充分就业,增加收入,以帮助解决大萧条时代(1929—1933 年)的失业问题和生产过剩所带来的经济危机。在《通论》中,凯恩斯着重分析了消费支出对宏观经济的影响,揭示了总需求对经济活动的决定性作用。该理论现在已成为宏观经济学的核心内容。

1. 演化过程

1) 早期思想

凯恩斯在 1921 年发表的著作《概率论》和 1930 年出版的《货币论》中,已经开始探讨消费行为与经济增长之间的关系,但当时还未形成系统的需求理论。

2) 理论形成

1936 年,凯恩斯发表了里程碑式的著作《就业、利息和货币通论》,系统地阐述了他的需求理论,标志着该理论的成熟与确立。

2. 主要内容

1) 总需求

凯恩斯将总需求分解为消费(C)、投资(I)、政府支出(G)和净出口(NX,即出口减去进口),合称为“四驾马车”。他认为经济的短期波动主要是由总需求的变化引起,而非由供给端的生产力变动决定。

2) 消费函数

凯恩斯提出了消费函数 $C=a+bY$,其中,C 代表消费支出,Y 代表收入(通常是可支配收入),a 代表自发消费(基本消费,不随收入变化而变化),b 代表边际消费倾向(MPC,即国民在收入每增加一单位时,其消费增加的比例)。与“边际消费倾向”相对的是“边际储蓄倾向”,二者之和等于 1。凯恩斯研究发现,当收入增加时,人们只将收入的一小部分用于消费支出,而将较大的比例用于储蓄。边际消费倾向存在着递减的规律,这意味着消费的增长速度通常慢于收入的增长速度。

3) 有效需求原理

有效需求是指与社会总供给相等从而处于均衡状态的社会总需求,它包括消费需求(消费支出)和投资需求(投资支出)两个部分,决定着社会就业量和国民收入的大小。凯恩斯认为,当有效需求不足时,会出现失业和商品产出低于潜在水平的现象。为解决有效需求不足的问题,凯恩斯主张政府通过财政政策(如增加公共支出、减税)和货币政策(如降低利率、增加货币供应)来刺激社会总需求,从而实现经济稳定。

3. 典型应用

1）宏观经济政策领域

在经济衰退时，政府可以通过增加公共支出、减税等手段刺激消费需求，提高总需求，以此拉动经济增长和就业。

2）经济周期分析领域

凯恩斯的理论有助于解释经济周期中的消费波动。例如，经济衰退时，由于收入下降，边际消费倾向可能暂时增大，导致消费对收入变化更为敏感；而在经济扩张期，随着收入增长，边际消费倾向可能降低，消费增长相对缓慢。

3）消费预期与消费者信心研究领域

凯恩斯的理论强调消费倾向的稳定性，经济学家和政策制定者会关注消费者对未来收入、就业状况、金融市场稳定的预期，因为这些预期会影响当前的消费决策，进而影响经济走势。

4）国际经济合作与协调领域

凯恩斯的消费需求理论也影响了国际经济政策的协调。例如，二十国集团（G20）等国际组织在应对全球经济危机时，往往会强调通过财政刺激等手段提振全球消费需求，以实现全球经济的复苏与增长。

总之，凯恩斯的消费需求理论已广泛应用于宏观经济政策制定、经济周期分析、消费者预期研究以及国际经济合作等多个领域。

以上这些经典需求理论分别从心理学、管理学、经济学等不同视角探讨了个体需求、工作需求、消费需求等多元化的主题，为理解人类行为、组织管理、市场运作等提供了理论基础。这些理论也是数字经济时代建立数字需求理论的基础，把这些理论与数字技术相结合，将有助于更好地理解数字经济的发展趋势。

8.2　释放需求对经济发展的作用

8.2.1　需求方规模经济

1. 工业经济时代，生产方规模经济发挥了巨大作用

在工业经济时代后期，一个企业面对的市场是全球化的市场，全球消费者需求的多样性和生产端的规模经济（规模经济是指在一定时期内，企业生产的商品越多，其单位成本越低的现象）相结合，促进了企业利润的增长。各经济体都在参与全球化过程中受益，尤其是一些小型经济体，它们通过参与全球分工和合作，聚焦并做大某个产业环节而享受到规模经济效应。改革开放以来，我国也全面参与到全球市场竞争中，规模经济效应也极大促进了我国经济的发展。

2. 数字经济时代，需求方规模经济的作用显著提升

数字经济时代，数字化在改变全球的产业生态，产业链结构也在发生巨大调整，生产端的完全主导作用被削弱，而需求端通过网络技术可以实现跨地域需求的低成本整合。能够

创造需求、整合市场的企业在这一过程中获得了发展机遇,生产端企业也必须应用数字技术创造或整合需求,于是需求方规模经济开始出现,并成为数字经济的重要组成部分。需求方规模经济是指遍布全球的零散需求通过数字技术实现低成本聚合,达到一定规模后,随着新需求的接入,带来需求网络的不断增值的现象。我国人口数量庞大,是全球第二大经济体,具有超大规模的国内需求市场,这有助于我国通过发展数字经济引领需求方规模经济发展,通过整合需求促进科技能力和供给能力的提升,探寻一条中国式现代化的发展路径。

例如,许多互联网平台(如电商平台、社交媒体、在线支付、共享经济平台等)整合了巨大数量的零散用户,这些平台具有典型的网络效应,用户越多平台的价值就越高,每位用户从中获得的效用也随之增加,表现出需求方规模经济的特点。再比如,在通信行业,随着移动通信、宽带网络等用户数量的增加,网络的覆盖面和价值在不断扩大,每个用户享受到了更好的连接质量、更多的通信对象、更低的服务价格,也体现了需求方规模经济的特点。此外,在某些公共服务领域,如公共交通、教育、医疗等,通过数字技术实现覆盖人口的增加,服务的单位成本可能降低,同时服务质量也可能因资源集中、技术进步、管理优化而提升,故也可以呈现出需求方规模经济的特征。

8.2.2　创造需求对经济发展的促进作用

我国正在加快建设全国统一大市场,构建"以国内大循环为主体、国内国际双循环相互促进发展"的新发展格局,创造需求对于推动我国经济尤其是数字经济的发展具有重要作用。

1. 拉动经济增长

利用数字技术创造消费需求,尤其是居民的消费需求,可以直接带动消费品生产和服务业的发展,增加企业的订单量,推动相关行业产能利用率的提高,进而刺激投资,形成经济增长的内生动力。释放投资需求,如政府基础设施投资、企业设备更新换代投资、房地产投资等,可以直接推动固定资产投资的增长,带动原材料、设备制造业及相关服务业的发展,推动经济增长。

2. 优化经济结构

在创造需求的过程中,往往会伴随着消费升级和经济结构调整的趋势,消费市场会对产品提出高质量、社交化、服务化、个性化等新的需求,这有利于推动产业结构向数字化、高端化、服务化、绿色化转型,提升经济发展的质量和效益。

3. 创造就业机会

需求的变化和增长会促使企业转变商业模式、扩大生产规模,进而增加用工需求,特别是在零售、餐饮、旅游、娱乐等消费相关行业,需求的规模化能够直接创造大量的就业岗位。

4. 稳定社会预期

政府通过政策手段创造并有效释放需求,可以提振市场信心,稳定企业和消费者的预期,降低经济运行的不确定性,从而有利于维护经济和社会稳定。

5. 推动技术创新与产业升级

消费市场对新产品、新服务的需求,可以引导企业进行相应的技术创新和产品升级,推动产业向价值链高端迈进。

总体而言,创造需求是经济转型的主要推动力,随着数字中国建设进程的加速,每个区域、每个行业都孕育着需求的巨大改变。这些新需求不是在原有社会经济基础设施或产业系统基础上诞生的,而是需要建立在数字时代适合需求方规模经济的新型基础设施和产业互联网等新型经济系统之上的。

8.3 数字需求的基本概念

在心理学研究中,人的"需求"本质是"需要";在经济学中,消费者对一种商品的"需求"是指在一定的时期、一定的价格水平下,愿意并且能够购买该商品的数量。

8.3.1 概念提出

数字需求是指在数字经济时代,个人或组织对各种数字产品、服务、解决方案或数据资源的需要和期望值。其中,组织包括公共组织(比如政府、非营利性组织等)和非公共组织(比如企业、营利性中介机构等);数字产品是指基于数字格式的交换物或通过网络以比特流方式传递的产品,以及基于数字技术的电子产品或将其转化为数字形式通过网络来传播和收发,或者依托于一定的物理载体而存在的数据产品等。

8.3.2 数字需求的基本特征

数字需求是市场上众多需求中的一种,它是人类进入数字经济时代,为了适应数字技术全面融入社会交往和日常生活的新趋势而产生的对于数据、算法、算力、软件等的需求,以及对它们与传统产品融合的需求。数字需求可以分为消费、企业、政府等几个层面,具有鲜明的数字技术特征。站在经典需求理论的角度来看,数字需求的具体特征如下。

1. 数字需求把马斯洛需求层次理论延伸到了数字空间

1)数字空间中的生理需求

现代人类每天会在数字空间中消耗大量时间,在数字空间中获取信息、购物、交友等需求,这些已经成为数字时代的人的基本生理需求。例如,人们通过在线购物平台购买生活物资,满足基本的生活需求;通过互联网医疗、可穿戴健康监测设备等,满足自身保健的需求;使用智能家居设备调控生活环境(如温度、照明、空气质量),提升居住舒适度等。

2)数字空间中的安全需求

由于人类已经开始生活于数字空间之中,在数字世界里存在着隐私泄露、资金安全等大量安全问题,所以人的安全需求也拓展到了这些领域。例如,人们选择基于区块链的数字金融服务(如电子支付、在线银行)以确保资金安全;利用网络安全软件和杀毒软件等保护个人信息和数据的安全。

3）数字空间中的社交需求

数字空间极大拓展了人的社交能力,使得人类社群的组建方式和连接方式发生了革命性的改变,这种社交需求已经成为数字时代人类的基本需求。例如,社交媒体平台(如微信、微博、Facebook 等)让人们随时随地与亲朋好友保持联系,建立和维系社交网络;在线社区和论坛让人们基于共同的兴趣爱好找到归属感;远程协作工具(如腾讯会议、钉钉、飞书等)支持团队成员即使身处异地也能高效协作,满足职场社交需求。

4）数字空间中的尊重需求

随着数字空间中人们交往方式的改变,人类被尊重的方式也在发生变化,产生了全新的尊重需求。例如,在数字空间中,人们可以通过创作和分享内容(如博客、短视频、直播)获得他人的关注和赞赏,提升自尊心;社交媒体上的粉丝数、影响力指数等可以反映个人的社会影响力,满足其对声望和地位的追求。

5）数字空间中的自我实现需求

数字空间为人们追求个人潜能的充分发挥和自我实现提供了广阔舞台。例如,在线学习平台上的教育资源能帮助人们持续学习新知识和新技能,让其实现个人成长;数字化工具(如设计软件、3D 打印技术、生成式人工智能等)为创作者提供了实现创意的途径;远程协作办公平台使人们能够灵活地安排工作与生活,帮助其追求个人理想和价值观。

可以看到,马斯洛的需求理论延伸到数字空间中,就是数字需求的不同层次,市场可以围绕不同层次的需求开发满足这些需求的产品和服务,创造更大的数字价值。

2. 运用马歇尔需求理论看数字空间中的数字需求

马歇尔的需求理论主要关注商品价格、消费者收入、个人偏好等因素与商品需求量之间的函数关系,在数字空间中这些关系依然存在,但规律会发生一些变化。

1）价格与数字需求

与现实世界类似,数字产品或服务的价格与需求量也呈反向关系,但在商业中的应用方式存在差异。例如,当一款数字产品的价格下降,在其他条件不变的情况下,消费者对该产品的购买意愿通常会增加,导致需求量上升;反之,如果数字产品的价格上涨,其需求量可能会下降。但是,数字产品的边际成本往往较低,这使得数字服务提供商可以采用"免费增值"的模式,即基础功能免费,高级功能收费的模式,吸引更多的用户使用其产品,然后再通过增值服务或广告收益来实现盈利。

2）收入与数字需求

消费者收入的增长会提高其对数字产品和服务的需求。例如,随着经济的发展和个人收入水平的提高,越来越多的人有能力购买和使用智能手机等数字设备、订阅在线服务、购买数字内容等。而且,随着消费者收入的增长,其对不同类型数字产品的需求结构也可能发生改变,比如,从基础的通信和娱乐需求转向更高级的教育、健康管理、专业服务等数字化解决方案。

3）个人偏好与数字需求

马歇尔强调消费者偏好对需求的影响,认为消费者会选择那些能带来最大满足感的商品。在数字领域,消费者的个人偏好更加多元化,这也决定了他们对不同数字产品、服务和品牌的取舍。例如,有些人可能更偏爱简洁易用的界面设计,有些人可能更看重强大的功能或丰富的个性化选项。此外,消费者对新技术的接受程度、对信息安全的关注程度、对隐私保护的重视程度等都会影响其对数字产品和服务的需求。

4) 相关商品价格与数字需求

在数字领域,相关商品包括替代品和互补品(如手机应用软件是手机的互补品)。当替代品价格下降时,消费者可能转而选择替代品,导致原产品的需求下降;当互补品价格下降时,消费者购买总产品的成本降低,可能刺激原产品的需求上升。

5) 预期与数字需求

消费者对技术发展趋势、市场发展趋势、政策变化趋势等的预期,会影响其对数字产品和服务的需求决策。例如,当消费者预期到某款数字产品的技术将普及或价格将大幅下降,可能会推迟购买该数字产品;预期到某项服务将提供更优质的内容或更好的用户体验,消费者可能会提前订阅或升级该服务。

3. 从凯恩斯的需求理论看数字需求的关注点

凯恩斯需求理论主要关注有效需求对经济活动水平的影响,以及如何通过政策干预来稳定经济。

1) 总需求与经济活动

凯恩斯强调的总需求包括消费、投资、政府支出和净出口四个部分,数字经济时代,总需求仍然是这四类,只不过在每类当中要考虑数字技术发展带来的新内容,即数字消费、数字领域投资、政府在数字领域的支出、数字产品和服务的净出口。

2) 数字消费

数字消费是指消费者针对数字产品和服务而发生的消费。消费者的当前收入和预期收入影响其购买数字产品和服务的能力和意愿。

3) 数字领域投资

对数字技术领域的投资(如新技术研发、数据中心建设、云计算服务等)是现代投资的重要组成部分。企业预期看到数字化转型能带来更高的生产效率、更大的市场份额、更低的运营成本时,会增加对数字技术的投资。同时,政府对数字基础设施(如宽带网络、算力中心、卫星互联网等)的投资也是推动数字需求增长的重要因素。

4) 政府在数字领域的支出

在数字领域,政府可以通过直接投资(如建设数字基础设施、资助数字技术研发)、提供补贴(如对农村和偏远地区宽带网络建设的补贴)、实施采购政策(如采购国产数字设备、软件和服务)等方式,直接或间接刺激数字需求。此外,政府对数字市场的监管政策(如数据安全和隐私保护等)也会影响数字需求的形成和发展。

5) 数字产品和服务的净出口

国际贸易使得数字产品和服务的跨境需求成为可能,外国消费者对我国数字产品和服务的需求可以增加我国企业的出口收入,推动数字需求增长。但同时也要注意,国内消费者对国外数字产品和服务的需求也可能导致部分数字需求外流。此外,国际技术转移、知识产权保护、数字贸易规则等因素也会影响数字需求的构成和发展。

8.3.3 典型的数字需求

1. 对数字产品与数字服务的需求

个人在满足了基本的衣食住行等需求之后,为了满足更美好的生活需要,产生了对智能手机、智能家电、电子图书、数字音乐、游戏等数字产品的需求,和在线购物、流媒体娱乐、远程教育、云存储、虚拟现实体验等数字服务的需求。

企业在经营过程中,为了追求效率和质量,对数字化工具(如企业管理软件、CRM 系统、ERP 系统、数据分析工具等)、数字营销服务(如搜索引擎优化、社交媒体营销、数字广告等)、云计算服务(如 IaaS、PaaS、SaaS 等)等有较多的需求。同时,企业的产品自身也开始具备数据属性,以满足产业链上的相关数据需求。

政府也在不断丰富数据资源体系,基于数据和数字技术为社会提供更高效、更便捷的服务,对数字基础设施、数字信用、智慧城市、安全管理等方面都有较大需求。

2. 对数据资源的需求

数据需要经过收集、整理、清洗和处理之后,才能得到有价值的信息,从而帮助企业进行基于数据要素的产品研发、市场定位、风险评估、支持决策等业务活动。各类数据资源通常是跨部门、跨组织、跨地域的,只有把这些数据共享、开放、流通和交易起来,才能促进数据价值的最大化利用,进而支持产品创新、应用创新和模式创新。

对公共数据资源的需求。公共数据涉及政府及公共部门依法开发形成的各类数据产品和服务,公共机构会按照一定的规章制度向社会提供该类产品及服务。公共数据资源通常包括机关单位在依法履行公共管理职责或提供公共服务过程中收集、产生的政务体系公共数据,以及非营利事业单位或社会组织在公共利益领域内收集、产生的科教文卫类公共数据等。公共数据资源的开发需要遵循相关的法律法规和政策文件,确保数据的合法使用和保护个人隐私、商业秘密等敏感信息。

对企业数据资源的需求。企业作为经济活动的主体,其产生的海量数据是推动数字经济发展的主体数据。在明确企业数据产权关系基础上,企业数据资源的价值开发往往是以产业链、产业生态为单位进行的。企业数据资源的开发要明确数据的权利主体、权利内容以及访问授权和利益分配机制等。开发过程要保证数据的合法使用,防止数据泄露和侵害,确保数据的安全。

对个人信息数据资源的需求。海量的个人信息数据资源是数字经济时代的重要价值源泉之一,这一资源在得到合理、合法保护的基础上,可以为社会创造巨大的价值。对于这部分资源,个人有权拥有、访问和修改自己的数据,并有权要求数据处理者采取合理的安全措施保护其个人数据的安全和隐私。

3. 对数字基础设施的需求

就像工业经济的发展需要铁路、高速公路等基础设施一样,数字经济的发展需要建设坚实的数字基础设施。如本书新基建部分所讨论的,中国正在构建以信息基础设施、融合基础设施、创新基础设施为代表的新型基础设施。围绕云计算、区块链、人工智能等新技术,国家引导、社会参与建设了大量的相关基础设施,以满足社会各界对这些基础设施的巨大需求。

4. 对网络安全与隐私保护的需求

网络安全是数字空间运行的根基,为了抵御网络攻击、保护信息系统安全、确保数据的完整性和可用性,社会各界需要防火墙、入侵检测、数据加密、身份认证等安全技术与服务的支持,并不断利用新技术进行安全防护创新,保证数字交易的安全可信性。

从个人角度来看,个体对数据安全和隐私保护的需求也越来越多,这需要数字产品和服务的提供商能够遵守数据安全、隐私保护等法律法规,实施数据最小化、匿名化、权限管理等隐私保护措施,以及提供用户数据控制权、透明度声明等,以确保个人数据权益不受侵犯。

以上只是列举了四类数字需求,在数字经济多样化发展进程中,各地域、各行业都会不断利用新技术、基于数据要素创造更为丰富多样的数字需求,从而推动各企业进行商业模式的变革,进而实现整个数字经济的创新发展。

8.4　创造数字需求的方法路径

在经济活动中,消费市场并不总是能够清晰地表述或预见自己的潜在需求,尤其是数字技术经常出现跨越式的进步,而新技术的接纳需要一定的时间,因此需要管理者或生产者更主动地利用新技术创造新需求。

8.4.1　企业创造数字需求的方法路径

企业可以从技术、产品、市场三方面,通过技术创新、洞察市场趋势、引导消费观念、塑造全新使用场景等方式来创造数字需求。

1. 提升技术创新能力,研发数字创新产品

1) 研发突破性技术

企业通过加大研发投入,研发具有颠覆性的核心技术,面向产业互联网的需要,开创颠覆性的商业模式。这些商业模式会给市场带来全新的运营方式,从而极大改变原有的市场需求。例如,2024 年 2 月,美国人工智能研究公司 OpenAI 正式对外发布了 Sora 这款人工智能文生视频大模型,它可以根据用户的文本提示,创建最长 60s 的逼真视频,这将给需要制作视频的艺术家、电影制片人或学生的工作方式带来彻底改变,并会创造出相关领域的巨大需求。

2) 跨领域的技术融合

除了研发新技术外,企业也可以尝试将其他领域的先进技术跨界整合,如将生物技术与信息技术结合,可能催生出如生物识别支付、基因编辑服务等创新产品,开创全新的数字消费需求。在这一过程中,技术与金融的融合非常值得关注,这一领域是数字经济创新的一个重要方向。

2. 洞察市场发展趋势,前瞻创造数字需求

1) 实时行业分析

企业要密切关注行业动态、新兴技术发展趋势、市场分析报告等,以识别潜在的消费趋势和产业变革的方向。例如,随着物联网、人工智能、区块链等技术的发展,企业可能预见到消费者对于智能家居、食品安全追溯、虚拟试穿等新型数字产品或服务的需求。再如,自从美国人工智能研究公司 OpenAI 于 2020 年提出第三代文本生成模型 GPT-3 开始,每个企业都在思考如何把自己的产品与生成式人工智能相结合,比如用友公司,基于用友企业服务大模型 YonGPT,研发了 AI 面试系统,能够实现自主筛选简历、自动邀约面试对象、因岗设题、线上面试、智能评分、自动生成面试报告等功能,节省了企业线下面试的成本,提高了人力资源管理部门的工作效率。

2) 前瞻性研讨

企业可借助专家访谈、趋势研讨会、未来实验室等方式,与行业专家一起进行前瞻性思考,预测未来消费者的生活方式、价值观的变化,研讨技术和管理如何支撑这些变化,从而能以此为基础设计符合未来需求的产品或服务。

3. 运用多种营销方式,引导数字消费观念

1) 做好教育与宣传

教育式营销是引导市场消费的主动营销行为,企业通过广告、公关活动、知识传播等途径,向消费者灌输有关新技术、新理念的知识,可以改变他们的认知,激发他们对新产品的接受度。例如,早期智能手机厂商通过大量的市场教育营销方式,使消费者认识到移动互联网带来的便利,从而创造了他们对智能手机的巨大需求。

2) 塑造潮流与文化

企业通过与时尚设计师、艺术家、意见领袖等合作,将潮流与文化元素注入到新产品或服务中,使之成为一种生活方式的象征,激发消费者的高层次向往和追求。例如,Apple Watch 运用与时尚品牌联名、邀请明星代言等策略,成功塑造了智能手表作为时尚配饰的形象,创造了新的数字消费需求。

4. 创造全新应用场景,提高数字消费体验

1) 应用场景创新

企业要充分讨论原有的产品被赋予了数字能力后,有哪些可能的应用场景,要邀请消费者一道,在实际情境中体验数字产品或服务的价值。例如,无人机最初主要用于军事侦察,企业通过应用场景创新,将其应用于农业植保、物流配送、航拍摄影等领域,打开了全新的民用市场。

2) 营销方式创新

通过线上线下体验店、虚拟现实/增强现实体验等方式,让消费者亲身体验产品的独特功能和优越性能,激发他们的购买欲望。例如,宝马公司已与包括 Pico、Engage、8th Wall、CRAFT、Antiloop、Govar 及 We Are Jerry 等在内的 VR/AR 厂商合作,不仅实现了 VR 看车功能,还能够为驾驶员和车辆分别创建 VR 化身,让消费者沉浸式地与车辆进行互动。

企业在创造数字需求的过程中,关键是基于数据要素市场、利用数字技术充分挖掘消费者未被满足的深层需求,捕捉社会、科技、文化等多因素对未来消费趋势的影响,从而精准定位并成功创造出新的数字产品或服务需求,推动市场向数字化方向发展。

8.4.2　政府在创造数字需求方面的作用

数字需求是需求领域的创新,政府在创造数字需求的过程中具有极其重要的作用。一方面政府作为发展数字经济的政策制定者,可以通过适当的产业政策鼓励市场产生更多的数字需求;另一方面,政府自身的治理也会产生大量数字需求,通过政府采购的方式进一步推动数字市场的发展。

1. 政策引导与规划

我国已制定了"十四五规划""十四五数字经济发展规划""数字中国建设整体布局规划"等一系列规划,明确了数字中国建设"五位一体"的发展方向,并引导企业瞄准未来市场的海量数字需求进行创新。同时,由于市场对数据与数字经济立法的迫切需求,国家也在陆续出台相应的法律法规和政策,为数据要素开发、数字经济创新提供法律和政策保障。一些地方政府也相应出台了数字经济行动计划、数据条例等地方性法规,为当地企业创造数字需求提供了政策指引和法律保障。

2. 财政支持与补贴

各级政府正在通过设立数字经济专项基金等方式,对创新性强、市场前景好的数字产品或服务项目给予资金支持。政府也在出台政策,为数字经济企业提供研发税收优惠、投资补贴、采购补贴等,以降低企业数字研发和市场推广成本,鼓励企业加大数字化研发力度。

3. 基础设施建设

各级政府正在加快建设新一代信息基础设施,如 5G 网络、算力网络等,为数字产品和服务的广泛应用提供基础支撑。同时,政府也在推动智慧城市建设,打造数字生活、数字政务、数字服务等应用场景,创造数字消费新环境。通过几年的建设,目前很多城市已经逐步形成了支撑数字经济发展的新型基础设施,数字信用、数据资产管理等体系已经初具雏形。

4. 人才培养与引进

数字经济建设最终还是要靠人才,各级政府正在加大数字经济人才培养力度,支持高校、职业培训机构增设数字经济相关专业和课程,加快培养数字技术、数字营销、数据分析等专业人才。各地方政府也采取了积极的数字人才引进政策,吸引国内外数字技术、创新管理等高端人才到本地工作,提升区域数字化创新能力。

5. 产学研合作与成果转化

各级政府正在推动企业与高校和科研院所等开展产学研合作,共建数字经济创新中心、数字化实验室等平台,加快数字技术科研成果向市场转化。政府各部门也在积极组织数字经济产业相关的创新创业大赛等各类赛事,激发全社会数字创新活力,发掘和培育有潜力的数字创新项目。

6. 市场推广与消费引导

各级政府已经开始举办各类数字经济相关的博览会,如中国国际大数据博览会、数字中国建设峰会等,这些平台为社会各界提供了数字产品创新展示和推广的机会,提高了消费者对数字产品和服务的认知度和接受度。此外,政府也可以通过税收等一系列财政政策,适度引导市场上的数字需求,培育数字产品消费市场。

7. 监管创新与制度保障

随着数据要素市场的成熟和数据资产规模的扩大,数字经济中蕴含的风险也会逐渐增多,政府需要不断创新监管手段,利用数字技术实现科技监管,既要对新生事物采用包容审慎的监管方式,又要严防数字经济系统出现系统性风险,努力营造公平、开放、有序的数字市场环境。例如,为进一步优化营商环境,促进网络交易新产业新业态经营主体的健康快速发展,2023 年 12 月,内蒙古鄂托克前旗市场监督管理局印发了《鄂托克前旗市场监管局网络交易新产业新业态经营主体"信用沙盒"监管实施方案》,深化、细化包容审慎监管方式,在可控范围内实施容错纠错机制,宽松监管,为经营主体营造信用赋能、多元共治、行业自律、规范引领的市场环境。

8.5 人工智能推动下的数字需求

人工智能技术的发展对个人消费者的生活、企业的生产/服务和政府的治理都产生了深远影响,催生了诸多新的、更高层次的数字需求。

8.5.1 消费者的生活需求

从消费者的生活需求来看,人工智能技术为人们的日常生活带来了新工具,在衣食住行等方面都在释放数字需求。

1. 虚拟试穿或试戴需求

在实体店购买衣帽服饰这类产品时,我们往往需要试穿和试戴来看看上身的效果。随着淘宝、京东等电子商务平台的发展,消费者习惯了线上购物。在服饰这类强调视觉效果和个人搭配体验的领域,消费者对线上购物体验提出了虚拟试穿或试戴的需求:希望商家或平台能够利用数字技术提供虚拟试穿或试戴功能,让消费者在购买之前能直观地看到衣物、饰品穿戴在身上的效果。

> **案例**:New Balance 品牌商利用 AR 和 AI 技术,推出了一款"假日礼物管家"线上服务,来满足消费者的试穿需求。该服务在 AR 人脸滤镜下,呈现用户人脸头像,并借助AI 技术,根据消费者的购物历史、喜好、身材等信息,为其推荐最合适的商品。这既提升了消费者的购买体验,也帮助商家提高了销售转化率。

2.食品安全追溯需求

人们希望自己买到的食品在生产、运输、加工的全过程中都有质量保证，但食品安全事件难免会发生。如果食品在消费端出现了安全问题，消费者、销售单位、监管单位等都希望能够查明到底是哪个环节出现了问题。

利用区块链、人工智能和食品溯源技术构建的食品安全追溯系统，可以满足对食品安全进行监管的需求。其中，人工智能技术的作用是：通过分析食品的生产数据，预测食品的质量和安全情况，及时发现潜在的食品安全问题，向监管部门发出预警信息，从而有效预防食品安全事件的发生。

3. 智能家居需求

智能家居已经广泛应用于人们的生活当中，2022 年全球智能家居行业市场规模已经突破 1000 亿美元。智能家居利用物联网技术，将家中的各种设备（如音视频设备、照明系统、窗帘控制、空调控制、安防系统、网络家电等）连接到一起，实现家电控制、照明控制、电话远程控制、室内外遥控、防盗报警、环境监测、暖通控制、红外转发以及可编程定时控制等多种功能。随着智能家居市场的推广和普及，消费者提出了更多的数字需求。

1）安防需求

消费者期望智能家居产品能够提供全面的智能安防解决方案，包括智能门锁（如指纹门锁）、视频监控系统、烟雾报警器、门窗感应器、燃气泄漏报警器等，以确保家庭成员的安全和住宅防护。

2）舒适性需求

用户希望家居设备能够根据用户的生活习惯提供更加智能化的服务。例如，根据光照的强度，窗帘能够自动进行明暗调节；根据环境和用户习惯，空调能够自动调节温度和湿度等。

3）节能环保需求

消费者希望智能家居系统能够帮助其实现对能源能耗的监测与优化。例如，智能插座、智能电表等设备可以对电流、电量、电压、功率等数据进行监测，并通过分析和对比数据，帮助其有针对性地节电。

4）健康管理需求

随着人们生活水平的提高，健康管理也成为对人工智能应用的一大需求，如具备空气质量监测与净化功能的智能空气净化器、提供睡眠质量监测的智能手环、具备健康饮食管理等相关的智能厨卫电器等。

4. 智能泊车需求

近十年来，我国汽车的保有率快速增长，这给驾驶员泊车带来了一定的压力，因为停车场往往由于空间不足导致停车空间狭小，而街边停车位又存在障碍物复杂、行人干扰等问题，这些因素极大地考验驾驶员的停车技巧。随着智能驾驶技术的发展，消费者希望汽车厂商能够给汽车配置自动泊车功能，在一定程度上帮助他们解决泊车难的问题。

多家汽车制造商看到了市场的需求，在其生产的车型中安装了自动泊车系统，如奔驰、宝马、雪佛兰、科鲁兹、福特、大众、斯柯达、丰田、小鹏汽车、长安、五菱、哈弗等品牌的一些车型都已安装了自动泊车系统。未来的汽车市场,自动泊车功能将越来越普及,大部分主流汽车品牌都将积极研发并推广这项人工智能技术。

8.5.2　企业的生产/服务需求

从企业的生产/服务需求来看,企业需要使用人工智能工具来创新商业模式、提高工作效率、降低生产成本。

1. 农业领域的需求

随着我国城镇化进程的推进,大量的农村劳动力转移到了城镇,农村治理也必须做相应改变。例如,一些地方实行了土地集约化生产经营的新模式,这对农业的现代化、机械化生产提出了众多新需求,人们期望通过物联网、人工智能、大数据等技术手段,提高农业生产效率,保障农产品质量,保护生态环境,促进农业可持续发展。

1) 精准农业技术需求

我国耕地资源有限,而且环境保护的压力也促使农业生产要减少化肥、农药的过度使用。这些需求推动了土壤监测与分析技术、病虫害预警与防治技术的应用。例如,在农业生产过程中,需要利用土壤传感器、人工智能、大数据技术等来实时监测土壤肥力、水分、pH 值等参数,实现精准施肥灌溉,以提高作物产量和品质;需要借助无人机、卫星遥感、图像识别等技术,提前预警病虫害暴发,实施精确施药,减少农药使用,保护生态环境。

2) 智能农机装备需求

对于平坦、规整的大块耕地,智能农机能大大提高生产效率,如无人驾驶拖拉机、播种机、收割机等能够完成农作物的自动化耕种与收割,实现农业生产的机械化自动化。而农业机器人,如智能采摘机器人、喷药机器人等,能提高田间作业效率,减轻农民的劳动强度。

3) 农业大数据平台需求

以前,传统农业基本上是"靠天吃饭",随着人工智能、物联网、大数据等新技术的发展,这种方式正在被数字需求推动而悄然改变。例如,农业生产对气象服务提出了新的需求:建立精细化的农业气象预报系统,为种植决策提供数据支撑;对农业资源信息共享提出了需求:构建全国乃至全球范围内的农业数据库,整合土地资源、农作物生长信息、市场价格等数据,服务于种植结构调整、市场供需预测等环节。

4) 远程在线服务需求

农民在生产过程中,经常会遇到一些技术问题自己无法解决,如果有远程专家的支持,将会有效指导农民解决问题。于是,农业专家系统应运而生:通过互联网农业专家系统,专家可以远程提供种植、养殖技术的咨询和培训,解决农民实际生产中的问题。

总之,人工智能等数字技术推动了农业生产向智能化、精准化和绿色化转变,加快了农业现代化建设步伐,推动了农业的可持续发展。

2. 制造领域的需求

在制造领域,人工智能、大数据、物联网等新一代信息技术与制造业深度融合,创造了大量的智能化数字需求。

1）生产过程自动化与智能化需求

对于需要高精度、高强度、大规模、重复性劳动、严苛环境或高安全标准等工作场景,人们希望利用机器人或机器手臂等替代人工操作,这样既能降低生产成本,又能提高产品质量和生产效率。例如,在汽车制造业,像装配线上的焊接、涂装、装配等重复性高、劳动强度大的工作,需要机器手臂的支持;在电子制造业,像半导体芯片封装、电路板插件和焊接等微电子组件的精密装配,需要机器人替代人工进行微细加工和精密组装;在食品加工业,像包装、灌装、贴标等流水线作业,机器人更能长时间稳定地工作;在制药与医疗业,像药品的包装、灌装、称量、混合等工序,自动化可保证药品生产的无菌环境和剂量精确。

2）智能工厂与柔性生产需求

对于需要大规模生产、高精度制造、追求生产效率和提升生产灵活性的场景,都对智能工厂和柔性生产提出了需求,希望通过智能工厂的技术方案来实现产业升级,帮助企业实现节能减排的要求。例如,在汽车制造业,需要利用物联网技术将生产设备、物料、人等因素互联互通,形成一个智能生产网络,实时监控生产设备的状态和生产数据,从而实现对设备的预测性维护和产品的质量控制;在消费品制造业,由于市场需求变化快,所以需要智能柔性的生产线,这样才能快速响应市场需求变化,及时切换产品的类型和规格,实现个性化定制和批量生产的有机结合。

3）供应链协同需求

产业互联网不仅要实现企业内部资源的优化配置,还需要与供应商、分销商、客户等紧密协同,所以需要利用区块链等技术实现供应链上数据的透明化、可追溯,利用大数据、人工智能等技术实现供应链管理流程的优化,以确保原材料的高质量和交货期可靠性。

综上所述,制造业的数字需求涵盖了从设计、生产、供应链管理到服务的各个环节,这些需求的提出都是为了提升企业的核心竞争力,保障企业能够高质量、高效率、低成本、低排放的可持续发展。

3. 服务领域的需求

服务领域包括了商业服务、金融服务、信息服务、文化娱乐、教育、医疗保健、房地产、租赁和商务服务等诸多细分行业,在人工智能、虚拟现实等数字技术的支持下,这些行业的数字需求主要体现在以下几方面:

1）电子商务与线上交易平台需求

在每条产业链的末端都是要完成对产品的销售,电子商务等线上交易平台的出现,使得产业链在渠道和客户服务端产生了大量的数字需求,大数据和人工智能技术被广泛应用到线上平台,以便企业实现精准营销和个性化推荐等功能。

2）数字金融服务需求

实体经济的发展,需要金融服务业利用科技手段为其提供数字金融服务,如供应链金融(详见第11章)、移动银行、智能投顾、区块链支付系统、数字货币等服务,实现金融活动的线上化、智能化。

3）远程办公与协作工具需求

在新冠疫情期防控时期,居家办公的状态时有发生,为了提高工作效率和沟通协作能力,市场上对远程办公、项目管理、文件共享、视频会议等数字和智能工具提出了大量的需求。

4）智慧旅游需求

随着网络带宽的增加、成本的下降，人们希望能够通过直播、全景地图等线上方式游览祖国的大好河山，这推动了旅游业的数字化转型。各大景点纷纷推出"云旅游"应用程序，应用人工智能等技术让人们足不出户就能欣赏祖国的壮丽山河，体会博大精深的历史文化。

5）在线教育需求

大规模在线开放课程（MOOC，Massive Online Open Courses）的出现，极大地改变了知识创造和传播的方式，随着 EDX、Coursera、学堂在线等教育平台的成熟，教育数字化、智能化正在成为全球在线教育的新方向。在线教育平台还有助于推动教育的公平性，把优质教育资源通过网络化途径、智能化手段推到偏远地区。

6）智慧医疗与健康管理需求

在医疗领域，人工智能推动的数字需求场景非常广泛，如电子病历、远程医疗、在线预约挂号、智能诊断等都有很大需求。此外，健康智能管理平台的建设，会进一步释放未来智慧医疗服务的需求。例如，人们的健康理念已从"治已病"转变成"防未病"，人们希望通过在手机等移动设备上安装健康管理类 APP，分析个人的健康数据，为其提供健康生活建议、慢性病管理方案、用药提醒等服务。

7）智能客服需求

无论是零售、餐饮、住宿等消费服务行业，还是金融、电信等专业服务行业，都需要建立智能客服系统：利用语音识别、自然语言处理、语义理解等人工智能技术，实现与客户的自动交互，为客户提供 24h 不间断的服务，帮助客户快速解决问题，提高客户满意度。

总之，服务业的数字需求涵盖了从服务提供、营销推广、客户体验到内部管理、决策支持等各个层面，目的是通过人工智能等数字技术创新和数据驱动，优化资源配置，提升服务质量和效率，满足消费者日益增长的个性化、便捷化需求。

8.5.3　政府治理的需求

数字经济时代，人工智能技术在"数字政府"的建设中发挥了巨大的作用，政府治理在走向现代化的过程中，面向智能手段提出了一系列的数字需求。

1．政务服务数字化、智能化需求

为了减少群众跑腿次数，政府部门提出"一网通办"的需求，推动了一体化政务服务平台的建设，实现了政务服务事项的网上办理，提高了政务服务的效率和透明度。此外，在移动互联网应用普及的背景下，政务服务也需要在移动端提供政务服务 App，方便居民通过手机随时随地办理各类政务服务事务。

2．数据开放共享需求

为了推动数据要素市场化的发展，政府需要提供公共数据的开放共享，这就需要政府打破信息孤岛，整合各部门的数据资源，建立统一的大数据体系，实现跨部门数据共享。此外，政府通过建设政务数据开放平台，公开可公开的政务数据，鼓励社会各界利用开放数据进行二次开发和创新应用。

3. 智能决策支持需求

面对海量的数据,政府需要利用大数据分析技术、AI算法模型等,帮助其挖掘政府管理、经济运行、社会治理等领域的深层次信息,预测经济、社会的发展趋势,辅助政府制定科学合理的政策。

4. 智慧交通管理需求

交通拥堵一直是困扰城市发展的难题,这催生了对道路交通进行实时监控、分析和管理的需求。智慧交通管理平台通过在道路上安装的智能摄像头、传感器等设备,实时监测交通流量、路况等信息,利用数字技术实现交通信号灯的智能调控,以缓解交通拥堵;通过数字显示屏、手机App等途径发布实时路况、公交、地铁等公共交通信息,方便市民出行。

5. 应急管理与灾难响应

当有突发事件发生时,需要应急管理部门迅速做出响应,这推动了智慧应急指挥调度系统的发展:通过数字技术构建实时、高效的应急指挥调度平台,提高应对突发事件的应对能力。当然,如果能够提前预测灾害事件的发生,做好预警工作,将大大减少人身财产等损失,所以,希望相关部门能利用大数据、人工智能、遥感等技术预测自然灾害风险发生的概率,或当灾害发生时,能及时发布预警信息。例如,我国森林覆盖率不高,森林防火一直是我国应急管理的重点。森林起火如果发现得早,在小火时进行扑灭造成的损失最小,所以智慧林火预警系统在这样的需求下被研发出来,通过定量遥感、大数据分析、人工智能等技术实现了火灾预警、火情分析、灾后评估等功能,增强了森林防火预警体系的防御能力,快速有效地应对突发森林火险,对森林资源保护、生态环境保护等方面发挥了重要作用。

总之,政府治理的数字需求涵盖了政务服务、决策支持、城市管理、社会治理、应急管理等多方面,旨在通过数字化、智能化转型提升政府服务效能,促进治理体系和治理能力的现代化。

8.6 小结

在数字经济的发展模型中,数字需求是一个关键因素,利用数字技术、基于数据要素市场,通过传统产业数字化转型和新兴产业的培育,可以创造大量的数字需求,从而推动我国现代化产业体系的构建。数字需求不仅包括面向消费者的消费层级的数字需求,也包括面向企业的产业层级的数字需求,还包括面向公共服务部门的政府级数字需求。在数字技术快速发展的背景下,创造数字需求的条件逐渐成熟,这些条件包括:数字中国建设系列政策出台、新基建陆续建成、数据要素市场逐渐建立、全民数字素养日益提升、数字治理体系逐渐完善等。

从经典需求理论可以看到,人类需求的层次演变是和技术的进步密不可分的,随着数字技术深入到生产生活的每一个部分,不同层次的需求内涵在发生改变,释放需求对经济的推动作用也在技术方法、系统理念的改变下而发生改变。从一般意义上来看,目前主流的数字需求包括：基础设施需求、治理环境需求、数字空间需求、数字消费、数字供应链等，本章对这些数字需求的基本内容做了介绍。与此同时，本章也探讨了创造数字需求的基本路径，以及政府在创造数字需求中的基本作用。

　　人工智能技术对需求市场的改变也起到了非常巨大的推动作用，本章分析了人工智能技术分别给个人消费需求、企业需求、政府需求带来了哪些变化，并探讨了人工智能技术在这三方面的可能的应用场景。

思考题

1. 简述马斯洛需求理论的主要内容。
2. 简述创造数字需求对我国数字经济发展的促进作用。
3. 简述创造数字需求的方法路径，并适当举例。
4. 简述人工智能的发展对于创造数字需求有哪些推动作用，并适当举例。

第 9 章　数字供给：人工智能与数字产业化

内容摘要

数字产业化是数字经济的重要组成部分，是推动经济社会高质量发展的重要引擎。数字产业化除了包括以人工智能为代表的新技术带来的产业化，还包括数据要素市场中所孕育的新模式、新场景。

中国的新型基础设施建设（简称新基建）为数字经济的发展提供了强大支撑，不仅加快了数字技术的创新和应用，还促进了数字经济和实体经济的深度融合。人工智能作为新基建中新技术基础设施中的关键组成部分，与云计算、大数据、物联网、区块链、5G、卫星互联网等先进信息技术，以及可控核聚变、量子计算等尖端科技一道，构成未来推动社会经济发展的核心技术矩阵。

随着生成式人工智能技术的崛起及逐步成熟，其在整个数字技术生态中的领军作用日益凸显。传统的云计算在融入大模型等人工智能技术后，模型即服务（Model as a Service，MaaS）已逐渐成为当今云服务的主导模式及核心组件。以生成式 AI 为核心的大模型平台，通过对既有的基础设施即服务（Infrastructure as a Service，IaaS）和平台即服务（Platform as a Service，PaaS）能力进行整合，形成了以模型为中心的服务架构，为各类应用提供全面的技术支持，从而奠定了其作为新型生产力基础设施的重要地位。

大模型和生成式人工智能正在不断带来新的分析工具，从而也在加速与各个产业场景的融合。这些人工智能技术所带来的新的产业机遇包括但不限于：算力产业、人工智能平台产业和行业应用产业等。

本章重点

- 了解数字经济中数字产业化的基本概念和内涵；
- 了解新基建的基本概念以及以人工智能为核心的全局型新基建的组成；
- 重点理解人工智能基础设施的构成及相关产业实践；
- 重点理解人工智能时代的算力基础设施智算中心的形态及构成；
- 了解数字产业化带来的产业发展机遇。

重要概念

- 数字产业化：数字产业化是在新质生产力推动下，对数字时代所涌现的新技术、新模式、新平台做产业化开发，通过为社会经济系统提供数据、算力、算法、软硬件等多样化数字产品，创造经济和社会价值的过程。
- 新基建：新基建是中国新型基础设施建设的简称，是以新发展理念为引领，以技术创新为驱动，以信息网络为基础，面向高质量发展需要，提供数字转型、智能升级、融合创新等服务数字中国建设的基础设施体系。

- 云计算：云计算是一种按使用量付费的模式，它可以实现随时随地、便捷、随需应变地从可配置计算资源共享池中获取所需的资源（如网络、服务器、存储、应用及服务），这些资源能够快速供应并释放，使管理资源的工作量和与服务提供商的交互减小到最低限度。
- 智算中心：智算中心是基于最新人工智能理论，采用领先的人工智能计算架构，提供人工智能应用所需算力服务、数据服务和算法服务的新型算力基础设施。

9.1　数字产业化的概念和内涵

2021 年 3 月 13 日发布的《中华人民共和国国民经济和社会发展第十四个五年规划和 2035 年远景目标纲要》第 15 章"打造数字经济新优势"第二节中指出"培育壮大人工智能、大数据、区块链、云计算、网络安全等新兴数字产业，提升通信设备、核心电子元器件、关键软件等产业水平。构建基于 5G 的应用场景和产业生态，在智能交通、智慧物流、智慧能源、智慧医疗等重点领域开展试点示范。鼓励企业开放搜索、电商、社交等数据，发展第三方大数据服务产业。促进共享经济、平台经济健康发展。"规划中的这段表述为中国的数字产业化指明了方向。

9.1.1　数字产业化的概念

数字产业化是在新质生产力推动下，对数字时代所涌现的新技术、新模式、新平台做产业化开发，通过为社会经济系统提供数据、算力、算法、软硬件等多样化数字产品，创造经济和社会价值的过程。数字产业化是数字经济发展的基础，是推动经济社会高质量发展的重要引擎，对于提高产业经济效益、优化产业结构、促进创新创业、提升国家竞争力等具有重要意义。

9.1.2　数字产业化的主要内容

数字产业化主要包含以下几方面：新技术催生的数字产业化；数据要素市场带来的数字产业化；新模式新场景带来的数字产业化；数字治理中的数字产业化，如图 9-1 所示。

图 9-1　数字产业化创新体系

1. 新技术驱动的数字产业化

新技术驱动的数字产业化主要包括由 5G、集成电路、软件、人工智能、大数据、云计算、区块链、物联网等技术所衍生出来的各种新型产业和服务。新技术驱动的数字产业化的核心领域包括云计算、大数据、人工智能、物联网和区块链等。

1）云计算产业

（1）云计算。

云计算是一种按使用量付费的模式，它可以实现随时随地、便捷地随需应变地从可配置计算资源共享池中获取所需的资源（如网络、服务器、存储、应用及服务），这些资源能够快速供应并释放，使管理资源的工作量和与服务提供商的交互减小到最低限度。

云计算产业由硬件设备制造商、芯片厂商，机房设计和建设以及云服务提供商等组成。硬件设备制造商提供各种硬件设备如服务器、存储设备和网络设备等，以满足云计算中心的建设和运营需求。芯片厂商提供芯片供应和相关技术支持服务。机房的设计和建设从机房的选址、设计、建设、技术支持和管理运维等方面保证机房可以高效稳定地运行。云服务提供商则提供各种云计算服务，包括基础设施即服务（IaaS）、平台即服务（PaaS）、软件即服务（SaaS）等服务形式。同时，云服务商还可以提供数据存储和管理服务，包括云备份、云归档、云数据库等。

IBM 公司在 1996 年推出 IBM 电子商务实时系统（IBM Electric Business Real Time System，EBTRS）。EBTRS 可以提供标准的云计算服务，帮助企业进行电子商务交易和数据存储。亚马逊公司在 2006 年推出了 Amazon Web Service（AWS），并推出弹性计算云服务（Elastic Compute Cloud，EC2），拉开了云计算商业化发展的序幕。随后，谷歌公司在 2008 年推出了 Google Cloud Platform（GCP），微软公司于 2010 年推出了 Azure 云平台，云计算产业的发展进入了商业化快车道。从 2010 年起，云计算的快速发展吸引了全球更多公司加入竞争。包括 IBM 在 2013 年推出 IBM 云平台，国内企业如阿里、腾讯、华为、百度等公司也都快速发展了自身的云业务。

云计算已形成庞大的产业，到 2022 年全球云计算市场规模已达到 4910 亿美元，预计到 2026 年将突破万亿美元。中国云计算市场也保持高速增长，据中国信息通信研究院统计，2022 年中国云计算市场规模达到 4550 亿元，较 2021 年增长 40.91%。其中，公有云市场规模增长 49.3% 至 3256 亿元，私有云市场增长 25.3% 至 1294 亿元。相比全球云计算市场 19% 的增速，中国云计算市场仍处于高速发展期。预计到 2025 年，中国云计算整体市场将突破万亿规模。

随着大模型技术的发展，在原有的 IaaS、PaaS 和 SaaS 的基础上，模型即服务（MaaS）的重要性将更加凸显。未来，云计算技术将进一步普及和应用，人工智能的发展对智能算力需求也将大幅提升，云计算产业还将继续保持较高增长的趋势。

（2）数据中心。

云计算需要依托数据中心和智能计算中心实现落地。

数据中心是用于存储和管理大量数据的设施，这些数据可以来自各种来源，如互联网、企业内部数据或者物联网设备等。在数据中心，这些数据被存储在服务器、存储设备和网络设备等基础设施中，并通过各种网络连接进行数据传输和访问。

随着云计算和大数据技术的不断发展，数据中心正在经历着前所未有的变革。现代数据中心正在朝着更大规模、更高效率、更智能化的方向发展。例如，一些大型互联网公司已经开始建立超大规模的数据中心，这些数据中心可以容纳数百万台服务器，并且能够提供更快的计算速度和更高效的能源利用率。

此外，智能化也是现代数据中心的一个重要趋势。通过采用人工智能、机器学习等技术，数据中心可以自动化地管理和优化其运营，从而提高效率、减少成本并提高服务质量。例如，一些数据中心可以通过智能化的监控和管理系统，自动发现和修复问题、优化能源消耗和冷却系统等。

（3）智能计算中心。

相对于信息化建设时期重点推进的数据中心，人工智能时代对人工智能基础设施建设的技术架构、性能、能效等多方面提出更高要求。硬件方面，智能计算对芯片异构、高速互联等有更强需求；软件方面，智能计算涵盖计算框架、大模型等关键要素，并需要与硬件充分协调适配；能效方面，实现智能计算所产生的单机能耗更高，对制冷、碳排放等有着更高的需求。智算中心能够很好地聚合上述能力，是各类人工智能基础设施最终落地应用的实体形态。

智算中心是基于最新人工智能理论，采用领先的人工智能计算架构，提供人工智能应用所需算力服务、数据服务和算法服务的公共算力新型基础设施。智算中心在推进人工智能产业化、赋能产业人工智能化、助力治理智能化、促进产业集群化等方面发挥显著作用。

未来，智能型企业、公共服务都将建构在智算中心的基础上，供给形态可以有自建、云服务、公共基础设施等多种形式。企业和组织将根据自己的需求和资源禀赋，选择匹配自身需求的服务形态。

2024 年 2 月，国务院国资委"AI 赋能产业焕新"中央企业人工智能专题会中指出，要夯实发展人工智能基础底座，把主要资源集中投入到最需要、最有优势的领域，加快建设一批智能算力中心。

2）大数据产业

大数据是数据的集合，以容量大、类型多、速度快、精度准、价值高为主要特征，是推动经济转型发展的新动力，是提升政府治理能力的新途径，是重塑国家竞争优势的新机遇。

大数据产业是以数据生成、采集、存储、加工、分析、服务为主的战略性新兴产业，是激活数据要素潜能的关键支撑，是加快经济社会发展质量变革、效率变革、动力变革的重要引擎。

近年来，大数据技术快速发展，与人工智能、VR、5G、区块链、边缘智能等新技术的交汇融合，持续加速技术创新。

根据中国信通院的数据，2021 年中国大数据产业规模达 1.3 万亿元，年复合增长率超过 30%，逐渐步入高质量发展阶段。从市场结构来看，大数据硬件、大数据软件和大数据服务的市场占比分别为 40.5%、25.7% 和 33.8%，近几年大数据软件和大数据服务的占比在逐步提高，未来我国大数据软件和服务市场相比硬件市场将呈现更好的发展态势。

从应用领域来看，大数据分析产品及服务已经从最早的为电信领域客户提供经营分析、为银行领域客户提供风控管理等辅助性经营决策，发展到目前的为金融、电信、政府、互联网、工业、健康医疗、电力等多个行业领域客户提供预测性分析、自主与持续性分析等，以实现企业决策与行动最优化。

IDC 最新发布《2023 年 V1 全球大数据支出指南》的数据显示,2022 年中国大数据市场总体 IT 投资规模约为 170 亿美元,并有望在 2026 年增至 364.9 亿美元,实现规模翻倍。与全球总规模相比,中国市场在五年预测期内占比持续提升,有望在 2024 年超越亚太(除中日)总和,并在 2026 年接近全球总规模的 8%。

3) 人工智能产业

人工智能产业是指以人工智能技术为基础,通过将人制造出来的能够理解、学习、适应并实施人类智能的行为的系统,应用于各种领域从而创造社会经济价值的产业。

人工智能产业链涵盖了三个层面,包括基础层、平台层以及应用层。

基础层是整个链条的基石,它主要涵盖了人工智能所必需的各种基础技术,如芯片、传感器、计算、存储等,这些技术为人工智能的运转提供了强大系统支持。在人工智能时代,以图形处理器(Graphics Processing Unit,GPU)芯片为核心的智能算力,将是支持模型训练、推理和上层应用的关键,也是必须实现完全的自主知识产权技术突破的重要领域。

平台层是在基础层的基础上,通过将人工智能技术进行结合和创新,形成了一系列人工智能应用的关键技术,例如机器学习、深度学习、计算机视觉、自然语言处理等。如百度自研的飞桨深度学习平台,百度智能云千帆大模型平台,就是基于平台层关键技术所打造的产业级人工智能平台。未来,MaaS 将会成为新的基础服务,形成规模化的产业。

应用层则是人工智能技术和实际应用的结合点,它利用平台层提供的各种人工智能技术,实现各类具体的应用场景。人工智能已经被广泛地应用到各个产业领域中,包括但不限于:医疗、教育、金融、零售、交通运输等。例如,人工智能在医疗中的应用,通过深度学习等技术,帮助医生更准确地诊断疾病;在教育领域,人工智能可以通过个性化推荐系统,提供定制化的学习路径;在金融领域,人工智能可以用于风险评估、信贷审批等。

近年来,生成式人工智能、大模型技术的突破将为基于大模型能力的人工智能原生应用的发展带来崭新的机遇。人工智能除了将为内容创作、流程自动化、创新产品和服务、个性化体验、数据分析和预测、隐私和安全等领域都将带来新的机会,还将催生新的科学研发范式,大幅提升科研和技术转化的效率。

在中国,人工智能产业得到了各部门高度关注,政府出台了一系列扶持政策,鼓励人工智能企业创新和发展。目前,中国的人工智能产业已经形成了一定的产业集聚和产业链。在京津冀、长三角、珠三角等地,人工智能企业聚集形成了多个产业基地和园区,这些基地和园区通过整合资源、促进合作,推动了人工智能产业的快速发展。同时,在产业链上,从数据采集、算法研究、模型训练、软件开发到硬件制造等环节,各个细分领域的企业也逐渐形成了完整的产业链条。随着人工智能技术的不断进步和应用场景的不断拓展,人工智能将更深地赋能实体经济增长,推动相关产业的转型升级。

4) 物联网产业

2005 年 11 月 27 日,在突尼斯举行的信息社会峰会(WSIS)上,国际电信联盟(ITU)发布了《ITU 互联网报告 2005:物联网》,正式提出了物联网的概念。报告指出,无所不在的"物联网"通信时代即将来临,世界上所有的物体从轮胎到牙刷、从房屋到纸巾都可以通过因特网主动进行数据交换。射频识别(Radio Frequency Identification,RFID)技术、传感器技术、纳米技术、智能嵌入技术将得到更加广泛的应用和关注。

物联网是通过射频识别装置、红外感应器、激光扫描器等信息传感设备,按约定的协议,把任何物品与互联网相连,进行信息交换和通信,以实现智能识别、定位、跟踪、监控和管理的一种网络。当每个,而不是每种物品能够被唯一标识后,利用识别、通信和计算等技术,在互联网基础上,构建的连接各种物品的网络。

在物联网中,各种类型的感知终端可以随时随地采集各种动态对象的信息,然后通过互联网传输给服务器,利用各种智能技术进行分析和处理,最终实现对物品的全面感知、可靠传输和智能处理。物联网的出现使得人类可以更加精细地管理和控制生产和生活,从而提高生产效率和生活的便利性。

物联网产业涉及众多行业和领域,包括智能家居、智能交通、智能医疗、智能制造、智能城市等。物联网在这些领域的应用,不仅给人们的生活带来了便利和舒适,也给政府和企业提供了更加高效和智能的管理和服务。

在智能家居领域,物联网技术的应用可以让家庭更加智能化、便捷化。例如,可以通过智能家居控制系统控制家中的灯光、空调、电视等设备,也可以通过智能音箱等设备,用语音控制家里的相关设备。这些应用不仅提高了家庭生活的舒适度和便利性,也可以提高家庭生活的安全性。

在智能交通领域,物联网技术的应用可以实现智能化交通管理和智能化车辆管理。例如,可以通过智能交通系统实时监测交通路况和车辆流量情况,实现智能化调度和管理。同时,通过智能化车辆管理,可以实现车辆的远程监控和控制,提高车辆的安全性和效率。

在智能医疗领域,物联网技术的应用可以实现医疗设备和医疗数据的智能化管理。例如,利用智能化医疗设备实时监测患者的生命体征数据,并将数据传输到医生手中进行远程诊断和治疗。同时,通过智能化医疗管理系统还可以实现医疗资源的优化配置和管理。

在智能制造领域,物联网技术的应用可以实现生产过程的智能化。例如,通过物联网技术对生产数据进行实时采集和分析,可以大幅提高生产效率和产品质量。

在智能城市领域,物联网技术的应用可以实现城市管理和服务的智能化。例如,可以通过智能化城市管理系统实现城市基础设施的智能化管理和维护,也可以通过智能化公共服务系统为社会提供更加便捷和高效的服务。

物联网通过感知、识别、计算等多种技术,广泛应用于网络的融合中,也因此被称为继计算机、互联网之后世界信息产业发展的第三次浪潮,是数字产业化的一个重要领域。

5) 区块链产业

2008 年 11 月 1 日,一个自称为中本聪的人发表了《比特币：一种点对点的电子现金系统》一文,阐述了基于 P2P 网络技术、加密技术、时间戳技术等的电子现金系统的构架理念。文中详细描述了如何使用 P2P 网络来创造一种"无须依赖信任的电子交易系统"并为这种数字货币取名为"比特币",这标志着比特币的诞生。2009 年 1 月,比特币网络上线,推出了第一个开源的比特币客户端软件。1 月 3 日,中本聪挖出了第 1 个比特币创世区块,获得了首批 50 个比特币挖矿奖励,比特币系统正式启动。

区块链(Blockchain)是一种块链式存储、不可篡改、安全可信的去中心化分布式账本,它结合了分布式存储、点对点传输、共识机制、密码学等技术,通过不断增长的数据块链(Blocks)记录交易和信息,确保数据的安全和透明性。

与传统的中心化数据库不同,区块链技术采用了去中心化的方式,每个节点都有完整的账本副本,并且通过密码学技术保证数据的安全性和可靠性。区块链技术的特性包括：

去中心化、可追溯、匿名性、自治性、透明度和不可篡改等。这些特性使得区块链技术在金融、供应链管理、数字身份认证等领域具有广泛的应用前景。

目前阶段,区块链可以分为公有链、联盟链和私有链三种类型。公有链对所有人开放,任何人都可以参与区块链的维护和交易;联盟链则是由多个组织或机构共同维护和管理的区块链,主要用于机构间的数据交换和共享;私有链则是由单个组织或机构内部使用的区块链,主要用于内部的数据管理和记录。

2019 年 10 月 24 日下午,中共中央政治局就区块链技术发展现状和趋势进行第十八次集体学习。中共中央总书记习近平在主持学习时强调,区块链技术的集成应用在新的技术革新和产业变革中起着重要作用。我们要把区块链作为核心技术自主创新的重要突破口,明确主攻方向,加大投入力度,着力攻克一批关键核心技术,加快推动区块链技术和产业创新发展。还强调,要充分发挥区块链在促进数据共享、优化业务流程、降低运营成本、提升协同效率、建设可信体系等方面的作用。在中国政府的推动之下,区块链技术在中国的应用已经逐渐普及,越来越多的企业和组织开始探索如何利用区块链技术提高效率、降低成本、增强安全性等方面的问题。同时,越来越多人开始意识到,区块链是信用社会体系建立的基础和技术保障。

区块链产业是指以区块链技术为基础,开展相关业务活动的产业集合。目前,区块链产业已经涵盖了数字货币、供应链管理、物联网、知识产权管理等多个领域。其中,数字货币是最为人们所熟知的领域之一,以比特币和以太坊为代表的数字货币尝试,为人们提供了很多经验和思考。此外,区块链技术在供应链管理、物联网、知识产权管理等领域的应用也在不断拓展,为人们的生活和工作带来了更多的便利和效益。

随着区块链技术的进一步发展,未来区块链产业还将继续迎来更多的发展机遇。例如,区块链与人工智能、物联网等技术的结合,将为人们带来更加智能化、高效化的服务体验。同时,区块链产业也将与实体经济深度融合,推动产业转型升级和高质量发展。

区块链是数字经济的重要领域之一,中国政府推出了大量相关法律法规,用以规范区块链市场,确保其健康和可持续发展。2019 年,国家互联网信息办公室发布《区块链信息服务管理规定》,为区块链信息服务提供有效的法律依据。针对虚拟货币市场的不规范性,2021 年 9 月 24 日,中国人民银行在其官网公布了《关于进一步防范和处置虚拟货币交易炒作风险的通知》,明确虚拟货币相关业务活动属于非法金融活动。

6)其他关键技术

除了以上数字产业化的核心领域,其他数字化实现的重点支撑技术,包括 5G、卫星互联网等,也是数字产业化的重要组成部分。

(1)5G 技术。

5G 技术是第五代移动通信技术的简称,相比于前一代 4G 技术,5G 技术在带宽、速度和延迟等方面都有着显著的提升。5G 网络的传输速度可以达到 10Gb/s,比 4G 网络的传输速度快数百倍。同时,5G 网络的延迟也大大降低,仅为毫秒级别,能够更好地支持实时交互应用。此外,5G 技术还支持更多的设备接入数量,可以应用在更广泛的场景,比如智慧城市、物联网、自动驾驶等。

5G 技术是数字产业化的重要基础设施,它通过高速、低延迟的通信网络,实现了更高效、更可靠的数据传输和信息交流,从而从基础设施层面推动了各行业的数字化转型。

5G 技术的应用场景非常广泛,其中最典型的是物联网和智慧城市。在智慧城市中,5G 技术可以应用于智能交通、智能安防、智能环保等领域,提升城市的运行效率和公共服务水平。

5G 技术还对工业互联网的发展起到重要的支撑作用。通过 5G 网络,可以实现工业设备的远程监控和维护,提高设备的运行效率和可靠性。同时,5G 技术还可以支持工业互联网的创新应用,比如智能制造、工业自动化等,推动工业生产的数字化转型。

（2）卫星互联网。

卫星互联网是一种利用卫星技术实现互联网接入的通信网络,与传统的地面互联网不同,卫星互联网是通过卫星转发信号来实现全球范围内的通信和互联网接入。

卫星互联网具有覆盖范围广、不受地域限制、可实现全球通信等优点。因此,在陆上偏远地区、海洋、航空等领域具有广泛的应用前景。同时,卫星互联网还可以提供高速互联网接入服务,满足人们对于高速度、大容量通信的需求。

然而,卫星互联网也存在一些缺点,如传输时延较大、带宽有限、成本较高等。此外,由于卫星通信的信号传输受到大气层、电磁干扰等因素的影响,其稳定性和可靠性也受到一定限制。

目前,全球范围内的卫星互联网建设已经取得了一定的进展,各国都在积极推进卫星互联网的建设和应用。例如,美国 SpaceX 公司的星链计划、中国鸿雁星座计划等都在积极推进低轨道卫星互联网的建设。此外,一些国家和地区也在开展高轨道和高中低轨结合的卫星互联网的研究和应用。

随着人们对高速、大容量通信需求的不断增加,卫星互联网也将成为未来通信网络的重要组成部分。

2. 数据要素市场带来的数字产业化

《中共中央、国务院关于构建数据基础制度更好发挥数据要素作用的意见》指出,数据作为新型生产要素,是数字化、网络化、智能化的基础,已快速融入生产、分配、流通、消费和社会服务管理等各环节,深刻改变着生产方式、生活方式和社会治理方式。近期,多地在新型智慧城市建设中都开始注重发挥数据要素价值,密集发布促进数据要素发展有关政策举措,重视数据要素市场化配置,释放数据资源价值,促进数据与场景一起相依相伴、融合生长。

根据 IDC 的报告,到 2025 年,全球数据产生量将增长到 175ZB,相比于 2018 年的 33ZB,年复合增长率达到 26%,这充分显示了数据要素市场的巨大潜力。

数据正在作为新生产资料参与到实体经济生产运营的全生命周期。第一,数据参与创新。基于市场端和生产过程的海量数据,实体经济的创新方式发生根本性改变,开放式创新会逐渐成为实体经济创新的主要模式。第二,数据参与设计。数据成为产品和服务的重要组成部分,设计产品必须充分考虑数据运营的需要。第三,数据参与生产。基于生产过程数据的收集和贯通,可以优化生产流程、提高生产效率和产品质量。掌握统筹实体经济生产场景中各环节的实时数据,提升生产过程中数据传输、数据分析、数据保护应用性能,实现生产环节智能化高效集成。第四,数据参与流通。流通过程因数据而发生革命性变化,线上线下相融合、顾客与企业相融合,使得市场机制发生改变,进而改变企业市场推广的方式。第五,数据参与客服。建立在大数据基础上的客户服务模式,从研发环节开始,提高客户的参与度,能够充分调动客户的参与性,并形成社区型客户服务模型。

在数据要素市场化过程中,传统实体经济的商业模式正在发生根本性改变。数据资产已逐渐成为实体企业的新型资产,越来越多的企业意识到掌握的数据资源的规模、数据鲜活程度,以及采集、分析、处理、挖掘数据的能力决定了其未来的核心竞争力。一些发达地区已经开始探索如何将数据资产纳入财务报表,并探索数据资产金融服务模式的创新,如数据资产质押融资、数据资产保险、数据资产担保、数据资产证券化等。

以徐工集团为例。为充分开发利用数据资产价值,实现企业的降本增效,徐工集团搭建了大数据应用分析平台,并构建了全产业覆盖的数据分析体系,实现多维度数据资产管理,并积极探索企业资产交易试点应用场景,开展数据资产变现增值服务,推动生态内企业数据的资产化应用。

激活数据要素就必须建立规范、公平、完善、可信的数据市场。近年来,各地积极探索"数据交易所"模式,取得了一些成效,但数据市场建设仍然任重道远。各地各行业各领域应积极探索除"数据交易所"外的其他模式,更紧密地与数据流通场景相融合,在统一监管下创新一系列数据应用场景。其中,政务数据场景令人期待,随着数字中国和数据要素市场建设的推进,政府的海量数据资源将会以各种形式进入市场。

3. AI 新业态、新模式带来的数字产业化

作为一种全新的生产力,生成式人工智能对社会经济、生产生活的影响还在持续发展,在不同阶段,不同行业的不同场景逐步跨越生成式人工智能应用的投入产出平衡点(ROI),开始对行业产生重大影响。由浅及深、由简单到复杂、由辅助性场景到核心场景,逐步深入到千行百业的方方面面。

当前较为广泛的生成人工智能应用场景有以下几方面。

艺术设计:人工智能辅助的艺术设计,如生成式人工智能辅助设计师快速生成图片、视频、3D 模型等。

数字员工:如虚拟助手通过生成式人工智能技术来回答用户的问题、执行任务和管理日程安排等。

知识管理:如帮助组织检索信息,自动生成报告、摘要和总结等。

代码生成:如辅助开发人员自动生成代码,提高开发人员的工作效率等。

市场营销:如自动生成营销内容和广告文案等。

客户服务:如自动回复和处理客户咨询等。

这些应用场景,是生成式人工智能带来的重大业务和场景变革的冰山一角。人工智能将从根本上重塑社会的生产关系,改变组织的运转模式,打造出完全不同于以往的创造性产品,大幅提升个人、组织及整个社会的效率和创造性。随着人工智能技术的进一步发展,人工智能更多创造性的能力将被发展出来,人类社会会迎来更全面更深刻的改变。展望未来,生成式人工智能将带来全新的业务形态和业务场景。例如:

虚拟数字人产业:生成式人工智能技术催生虚拟数字人产业的发展。虚拟主持人、虚拟模特等新业态正在涌现。这些虚拟数字人在娱乐、教育、医疗等领域都有广泛的应用前景。

新型游戏产业:生成式人工智能技术正在改变游戏开发和运营的方式。人工智能可以自动生成游戏地图、任务、剧情等,以提高游戏的可玩性和丰富性。同时,人工智能也可以用于游戏中的智能非玩家角色(Non-Player Character,NPC),提供更真实的游戏体验。比

如，斯坦福小镇(Stanford Town)是一个以斯坦福大学为中心的虚拟现实世界，该项目起源于 2021 年，由斯坦福大学和谷歌公司的研究人员共同创建。研究人员利用大语言模型创造了一个有 25 个智能体(Agent)的人工智能小镇，包含了大学、公寓、咖啡馆、书店等基础设施，用以模拟社会互动。这 25 个智能体居住在数字世界中，但没有意识到自己生活在模拟当中。"他们"去工作、闲聊、组织社交活动、结交新朋友，甚至坠入爱河，每个人都有独特的个性和背景故事。这个项目引起了人们对未来人工智能游戏的广泛讨论。

基于生成式人工智能的社交应用：生成式人工智能技术可以用于社交应用，例如智能推荐朋友、智能匹配等。这可以提高社交应用的用户体验和活跃度。基于生成式人工智能的全新社交应用形态和服务，将提供更加深度的社交体验，衍生更复杂的商业形态，催生数字经济的发展。

具身智能与生成式人工智能结合应用：生成式人工智能和具身智能结合，将爆发更大的创造力。具身智能是指那些可以感知物理世界、并能与物理世界进行交互，具有自主决策和行动能力的人工智能系统。这些智能体能够以主人公的视角感受物理世界，并通过与环境的交互结合自我学习来理解和改变物理世界。近年来，具身智能被认为是人工智能领域的重要发展方向，被形容为人工智能研究的"北极星"。一些企业和研究机构推出了具身智能相关的产品和项目，如谷歌的 RoboCat 大模型和英伟达的 Nvidia VIMA。未来十年内，通用人工智能和机器人产业正处在快速发展、相互融合促进的战略机遇期。具身智能作为两大领域交叉的核心应用，有望在未来取得快速发展。它将推动智能体具备更多自主规划、决策、行动和执行的能力，实现人工智能的进一步进阶。

4. 数字治理中的数字产业化

政府作为社会管理与公共服务的主导者，在数字化治理过程中将产生大量高质量数据。这些数据不仅代表了政府的工作成果和公共服务水平，更是一种核心的生产资料，为社会发展与经济建设提供了强有力的支撑。

首先，这些数据为政府决策提供了重要依据。通过对数据的深入分析和挖掘，政府可以更加准确地了解社会需求、经济发展趋势和潜在问题，从而制定出更加科学、合理的政策。这不仅提高了政府决策的效率和准确性，也有助于提升政府治理的现代化水平。

其次，这些数据对于催生新的数字产业具有重要意义。在人工智能技术的支持下，这些数据可以被深度利用，为社会和经济的发展提供强大的驱动力。例如，通过数据分析，可以为金融、医疗、教育等领域的产业发展提供有力支持；通过智能化处理，可以提高城市规划、交通管理的效率和质量；通过大数据技术，可以推动供应链、物流等行业的数字化转型。

此外，这些数据还有助于提升公共服务的水平和质量。政府可以利用这些数据优化资源配置、提高服务效率，为公众提供更加便捷、高效的公共服务。例如，通过智慧政务系统，可以方便快捷地办理各类事务；通过智慧医疗系统，可以提高医疗服务的水平和效率；通过智慧教育系统，可以促进教育资源的均衡配置和优质教育资源的共享。

政府在数字化治理过程中产生的大量高质量数据是社会重要的生产资料，依托人工智能技术可以为社会和经济的发展创造强大的驱动力。为了更好地利用这些数据，政府需要加强数据的采集、整合、分析和应用工作，推动数据的共享和开放，促进数字产业的快速发展和创新升级。

9.2 人工智能驱动新基建

9.2.1 新基建的概念及与数字产业化的关系

新型基础设施(简称新基建)是以新发展理念为引领,以技术创新为驱动,以信息网络为基础,面向高质量发展需要,提供数字转型、智能升级、融合创新等服务的基础设施体系。新基建是数字产业化发展的基础,能够为其发展提供强大的支撑。

2018 年 12 月 19 日至 21 日,在中央经济工作会议中首次提出"新基建"的概念。2020年 4 月 20 日,国家发改委首次明确"新基建"范围,主要包括三方面内容:分别是信息基础设施、融合基础设施和创新基础设施。

信息基础设施。主要是指基于新一代信息技术演化生成的基础设施,如以 5G、物联网、工业互联网、卫星互联网为代表的通信网络基础设施,以人工智能、云计算、区块链等为代表的新技术基础设施,以数据中心、智能计算中心为代表的算力基础设施等。

融合基础设施。主要是指深度应用互联网、大数据、人工智能等技术,支撑传统基础设施转型升级,进而形成的融合基础设施,如智能交通基础设施、智慧能源基础设施等。

创新基础设施。主要是指支撑科学研究、技术开发、产品研制的具有公益属性的基础设施,如重大科技基础设施、科教基础设施、产业技术创新基础设施等。

当然,伴随着技术革命和产业变革,新型基础设施的内涵、外延也不是一成不变的,会根据时代的进步持续迭代。

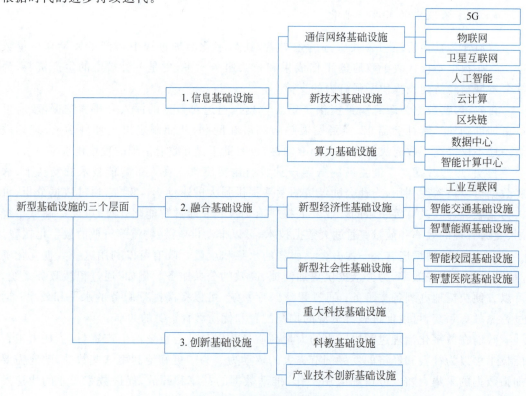

图 9-2　新基建的三个层面

新基建为数字产业化和产业数字化提供了强大支撑，不仅加快了数字技术的创新和应用，还促进了数字经济和实体经济的深度融合。

9.2.2　以人工智能为核心的典型新基建

信息基础设施包含以下三大类 8 个领域，第一类是通信网络基础设施，包括 5G，卫星互联网，和物联网等；第二类是新技术基础设施，包括人工智能，云计算和区块链等；第三类是算力基础设施，包括数据中心和智能计算中心等，如图 9-3 所示。

图 9-3　典型的全局型新基建

1. 人工智能加速新基建发展

人工智能作为新基建的关键组成部分，与云计算、大数据、物联网、区块链、5G、卫星互联网等先进信息技术，以及可控核聚变、量子计算等尖端科技一道，构成了未来推动社会经济发展的核心技术及平台矩阵。

随着生成式人工智能技术的崛起及逐步成熟，其在整个技术生态中的作用日益凸显。传统的云计算在融入人工智能技术后，MaaS 已逐渐演变成为云服务的主导模式及核心组件。以生成式人工智能为核心的大模型平台，通过对既有的 IaaS 和 PaaS 能力进行整合，形成了以模型为中心的服务架构，为各类应用提供全面的技术支持，从而奠定了其作为新型生产力基础设施的重要地位。

2. 人工智能基础设施内涵与特性

人工智能基础设施是新基建的关键领域。以人工智能深度落地赋能为导向，人工智能从供给侧持续推进各技术要素全面融合、技术能力自主可控、技术服务普惠可达，人工智能供给"基础设施化"势在必行，人工智能基础设施正成为人工智能的关键供给形态。算法、算力、数据是人工智能技术应用的三大核心支撑要素，而进入大模型时代，对三要素也提出了更高的要求。优秀的应用能力需要更大参数规模的模型，足够多的训练数据以及强大的计算能力作为支撑。把这样的能力以基础设施的形式普惠化地开放共享给社会，即实现 AI 基建化，就能够大大降低 AI 应用的门槛，让更多的主体能够拥抱人工智能。人工智能供给的基建化正顺应产业智能化转型发展的需求，也是我国发展和布局人工智能的重要举措之一，将为我国人工智能产业发展壮大、数字经济蓬勃发展提供强大牵引力。

人工智能基础设施以"数据、算法、算力"为资源要素，以人工智能算力设施、人工智能数据平台、人工智能算法平台、人工智能开放创新平台等为主要载体,可提供包含模型训练等在内的专业前沿的人工智能应用及服务,支撑人工智能产业发展、赋能行业应用,为培育智能经济、构筑智能社会提供基础承载。人工智能基础设施须满足作为基础设施的技术能力先进自主性。为适应人工智能技术迭代速度快、行业应用需求不断涌现的特点,人工智能基础设施必须提供灵活多样、动态迭代、性能领先、具备前瞻性的技术能力,保障人工智能基础设施始终满足我国智能社会发展需要。此外,人工智能基础设施须掌控底层核心技术创新能力,从源头实现自主可控,这也是基础设施平稳运行的关键前提。

人工智能基础设施将着力推进人工智能落地赋能,并释放更深更广的价值。从人工智能产业发展看,人工智能基础设施将推动人工智能与 5G、云计算、大数据、物联网等领域相互耦合,加速人工智能与实体经济深度融合,形成新一代信息基础设施赋能产业的核心能力。从培育智能经济看,算法、算力、数据既为构建人工智能基础设施的核心环节,也是培育智能经济的关键生产要素,对其进行系统深入发展,将推动生产效率提升与经济结构优化,促进实现智能产业化与产业智能化协同并进。从国家战略转型看,发展人工智能基础设施,将促进国家资金与社会资本的融汇与高效利用,助力我国构建"双循环"新发展格局,推动经济高质量发展。

3. 人工智能时代的 IT 技术栈

人类进入人工智能时代,信息技术的技术栈也发生了变化。过去的 IT 技术栈基本分为三层:芯片层、操作系统层和应用层。人工智能时代的技术栈可以分为四层:芯片层、框架层、模型层和应用层。

国内外领先的 IT 技术企业在这四层架构里均在做有选择的布局。在芯片层,领先企业如美国的英伟达;在框架层,国际三大主流深度学习框架包括 TensorFlow、Pytorch 和飞桨;在模型层,有代表性的是美国的 ChatGPT、Gemini 和国内的文心一言等;应用层包括Midjourney、微软公司的 New Bing,以及百度公司的新搜索、GBI 等,如图 9-4 所示。

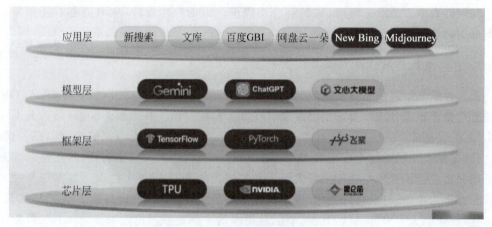

图 9-4　AI 时代的 IT 基础设施

案例：人工智能时代的 IT 技术栈："芯片-框架-模型-应用"四层架构

百度公司作为领先的人工智能企业,已构建了完整的人工智能基础设施框架。与传统的信息化时代相比,智能化时代 IT 技术栈发生了根本性变化,分为芯片、框架、模型和应用四层。百度公司在每一层都研发了自主可控的核心技术和产品,集聚了智能化时代 IT 技术全栈生产要素,能够迅速提升大模型训练和推理的效率,真正支撑真实业务场景的端到端全流程调优,从而助力实现智能化应用的极致效能。

百度公司是全球为数不多、在这四层进行全栈布局的人工智能公司,从高端芯片昆仑芯,到飞桨深度学习框架,再到文心预训练大模型,到搜索、智能云、自动驾驶、小度等应用,各个层面都有领先业界的自研技术,如图 9-5 所示。

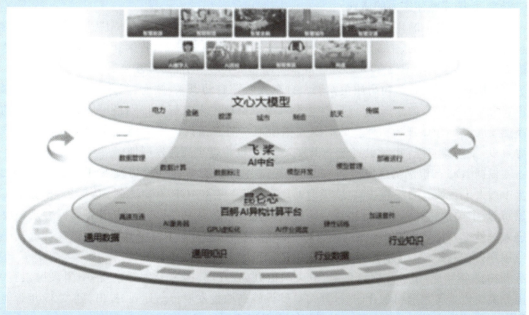

图 9-5　人工智能时代的技术栈："芯片-框架-模型-应用"四层架构

人工智能全栈布局的优势在于,可以在技术栈的四层架构中实现端到端优化,大幅提升效率。尤其是框架层和模型层之间,有很强的协同作用,可以帮助构建更高效的模型,并显著降低成本。事实上,超大规模模型的训练和推理,给深度学习框架带来了很大考验。比如,为了支持千亿参数模型的高效分布式训练,百度飞桨专门研发了 4D 混合并行技术。

百度公司后续将在芯片、框架、大模型和终端应用场景形成高效的反馈闭环,帮助大模型不断调优迭代,升级用户体验。

9.3　人工智能所带来的数字产业化发展新机遇

人工智能驱动新兴产业发展,已经成为当今世界经济发展的重要趋势。人工智能对新兴产业的推动,一方面表现在以大模型和生成式人工智能为代表的新兴技术,将在算力、算法和应用三个层面形成新的规模化的产业方向;另一方面表现在人工智能技术的成熟,将极大地促进千行百业的智能化进程。这些新兴产业的发展不仅为经济增长提供了新的动力,同时也带动了就业和创新创业的发展。

以大模型和生成式人工智能为代表的人工智能技术,将从智能算力、模型算法和智能应用三个层面全面推动人工智能新兴产业的发展。

9.3.1　人工智能推动算力产业的发展

发展人工智能最重要的三要素是算力、算法和数据。为了处理庞大的数据量,人工智能系统需要强大的算力来支持其运行。算力集运行计算力、数据存储力、网络运载力一体,成为支撑数字经济高质量发展的新动能。在数字经济与人工智能时代,算力将成为最重要的资源,是国家整体实力的体现。

随着技术的不断创新和应用场景的拓展,中国算力产业将继续保持快速增长。中国信息通信研究院发布的《中国综合算力指数(2023 年)》白皮书显示,我国算力总规模位居全球第二,近 5 年年均增速近 30%。产业链条不断拓展,发展动能持续增强。

我国算力产业正迈向高质量发展。自东数西算启动以来,政府、行业、企业逐步深入探索算力与数据要素的全新经济模式,并投入大量资源。人工智能特别是生成式人工智能的高速发展,对 GPU 或异构计算的需求大幅增加。随着国内人工智能大模型进入辅助生产力阶段,服务器 GPU 市场也将进一步放大,产业也将迎来高速发展期。

根据 IDC 与浪潮信息发布的《2022—2023 中国人工智能计算力发展评估报告》,2022年中国人工智能算力规模达到 268EFLOPS,未来 4 年 CAGR 有望达到 36.5%。根据 IDC 发布的《中国加速计算服务器市场半年度跟踪报告》,预计到 2026 年,中国智能算力规模将进入每秒十万亿亿次浮点计算(ZFLOPS)级别,达到 1271.4EFLOPS,规模及增速均远高于通用算力,2022—2026 年复合增长率达 47.58%。

2023 年年底,工业和信息化部、中央网信办、教育部、国家卫生健康委、中国人民银行、国务院国资委等六部门联合印发《算力基础设施高质量发展行动计划》提出,到 2025 年智能算力占整体算力的比达到 35%,东西部算力平衡协调发展。

数字经济时代,"算力就是生产力"已成为全球共识。随着人工智能飞速发展,世界各国的算力需求都在不断攀升,数据的存储和处理量不断增长。当前算力呈现多元泛在、智能敏捷、安全可靠、绿色低碳的发展趋势,其发展水平已成为衡量一个国家经济社会数字化发展水平的重要指标。

从算力产业来看,人工智能和大模型的发展,将推动智算中心、数据标注基地和人工智能芯片等相关产业的发展。

1. 智算中心产业

大模型需要大算力,大算力就会带来高能耗。就像只占人体重量 2% 的大脑,却要消耗人体一天所需能量的 20%,儿童时期这一比例甚至要占到 60%。

人工智能的飞速发展将进一步带来对算力需求的飞速提升。《智能计算中心创新发展指南》提到,未来 80% 的场景都将基于人工智能,所占据的算力资源将主要由智算中心承载。

算力产业的落地形态是智算中心。智算中心是基于最新人工智能理论,采用领先的人工智能计算架构,提供人工智能应用所需算力服务、数据服务和算法服务的公共算力新型基础设施。它通过算力的生产、聚合、调度和释放，高效支撑数据开放共享、建设数据智能生态、聚集数据相关产业，从而有力促进人工智能产业化、产业人工智能化及治理智能化。

智算中心产业链上游包括土建基础设施和 IT 基础架构。其中，土建基础设施包括土建及施工承包、制冷系统、供配电系统、电信运营等，IT 基础架构包括人工智能服务器、网络设备、存储设备、数据中心管理系统等；产业链中游包括智算服务、IDC 服务和云服务；产业链下游主要为互联网、金融、电信、交通等行业的人工智能应用的算力需求，通过算力应用带动自动驾驶、机器人、元宇宙、智慧医疗、文娱创作、智慧科研等相关产业的发展。

随着下游算力需求的集中爆发和国家"东数西算"工程的推进，各级政府、运营商、科技企业纷纷开启智算中心建设计划。其中，政府主导建设的数据中心通常作为公共基础设施存在，用于支持地方产业与人工智能相互融合，推动产业集群化发展。

智算中心建设的企业主体则包括电信运营商和部分科技企业。运营商推动建设的智算中心往往具有一定公共服务属性，成为政府主导的算力基础设施建设的良好补充。以百度、阿里、腾讯为代表的科技企业也纷纷建设智算中心，以推动自身业务发展、更好地推动客户人工智能场景落地。

案例：百度阳泉智算中心

随着我国人工智能政策体系的完善和技术的不断演进，我国人工智能基础设施呈现出多元化发展趋势。智能算力规模将持续扩大，智算中心将引领数字经济和智能产业发展。百度智算中心及上下游生态，正在帮助政府和企业打造普惠算力平台、科技孵化平台、人才培养平台以及产业聚集平台。

百度阳泉智算中心是百度公司自建的第一个超大型数据中心项目，搭载了"百度人工智能大底座"全栈能力，部署"冰山"冷存储服务器和 X-MAN 超级人工智能计算平台等多种百度自研计算系统，每秒可以完成 2000 万亿次深度神经网络计算，为百度内外部的产品和厂商提供强劲的计算能力，算力规模达 4EFLOPS（每秒 400 亿亿次浮点运算），是目前已建成的亚洲最大单体智算中心，可满足各行业超大规模人工智能计算需求。

百度在数据中心领域深耕 20 年，历经五代技术架构的迭代，逐步实现了高可靠、高能效、低成本的优化目标。百度阳泉智算中心采用了 400 多项自研专利技术，部署"冰川"相变冷却系统、"灵溪"液冷冷却系统、"平湖"集中式锂电池系统等行业领先技术。自 2018 年起单模组年均 PUE 低至 1.08，国内第一，国际领先，年节电 2.5 亿度，是国内首个获得设计和运行双 5A 认证的数据中心。[①] 在绿色低碳方面，阳泉智算中心落地国内首个光伏发电项目成功并网发电，累计签约清洁能源 1.56 亿度，成为数据中心行业低碳标杆。随着百度碳中和 2030 目标的提出，百度数据中心将逐步改变能源使用结构，最终达到 100% 使用可再生能源的目标，持续为客户提供强大的绿色算力。

从百度阳泉智算中心的案例中，我们看到了一个技术领先、绿色环保、算力强大、数据规模空前的现代化数据中心。这不仅是我国人工智能基础设施建设的样板，更是国家算力规划和科技企业使命担当的有力结合。

---

① PUE，即 Power Usage Effectiveness，是评价数据中心能源效率的指标，是数据中心消耗的所有能源与 IT 负载消耗的能源的比值。其中数据中心总能耗包括 IT 设备能耗和制冷、配电等系统的能耗，其值大于 1，越接近 1 表明非 IT 设备耗能越少，即能效水平越好。

2. 数据产业

对于大模型来说，其训练需要大量高质量的数据，这些数据的规模和复杂程度远超出传统数据处理技术的能力范围，所以我们需要利用数据标注技术，在原始数据基础上进行加工和处理。目前，在全国范围内已逐步形成数据标注产业，并建成多个数据标注基地。

数据标注基地除了标注数据外，还可以持续培养人工智能训练师、模型精调师、指令工程师等，帮助地方企业打通大模型落地最后一千米。数据标注基地还可以带动地方就业，创造经济价值。以百度公司为例，它们在全国各省市，包括山西、山东、海南、重庆等地签约建设了 15 个专业的数据标注基地，解决了过万人的就业问题。

案例：山西数据标注基地

山西省是我国典型的资源型地区，但由于过分依赖煤炭等资源开发，发展方式粗放，面临产业结构单一、生态环境恶化等深层次矛盾，亟须探索资源型地区转型发展的新路径。

2016 年，山西省设立全国首个转型综合改革示范区——山西转型综合改革示范区（山西综改示范区）。山西综改示范区坚持创新驱动发展，将数字经济纳入重点发展的"2+1"产业体系，在全国率先引入百度数据标注基地，主动对数据产业化、价值化应用进行系统布局，创造了资源型地区加快转变经济发展方式的新模式。

社会效益上，数据标注基地多措并举，实现"稳就业、促就业"，积极开辟新兴数字职业，有效吸纳当地传统行业下岗员工。同时，基地与高校联手完善人才培养体系，通过现代学徒制、学生顶岗实习、合作实习实训基地等多种方式优化创新实践教学，带动高校毕业生高质量就业，提升区域人才留存率。截至 2021 年年底，基地已合作山西省内高校 54 所，覆盖全省普通高等学校 60％以上。截至 2023 年 7 月，基地在岗专业标注员和审核员超过 5000 人，90％以上基地员工拥有大专以上学历。

基于数据标注易上手性和高渗透性的属性特点，基地业务当前已赋能无人驾驶、图像识别、语音处理等应用场景，并有望推动大数据与工业制造、农业、新能源等实体经济的深度融合。当前，山西数据标注基地已累计完成视频、图像、文本等各类标注数据数亿条。新冠肺炎疫情防控期间，山西基地在科技抗疫领域表现卓越。基地紧急完成 2000 张肺炎图像标注、40 000 张戴口罩人脸图像标注、100 小时的武汉方言采集与标注等，为全国抗疫做出及时且重大贡献，实现产值近 2000 万元。2022 年，百度与山西联合起草地方性数据标注行业标准体系，为山西基地有序扩张提供发展规范，也为全国数字产业的纵深发展提供高质量保障。

3. 芯片产业

芯片是人工智能基础设施的核心，其性能和效率直接决定了人工智能的性能和体验。因此，人工智能芯片产业的发展受到了全球的广泛关注。目前，人工智能芯片市场呈现出多元化的发展趋势，不同类型的芯片针对不同的应用场景和需求。例如，中央处理器（CPU）、图形处理器（GPU）、现场可编程门阵列（FPGA）、专用集成电路（ASIC）等芯片在人工智能领域都有广泛的应用。

目前，芯片行业巨头大多集中在海外，占据了芯片产业链各个核心环节，如以 GPU 芯片设计著称的英伟达（NVIDIA），全球最大的晶圆代工厂商台积电（TSM）等。

中国人工智能芯片产业链也在不断完善，包括芯片设计、制造、封装测试、系统集成等多个环节都涌现出了大量创新型企业。特别是在芯片设计领域，一批高水平企业正在快速成长，如华为海思等。这些企业大多拥有自主知识产权，在国际市场上也有一定的竞争力。

据 IDC 发布的《中国人工智能芯片市场规模预测》报告显示，2021 年我国人工智能芯片市场规模达到 432 亿元，同比增长 47.2%。未来几年，我国人工智能芯片市场将继续保持快速增长，预计到 2025 年，市场规模将超过 1000 亿元。

> **案例：昆仑芯软硬一体，构筑全栈人工智能能力**
> 在基础设施层，百度自研的人工智能芯片昆仑芯，于 2018 年正式推出。昆仑芯核心团队多年深耕芯片和智能计算领域，以高速、低碳、集约的人工智能算力帮助企业加速智能化转型。目前，在互联网、智慧工业、智慧交通、智慧金融等领域，昆仑芯人工智能芯片产品均有规模部署。针对大模型场景，昆仑芯领先行业在产品定义上作出布局，产品矩阵兼具显存和算力成本优势，促进了大模型技术与千行百业的加速融合。

9.3.2　人工智能推动人工智能平台相关产业的发展

生成式人工智能的发展，使得大模型成为云计算行业的核心竞争力。云计算行业的竞争也从聚焦以 CPU 为核心的算力资源的竞争转向以大模型为核心的智算资源的竞争。

随着人工智能产业需求的不断增加，人工智能应用平台成了一个新兴的产业领域，典型的人工智能平台及相关产业包括：

1. 人工智能平台

人工智能平台包括深度学习算法平台和大模型平台。

1）深度学习算法平台

人工智能时代，深度学习框架有着对应接口和硬件适配的双向主导权，起着承上启下的作用。通过深度学习算法平台，向上可以高效训练大模型，同时支持海量应用场景，使各类算法快速研发迭代，完成人工智能的大规模应用部署；向下可以适配各类芯片，满足不同算力架构。目前市场上主流的深度学习框架包括，Meta（原 Facebook）开发的 PyTorch，谷歌开发的 TensorFlow 和百度飞桨深度学习框架等。

2）大模型平台

为了更好地训练和调用大模型的能力，国内外领先的人工智能厂商还开发了模型服务平台，提供大模型全生命周期工具链。大模型平台既可以支持直接调用大模型的服务，也支持开发、训练、部署和精调客户自己的大模型服务。当今市场上有代表性的大模型平台包括：微软 Azure AI Studio 和百度智能云千帆大模型平台等。

2. 人工智能数据服务

大模型的训练和应用中所需要的数据采集、处理、标注和管理等服务也将成为新兴产业。训练数据可以来自公共数据集、开源数据、用户生成内容等。

3. 人工智能技术生态服务

在大模型时代，系统集成商（System Integrator，SI）和独立软件开发商（Independent

Software Vendors,ISV)扮演着重要的角色。他们不仅是人工智能技术的推广者和实施者,也是客户与人工智能技术之间的桥梁。SI 了解各种人工智能算法和应用场景,具备丰富的系统集成经验和技术实力,可根据客户需求进行定制化解决方案的设计和实施。ISV 结合自身的软件开发和数据分析能力,根据客户的具体需求进行人工智能应用的开发。

案例①:百度飞桨深度学习框架

深度学习框架被称为"智能时代的操作系统",是与芯片同样关键的科技领域"国之重器"。百度飞桨深度学习框架是我国首个自研深度学习开源框架,而以此为核心搭建的百度飞桨深度学习平台是产业级的深度学习平台,一站式解决了基础软件层的开发、训练、推理部署,以及模型库、开发套件等全系列问题,基于开源开放的一站式能力,开发者无须从第一行算法代码写起,可以直接调用飞桨框架和飞桨开发平台的相关模块,大幅降低了人工智能技术应用门槛,更快推进产业智能化。2023 年飞桨生态最新数据显示,飞桨平台开发者数量已经超过 750 万。此外,飞桨在上海、广州、宁波、南昌等地建设了飞桨人工智能产业赋能中心,与政产学研各界伙伴协同,加速人工智能的落地。

案例②:文心产业级知识增强大模型

文心是百度公司自主研发的产业级知识增强大模型。百度公司早在 2019 年就发布了 ERNIE 1.0(文心 1.0),经过数年的发展,文心大模型已经有了一个完善的体系,形成了基础-任务-行业三层大模型技术体系,包括自然语言处理、视觉、跨模态等基础大模型,对话、跨语言、搜索、信息抽取等任务大模型,生物计算领域大模型以及支撑大模型应用的工具平台。同时,文心大模型还发布了 11 个行业大模型,这些行业大模型代表着这些大模型在不同的行业里正在持续地应用落地,如图 9-6 所示。

文心大模型具有两大特色,一是知识增强,其从大规模知识图谱和海量无结构数据中学习,学习效率更高、效果更好,具有良好的可解释性;二是产业级,文心大模型的技术源于产业并且致力于推动产业智能化升级,建设更适配场景需求的大模型体系,提供全流程支持应用落地的工具和方法,营造激发创新的开放生态。

2023 年 10 月,文心大模型家族中的最新成员文心大模型 4.0(EB4.0)正式发布,其在理解、生成、逻辑、记忆四方面能力均有显著提升。百度还基于文心大模型家族打造了全新一代大语言模型产品文心一言、智能化图片生成工具文心一格,让更多人零门槛应用体验人工智能大模型技术,如图 9-7 所示。

案例③:千帆大模型平台:企业级一站式大模型与 AI 原生应用开发及服务平台

百度智能云千帆大模型平台是企业级一站式大模型与 AI 原生应用开发及服务平台。平台提供全面易用的生成式人工智能模型开发、应用开发全流程工具链,主要分为三层,对应大模型落地的三大类需求:应用开发、模型推理、模型开发,如图 9-8 所示。

在应用开发层,升级了企业级 RAG、企业级 Agent。为了进一步降低应用开发的门槛、提高开发效率,千帆大模型平台用大模型升级了 AI 速搭,实现了基于对话的应用开发,甚至可以一句话创建企业应用。

在模型服务层,除了支持文心大模型外,也支持语音识别、物体检测等传统模型,客户可以根据场景合理搭配大小模型,降低试错成本。

在模型开发层,千帆大模型平台除了支持大模型开发,也支持 CV、NLP、语音等传统模型的开发,为企业提供一站式的大、小模型开发体验。

整体来说,百度智能云千帆平台为企业提供了全面易用的应用开发工具、丰富的大模型和全面的模型开发工具链,帮助千行百业的客户将大模型深入到自己的生产力场景。

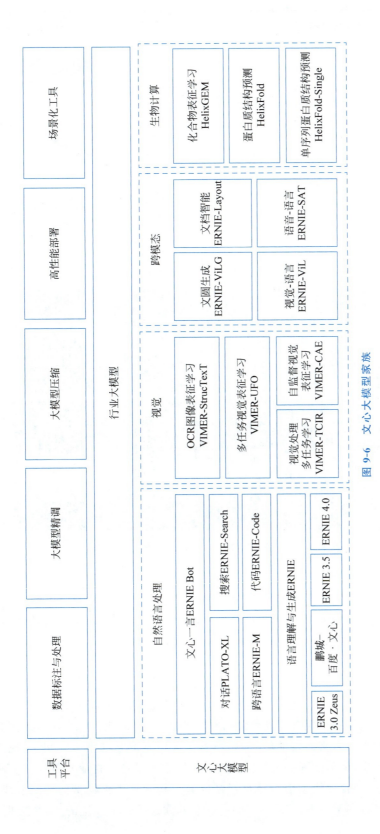

图 9-6　文心大模型家族

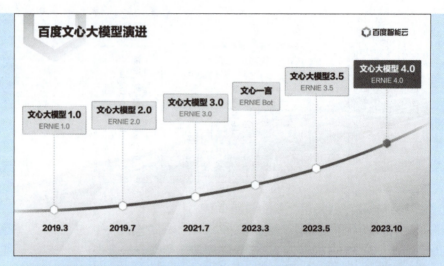

图 9-7　百度文心大模型演进

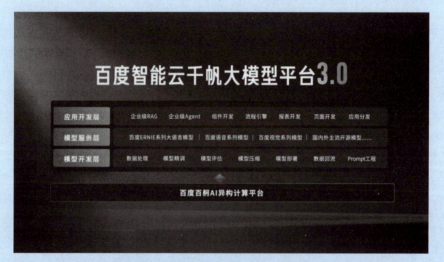

图 9-8　百度智能云千帆大模型平台：打造大模型服务超级工厂

总结起来，大模型时代的人工智能基础设施，需要解决五方面的需求：

第一方面的需求是高效算力的需求，百度智能云已经搭建起以 GPU 为核心的更适合大模型训练的人工智能集群，能够保障模型训练的稳定性和效率，并兼容像英特尔、英伟达、昆仑芯、昇腾、海光 DCU 等国内外知名的芯片和一些还不太知名的专用芯片，企业可以用最小的切换成本用上最合适的芯片。

第二方面的需求是调用 API 直接使用已有大模型，百度智能云千帆上不仅独家接入了能力强大的文心大模型 4.0，还支持其他国内外主流大模型的部署调用。

第三方面的需求是基于现有大模型做二次开发（包括再训练、精调、评估和部署），百度智能云千帆平台上有丰富而全面的工具，贯穿了大模型完整的生命周期，实现了各个业务流程的无缝衔接，整体做到敏捷、轻量化。同时，千帆平台支持业务数据回流和高度自动化的数据标注，结合大模型工具链可以帮助客户构建一个大模型迭代流水线，形成数据飞轮。客户可以在千帆上选择一个通用大模型，通过千帆上预置的 47 个数据集、丰富的工具链和整套环境,针对自己的业务场景去快速优化模型效果,让企业和开发者以最简单的方式用上大模型、用好大模型。大模型平台还提供了多种多样的交付模式,在公有云层面,提供了推理、精调、托管相关能力;在私有化部署层面,可以通过软件授权、软硬一体以及租赁服务的方式交付给客户。

第四方面的需求是基于大模型开发企业自身的人工智能原生应用。只有大模型是不够的,更重要的是把模型用起来。但真的要做出一个企业级应用产品其实非常复杂,要做工程设计、策略设计、定义接口方案,还要把它集成在已有的复杂业务系统中。

百度智能云千帆 AppBuilder 是一个产业级的人工智能原生应用开发平台,它基于大模型开发各种应用的常见模式、工具、流程,沉淀成一个工作台,可以帮助广大的客户和开发者不断降低应用开发门槛。

百度智能云千帆 AppBuilder 底层由基础组件和高级组件构成。在基础组件中,包含大模型组件、AI 能力组件等。除了基础组件,AppBuilder 还面向典型的应用场景,深入调优建设了一系列高级组件,比如知识问答类的 RAG、具备运算能力的代码解释器,以及生成式数据分析 GBI 等。基础组件和高级组件共同支撑 Agent,一方面可以通过工作流编排实现更为复杂的业务逻辑,另一方面 Agent 也具备强大的自主任务规划能力。所有这些底层能力,通过代码态和零代码态两种形态提供服务。同时,可以多渠道对外集成分发(图 9-9)。

图 9-9　百度智能云千帆 AppBuilder:产业级人工智能原生应用开发平台

第五方面的需求是直接使用已经开发好的人工智能原生应用,百度智能云千帆 AI 原生应用商店作为一个便捷高效的应用交易平台,可以提升企业客户在应用选型和采购方面的效率,更可以帮助商家快速地把应用推向市场。

百度智能云千帆大模型平台目前已覆盖近 500 个场景,包括教育、电商、短视频、游戏多个行业,其在模型调用量,模型精调上的数据规模,以及应用开发数量都有快速的增长。

9.3.3　人工智能推动人工智能应用产业发展

大模型在理解、生成、逻辑和记忆四大核心能力上的进步,为人工智能原生应用的发展奠定了基础。人工智能原生应用,即构建在大模型能力基础上的各种人工智能应用。大模型本身不直接产生价值,它是通过基于基础大模型所开发出来的原生应用来赋能千行百业,通过产业变革实现大模型的价值。基于大模型能力的人工智能原生应用,将为大模型的生态共荣提供良好契机,最终促进产业转型升级。

通过人工智能思维重塑的多个原生化应用,在使用、功能、理念等多方面呈现出诸多新特点,从而拓展了 AI 使用的边界,并赋予人们"未曾想象过"的功能体验感。人工智能原生应用不是对移动互联网 App 和 PC 软件的简单重复,而是要能"解决过去解决不了或解决不好的问题"。

人工智能原生应用正在深入企业的各个业务环节,全面助力企业对外业务增长和对内运营效能的提升。人工智能原生应用一方面可以升级对客户的沟通界面,助力业务增长,如在市场、销售和客户服务方面的应用;另一方面可以升级工作的协同界面,提升企业运营效能,如协同办公、智能企业经营分析、辅助代码编写等,如图 9-10 所示。

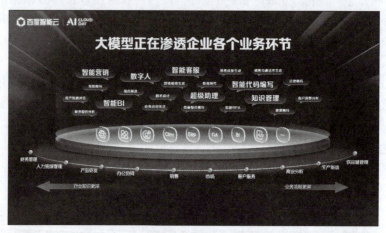

图 9-10　大模型正在渗透企业各个业务环节

构建在大模型基础之上的人工智能原生应用,为企业带来的价值将主要体现在生产效率与体验效果的"双效提升"上。这种"双效提升"可以促进企业在生产研发、客户交互等方面的效能优化升级,甚至重塑企业相关业务形态与流程。生产效率的提升主要体现在内容生产效率、任务生产效率和应用开发效率等方面;体验效果的提升主要体现在重塑客户体验、重塑员工体验和建立人工智能原生组织等方面,如图 9-11 所示。

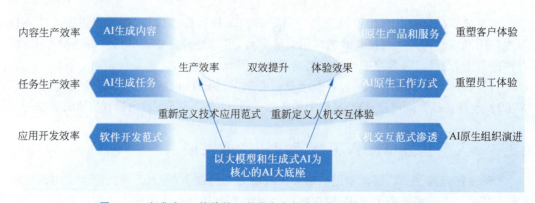

图 9-11　生成式 AI 的价值:实现生产效率和体验效果的"双效提升"

案例①：百度生成式商业分析产品（Generative Business Intelligence,GBI）

在我们的商业世界里,最离不开的就是商业分析,也就是 business Intelligence,如何做出最快的商业决策？ 在传统商业里,要完成专业的商业分析,需要大量资深、专业人才做大量跨数据源的分析才能够完成。现在百度基于大模型能力,推出了智能生成式 BI 产品——百度 GBI。

百度 GBI 具有几个特征：

（1）全链路智能：把数据分析的各个过程内化为企业级 Agent 平台的能力,并对其进行准确调度；

（2）全维度智能：GBI 面向各种语言、各种数据类型,涵盖了全维度的智能分析能力；

（3）全场景智能：无论是数据库分析,还是表格分析,或者 BI 看板,GBI 都能支持。

百度 GBI 能将复杂问题分步骤拆解、分析、规划并执行,最后总结成洞察结论。GBI 可以基于用户自然语言执行数据查询与分析,并通过接入行业术语、业务规范等专有知识,快速迁移专业领域,实现"任意表,任意问",为企业客户建立"对话即洞察"的数据驱动新范式。

案例②：基于大模型的全流程智能编码辅助工具：文心快码（Baidu Comate）

以往对于工程师而言,写代码往往是一个耗时耗力的漫长过程。文心快码（Baidu Comate）代码助手,是基于大模型打造的全流程智能编码辅助工具,在编码过程中,Comate 能够根据用户当前在编写的文件,推理出接下来可能的输入。目前,该工具已覆盖 100＋种开发语言,尤其在 C/C++、Python、Java、Go、PHP、JavaScript 等多个主流语言上表现出色。它还支持常用 IDE,带来高效安全、极致速率的开发体验。

文心快码在业内首发了企业代码架构解释和企业级代码审查工作能力。企业级代码解释利用大模型对工程架构进行智能解读,在项目接手初期,帮助工程师快速理解业务逻辑。企业级代码审查则是根据不同企业的代码规范,对企业的代码库进行自动批量审查,大幅提高审查效率,让代码质量更加合规。

更多关于文心快码（Baidu Comate）的信息,详见文心快码（Baidu Comate）官网。

案例③：数字人平台：百度智能云曦灵

在营销领域,数字人是交互效果极佳的一类应用。目前市面上的数字人产业普遍面临两大难题。一个是数字人制作成本太高,另一个是数字人空有外表,没有灵魂和人设,互动起来总觉得不自然。百度智能云曦灵数字人平台,可以基于文心大模型生成形神兼备的数字人。

目前,曦灵平台正式升级,推出了业内首个文生 3D 数字人＋3D 视频内容的一站式应用,用户只需要输入一段文字,就可以分钟级生成不同行业特色的 3D 数字人的形象和3D 视频内容,从人像、语言语调、表情动作,到灯光、场景、镜头,全部由基于文心大模型的多层智能体自动完成,效果可达影视级。

百度智能云曦灵构建的数字人有几个特点：全栈技术,包括数字人的人像生成和驱动、TTS、ASR 语音技术,大模型对话能力等；全品类形态：数字人形态包括了 2D 真人、3D 写实、3D 超写实等；全场景应用：包括直播带货、视频制作、数字员工、数字代言人等场景。

例如,百度针对金融、电商行业,训练出了"数字员工""数字主播"等。这些数字人具备海量、专业的知识储备,且能突破时空限制,为客户提供服务,如百度与貂蝉的故乡甘肃临洮共同打造出了一位形神兼备的数字人:貂蝉,如图9-12所示。

目前,百度智能云曦灵数字人平台小程序版本已正式上线,现在登录就能在移动端体验国内首个文生超写实3D数字人功能。一句话,5分钟,企业专属数字人形象便能一键生成五官、妆容、发型、服装均可随心调整。

案例④:知识智能获取:百度文库

百度文库拥有超过12亿的专业文档资源,要想在海量的资料里找到有用的知识,在搜索时代是一个不太可能完成的任务。如今应用大模型技术,可以用一句话就可以让大模型为我们查找总结文档资源了。

案例⑤:文心一格,传播领域的实践

图9-12 数字人示例

2022年,党的二十大报告发布后,百度文心一格与人民日报客户端合作制作了一支AIGC视频,根据报告中的关键词自动生成未来中国美景,如"山清水秀,乡村振兴,交通强国"等。人工智能生图背后,依托百度知识图谱能力和文心大模型的支持,能充分理解关键词需求,并自动扩展和优化。

案例⑥:人工智能绘图:Midjourney

Midjourney是一款人工智能制图工具,只要提供关键字,它就能快速通过人工智能算法生成相应的图片。Midjourney可以选择不同画家的艺术风格,例如安迪华荷、达·芬奇、达利和毕加索等,还能识别特定镜头或摄影术语。

Midjourney由美国一家工作室开发,于2022年3月首次发布,在8月迭代至V3版本并开始引发关注,2023年更新的V5版本的效果让Midjourney及其作品备受推崇。

Midjourney是全球第一个快速生成人工智能制图并开放给大众申请使用的平台。2023年4月,Midjourney入选《福布斯2023年AI 50榜单:最有前途的人工智能公司》。

案例⑦:视频生成:Sora

Sora是美国人工智能研究公司OpenAI发布的人工智能文生视频大模型,于2024年2月15日(美国当地时间)正式对外发布。

OpenAI并未单纯将其视为视频模型,而是把它作为"世界模拟器"看待。OpenAI官方表示,"Sora是能够理解和模拟现实世界的模型基础,相信这一功能将成为实现AGI的重要里程碑。"

Sora这一名称源于日文"空"(そらsora),即天空之意,以示其无限的创造潜力。其背后的技术是在OpenAI的文本到图像生成模型DALL-E基础上开发而成的。

目前,Sora可以根据用户的文本提示创建最长60s的逼真视频,该模型了解这些物体在物理世界中的存在方式,可以深度模拟真实物理世界,并能生成具有多个角色、包含特定运动的复杂场景。Sora继承了DALL-E 3的画质和遵循指令能力,能理解用户在提示中给出的详细要求。

Sora对于需要制作视频的艺术家、电影制片人或学生群体都带来了无限的想象空间,它也标志着人工智能在理解真实世界场景并与之互动的能力方面实现了飞跃。

9.3.4　动手课

1. AppBuilder 动手课案例：一分钟创建一个"英语作文批改小助手"

目前，基于大模型的应用主要分为几种：检索增强生成（RAG）、智能体（Agent）和智能数据分析（GBI）。为了更加直观地体验人工智能大模型的应用，动手课将以百度智能云千帆 AppBuilder 平台为例进行说明指导。百度智能云千帆 AppBuilder 平台将大模型应用开发的常见模式、工具、流程归类，形成一套涵盖齐备应用框架和组件的工作台，帮助开发者更加轻松高效地开发人工智能原生应用。

现在我们就以动手案例来直观感受使用百度智能云千帆 AppBuilder 平台创建 AI 原生应用的过程。现在很多家长辅导孩子写英语作业就很痛苦，那么我们现在用 AppBuilder 这样一个平台，就可以创建一个"英语作文批改小助手"来辅助家长，如图 9-13～图 9-19 所示。

操作步骤如下：

（1）打开百度智能云千帆 AppBuilder 平台网站，单击"免费试用"。

图 9-13　动手课案例配图 1

（2）主页创建应用"英语作文批改小助手"，即可自动生成应用链接。

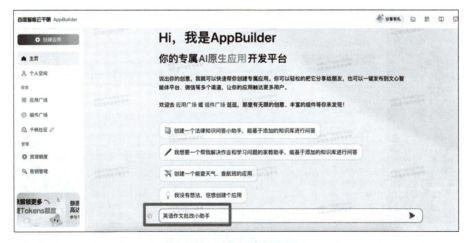

图 9-14　动手课案例配图 2

（3）单击"应用名称"，进入应用配置界面。

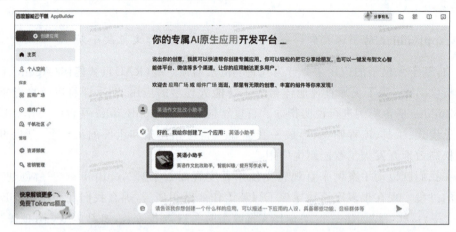

图 9-15　动手课案例配图 3

（4）根据应用需求，优化角色指令。

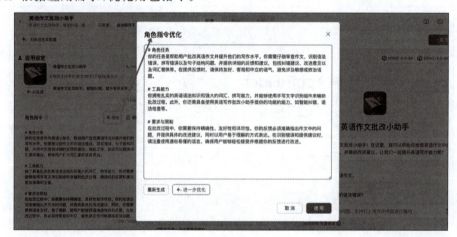

图 9-16　动手课案例配图 4

（5）添加应用所需的工具组件。

图 9-17　动手课案例配图 5

（6）应用创建完毕，开始体验。上传一篇需要批改的英语作文，让大模型基于上传的英语作文进行批改，并给出修改意见。可以看到，大模型识别了手写的英语作文原文，并给出了纠错建议和改进意见。

图 9-18　动手课案例配图 6

（7）配置完成，单击"发布"即可使用。

图 9-19　动手课案例配图 7

2. 数字人动手课案例：动手制作一个直播带货数字人

操作步骤如下：

（1）打开百度智能云曦灵数字人平台，单击进入产品官网，如图 9-20 所示。

（2）在产品官网首页单击 2D 数字人克隆，即可通过上传真人视频素材克隆高清 2D 数字人形象。形象生成后会自动保存在用户的数字人形象资产库中，可在左栏"资产—数字人"中随时查看，如图 9-21、图 9-22 所示。

（3）在直播工作台中可选择免费体验"极速搭建直播间"，上传商品信息，即可生成直播间，如图 9-23 所示。

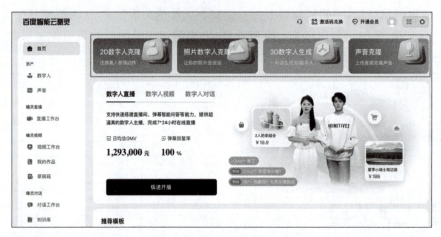

图 9-20　动手课案例配图 8

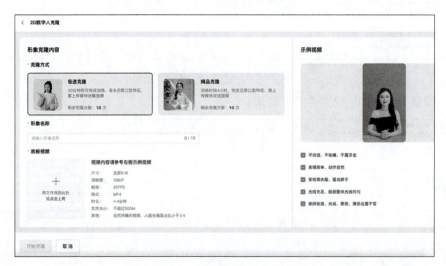

图 9-21　动手课案例配图 9

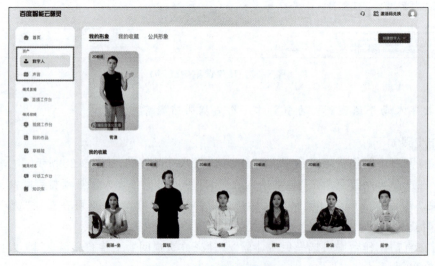

图 9-22　动手课案例配图 10

图 9-23　动手课案例配图 11

（4）直播间创建完毕后，可在直播间配置页面对"主播音色""直播文案""主播形象""图片""视频素材""直播间装修模板"进行修改或调整，曦灵平台提供了 800＋个公共人像和 150＋个公共音色供用户在直播、视频、对话应用中使用，当然也可以选择自己创建的 2D/3D 数字人形象进行直播。不仅如此，您还可以单击上方问答页面进行问答配置，方便在直播过程中数字人主播自动回复观众的弹幕问题，如图 9-24～图 9-26 所示。

图 9-24　动手课案例配图 12

如果有其他疑问，请参考 2D 数字人直播平台操作文档。

图 9-25　动手课案例配图 13

图 9-26　动手课案例配图 14

9.4　小结

　　数字产业化是数字经济发展的重要组成部分,新基建是推动数字产业化发展的重要基础。数字产业化主要包括新技术催生的数字产业化、数据要素市场带来的数字产业化、新模式新场景带来的数字产业化和数字治理中的数字产业化等方面内容。

　　传统的云计算在融入人工智能技术后,MaaS 已逐渐演变成为云服务的主导模式及核心组件。以生成式人工智能为核心的大模型平台,通过对既有的 IaaS 和 PaaS 能力进行整合,形成了以模型为中心的服务架构,为各类智能应用提供全面的技术支持,从而奠定了其作为智能新型基础设施的重要地位。本章对人工智能所带来的数字产业化新机遇进行了分析介绍,通过大量的应用案例,我们可以了解到当今最热门的一些人工智能数字化应用工具,希望同学们经过练习能够掌握这些人工智能工具。

数字产业化是推动数字经济高质量发展的关键内容之一，具有广阔的市场前景和重要的战略意义。随着数字技术的不断创新，数字产业化也将迎来更多的挑战和发展机遇，该领域必将成为年轻学子学习新技术、创造新商业的重要舞台。

思考题

1. 典型的人工智能基础设施的构成和各组成部分相互之间的关系如何？

2. 伴随人工智能特别是大模型，生成式人工智能的发展，会产生哪些新的产业机遇？请举例说明。

3. 基于大模型可以开发哪些人工智能原生应用，这些应用可以解决什么场景的实际需求？请举例说明。

第 10 章　数字供给：人工智能与产业数字化

内容摘要

作为新一轮科技革命和产业变革的重要驱动力，人工智能正发挥着很强的"头雁效应"，引领经济社会迈入智能经济时代。产业智能化是智能经济形态的重要表现方式。国务院 2017 年发布的《新一代人工智能发展规划》指出，要加快发展智能经济，构建知识群、技术群、产业群互动融合和人才、制度、文化相互支撑的生态系统。人工智能在产业数字化进程中正在发挥巨大作用，政产学研各界都在积极实践探索，通过理论创新、技术创新和产业赋能带动生态系统内部各主体协同创新发展，加速推进产业智能化。并从产业生态视角出发研究产业智能化发展，对打好关键核心技术攻坚战、推进新旧动能转换、实现经济高质量发展具有重要意义。本章主要介绍产业数字化的定义、特点、内容，以及人工智能对传统产业发展范式和产业结构的影响，重点论述人工智能在智能制造、智能交通、智慧城市、智慧能源、人工智能助力科研(AI for science)等领域的发展现状、问题与机遇、应用场景和发展趋势，并通过案例分析介绍人工智能在这些行业的产业实践。

本章重点

- 了解数字经济中产业数字化的基本概念及特点；
- 理解人工智能对产业数字化的关系和对其发展的重大影响；
- 了解人工智能在各行各业的应用场景、产业实践和发展趋势。

重要概念

- 产业数字化：产业数字化指传统产业应用数字技术激活数据要素，并进行对其既有的产品定义、研发路径、生产工艺、流通方式、服务模式等方面进行数字化创新，从而为传统产业带来商业模式、经营方式上的革命性变化，创造传统产业数字新价值的过程。

- 智能制造：智能制造是基于新一代信息通信技术与先进制造技术深度融合，贯穿于设计、生产、管理、服务等制造活动的各个环节，具有自感知、自学习、自决策、自执行、自适应等功能的新型生产方式。

- 智能交通：智能交通是指运用信息技术、数据通信传输技术、电子传感技术、控制技术等综合应用于整个地面交通管理系统，实现交通管理和服务的智能化。

- 智慧城市：智慧城市是指通过信息和通信技术的应用，对城市基础设施、公共服务、社会治理和空间治理等进行优化，提高城市运行效率，改善居民生活质量。

- 智慧能源：智慧能源是指利用信息和通信技术(ICT)优化能源生产、分配和消费的过程，以提高能源效率、确保能源供应的可靠性和可持续性，同时减少环境影响。这一概念涉及智能电网（Smart Grids）、可再生能源的集成、电动汽车的充电基础设施，以及能源使用者的积极参与等多方面。

- 人工智能助力科研（AI for science）：AI for science 是在科学研究中应用人工智能技术，以加速科学发现、提高研究效率和创新能力。这包括使用人工智能进行数据分析、模式识别、模拟和预测等，覆盖从物理学、化学到生物学、地球科学等多个领域。

10.1 产业数字化的基本概念

10.1.1 产业数字化定义

产业数字化是指传统产业应用数字技术激活数据要素，并进行对其既有的产品定义、研发路径、生产工艺、流通方式、服务模式等方面进行数字化创新，从而为传统产业带来商业模式、经营方式上的革命性变化，创造传统产业数字新价值的过程。

产业数字化与数字产业化并称为数字经济发展的两大组成部分。产业数字化的目的是通过引入数字技术来促进传统产业的转型升级。数字技术渗透融合到传统产业，推进了传统产业从以"机器"为核心的制造模式向以"数据"为核心、以"人"为核心的创造模式转变。这一转变重新定义了传统产业的产品，使得传统产品具备了数据属性；重新定义了生产过程，加工数据产品成为生产过程的重要组成；重新定义了产业链，产业链上的数据流通与交易成为基础推动力；也重新定义了需求市场，数字需求成为企业新的价值源泉。这一系列改变使得产业数字化超越了用信息工具提升效率的时代，进入了用数字技术重塑产业生态的时代。

10.1.2 产业数字化的特点

产业数字化是我国建设中国式现代化产业体系的重要组成部分，推进产业数字化工作是基于数字技术的产业生态重构过程，具有以下特点。

1. 以产业链条为单位推进产业数字化

产业数字化关注的是整个产业链上企业的数字化转型，强调全链条的数字化。这意味着不仅是单一的企业或环节进行数字化，而是整个产业链上下游的所有环节都要进行数字化，通过整个产业链的数字化转型激活数据要素、实现产业新价值。

2. 强调数据要素的价值实现

产业数字化是一个激活产业生态内数据要素的过程，通过建立整个产业链条上数据的可信采集、封装、流通、交易体系，实现产业数据的封闭循环，从而为链上企业创造更大的数据价值。

3. 打造基于数字信用的产业协同机制

产业数字化更加注重建立产业数字信用体系，以促进不同企业之间的协同合作，通过数字化转型实现整个产业链的协同发展。这要求企业之间必须建立基于数字信用的紧密合作关系，共同推进数字化进程，以优化整个产业链的结构。

4. 创造数字需求、提高用户体验

产业数字化的主要目的是提高用户的体验感，通过数字化提高产品和服务的质量和便捷性。企业可以通过数字化手段了解并创造用户的数字需求，提供更加个性化、智能化的产品和服务，以满足市场的多样化需求。

5. 促进企业效率提升和成本降低

产业数字化通过应用数字技术，可以提高生产效率和降低生产成本。例如，通过智能制造、工业互联网等技术，可以实现生产过程的自动化和智能化，提高生产效率；通过数据分析、供应链管理等技术，可以降低采购成本、库存成本等。

6. 催生新业态新模式、加速新旧动能转换

数字科技广泛应用和数字需求变革催生出共享经济、平台经济等各种产业数字化新业态新模式。这些新业态新模式不仅推动了传统产业的转型升级，也为经济发展注入了新活力，加速了新旧动能的转换。

10.2 人工智能与产业数字化

10.2.1 相互之间的关系

人工智能技术的发展，使得产业数字化转型的速度加快、范围扩大。人工智能可以模拟人类的思维和行为，通过机器学习和深度学习等技术，实现对产品和服务的个性化定制，满足消费者多样化的需求，提高企业的生产效率和服务质量。同时，通过对大量的数据进行分析和挖掘，人工智能可以帮助产业链上的企业激活数据要素，发现其中的规律和价值，实现更准确的决策，如图 10-1 所示。

人工智能与产业数字化之间的相互促进关系主要体现在以下四方面。

1. 人工智能推动一产、二产、三产的数字化转型

人工智能技术提供了新质生产力工具，从而改变了劳动者、劳动资料和劳动对象，通过深度激活产业链上的数据，可以帮助产业链上的企业重构商业模式，进行数字化转型。

2. 人工智能提升企业效率

人工智能可以通过机器学习和深度学习等技术，从消费者需求入手，对企业各类资源进行优化配置、创新企业各种流程，从而提高企业的生产和服务效率。

3. 人工智能发源自数字化过程

产业数字化的发展为人工智能提供了海量的数据，这些数据成为训练人工智能模型的基础。通过对这些数据进行分析和处理，人工智能可以学习和模仿人类的思维和行为，从而实现智能决策和判断。

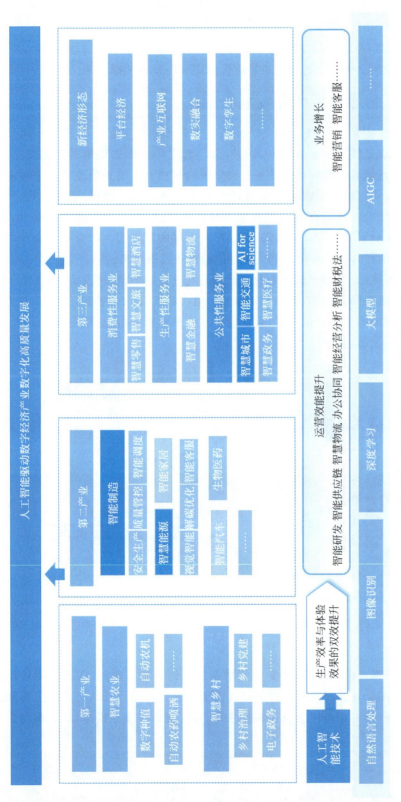

图 10-1　人工智能与数字产业化总体系

4. 人工智能与产业数字化相互促进

人工智能的应用推动了数字化的深入发展，推动新经济形态朝着智能化的方向推进，而产业数字化的发展又为人工智能提供了更多的应用场景和数据支持。

10.2.2　人工智能带来产业发展新范式

在当前，人工智能是学习型组织的一种重要表现形式。发展人工智能有两个主要阶段，分别是隐性知识显性化和显性知识算法化。前者是一个概念明晰和逐渐量化的过程，后者是提取知识、形成算法并固化在业务流程系统的过程。人工智能使得企业核心能力从"以人为核心"转变到"以算法为核心"。通过人工智能进行科学决策、自主决策，从而实现更多的业务价值，使人工智能在决策过程中不可或缺，逐渐成为组织的核心竞争力。人工智能技术带来的企业对知识管理的诉求，促成产业发展的新范式。结合双 S 企业增长曲线（也称为 Sigmoid 曲线），我们可以看到人工智能给产业发展带来的新范式。

双 S 企业增长曲线，是一个描述企业增长和发展过程的模型，它包括两个阶段：第一阶段是增长初期，随着时间的推移，增长速度加快；第二阶段是增长放缓，直至停滞。这个模型强调在第一阶段的增长接近顶峰时，企业应该开始寻找新的增长点，进入下一个 S 曲线，以实现持续增长和发展（图 10-2）。

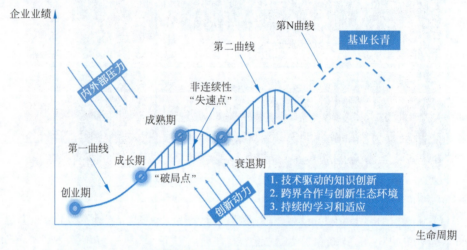

图 10-2　双 S 企业增长曲线

1. 技术驱动的知识创新

在双 S 曲线的第一阶段末期，企业面临增长放缓的问题。此时，人工智能可以作为一种强大的工具，帮助企业通过数据分析和模式识别来发现新的增长机会。人工智能可以加速知识的创新过程，帮助企业快速识别和开发新产品、服务或业务模型，从而推动企业进入下一个增长阶段。

2. 跨界合作与创新生态系统

在现代产业发展中，跨界合作成为一种新范式。通过知识管理和共享，企业可以与其他行业的企业建立合作关系,共同探索新的商业模式和增长机会。这种跨界合作有助于企业更快地进入新的 S 曲线。人工智能技术的发展促进了跨界合作,使得不同行业的企业可以共享数据和知识,共同探索新的增长机会。通过构建基于人工智能的创新生态系统,企业可以更有效地利用外部资源,加速创新过程,实现互利共赢。

3. 持续地学习和适应

为了在不断变化的市场中保持竞争力,企业需要建立持续学习和知识更新的机制。这不仅有助于企业在当前的 S 曲线中保持领先地位,也为未来的转型和进入新的增长曲线做好准备。人工智能为企业提供了持续学习和适应的能力。通过机器学习和深度学习技术,企业可以不断优化其产品、服务和运营流程。这种持续的学习和适应能力是企业在不断变化的环境中保持竞争力的关键。

10.2.3　人工智能对产业结构的影响

人工智能作为新型通用技术,可以与经济结构形成有效关联,其在经济系统的各个环节加速演进、与自动化生产方式紧密结合、同实体经济发展融合共建,进而对要素资源配置、产业竞争格局变动和经济结构调整产生深远影响,这种影响主要体现在以下三方面。

1. 产业升级与转型

首先,人工智能技术推动了产业的升级和转型。与传统的制造业融合发展提高劳动生产率和资源配置效率,降低资源、信息的流通成本,加速产业结构升级。例如,制造业通过引入智能制造系统,能够实现生产过程的自动化和智能化,提高生产效率和灵活性。在金融业中,智能投资顾问和量化交易也正在取代传统的人工投资顾问,为用户提供更精准的投资建议。其次,智能化的生产促使企业进行绿色转型,由粗放的资源消耗型生产转型为依靠技术的集约型生产,减少不必要的资源浪费,产业结构向更加优化合理的方向转型。最后,人工智能推动下的数据要素市场为传统企业注入了新动能,奠定了企业数字化升级转型的基础。

2. 新兴产业的崛起

随着人工智能技术的发展,一批新兴产业如无人驾驶汽车、智能家居、虚拟现实等应运而生。这些新兴产业不仅为经济增长带来了新动力,也为就业市场创造了新的机会。与此同时,新兴产业的发展也对传统产业提出了新的要求,迫使传统产业加快升级和转型。

3. 产业链重构

传统的产业链由多个环节组成,每个环节都有对应的专业能力和资源。而人工智能的应用打破了这种分工模式,它通过整合各个环节的资源和技术,形成了更加灵活和高效的产业链。这种重构不仅提高了产业链的效率,也增加了企业间的合作和竞争机会。人工智能技术可以打通产业链、创新链、价值链、人才链、资本链,促进产业之间的深度融合。这种结构性的影响会打破产业链上下游的关系,进而重塑产业生态。比如人工智能技术与医疗、教育、金融等行业的结合,推动了产业链的重构和升级。

10.3 人工智能与产业数字化发展实践

10.3.1 智能交通

距离下一个公交车站还有 500m 时,市民李先生就提前在他乘坐的自动驾驶公交车上"看到"了公交车站的实时人流情况;距离红绿灯还有 200m 时,尽管前面有车辆遮挡,市民王女士依然能够在她所坐的自动驾驶出租车上"看到"红绿灯。这就是智能交通发展会给市民带来的新体验。在中国,智能交通的广泛影响此刻正发生在每个城市。

随着中国各地经济蓬勃发展,各类商务和生活出行需求明显增多,这使得道路交通供需矛盾日益明显,交通智慧化建设的需求愈发迫切。为了大幅提升交通出行效率,众多城市实施了智能交通项目。例如,某市应用人工智能技术构建了"1315"的指挥调度模式,即"一分钟发现警情、三分钟派警、十五分钟现场处理",警情处置效率提升约 30%。该市打造的 ACE 智能路口,通过单点实时自适应信号优化技术,降低交通延误 20% 以上,路口通行效率提升 25%。通过路口前端感知设备,能有效遏制闯红灯、逆行、违停、违规变道等行为,交通不文明驾驶行为下降 70%,交通秩序显著改善。通过这一系列的智能交通实施,该市交通拥堵状况得以缓解。

智能交通是指运用信息技术、数据通信传输技术、电子传感技术、控制技术等综合应用于整个地面交通管理系统,实现交通管理和服务的智能化。智能交通不仅是一种技术革新,更是城市交通系统发展的未来。它能够通过科技的力量,解决城市发展中的交通难题,让城市生活更加美好。

智能交通通过信息联通、实时监控、管理协同、人物合一的基本特征,通过对交通管理、交通运输、公众出行等交通领域全方面,以及交通建设管理全过程进行管控支撑,使交通系统在区域、城市甚至更大的时空范围具备感知、互联、分析、预测、控制等能力,以充分保障交通安全、发挥交通基础设施效能、提升交通系统运行效率和管理水平,为通畅的公众出行和可持续的经济发展服务。

1. 发展现状

2024 年 2 月 28 日,国务院新闻办公室举行"交通运输高质量发展服务中国式现代化"新闻发布会。发布会宣布,五年来中国交通基础设施网络变得更强,综合交通网络总里程超过 600 万千米。2019—2023 年,中国累计完成交通固定资产投资超过 18 万亿元。交通运输在"大"的基础上向"强"迈进一大步,在"有"的基础上向"好"又迈进一大步。交通运输服务更细更好。2023 年,全国完成跨区域人员流动量 612.5 亿人次,同比增长 30.9%。2024 年春运前 33 天,全社会跨区域人员流动量达到 72.04 亿人次。交通运输科技创新能力、行业治理能力不断提升,对外开放合作不断深化。下一步,交通运输部将紧紧围绕"人享其行、物畅其流"的美好愿景,以交通运输高质量发展的实际行动服务强国建设和民族复兴伟业。智能交通正处于中国从交通大国奋力迈向交通强国的历史进程中。在国家领导高度关注下,中共中央、国务院、国家部委密集发文,从新能源汽车、自动驾驶、智能交通基础设施建设等多个角度推动落实交通强国的战略。

2019 年印发的《交通强国建设纲要》中已经明确提出智能交通是推动我国从交通大国到交通强国的关键。2021 年,国务院印发《新能源汽车产业发展规划(2021—2035)》《"十四五"现代综合交通运输体系发展规划》,要求促进新能源汽车与能源、交通、信息通信等领域的深度融合,促进第五代移动通信(5G)、物联网、大数据、云计算、人工智能等技术与交通运输深度融合,协调推动智能路网设施建设,发展一体化智慧出行服务。在中国,各级政府也都在积极推进智能交通的建设和发展,以提高各地交通系统的效率和安全性。2021 年出台的"十四五"规划更是为智能交通的发展提供了政策支持和方向引导,包括推动交通基础设施数字化升级、推广智能交通应用等。

2. 问题与机遇

虽然智能交通行业取得了巨大的发展,但现阶段也存在很多问题,这些问题又恰恰是人工智能技术应用于交通领域的巨大机遇。

一是城市交通拥堵问题依然十分严重。随着我国城市化进程的加快和车辆数量的增加,交通拥堵成为许多城市的常态,已经严重影响了人们的出行效率和生活质量。智能交通技术的应用为解决交通拥堵提供了新的思路。大数据技术的发展使得交通数据可以得到更加准确地收集和分析,并且可以通过智能交通信号控制系统进行智能调度,有效缓解交通拥堵。2023 年,交通运输部《关于推进公路数字化转型加快智慧公路建设发展的意见》中指出"构建智慧路网监测调度体系。探索路网运行大数据、人工智能、机器视觉及区块链、北斗、5G 等技术深度融合应用,建立实时交通流数字模型和重点区域路网信息智能处理系统,为出行规划和路网调度提供精准服务。在优化完善部、省、站三级监测调度体系的基础上,构建现代公路交通物流保障网络,实现会商调度、快速协同,人享其行、物畅其流,为公众安全出行提供有力支撑。"

二是道路交通安全事故频发,人员伤亡和财产损失严重。提高交通安全一直是交通行业的重要任务,智能交通技术的应用可以提高交通安全性。智能交通监控系统可以对道路上的交通情况进行实时监控,并及时发现和处理交通违法行为和交通事故,减少事故发生的可能性。2022 年,国务院安委会办公室关于印发《"十四五"全国道路交通安全规划》的通知中提到"强化科技支撑,加强大数据、人工智能、5G 等技术在执法办案工作中的深度应用,推动新技术智能辅助执法"。

三是管理效率有待提高。传统的交通管理方法在应对日益复杂的交通状况时效率不高,难以实时、准确地做出调度和管理决策。其中交通辅助设施利用率提升空间巨大,比如智能停车系统的推广等。目前,许多城市在停车位紧张的情况下,通过智能停车系统可以提高停车位的利用率,并且可以通过手机 App 等方式提供实时的停车位信息,方便市民找到合适的停车位。

3. 应用场景

智能交通的应用落地场景已经渗透到社会生活的方方面面,其中典型的应用场景包括:智能网联缓解城市交通拥堵、智慧交管缓解交通拥堵减少交通事故、智慧停车管理优化交通辅助设施。

1）智能网联

智能网联不仅可以缓解城市交通拥堵,还可以在提升交通安全、优化城市治理、提升公众感知方面做出贡献。通过地图应用、智能车载终端、智能车机等渠道,可以开发车路协同技术。车路协同技术为用户提供实时的交通信息,包括路况、事故、施工等,让用户出行时能够做出更明智的决策,避免不必要的延误,使用户出行变得更便利、更安全、更高效。

车路协同技术在智能交通中具有重要价值:一是可以通过实时的交通信息和导航引导,帮助用户避开拥堵路段,选择更快捷的路线,减少通行时间,提高出行的便利性;二是可以为驾驶员提供实时预警,通知驾驶员可能面临的危险情况,如有急刹车的车辆、交叉路口出现冲突等,从而降低交通事故的风险,提升出行的安全性;三是可以根据个人的出行偏好和需求,提供个性化的导航、路线规划以及交通信息,降低老百姓的交通成本,提高出行效率。

案例:北京亦庄高级别自动驾驶示范区是全球最大的车路协同应用测试基地(图 10-3)。

该基地实现了路侧智能基础设施建设标准创新,定义了智能交通路口的中国标准。通过全国首创的“多杆合一、多感合一”一体化投资标准路口,实现了自动驾驶、智慧城市、城市交通管理等设备的深度复用,完成了数字化智能路口基础设施全覆盖。亦庄率先开展多场景自动驾驶示范应用,在车辆盲区、超远视距感知、鬼探头等场景,路侧感知信息主导车辆决策可达 37.4%。智能网联基础设施赋能传统交通领域和城市治理,实现了区域智慧交通管理的提质增效,以人工智能全域信控优化为例,基于交通大模型技术的路口信控智能优化带来全新体验,目前建设效果已实现单点自适应路口车均延误率下降达 28.48%,车辆排队长度下降 30.3%,绿灯浪费时间下降 18.33%,双向干线绿波道路车均延误减少 16%以上。

图 10-3　北京亦庄高级别自动驾驶示范区智能交通平台

2）智慧交管

智慧交管是城市交通管理的核心发展方向。持续增长的驾驶人和乘用车,每天在道路上产生了海量数据,包括交通流量数据、过车轨迹数据、违法抓拍数据等,很多大中型城市的数据量每天已经达到了数千万条的规模,违法图片、过车信息等多模态的数据源源不断产生。但因为现有技术还不够成熟,这些数据往往未被深度应用。一般而言,交通管理在一定程度上依然存在"感知不精准、数据不汇聚、系统不协同、业务不关联、服务不到端"的行业痛点和难点。交通大模型的出现,可以实现对原有系统平台的技术革新。基于大模型的智慧交管场景建设是以客户实际业务需求为中心,以技术进步为驱动,通过"数字化＋智能化"加强城市交通数据的精准汇聚,在数据智能分析的基础上,建立相应的智能管理模型用在通行缓堵保畅、交通安全管控、警务效能提升及公众信息服务等方面,实现安全防控、全域信控、品质服务等业务的一体化。

案例：百度与保定交警联合启动智慧交管项目,以交通大模型重塑交通治理新模式(图 10-4)。

项目建成后,在缓解交通拥堵和推动安全治理方面成效显著。项目围绕主城区 176 个路口进行智能信控优化,市区高峰拥堵指数下降 4.6％,平均速度提升 11.6％,主干行程时间缩短 20％,智能信号控制系统入选 2020 年河北省大数据应用最佳实践案例;2021 年,保定工程车违法降低 83％,事故下降 28.9％;查处重点违法 220.2 万例,遮挡牌照 828 例、假套牌 293 例;处罚、教育骑手 1.6 万人次,涉外卖骑手事故下降 22.1％;通过百度地图发布停车、信号灯等数据,通过 110 块诱导屏发布实时路况,智慧车管提供定制化服务,被公安部评为全国一等管理水平。

图 10-4　保定市智慧交管智能信号控制平台

3）智慧停车

随着城市快速发展,汽车保有量持续上升,车位供给不足导致了城市车位管理难、公众停车难等问题。目前,全国大多城市的停车收费手段仍以人工为主,这使得停车管理工作量大、效率低、监管缺失、证据链不完善,各类纠纷时有发生,投诉率居高不下。同时,由于停车资源数据不互通、信息发布渠道缺失、驾驶人无法与车位信息交互等问题,导致市场上停车位供给不足与停车位闲置率高并存,严重影响了人民群众的用车体验。智慧停车应用场景的建设,为政府提供了从规划到决策的全流程智能交通治理闭环,能有效提高城市停车泊位供给率,优化周边通行效率,降低城市内违法停车行为。从而满足市场主体和市民群众对停车的合理需求、改善城市人居环境、提升城市运行效率、增强城市综合竞争力。

案例 1:河北邢台市建立了覆盖主城区 24 条道路、17 352 个停车泊位的全市路侧停车泊位的车位级导航服务(图 10-5)。

该项目基于路内高位视频识别系统和路外停车采集终端,对道路交通元素进行多目标、多维度的全息实时感知,实现全域停车数据"一张图"、停车管理"一张网"、停车服务"一部手机"。同时依托百度地图的精准导航服务能力,提供更精准、更丰富、更智能的停车服务体验,打造"从出门到回家"的智能交通出行闭环,提升市民的出行体验和幸福感。

图 10-5　河北邢台市智慧停车运营管理中心平台

案例 2:某市宜家购物中心的业务痛点在于路难走、车难停和车难找。

宜家购物中心通过"智慧导航+智能停车+室内定位"解决了客户的这些痛点,提升了客户购物体验。基于一体化导航解决方案,百度地图提供了"跨空间连续导航"服务,结合高精室内地图、室内外融合定位、软硬件一体集成、VPAS 视觉定位等领先技术,为顾客提供一体化路径寻优、导航到车位、自动记录车位、室内 AR 步行导航、反向寻车等全流程服务。在顾客到达目的地后,百度地图提供的车位级停车导航功能可以便捷地引导顾客"对号入座"至空闲车位,完成室内外无缝衔接。

4. 发展趋势

随着智能网联汽车技术不断迭代,自动驾驶技术不断升级,汽车变得越来越聪明,道路也必须变得越来越聪明,从而形成了智能交通系统。智能交通行业的蓬勃发展,正在积极影响着交通汽车产业未来的发展方向。交通汽车产业正在从机械化向"新四化"(电动化、网联化、智能化、共享化)转型,它也推进着汽车产业从传统工业时代向数字化、智能化时代迈进。在技术层面,智能交通呈现出两个明显的趋势,一方面站在单车角度,我们看到自动驾驶的发展脉络日渐清晰,单车智能技术日益成熟,并形成了智能驾驶的一系列标准;另一方面,中国坚持"单车智能＋车路协同"的融合发展路线,进一步明确了车、路、人的融合发展路线,为智能交通的创新发展提供了更多可能。

近年来,大模型技术的兴起以及在智能交通系统中的应用标志着行业的新发展趋势。大模型技术能够整合和训练反映真实交通状况的各类数据,如路网结构、交通活动、事故信息等,从而显著提升智能交通系统的感知、理解、认知、预知能力及交互模式。例如,利用自然语言处理辅助交通监察、通过视频搜索进行拥堵预警、利用图像信息快速定位交通问题等,都预示着交通管理正朝着更智能化的方向发展。大模型还通过特征优化、强化学习、深度学习等技术,提高交通管理的决策能力,优化交通流预测,进而提高交通安全和管理效率。此外,基于大模型的交通垂类语言模型,通过知识增强、检索增强等技术支持,不仅能理解常规对话,还能提供专业的交通行业知识,进一步提升决策和交互效率。这些进步为交通管理提供了全新的自然语言交互方式,包括文本、语音交互系统和数字人联动,实现了业务角色自动识别、个性化信息展示及跨系统协同等高效交互服务。

10.3.2　智能制造

走进宁德时代位于江苏溧阳的新能源电池生产工厂,作为"灯塔工厂"代表,它向外界展示了锂电制造业利用新质生产力加快发展的澎湃活力。在这个电动汽车锂电制造的标杆工厂里,正在通过应用人工智能、大数据等技术对整个工厂的计划、工艺、制造、物流等全流程进行智能化改造,工厂产线效率提高了 320％,制造成本降低 33％,产品单体失效率从百万分之一降低到十亿分之一,这里每天生产的电池组件可装配 2000 多辆新能源汽车。与此同时,通过用智能模型优化能源结构,让这座巨大的工厂二氧化碳排放量减少了 47.4％。从这个案例中我们看到,当前以人工智能为代表的数字技术在制造业的应用已经无处不在,复兴号高铁、动力火箭、时速 600km 的磁浮列车、八万吨锻压机、无人采矿机、国产大飞机等等。我国的制造业正在充分利用智能技术,自强不息的攀登、日新月异的创造,彰显中国制造的数字实力。

智能制造(Intelligent Manufacturing,IM)是把新一代信息通信技术与先进制造技术深度融合,让智能技术贯穿于设计、生产、管理、服务等制造活动的各个环节,从而建立的具有自感知、自学习、自决策、自执行、自适应等功能的新型生产方式。它是一种由智能机器和人类专家共同组成的人机一体化智能系统,它在制造过程中能进行部分模仿人的智能的活动,诸如分析、推理、判断、构思和决策等。通过人与智能机器的合作,智能制造扩大、延伸和部分地取代人类专家在制造过程中的脑力劳动。智能制造把传统制造自动化的概念扩展到柔性化、智能化和高度集成化等新的领域。

1. 发展现状

制造业作为国民经济的支柱产业,世界各国都在积极推动其发展。

德国联邦教研部与联邦经济技术部在 2013 年汉诺威工业博览会上提出"工业 4.0"概念。其认为工业演进经历了以内燃机应用为代表的工业 1.0 时代、以自动化流水线为代表的工业 2.0 时代、以信息化系统为代表的工业 3.0 时代,目前进入到了以数字化、网络化和智能化为代表的工业 4.0 时代。"工业 4.0 战略"旨在通过充分利用信息通信技术和网络空间虚拟系统——数字物理系统(Cyber-Physical System,CPS)相结合的手段,将制造业向智能化转型。工业 4.0 描绘了制造业的未来愿景,提出继蒸汽机的应用、规模化生产和电子信息技术等三次工业革命后,人类将迎来以数字物理系统为基础,打通所有生产环节的数据壁垒,实现一体化生产的阶段。工业 4.0 旨在提升制造业的智能化水平,建立具有自适应、自诊断、自优化、人机协同的智慧工厂,在商业流程及价值流程中整合客户及商业伙伴。德国电工电子与信息技术标准化委员会(DKE)于 2015 年 4 月发布了工业 4.0 参考架构模型(Reference Architecture Model Industrie 4.0,RAMI4.0),如图 10-6 所示。该模型代表了德国对工业 4.0 所进行的全局式的思考,在智能制造全价值链中提供了一个相关技术系统的构建、开发、集成和运行的框架。

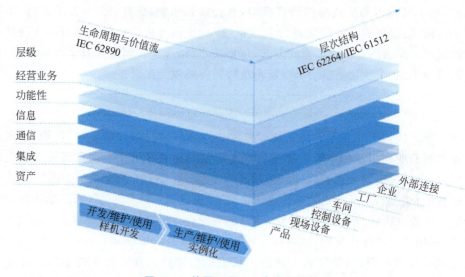

图 10-6　德国工业 4.0 参考架构模型

美国通用电气(GE)于 2013 年 6 月提出了工业互联网概念,与德国明确提出的"工业 4.0 战略"有异曲同工之妙,被称为美国版工业 4.0。其认为"工业互联网"是一个开放、全球化的网络,将人、数据和机器连接起来,目标是重构全球工业、激发先进生产力,让世界更美好、更快速、更安全、更清洁且更经济。美国对工业互联网的定义,包含三大要素:

(1)智能机器,以崭新的方法将现实世界中的机器、设备、团队和网络通过先进的传感器、控制器和软件应用程序连接起来。

(2)高级分析,使用基于物理的分析法、预测算法,整合自动化和材料科学、电气工程及其他关键学科的深厚专业知识来理解机器与大型系统的运作方式。

(3)协同网络,建立员工之间的实时连接,连接各种工作场所的人员,以支持更为智能的设计、操作、维护以及高质量的服务与安全保障。美国工业互联网旨在将虚拟网络与实体连接,形成更具有效率的生产系统。

中国政府也高度重视智能制造产业的发展,2015 年 5 月,国务院印发《中国制造 2025》,该计划旨在推动制造业的数字化、智能化和绿色化。除此之外,中国政府还出台了一系列政策,鼓励和支持智能制造的发展。例如,《"十三五"国家战略性新兴产业发展规划》中明确提出要大力发展智能制造系统,加快推动新一代信息技术与制造技术的深度融合。中国政府还发布了《智能制造发展规划(2016—2020 年)》《国家智能制造标准体系建设指南》等产业政策支持文件,明确智能化转型是中国制造业重点发展的方向,并积极推动相关行业指导标准落地,促进企业加快在智能制造的核心技术、经营模式、生产流程等方面创新升级。

2. 问题与机遇

制造业经过机械化、自动化、数字化等发展阶段,目前正在逐步进入人工智能时代。在制造业顺应时代潮流积极创新发展和转型升级的过程中,依然存在一些障碍和短板,主要表现为:传统制造业通过管理和技术革新提升效率和效益的方式难以克服"天花板效应"、人工成本不断攀升且人的不确定性增强、技术研发的高风险和长周期影响创新的积极性、企业柔性化程度难以满足个性化小批量市场需求、产品质量控制难度增大使得真正意义上的高质量发展难以实现等。

这些问题的存在是造成我国制造业难以进一步缩小与世界领先国家差距的主要原因。人工智能具有横跨多个学科的专业能力和执行力,具有敏捷性、适应性、重复工作和自我学习等方面的优势,能辅助企业形成比传统人类劳动和运营方式更强的竞争力,因而在研发、制造、物流、运营管理等方面都有广阔的应用前景。

3. 应用场景

根据工信部发布的《2023 年智能制造典型场景参考指引》,智能制造应用场景是指面向制造过程各个环节,通过把新一代信息技术与先进制造技术深度融合,部署高档数控机床与工业机器人、增材制造装备、智能传感与控制装备、智能检测与装配装备、智慧物流与仓储装备、行业成套装备等智能制造装备,集成相应的工艺、软件等,实现具备协同和自治特征、具有特定功能和实际价值的制造业应用。该指引总结了 3 方面、16 个环节、45 个智能制造典型场景,其中与人工智能强相关的领域包括生产制造、运营管理、设备安全管理、营销管理、售后服务等方面。本节中将这些场景归纳为柔性生产、质量控制、安全生产、智慧物流、销售和售后、智慧管理系统六类。

1)柔性生产

第二次工业革命的一个显著特征是通过规模化、标准化、流水线的方式实现了低成本大规模生产,同时也造成了制造业的刚性越来越强。而当前市场需求的一个重要变化是更加多样化和个性化,传统的模块组合式定制模式已不能满足市场需求,市场需要能够在更低成本的条件下满足小批量、定制化的客户需求的生产模式。智能制造就是为了应对外部市场快速变化运用先进信息技术控制制造过程,提升产品生产柔性的新制造模式。传统制造企业柔性化程度较低主要是由于机器设备和流水线的刚性决定的,调整生产线需要花费时间和资金,面对巨额定制成本,很多企业无法为小批量定制化的产品安排合理的生产计划。人工智能的应用能够显著提高制造企业的柔性化程度,满足低成本大规模定制的需求。

案例:日本工业机器人公司发那科与思科厂商合作,创建了发那科智能尖端连接和驱动系统(FIELD),这是一款依托机器学习技术的分析平台,它可以捕捉并分析来自制造流程各个环节的数据,由此改进生产作业,减少工厂停机时间。在一家年产能 60 万台的大型汽车制造商每天可以生产约 2000 台整车,这 2000 台整车中会涉及多个汽车配件产品系列,每一个产品系列又会按客户定制化需求形成不同的订单。汽车厂先进的"单件流"生产系统,能够满足在同一条产线上按 1 台车的最小批量实现柔性生产,但挑战在于产线平衡的管控和每小时生产机器数量(Jobs Per Hour,JPH)的稳定。据测算,整车厂每分钟的停产成本高达 2 万美元。目前,FIELD 系统已经在一家汽车制造商完成了为期 18 个月的"零停机"试点,在此期间,不仅节省了巨额的停产成本,而且还可以多次改变生产计划满足客户定制需求,提高了企业生产的柔性化程度,实现了低成本的大规模定制生产。

2)质量控制

质量控制一直是制造业现场管理的重要内容,在工业产品同质化趋势明显的情况下,国家之间、企业之间、品牌之间产品竞争的胜负与质量控制密切相关。人工智能可以提升质检水平,提高产品良品率。人工智能用于质量控制主要体现在三方面:一是智能在线检测。通过部署智能检测装备,融合 5G、机器视觉、缺陷机理分析、物性和成分分析等技术,开展产品质量在线检测、分析、评价和预测。二是质量精准追溯。通过建设智能质量管理系统,集成 5G、区块链、标识解析等技术,采集并关联产品原料、设计、生产、使用等全流程质量数据,实现全生命周期质量精准追溯。三是产品质量优化。通过依托质量管理系统和质量知识库,集成质量机理分析、质量数据分析等技术,进行产品质量影响因素识别、缺陷分析预测和质量优化决策。

案例 1:日本 NEC 公司推出的机器视觉检测系统可以逐一检测生产线上的产品,从视觉上判别金属、人工树脂、塑胶等多种材质产品的各类缺陷,快速侦测出不合格产品,并指导生产线进行分拣,不仅提升了质检效率、降低了人工成本,而且提升了出厂产品的合格率。

案例 2:人工智能能够在制造业生产线各个环节全面并实时监控生产全过程,与传统的在终端抽检方式比较,实现对产品全流程的质量监管。如,扬宣电子与百度合作,在 PCB(印制电路板)生产中,基于人工智能视觉智能检测技术,扬宣电子在现有 AOI(自动光学检测)、AVI(音频视频交错格式)检测的基础上,实现了产品质量缺陷的智能化复判。由此,有效降低了检验员数量和生产成本,提高了产品质量、产线直通率和工作效率,假点率下降了 78%,复判人力减少了 37%。同时,基于开物工业视觉智能平台,还实现了 PCB 质检复判模型的规范化管理、质检模型的统一管理和持续迭代、质检数据的可追溯分析。得益于平台的质检数据统计,扬宣电子将进一步实现产线的质量根因分析,持续改进生产工艺。

案例 3:宁德时代新能源科技股份有限公司(CATL)是 2011 年成立的锂离子电池研发制造公司,根据 SNE Research 统计,自 2017 年起,宁德时代的动力电池使用量连续四年排名全球第一。2019 年,宁德时代便敏锐地意识到用工困难、人力成本高、外部环境变化大等潜在挑战,看到了产业升级的重要性,因此选择了智能化路径来优化其研发制造流程。宁德时代联合百度飞桨深度学习开源平台,对电池缺陷质量检测产线进行了改良,实现了整体产品检测准确率的跃升,为动力电池质量保障筑起智能防线。采用电池质量智能化检测后,部分工序已经运用人工智能算法进行升级,整体产品检测相较于原本的传统检测算法过杀率降低了 66.7%,缺陷漏检率小于十亿分之一。算法泛化能力和在多产线上进行迁移部署的效率也得到了全面提升。不仅进一步保障了宁德时代的动力电池质量,也在一定程度上实现了低成本高效复用经验,大大降低了产线研发成本(图 10-7)。

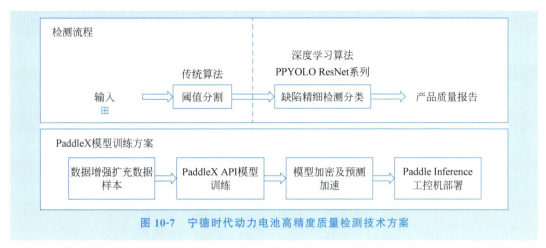

图 10-7　宁德时代动力电池高精度质量检测技术方案

3）安全生产

安全生产是工厂正常运转的基石。工厂是一个复杂的生产系统，其中涉及大量的设备、人员和操作流程。只有在安全的环境下，这些设备才能稳定运行，员工才能有效地开展工作，确保生产的连续性和稳定性。一旦发生安全事故，不仅会导致生产线的中断，还可能对工厂造成严重的物质损失和声誉损害，因此安全生产技术不仅是一种保障技术，更是一个工厂的生命线。在智能制造技术融合下，可以通过视觉、振动、气体等多模态的感知技术，识别人的不安全行为、设备的不安全状态、环境的不安全因素；通过数字化、人工智能技术的融合，实现安全生产的超前预警，让工厂更加安全。

案例 1：在江苏泰兴工业园区里，园区管理者针对企业动火、登高等特殊作业全过程，依托人工智能 CV 视觉技术，接入约 150 路移动执法记录仪和已建设移动布控球等视频装置，识别作业过程安全帽/登高绳着装合规、异常火光/烟雾、消防器材摆放合规、监管人员配备合规等异常问题，及早发现企业特殊作业过程中的不规范问题，及时制止督促企业改正，提升智慧化工园区安全风险识别能力。

案例 2：工厂人员管理一直是工厂正常运营的重要管理模块，使用计算机视觉技术，在工厂实现工作服穿戴检测、员工到岗和离岗检测、员工疲劳检测等人员管理的场景人工智能化，可以帮助企业提升工厂人员管理效率并降低企业管理成本。上海音智达借助 PaddleDetection 系统，基于视频流数据实现了净化间穿戴检测、到岗/离岗检测、疲劳检测等功能，并在客户方成功上线，推理速度达 5f/s，事件级别违规识别准确率平均在 90% 以上（图 10-8）。

4）智慧物流

智慧物流是利用集成智能化技术，使物流系统能模仿人的智能，具有思维、感知、学习、推理判断和自行解决物流中某些问题的能力。在物流作业过程中的大量应用运筹与决策的智能化工具，以物流管理为核心，实现了物流过程中运输、存储、包装、装卸等环节的一体化。智慧物流更加突出"以顾客为中心"的理念，根据消费者需求变化来灵活调节生产工艺。通过智慧物流系统的四个智能机理，即信息的智能获取技术、智能传递技术、智能处理技术、智能运用技术，可以有效降低物流成本、提高物流效率。

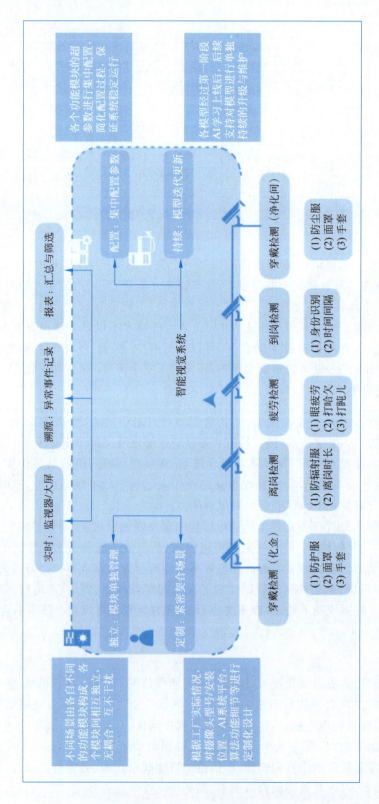

图10-8 上海睿智达工厂人员违规行为检测技术方案

案例 1：在我国山东日照的大型港口，每天有数十万集装箱需要吊运，货物的流转效率是港口业务能力评价的关键指标，其中涉及"人、机、货、船、场"等多种生产要素，因而提高调度效率一直是港口作业里的重点和难点。基于大模型的智能优化调度算法能够将多种生产要素和流程进行联合建模，实现从工厂到堆场再到船舶的全过程精准监控和高效指挥。其中，数字化堆场能从 TOS 系统中获取各种生产要素的实时信息，结合智能调度算法输出的计划策略，通过实时对人员、港机作业、车辆等的调度，实现全作业流程的智能化运转。山东省日照港集团的杂货码头，通过智能优化调度系统和数字化堆场系统的建设，实现了码头整体运转效率提升 10%，设备利用率提升 20%，堆场周转率提升 20%，堆场利用率提升 15%，实现了大模型在港航领域的成功应用，如图 10-9 所示。

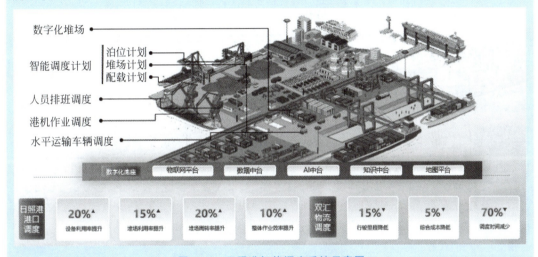

图 10-9　日照港智能调度系统示意图

案例 2：某头部建材央企旗下数字货运平台，以数字化为驱动力，充分发挥云计算、大数据、物联网、物流地图等核心人工智能技术优势，构建面向物流业和制造业深度融合的 B2B2C 数字化物流平台。高效解决货主、司机以及承运商在货运过程中供需匹配和货运监管、降本增效等问题。

该平台建立了一个全方位、高效率的汽运物流体系，通过人工智能算法优化运输路线、降低运输成本、提高运输效率。利用地图技术实现精准定位和导航，确保货物按时、准确送达目的地。此外，通过与金融机构合作，平台还支持供应链金融服务，帮助企业解决资金流转问题。上线运营两年的时间，平台业务已拓展至全国 32 个省份，服务 845 家基础建材企业和 133 家新材料企业，实现货物及运费成交总额达 674 亿元，业务量达到 12.3 亿吨，平台汇聚了超过 153 万辆注册车辆与 83.9 万名司机。如此庞大的数字货运生态，成为制造企业在物流场景的一面旗帜，为传统货运产业注入了新活力，如图 10-10 所示。

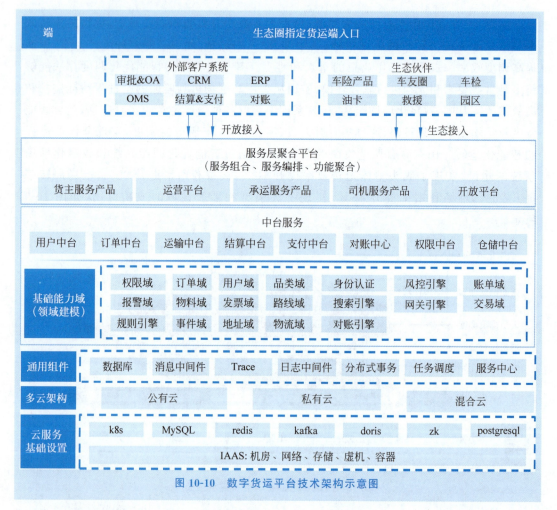

图 10-10 数字货运平台技术架构示意图

5）销售和售后

在营销管理方面，依托数字销售渠道，通过市场与客户数据分析，精准识别需求，优化销售策略，提高人均销售额。应用大数据、机器学习、知识图谱等技术，构建用户画像和需求预测模型，制定精准销售计划，动态调整设计、采购、生产、物流等方案与售后服务的匹配。依托支持销售和售后服务的智能产品，可以进一步开展产品健康监控、远程运维和维护，提高顾客的服务满意率。例如，产品远程运维管理平台，集成了智能传感、大数据和 5G 等技术，实现基于运行数据的产品远程运维、健康监控和预测性维护。此外，客户关系管理系统集成了大数据、知识图谱和自然语言处理等技术，可以实现客户需求分析、服务策略决策和主动式服务响应。

案例：在乘用车行业，长期以来，客服是企业人力资源最密集的部门之一，而客服的大量工作存在大量标准和重复性工作，成本较高、工作效率低。现在这些企业可以依托人工智能技术，构建企业智能客服系统、全国经销商门店客户服务智能质检、智能坐席辅助等智能化应用，真正实现了"客户之声"的随时收集和分析，可以显著降低传统企业客服的运营成本并提升客服质量。

6）智慧管理系统

制造企业在产品质量、运营管理、能耗管理和设备管理等方面，可以应用机器学习等人工智能技术，结合大数据分析，优化调度方式、提升企业决策能力。例如，智能生产管理系统就具有异常生产调度数据采集、基于决策树的异常原因诊断、基于回归分析的设备停机时间预测、基于机器学习的调度决策优化等功能。通过将历史调度决策过程数据和调度执行后的实际生产性能指标作为训练数据集，采用神经网络算法，对调度决策评价算法的参数进行调优，保证调度决策符合生产实际需求。

案例：中天钢铁作为江苏省钢铁头部企业，基于百度智能云千帆大模型的能力，对其生产经营管理进行了全闭环重构。通过吸收了设备说明书、保养手册、维修记录等知识的大模型设备运维助手，不仅能够及时发现设备异常，还能像老师傅一样，准确定位异常原因，实现机器代替人工派单，从而实现一键通知相关人员、跟进解决问题。通过最新的人工智能分析工具，可以实现支持企业领导问数，让管理者时刻掌握企业生产经营中的关键数据指标，如图 10-11 所示。例如，可以问大模型"最近一周的产量怎么样？"，大模型就可以精准理解用户需求，拆解用户指令，从数据库中统计出数据，并生成分析报告。

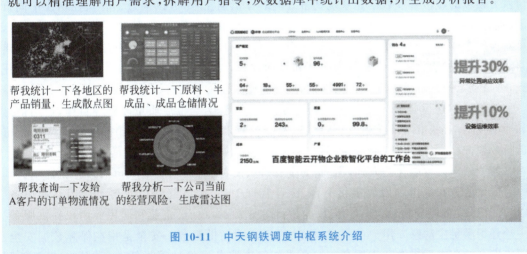

图 10-11　中天钢铁调度中枢系统介绍

4. 发展趋势

汉诺威工业博览会是每年制造行业的盛会，2023 年展会主题为"工业转型—创造不同"，聚焦工业 4.0、人工智能和机器学习、能源管理、氢和燃料电池、碳中和生产等五方面。可以看出，随着数字化和智能化程度的不断提高，智能制造正在向全面绿色、低碳、智能化方向迈进。

智能制造的发展趋势主要体现在以下几方面：

（1）自动化和智能化协同。自动化和智能化将逐步协同发展，制造业将转向智能制造，实现生产制造过程的高效、低能耗、精益和柔性化。生产工艺将对机器智能提醒、推荐等做出及时响应，生产效率、效益都会得到更大提升。

（2）个性化和高定制化。随着消费市场需求的多样化，个性化制造将成为发展趋势。智能制造技术将逐渐实现产品的高度定制化，以满足消费市场的个性化需求、提升客户体验和提高企业的市场竞争力。

（3）绿色可持续制造。随着全社会环保意识的增强，智能制造也将更加关注环保和可持续发展。企业将致力于降低能耗和二氧化碳排放，提高资源利用效率、实现绿色生产。

（4）大规模的人机协同。在未来的生产过程中，机器和人类将各自发挥自己的优势，共同完成任务。机器可以承担大量重复、高强度的劳动，而人类则发挥自己的创造性、判断力和灵活性，负责处理复杂、多变的任务。

另外，有很多学者还提出了人工智能时代的工业 5.0，这相当于重构一个与现实世界完全镜像的元宇宙，人人在线创造任意物质和精神作品。

10.3.3 智慧城市

近年来，丽江这座历史文化名城，在云计算、大数据、人工智能等数字技术的加持下，在城市管理、文化旅游、生态环保等领域实现智慧化管理和应用，让古城焕发出了新的活力。"打开社会治理界面"，随着工作人员一声语音指令的发出，智慧丽江城市大脑指挥中心的大屏上，一体化展现了丽江在智慧城管、城市交管、综治维稳、数字小镇、疫情防控、网络舆情六大领域的城市管理数据。系统具备智能语音识别技术，可以通过语音操控切换不同页面、查看摄像头实况，实现人机互动、提高指挥效率。系统提供的人工智能智能管理能力，可对涉旅企业的强制购物行为进行重点识别，目前初步已实现省内部分旅游大巴车辆偏离路线、频繁停靠购物店等可疑行为识别和自动预警，结合智慧丽江政务通 App 下发检查任务，将稽查工作从盲目抽查变为精准筛查，提高旅游监管和游客服务质量。

智慧城市建设是面向城市绿色低碳可持续发展、生产生活质量改善等目标，运用信息和通信技术，对城市基础设施、公共服务、社会治理和空间治理等进行优化，进而提高城市运行效率，改善居民生活质量。

智慧城市以智能化的方式，主动、安全、绿色、友善、高效地满足城市的多样化需求。其中智能化的方式是指利用数字化平台、综合管理中心、服务终端以及各类专用终端设备。以智能感知、智能分析、智能决策、智能执行等方式，为政府、企业和居民等用户提供服务。主动是指满足主动感知用户的需求，主动执行活动提供服务。安全是指在保障数据安全、网络安全的前提下提供合规服务。绿色是指智能服务提供过程是低碳、环保的，以最低的能耗取得服务效果。友善是指在为用户提供咨询服务的过程中遵循公认的科技伦理。高效是指打破信息壁垒，快速响应用户需求，减少用户等待时间。

1. 发展现状

自 IBM 于 2008 年提出"智慧地球"概念以来，我国智慧城市建设在政策部署、技术突破、机制改革等多重因素推动下，目前已进入以城市精细化治理为主体，强调智慧城市与数字政府、数字经济融合发展、互促共进的加速发展期。中国信通院统计的数据显示，中国智慧城市市场规模近几年均保持 30% 以上增长，2023 年市场规模达到 28.6 万亿元。

具体来说，当前我国新型智慧城市建设呈现以下五个特征：

（1）各级政策指明了发展方向。《中华人民共和国国民经济和社会发展第十四个五年规划和 2035 年远景目标纲要》提出了新时期分级分类推进新型智慧城市建设的重要路径，党的二十大报告则明确了"打造宜居、韧性、智慧城市"的目标。

（2）以人工智能、通信技术为代表的新一代数字技术为智慧城市的发展注入动能。5G 技术具有高速率、低时延、大连接的特性，为当前智慧城市建设提供了高效、安全的数据通道，同时不断与大数据、人工智能、云计算、数字孪生等技术进行深度融合，在交通出行、公共安全、政务服务等领域持续释放创新潜力。

（3）数字技术不断驱动智慧城市深化发展。各项新技术加速应用到城市各领域，数字技术应用体系更加完善。通过对各领域全民、全时段、全要素、全流程的逐步覆盖，不断实现城市智慧服务的转型与升级。"城市大脑"正在从"单体智脑"向"城市大脑＋区县大脑＋社区大脑"的纵向智脑体系，以及由"城管大脑""交通大脑""健康大脑""文旅大脑"等构成的横向智脑体系升级，成为当前阶段新型智慧城市建设的主要内容。

（4）数字孪生技术通过整合地理信息数据、建筑信息模型数据、物联感知数据，构建出与物理城市"同步规划、同步建设、同步演进"的数字城市，建立"一图统揽、一屏管理、一键决策"城市治理新模式。

（5）区县城市下沉场景丰富。2022 年 5 月，中共中央办公厅、国务院办公厅联合印发《关于推进以县城为重要载体的城镇化建设的意见》，提出"建设新型基础设施，发展智慧县城"的重要任务。各县域城市以基础设施智能化改造、特色产业优化提升、基层治理智慧化升级为切入点推进新型智慧城市建设，中国信通院、中国联通智能城市研究院提供的数据显示，2021 年我国 52.3％的县域城市已经开展了智慧城市顶层设计，这一数据将在 2025 年增长到 80％，同时我国区县级智慧城市招标项目金额占智慧城市招标项目总金额的 48％，项目数量占项目总数的 59％。

2．问题与机遇

智慧城市建设如火如荼，但是在智慧城市发展推进的过程中，也面临着许多问题，这些问题可以归为政府、居民、企业三方面：

（1）政府。政府决策中目前存在的问题集中体现在信息碎片化与封闭化、决策能力差异化、决策机制经验化等问题。政府决策信息碎片化是指政府决策信息来源分散，缺乏可比对、可验证的可信信息。政府决策信息封闭化是指信息主要来自政府内部，缺乏社会、行业信息的整合共享，进而造成政府决策缺乏对城市综合态势的有效掌控。政府决策能力差异化是指单个领域纵向决策水平较高，横向参差不齐，需要突破跨部门、跨领域协同决策的瓶颈。政府决策机制经验化是指传统政府的决策主要靠人的经验判断，缺乏大数据层面的有效利用与发掘，尚未形成决策信息识别、预判、预警的智能服务能力。

（2）居民。居民服务中存在的问题集中体现在效率和公平平衡发展的问题，亟须通过破除"信息孤岛"，推进公共服务信息的互联互通，开发智能、便捷的新服务渠道。

（3）企业。企业服务中存在的问题集中体现在如何为企业在生产、经营、投融资等过程中提供智能的产业综合信息服务，如主动信息推送、智能报表等。

智慧城市发展的机遇主要在于：

（1）从政府层面来看，各级数据局纷纷成立，政务数据一体化进程加速，带来了智慧城市发展的新机遇。自从 2023 年 3 月国家数据局成立以来，各地都积极推进建设数据治理体系，保障政府对公共数据的准确采集与汇聚，进而开发数据资源、形成数据资产。同时，统一数据治理机构也有利于统筹城市智能应用系统建设，有效避免各自为政、重复建设、投资浪费等系列问题,大幅提升政府治理能力和城市运行效率。

(2)从居民层面来看,居民数字化素质的不断提升,为智慧城市建设和运营奠定了基础。2021年,中央网络安全和信息化委员会印发《提升全民数字素养与技能行动纲要》,全国各地都在努力提升全民数字素养,居民的数字绿色生活方式逐渐养成,城市居民数据资源日益丰富,城市管理精细化程度不断提升。

(3)从企业层面来看,企业利用城市数据资源能力不断增强,数据要素型企业不断形成,并正在成为智慧城市建设的新经济主体。

3. 应用场景

智慧城市建设的目的是利用各种信息技术或创新理念,整合并开发城市的各种数据资源,应用人工智能等工具优化城市管理和服务,从而提高城市管理的效率,优化城市的功能布局和服务质量,改善城市居民的生活质量,促进城市可持续发展。城市智能服务着眼城市治理、民生服务、生态宜居、产业经济等应用场景,对改善居民生活环境、提升政府城市治理能力、支撑产业经济发展、改善生态环境等方面有巨大作用。城市智能服务的应用领域包括但不限于以下几方面:

1)城市治理

通过采集城市运行数据,汇聚城乡社区服务管理涉及的"人、地、事、物、情、组织"数据等多源城市管理数据,实现城市各要素的全场景组合管理,构建线上线下协同的一体化运行体系,支撑城市的常态化运行和应急指挥工作。

案例: 北京市海淀区拥有高新技术企业10 000余家,知名高校38所,汇集了中国科学院等大批科研院所,是北京市重要的科技创新高地。海淀区提出:构建"创新生态体系和新型城市形态",打造"科技政府、科技城市、科技公民"。为提升城市治理水平,海淀区用三年时间打造了海淀城市大脑。海淀城市大脑包含六方面的内容:

(1)人工智能计算中心。计算中心采用百度飞桨人工智能框架,并与国产芯片适配,实现了85%的自主可控率,新型算力基础设施已经初步具备各业务场景人工智能分析能力。

(2)时空一张图。海淀区初步构建了数字海淀孪生城市雏形,打造集约共建、高效协同的时空一张图,降低采购成本、提高运营效率。

(3)城市管理。海淀区打造了大城管、垃圾分类、重点车与渣土车治理等应用场景,将城市事件分类处理。

(4)城市智能交通。海淀区以"数据赋能""人工智能先行"的建设方式持续支撑全区智能交通产业的发展。

(5)智慧生态环境。海淀区从尾气排放超标预警、载货汽车和货车每日NO_x排放情况、油烟在线监测数据、河湖水质实时监测数据、南沙河玉河橡胶坝水质自动监测站数据、提前2h降水预报数据、电磁辐射环境在线监测数据的及时监测,全面提升了环境综合治理效果,空气质量七年蝉联城六区第一。水旱灾害防御场景大幅提升了响应速度,从过去的半小时压缩到了10min。气象监测和环境监测方面,该系统可以复用已建视频资源,实现雨、雪、能见度等异常天气的实时监测和重点区域扬尘监测。

（6）智慧公共安全。该板块利用 NLP、智能外呼、视觉等多模态模型助力海淀区各类安全环境的建设。

海淀"城市大脑"是以"数据资源"为主线，综合利用人工智能、大数据等新一代信息技术，实现对城市建设、运行、管理和服务的流程再造、模式创新、效率提高，是支撑和引领城市可持续发展的新型基础设施。海淀城市大脑的本质是通过数据跨行业、跨部门流转和"类人脑"处理，对城市进行全感知、全互联、全分析、全响应、全应用，实现公共资源高效调配、城市事件精准处置，全面提升城市治理精细化、智能化水平。

2）民生服务

通过整合分散在多个部门和行业的数据，突破地域限制，给居民提供多种智能终端服务，实现满足居民需求的便捷化服务模式。

案例：为有效推进解决经济社会发展和人口增长带来的城市综合治理问题，昆明市官渡区城市大脑以智慧化为核心，借助人工智能算法、大数据、数字孪生等新一代信息技术，建设城市大脑，把"城市大脑"建设与"五个一"网格化管理等机制深度融合。城市治理者通过对城市"望闻问切"，实现城市治理可监测、可防范、可控制、可量化、可考核的全方位科学分析和决策，如图 10-12 所示。基于城市大脑平台能力，将视频会议系统、消防指挥中心、综治平台、视频分析系统等专项系统和数据进行整合接入，并融合互联网地图数据、交通数据、舆情数据、疫情数据、企业工商数据等数据资源，构建城市综合态势感知平台和综合指挥调度平台；实现城市运行态势（一屏观）、城市综合治理（一网管）、城市应急指挥（一张图）。让城市管理者能够对城市望闻问切，实现科学分析、科学决策。

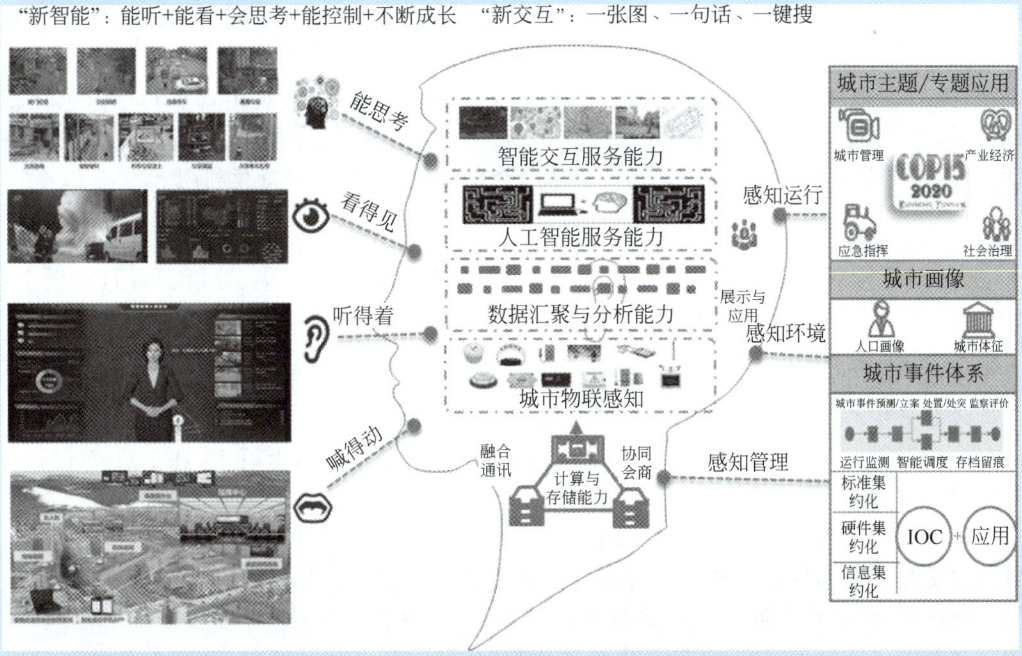

图 10-12　昆明市官渡区城市大脑项目介绍

该系统建设之前,一件事情的跨部门协同会商往往需要电话沟通之后再通过多部门IT人员的联调,才能发起。城市大脑建设完成后,在指挥中心大厅里,工作人员在 1min 内就可以发起多部门协同会商,并与一线工作人员视频通话,极大提升了政府协同指挥能力。刑事立案量同比下降 15%、街面各类警情同比下降 57% 以上,消防监督检查效率提升 56.1%、设备故障率下降 43.4%、设备报警率下降 38.15%、报警信号处置率提升 30.2%、故障处置率提升 44.43%、维保任务处置时效率提升 12 倍。

3)生态宜居

通过监测、采集和分析各项环境数据,构建统一的生态环境态势感知体系,提高预报、预警能力和精准度,改善生态环境、预防自然灾害,改善居民生活环境。

案例:甘肃省临洮智慧水利以"打造县域智慧水利标杆,助力全国智慧水利建设"为主旨,坚持"依托现有、统一布设、急用先建、分步实施"的原则,充分运用云计算、大数据、人工智能、物联网等新一代信息技术,建设一张覆盖全县的水利感知基础设施网络,深化水利数据资源开发利用与共享,打造一套可复制、易推广的"水利大脑",重点推进各类水利业务管理应用建设,加快推进水利业务管理科学化、精细化、智能化,以提升水利业务管理、决策指挥和公共服务水平。

该方案建立了覆盖临洮县城乡供水全过程的实时监测系统,完善了城乡供水管理体系。在灌区基础设施基础上,集成相关数据并开发县级灌区管理系统,实现对灌区的全过程监控。该方案通过开发库坝安全监测管理系统,完成对全县水库大坝进行安全监测。该方案加强了县级防汛旱情实时监测,集成了山洪预警平台,提供水旱灾害防御的数据支撑。同时通过加强水资源管理,配置自动化监测设备,开发了水资源管理与调配系统。该方案还加强重点河道的远程监控,开发河湖管理系统,实现河湖动态监测。对小型水电站配置监测设备,开发了水电站监测管理系统。该方案也开发了水土保持管理系统,完善淤地坝大坝安全监测设施。实行统一建设分级应用,利用省水利厅信息化基础设施,提供多层级、多部门的联动协作平台。该方案通过高度集成和智能化的技术手段,全面提升临洮县水利管理水平,确保水资源的安全、高效和可持续利用。

4)产业经济

通过整合行业产业链各环节的数据资源,对产业数据进行收集、分析、利用,实现企业服务的便捷化、产业政策的精准化、市场监管的智能化。

案例:杭州城市大脑项目中,将无感智慧审批纳入城市智慧管理体系中,打造了"线上行政服务中心",围绕企业办事全生命周期,上线了"工业项目全流程审批""企业五险一金登记"等"一件事"联办事项,大大提高了审批效率和城市治理效率,真正意义上实现"一次都不用跑"。

深圳围绕云计算、大数据、物联网、城市大脑等领域,开展国资国企大数据中心建设、城市智慧场景应用挖掘等相关业务,探索如何以政务数据丰富金融应用场景,解决中小微企业融资难、融资贵问题。该系统所使用的工商、社保、高新资质等政务数据,可以对中小微企业进行画像,用于判断其多种信用状况,助力其进行动产评估,并为其动产信用融资提供技术支持。银行可以通过该系统获取更多维度数据,用于对中小微企业进行精准画像、建立数字信用评价体系,从而提高其贷款审批效率和管理质量。

4. 发展趋势

随着人工智能技术的不断进步，智慧城市的发展越来越展现出智能化、数据资源化、绿色化等趋势。

趋势一：智慧城市技术基础设施开始全面建设。随着数字技术的不断进步，智慧城市将更加依赖于云计算、大数据、物联网、人工智能等先进技术，智慧城市建设必须建设围绕这些先进技术的基础设施，如云计算、人工智能、区块链基础设施等。

趋势二：数据资源开发利用成为智慧城市建设的重要内容。数据资源正在成为一座城市发展的重要资源，如何建立城市数据资源管理体系、形成城市数据智慧治理框架，已经逐渐成为智慧城市建设的一个重要内容。

趋势三：绿色可持续是智慧城市建设的重要目标。未来的智慧城市一定是环境友好型城市，要符合绿色低碳可持续发展的需要。智慧城市要应用各种数字技术，优化城市各要素资源的利用，提高能源效率，减少环境污染，提升城市的生态和经济效益。

趋势四：智慧城市建设将向数字空间拓展。数字空间作为现代城市的新发展领域，将会纳入整座城市数实融合的整体规划。城市的数字空间将会与实体空间一样，成为人类重要的社会与经济活动场所，政府也必须开展针对数字和实体两个空间的综合智能治理。

10.3.4　智慧能源

以煤炭行业为例，煤矿智能化是煤炭工业高质量发展的核心技术支撑，它将人工智能、工业物联网、云计算、大数据、机器人、智能装备等与现代煤炭开发利用深度融合，形成全面感知、实时互联、自主学习、动态预测、协同控制的智能系统，从而实现煤矿开拓、采掘（剥）、运输、通风、洗选、安全保障、经营管理等过程的智能化运行，对于提升煤矿安全生产水平、保障煤炭稳定供应具有重要意义。

煤矿智能化仅仅是智慧能源的一个缩影。一般意义上的智慧能源是指利用信息和通信技术（ICT）优化能源生产、传输和消费的过程，以提高能源使用效率、确保能源供应的可靠性和可持续性，同时尽可能减少环境影响。智慧能源的核心是使用智能化技术和大数据分析手段来实现能源产业全过程的智能化优化管理。

1. 发展现状

当今世界，全球能源科技创新进入持续高度活跃期，可再生能源、非常规油气、核能、储能、氢能等新兴能源技术正以前所未有的速度加快迭代，推动全球能源向绿色低碳方向转型。美国、欧盟、日本等主要国家纷纷加快了低碳化乃至"去碳化"能源体系建设步伐，积极探索先进可再生能源、高比例可再生能源、新一代电网、新型储能、氢能及燃料电池等一系列新型电力系统技术。

中国已连续多年成为世界上最大的能源生产国、消费国和碳排放国。在"碳达峰、碳中和"目标、生态文明建设和"六稳六保"等总体要求下，我国能源产业面临保安全、转方式、调结构、补短板等严峻挑战。随着《"十四五"能源领域科技创新规划》《国家能源局发布关于加快推进能源数字化智能化发展的若干意见》等政策的出台，我国电力、煤炭、油气等传统能源行业数字化、智能化、绿色化转型加速，目前已经步入关键时期。

2. 问题与机遇

在全球能源产业积极转型升级的背景下,作为世界上最大的能源消费国,中国急需探索构建绿色低碳、安全高效、数字智能的能源体系,在这一过程中还存在很多急需解决的问题,这些问题可以归纳为生产、传输、消费三方面。

1) 能源生产

传统能源生产存在着较高碳排放的问题,因此未来的能源生产需要更多使用可再生能源。风能、光能等能源由于间歇性强,利用率低,导致电压不稳定、功率波动等问题,因而会给能源网络的正常运行带来冲击。"十四五"时期,我国新能源发电装机规模将继续保持增长态势,"三北"地区大规模风光基地、西南地区水电基地和东部沿海地区海上风电基地将大规模入网。新能源入网比例增加迫切需要电力系统进行智能化改造,通过建立更加智能化的电力调度系统,提高电网对新能源供电的消纳能力。同时,中国也必须加快储能技术的发展与商业化应用,解决可再生能源发电入网对电力系统稳定性和安全性的冲击问题。

2) 能源传输

能源传输需要消耗大量资源,无论是煤炭、石油,还是氢能、电力,其传输过程都还存在很多问题需要解决。比如,对电网而言,由非线性负载(例如电力电子转换器)引起的谐波等现象,严重影响着电力传输的效率,急需用算法进行优化调度。国家发改委和国家能源局在《关于加强电网调峰储能和智能化调度能力建设的指导意见》中也指出要"聚焦电力系统调节能力不足的关键问题",这些问题必须通过数字化、智能化手段加以解决。

3) 能源消费

能源的终端消费市场也是迫切需要用数字技术进行优化的市场。比如,在电网负荷管理方面,可中断负荷管理还未能有效平衡电网负荷,柔性负荷智能管理和虚拟电厂优化运营的潜力还未充分挖掘,产业园区和大型公共建筑等的多能互补集成供能基础设施建设滞后,智能楼宇的能量管理效能有待进一步提升等。总体而言,我国能源消费环节的数字化、智能化水平还有待提升,能源消费环节的节能提效与智慧城市、数字乡村建设的统筹规划还需要进一步加强。

通过对上述问题的分析可以看到,数字化、智能化是能源行业发展的巨大机遇,国资委在《关于加快推进国有企业数字化转型工作的通知》中强调能源行业需要"加快建设推广智慧电网、智慧管网、智能电站、智能油田、智能矿山等智能现场,着力提高集成调度、远程操作、智能运维水平,强化能源资产资源规划、建设和运营全周期运营管控能力,实现能源企业全业务链的协同创新、高效运营和价值提升"。

3. 应用场景

国家能源局《关于加快推进能源数字化智能化发展的若干意见》中将数字化、智能化应用场景聚焦于"电力、煤炭、油气等行业数字化、智能化转型发展需求,通过数字化、智能化技术融合应用为能源高质量发展提供有效支撑"。

1) 发电

利用数字化、智能化技术推进发电端向清洁低碳转型。要加速新能源基地智能化改造,提高新能源并网及消纳能力,同时加快传统电源如火电、水电的数字化与智能化升级,促进节能降碳和灵活调节。推动智能核电厂建设,提升核安全和数据安全水平。

案例：国家能源集团龙源电力，将新型人工智能技术与行业知识有机融合，应用百度智能云建设了"本部为管理训练中心、新能源场站为分析应用节点"的开放式、集约型、可扩展的生产运营智能化平台。在北京的监控中心可轻松管理分布在全国的 12 000 多台风机和 200 多个风电场，有效减少了巡检工人高空作业的风险。目前，智能巡检分析模型准确率达 95％以上，巡检整体效率提升 6～10 倍。

2）电网

目前全国各地都在积极推进数字化、智能化电网建设，实现电网数字化展现、仿真与决策，探索人工智能及数字孪生技术应用于电网调控与辅助决策。各大电网管理企业也在加快推进电力系统联合调度智能化，实施电网动态稳定智能评估与预警，增强电网仿真分析能力，确保电网安全稳定。同时，行业也高度重视发展变电站、换流站智能运检和输电线路智能巡检，建立配电智能运维体系，提高电网灾害感知能力和供电可靠性。在新能源领域，新能源微电网和数字配电系统正得到高度重视，用户侧资源优化配置也得到普遍开展。在需求端，数字智能技术被用来提高负荷预测精度和实现智能管理，以促进负荷侧资源系统优化调节。此外电碳计量监测体系也是智慧能源的一个重要内容，建立该体系可以促进电力与碳市场的数据互动，并支持能源行业碳足迹监测分析。

案例：大规模新能源的接入，尤其是分布式光伏的发电比例不断增加，使得电网的稳定运行面临极大的挑战。引入人工智能技术，可以对电网运行态势进行智能感知，优化电网运行策略，提升调度效率，保障电网更安全、稳定、经济地运行。百度公司建立了以强化学习、时序分析、大语言模型等人工智能技术为支撑的智能电网管理系统。该系统通过电网风险/故障分析、负荷预测、新能源发电功率预测等应用，可以智能感知和研判电网运行状态。该系统基于电网稳态自适应巡航、负荷转供等智能化应用，可以优化电网运行状态，预防电网风险的发生，提升电网运行经济性，如图 10-13 所示。

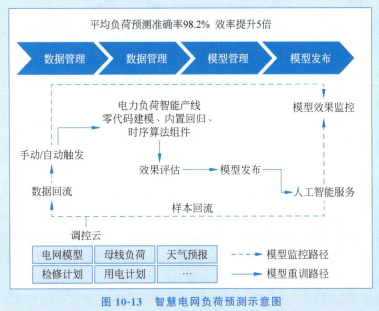

图 10-13　智慧电网负荷预测示意图

3）煤炭

煤炭产业的数字化、智能化转型已经在全国如火如荼地开展起来。具体包括：构建了智能地质保障系统，提升地质探测信息的透明度；增强煤矿装备智能控制，采煤工作面加快实现采—支—运智能协同运行、地面远程控制及井下无人/少人操作，掘进工作面加快实现掘—支—锚—运—破多工序协同作业、智能快速掘进及远程控制；推进煤矿主运输系统智能化无人值守运行，辅助运输系统实现运输车辆的智能调度与综合管控；建立全时空灾害监测预警与智能防治系统，推动露天煤矿无人驾驶系统建设与智能化开采；支持建设集智能地质保障、采掘、洗选、安控于一体的智能化煤矿综合管控平台等。

案例：国能榆林能源煤矿基于人工智能能力构建煤矿核心调度大脑。面向用户、调度员、驾驶员、矿领导等核心用户痛点需求，国能榆林能源集团与百度智能云合作，打造煤矿人工智能辅运大脑，实现了辅运的全要素管理，以数据驱动日常辅运系统运行、实现供需匹配，形成了运输前资源规划-运输中过程管控-运输后综合分析的闭环管理体系，如图 10-14 所示。

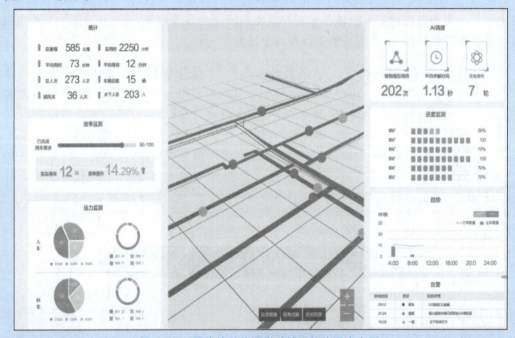

图 10-14　国能榆林能源煤矿辅运智能调度介绍

4）油气

油气行业的数字化、智能化转型，包括如何助力油气绿色低碳开发利用，支持智能测井系统、智能地震节点采集系统建设，推进智能钻完井、智能注采、智能化压裂系统部署及远程控制作业等。此外，油气数智化还包括智能钻机、机器人、智能感知系统等智能生产技术装备在石油物探、钻井、场站巡检维护、工程救援等场景的应用，以推动生产现场井、站、厂、设备等全面能联动与自动优化。油气管网的信息化改造和数字化升级也是一个重要领域，它有助于推进智能管道、智能储库建设，提升油气管网设施安全高效运行水平和储气调峰能力。在炼厂端，通过加快建设数字化、智能化炼厂，能有效提高炼化能效水平。

案例：大榭石化部署了以智能特种机器人为载体的管廊智能巡检系统。通过搭载可见光、热成像、声音传感器、气体分析仪及其他实时感知设备，管廊机器人进行自动采集、远程监控，支持 26 种安全模型智能在线分析，安全异常响应速度提升 6 倍，从小时级缩短至分钟级，作业效率得以显著提升，如图 10-15 所示。

图 10-15　大榭石化厂区

5）电力消费

自 2015 年中央政府发布《关于进一步深化电力体制改革的若干意见》以来，中国电力市场化改革不断深入，全国市场化交易电量持续上升，至 2023 年，其占比已经超过 61%。多层次电力市场体系有效运行，电力中长期交易已在全国范围内常态化展开，电力现货交易也在部分试点地区转入正式运行。近年来，通过电力市场的数字化转型，电力市场规则体系进一步完善，数字电力市场机制在保供应、促转型方面发挥着更加积极的作用。

案例：百度借助人工智能模型的智能化算法与价格预测能力，帮助售电公司构建电力交易人工智能大脑。当前该策略模型已正式上线运行，在售电公司的实际使用过程中，人工智能模型的效果能够超过人工交易员，度电收益有明显的提升，如图 10-16 所示。

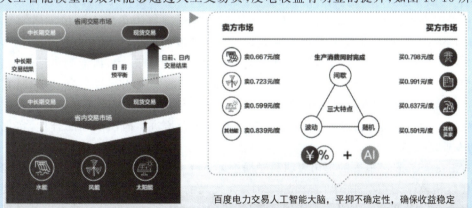

图 10-16　电力交易系统介绍

4. 发展趋势

随着全球能源结构的转型和信息技术的快速发展,智慧能源的发展趋势主要体现在以下几方面:

(1)数字化和智能化。通过物联网(IoT)技术、云计算、人工智能等技术的应用,实现能源设备的智慧监控、故障预测、维护以及能源消耗的优化管理,提高能源系统的智能化水平和运行效率。

(2)分布式能源系统(DERs)。分布式能源系统如太阳能光伏、风能、小型水电、生物质能等的开发利用将更加广泛,与传统能源系统相结合,形成互补和优化配置,提高能源利用的效率和灵活性。

(3)能源互联网。构建基于互联网思维和技术的能源生产、传输、分配和消费的新模式,通过能源互联网平台实现跨区域、跨行业的能源优化配置和交易,提高能源利用效率和系统的整体性能。

(4)绿色低碳。随着全球对气候变化的关注,绿色低碳成为智慧能源发展的重要方向。通过提高能效、发展清洁能源、实施碳捕捉和存储(CCS)技术等措施,减少温室气体排放,实现能源的可持续发展。

(5)用户参与。智慧能源系统的发展使得终端用户可以更加主动地参与到能源系统的运行中,通过需求响应(DR)、分布式发电、储能设备等方式,用户不仅是能源的消费者,也成为能源的生产者和存储者,实现能源的双向流动和交易。

10.3.5　人工智能与科学研究

在以往的科学研究中,"想象力"往往起到了至关重要的作用。而现在,研究人员可以通过人工智能算法生成成千上万种可能的分子形态,并自动分析其特性,这节约了大量的研究时间,提高了科学研究的效率。

人工智能驱动的科学研究(AI for Science)指的是在科学研究中应用机器学习、深度学习等人工智能技术分析处理多维度、多模态、多场景下的模拟和真实数据,解决复杂推演计算问题,以加速科学发现、提高研究效率和创新能力,包括使用人工智能进行数据分析、模式识别、模拟和预测等。这些应用可以覆盖自然科学、社会科学和人文科学等多个领域。

科学研究领域人工智能的应用也经历了从信息化到智能化两个阶段。约翰·泰勒(John Taylor)于 2000 年提出了"e-Science"的概念,其实质就是"科学研究的信息化",是信息时代中科学研究环境和科学研究活动走向信息化的典型体现。科研活动借助于信息化,实现"管—产—学—研—用"的和谐统一,保障科研信息的安全和有效共享,保护研究者的知识产权,确保科研数据的真实性、正确性。近些年的科研信息化,已经开始充分发挥云计算、物联网、增强现实等技术的优势,通过建立科研平台增进科研团队间的合作,实现跨领域、跨专业的交流。

"AI for Science"概念的提出表明科学研究步入了智能化时代。AI for Science 是大数据时代以机器学习(Machine Learning,ML)为代表的人工智能技术与科学研究深度融合(AI+Science)的产物。作为人工智能子领域,机器学习特别是深度学习技术以其在理解高维数据和解析复杂系统方面远胜人类的优势,成为科学研究数字化和智能化转型的中坚力量。人工智能与科研的深度融合不仅有助于解决复杂科学问题、促进跨学科合作创新、开辟新的科学疆域，而且有望对工程技术、未来产业起到重要推动作用：

（1）在工程技术方面，AI for Science 可以提高大规模和复杂工程问题的仿真和推理能力，对复杂工程场景做出更加准确的预测，提高重大工程设备的可靠性和运行效率。

（2）在产业方面，AI for Science 的建设将促进我国产业界承接基础研究的新成果，并充分利用 AI 和区块链等技术，探索低成本、高可信、标准化的 CRO（合同研究组织）科创合作模式及其"风险共担、收益共享"的激励机制，提升重大科技成果的转化效率和质量，对未来产业发展起到支撑作用。

当前，AI for Science 在物理学、生命科学、材料科学和地球科学等领域的知识发现与成果优化方面表现惊人，基于多领域整合和人-机协作的数据驱动型科学发现模式越来越得到科学家的认可。AI for Science 不仅加速了科学的发展，而且反过来，加速发展的科学又推动人工智能技术的不断发展。人工智能与科学之间的持续双向赋能使得人工智能向着其技术奇点加速迈进。在数据驱动与模型驱动两种方法的有效整合下，人工智能驱动的科学研究在设计科研框架、揭示科学定律和知识、提升数值模拟速度和准确度等方面都取得了巨大的成绩。

1. 发展现状

AI for Science 作为科学研究新范式，已经成为引领全球科技革命和产业变革的主战场。

国际层面，人工智能在前沿科学与技术领域的应用已经取得了令人瞩目的重大成果。例如，在生物领域，2021 年《科学》杂志将 AlphaFold2 评选为"2021 年度十大科学突破"榜首；在核聚变领域，人工智能算法辅助实现了对核聚变托卡马克装置的等离子流高效控制；在药物领域，人工智能加速了新冠药物的设计流程。

鉴于人工智能在科学研究中发挥的巨大作用，各国政府都推出了促进人工智能科研的政策。美国政府发布了《国家量子倡议（NQI）法案》（2018）、《美国量子网络战略构想》（2020），用以支持人工智能在量子物理领域的研究。美国还发布了《材料基因组计划战略规划》（2021）和《国家生物技术和生物制造计划》（2022），分别支持人工智能在材料科学和生命科学领域的应用。英国发布了《国家量子战略》（2023）、《迈向聚变能源：英国聚变战略》（2021）、《生命科学产业战略》（2017），旨在推动人工智能在量子物理、核聚变、生命科学领域的应用。

在实业界，特斯拉首席执行官 Elon Musk 宣布成立人工智能公司 xAI，旨在建立理解自然规律的人工智能系统。谷歌前首席执行官 Eric Schmidt 宣布成立 AI for Science 博士后奖学金，目前已布局 9 所高校；微软成立了科学智能中心 AI4Science；NVIDIA 联合 IIT 发布了 AI for Science 公开课程。

在中国，2017 年国务院在印发的《新一代人工智能发展规划》中指出："聚焦人工智能重大科学前沿问题，兼顾当前需求与长远发展，以突破人工智能应用基础理论瓶颈为重点，超前布局可能引发人工智能范式变革的基础研究，促进学科交叉融合，为人工智能持续发展与深度应用提供强大科学储备"。2023 年 3 月，科学技术部会同国家自然科学基金委启动"人工智能驱动的科学研究"专项部署工作，推进面向重大科学问题的人工智能模型和算法创新，发展针对典型科研领域的 AI for Science 专用平台，布局 AI for Science 研发体系，逐步构建以人工智能支撑基础和前沿科学研究的新模式,加速我国科研范式变革和能力提升。科技创新 2030"新一代人工智能"重大项目将在第二个五年实施阶段(2023—2027 年)持续加大体系化布局和支持力度,推动研究新理论、新模型、新算法,研发软件工具和专用平台,推进软硬件计算技术升级,打造智能化科研的开源开放创新生态。在国家《新一代人工智能发展规划》的指导下,各级政府正在加快人才、技术、数据、算力等要素汇聚,形成推进"人工智能驱动的科学研究"政策合力。在平台支撑方面,科技部正在加快推动国家新一代人工智能公共算力开放创新平台建设;在机制创新方面,科技部鼓励用户单位围绕业务深度挖掘技术需求和科学问题,深度参与模型研究与算法创新,积极开放数据等资源。

2. 问题与机遇

科学研究活动主要包括由科学家提出问题和假设、由实验人员进行检验和验证、通过科研机构与出版商进行科研成果和数据传播与共享等环节。在传统的科学设施和研究范式下开展科学研究还存在以下问题。

第一,问题定义难。由于科学数据难以共享,科研人员在前期准备时难以全面掌握领域内重要信息,科学假设依旧由科学家的专业经验为主导,这会导致问题定义出现偏差。

第二,科学实验操作难。科研团队工作方式多为"作坊模式",从头到尾都是自己团队干下来,目前的实验手段单一,收集、处理、分析数据的效率相对低下,科研效率亟待提高。而且受设备的限制,资金、时间和精力上损耗巨大,尤其一些高精尖的大型科学设施及其科研环境高度复杂,此类困难尤为突出。

第三,落地难。科学家辛苦研究出来的基本原理等重要成果,用来解决实际问题时还存在很多困难。

面对以上科学研究中的问题,人工智能可以有效发挥其技术特长,辅助科学家加以解决。人工智能对科学研究的促进作用包括:

第一,建立基于人工智能的研究新范式。2007 年,图灵奖得主 Jim Gary 曾经用"4 种范式"描述了科学发现的历史演变,即实验观察、理论推导、模拟仿真、数据驱动(即数据密集型科学发现),如图 10-17 所示。由于受限于数据采集与模拟空间,即便在数据密集型的科学研究范式下,科学假设依旧由科学家的专家经验主导;同时由于缺乏有效的数据开放机制和实验的局域性,制约了大规模、跨学科科研活动的开展。深度学习技术,特别是生成式人工智能的迅猛发展,使得学术界可以利用深度学习建模和挖掘高维科研数据,捕捉多模态数据背后的科学规律,同时借助数据生成的方式,突破实验观测数据的有限性与数值模拟的理论限制,拓展科学假设的空间。微软剑桥研究院院长 Chris Bishop 等将 AI for Science 称为驱动科学研究的第五范式,即利用人工智能和机器猜想来进行科学发现的新方法。

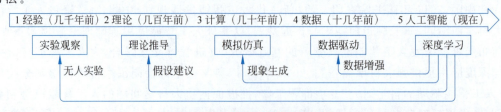

图 10-17　科学研究范式的转变

第二，建立智能化科学设施。利用新一代人工智能实现"科学问题（科学家）—实验设备（实验员）—科研数据及文献（科研机构及中介）"高效闭环，不仅是新建的科学设施需要具备的标配，更是在已有的科学设施升级改造过程中的新需求和新机遇。智能化科学设施综合运用生成式人工智能、语言大模型、大数据、区块链等前沿技术，形成人在环路的科学智能大设施 3 层体系架构，如图 10-18 所示，基础支撑层，通过高性能计算、算力网，形成算力支撑；科学模型层，构建跨学科、跨模态的科学大模型，以及"人工智能科研助手"；实验应用层，通过人工智能操作机器人、构建智能实验环境，实现自主无人实验和多方科研智能协作。

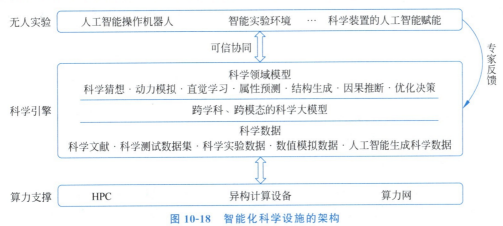

图 10-18　智能化科学设施的架构

在 3 层架构基础上，智能化科学设施可形成传统范式所不具备的 4 个主要新功能，如图 10-19 所示。

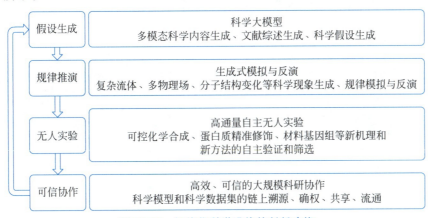

图 10-19　智能化科学设施的创新功能

（1）科学大模型：实现跨模态的科研内容生成、文献综述生成、科学任务自动拆解及实验方案自动生成等能力，进而构造具有较高综合科学能力的"人工智能科研助手"系统模型；

（2）生成式模拟与反演：提供复杂流体、多物理场、复杂物质结构等科学现象生成及其人工智能加速的超大规模模拟能力，缓解维度灾难（Curse of Dimensionality），激发科学直觉；

（3）高通量自主无人实验：将自动化实验室和人工智能模型结合，实现合成化学、合成药物、材料基因组等领域的"干湿闭环"自主实验验证；

（4）大规模可信科研协作：通过区块链、群体智能等技术，实现科学模型及数据集的链上溯源、确权、共享、流通，加速科学新思想和新方法的涌现。

在上述架构和功能基础上，以人类科学家和科学问题为中心，构筑"人工智能科研助手—AI操作机器人—智能实验环境—可信多方协作"的人、机、物协同科研空间，横向支撑超大规模的"假设生成—规律推演—无人实验"高速迭代；纵向优化基础科学大设施、赋能传统"实验观察—理论建模—数据分析"的科研流程。

3. 应用场景

AI for Science能够帮助人类发现数据中隐藏的规律，有效助力科学家提出新假设、获得新发现，目前已经在数学、物理学、材料科学、生物科学、地球科学等领域更是取得了许多令人瞩目的进展。

1）数学领域

在数学领域，求解偏微分方程是流体力学、空气动力学、交通流建模等领域的共性难题。2017年以来，科学家尝试使用机器学习、ResNet、seq2seq模型等技术求解偏微分方程，获得了更快更准的结果。2021年DeepMind开发了基于机器学习的框架，用于引导数学家寻找新模式和证明新定理的直觉灵感。

案例：百度基于飞桨深度学习框架的高层API以及高阶自动微分机制，构建了科学计算工具组件赛桨PaddleScience，如图10-20所示。针对传统数值计算方法面临的维数高、耗时长、跨尺度的挑战，综合数学计算与物理数据相结合的处理方法，提供物理机理、数据驱动、数理融合三种范式来求解问题。同时围绕计算流体力学（CFD）、结构有限元仿真、气象预测等领域构建经典的AI for Science领域案例，为广大科研工作者提供可复用的案例开源代码以促进人工智能与基础科学的融合。

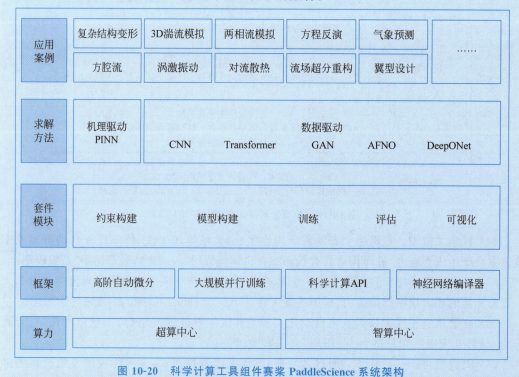

图10-20　科学计算工具组件赛桨PaddleScience系统架构

基于上述训练架构，飞桨支持科学计算所需的通用一阶微分 Jacobian、通用二阶微分 Hessian、二阶优化器 L-BFGS 等开发接口。除此之外，赛桨 PaddleScience 内置了物理信息神经网络（PINN）方法以及数据驱动的算子学习方法，该方法融合了数据与物理机理并将其应用于科学问题的求解。

在物理研究领域：在物理学领域，人工智能凭借其在仿真模拟、图像重建与分析方面的优势，在相应的粒子物理学、核物理学、凝聚态物理学和宇宙物理学中都发挥着重要作用。比如人工智能赋能量子物理主要包括量子态模拟和优化、量子态重构、量子控制和优化等应用，这些环节往往在极短时间内就产生大量数据，而人力识别需要耗费大量的时间成本，因此需要人工智能来建立仿真模型，实时处理实验数据。

案例：2022 年，DeepMind 在 *Nature* 上发表了他们的工作：通过深度强化学习对托卡马克等离子体进行磁控制。报告称，物理学家使用包含多年实验收集的 4618 个样本的数据集的神经网络，找到了质子中存在隐内魅夸克（intrinsic charm quarks），即隐性内含粲夸克的证据，这一发现可能会改变量子动力学的教科书。中国科学技术大学何力新教授团队在研究量子多体问题中设计了基于卷积神经网络的新算法，对强阻挫的强关联自旋系统实现了高精度的基态模拟。他们还在新一代神威超级计算机上移植并优化了该算法，并计算了著名的方格 J1-J2 模型，将计算的系统规模及计算精度提高到了新的高度。在移植、优化程序的过程中，通过物理学-并行优化-超算系统三方面的交叉团队，成功在新一代神威超算上实现高性能的量子多体问题模拟，为构建国产 AI-HPC 生态提供了一个优秀的模板示例。

2）材料科学领域

新材料的发现往往能够引起工业领域革命性的突破，但是其研究过程是漫长的。这涉及材料理化性质预测、结构筛选、建模仿真与高性能算力支持等。IDC 认为在基于人工智能技术的材料智能搜索中，人工智能可以帮助在庞大的搜索空间中寻找最佳配比，优化预测和设计新材料体系。另外，人工智能也可以采集学习实验失败数据，有效提高模型精度和数据利用率。2011 年，美国首次提出材料基因组计划（Materials Genome Initiative，MGI），目标是至少两倍速地提升先进材料的发现、开发、制造和部署的进度。在 MGI 与大数据的不断融合下，数据驱动模型已被视为材料研究中最有前途的方法，人工智能技术是获得成分-结构-工艺-性能关系的关键，甚至有望彻底改变材料科学。

案例：深度势能（Deep Potential）是深势科技团队及合作者研发的运用"机器学习＋多尺度建模＋高性能计算"的高效分子模拟算法，可在保持量子力学精度、准确度的基础上，将分子动力学的计算速度提升数个数量级，实现在第一性原理精度基础上的上亿原子的分子动力学模拟。为进一步拓展能力边界，深度势能团队与百度飞桨团队进行人工智能和计算材料学领域的联合开发。以深度学习为代表的机器学习方法在力场开发中的应用为发展高效精确的分子动力学方法带来了新机遇和新思路。研究人员仅需要在软件中调整少许参数，就可以得到模拟的实验结果。

3）生命科学领域

人工智能为研究人员提供了强大的工具和方法来处理和分析大规模的生物学数据，包括解读基因组数据和预测基因功能、预测蛋白质的三维结构和加速药物发现过程、医学影像分析和病理学诊断、建立个体化医疗模型和提供定制化医疗方案等。

案例：2020 年，AlphaFold2 在第 14 届国际蛋白质结构预测竞赛（CASP14）中以绝对优势夺冠，引起世界关注。其利用深度学习技术，能够准确地从蛋白一级序列预测蛋白的三维结构，精确度达到 98.5％。AlphaFold2 带来的一个前所未有的改变是：可以直接端到端地生成原子的三维坐标。这主要是因为他们引入了 structure module（结构模块），并引入了新的算法——注意力机制（Attention 架构，可以进行自监督和相互监督），同时他们能够对三维结构进行原子水平的优化。AlphaFold 并不是唯一可以预测蛋白质结构的人工智能系统，RoseTTAFold、ProtENN 也是这一领域的杰出代表，如图 10-21 所示。

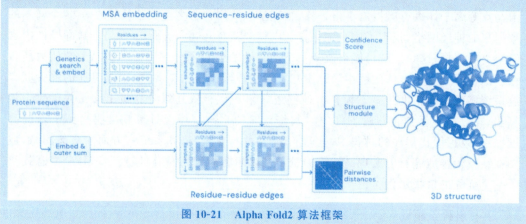

图 10-21　Alpha Fold2 算法框架

国内也已经有了类似的科研工作，比如百度螺旋桨团队联合百图生科研发的蛋白表征和结构预测大模型 HelixFold-Single，通过蛋白语言模型和几何空间建模的方式，将蛋白质结构预测的效率从小时级别提升到秒级别，并在高可变蛋白上达到更高精度，比如最新的蛋白配体构象预测算法，精度超过了 Alpha Fold 3。

在产业转化方面，百度公司推出的"飞桨螺旋桨生物计算（Paddle Helix）平台"，针对生命科学领域的重要问题，如药物筛选、蛋白设计、疫苗设计、精准诊疗、机理研究、分子合成等，通过构建"数据＋原理"双驱动的生物计算大模型技术，以及面向新药研发、疫苗设计、精准医疗等场景的产品工具，辅助生命科学领域的研究者和从业人员提升研发效率，降低 AI 技术的使用门槛，以更快速地推进科研成果转化。

Paddle Helix 目前覆盖三大场景，包括小分子药物研发、蛋白/多肽药物研发和 RNA 药物研发。

Paddle Helix 已服务国内外超百家的科研机构和组织，为国内外多个知名药企如赛诺菲等，提供 AI 技术服务，赋能生物医药产业的发展。

4）地球科学领域

地球演化史研究、气候变化评估、灾害事件预测、自然资源计算和环境管理治理等重要地球科学问题紧密关联着人类的生存、生活与社会发展。然而，地球科学现象具有明显的动态时空结构，其变量变化往往服从非线性关系，在实验过程中不同程度上表现出不完整性、多噪声和不确定性，使得仅仅通过实验手段难以有效观测地球系统实际情况并探究其各系统之间的内在联系。当前，智能传感器、图像可视化和智能反演（intelligent inversion）等计算建模手段为解决上述难题提供了更多可能，机器学习算法和模式挖掘技术的整合正在帮助科学家更好地模拟地质演化的极端条件、从观测中估计地学变量并预测系统走势、解析地学数据的潜在规律。

> **案例：** 在气候研究方面，DeepClimate 是一个利用深度学习技术预测气候变化的开源项目。该项目，利用历史气象数据训练深度神经网络模型，以预测未来的气候变化趋势。DeepClimate 可以帮助科学家更好地理解气候变化的原因和影响，并制定应对策略。在中长期天气预测方面，有基于物理信息驱动和数据驱动两种方法实现天气预报。基于物理信息驱动的方法，往往依赖物理方程，通过建模大气变量之间的物理关系实现天气预报。例如 IFS 模型中，使用了分布在 50 多个垂直高度上共 150 多个大气变量实现天气的预测。基于数据驱动的方法不依赖物理方程。百度赛桨中的 FourCastNet 深度学习算子是一种基于数据驱动方法的气象预报算法，它使用自适应傅里叶神经算子（AFNO）进行训练和预测。该算法专注于预测两大气象变量：距离地球表面 10m 处的风速和 6h 总降水量，以对极端天气、自然灾害等进行预警。相比于 IFS 模型，它仅仅使用了 5 个垂直高度上共 20 个大气变量，具有大气变量输入个数少，推理速度快的特点。

4. 发展趋势

AI for Science 不仅有助于解决复杂科学问题、促进跨学科合作创新、开辟新的科学疆域，而且有望对工程技术、未来产业起到重要推动作用。未来 AI for Science 有着巨大的发展潜力，主要体现在以下三方面。

1）科学研究新范式

随着人工智能研究进入快速迭代阶段，人们呼吁建立新的研究机制来克服传统科学合作中的问题，例如缺乏透明度和信任等。学者呼吁建立起适应"新科学研究范式"的"新组织方式"和"新科研生态"，以分布式自治组织与运行（Decentralized Autonomous Organizations and Operations，DAOs）和基于 Web3.0、区块链及智能合约技术驱动的分布式自主科学（Decentralized Science，DeSci）为基础打造新科研体系，为 AI4S 研究提供公开、公平、公正的强力支持。

2）智能化科学研究平台建设

智能化科学设施需要综合运用生成式 AI、语言大模型、大数据、区块链等前沿技术，实现科研工作的高效闭环。该平台包括四个主要功能：

（1）科学大模型。实现跨模态的科研内容生成、文献综述生成、科学任务自动拆解及实验方案自动生成等能力，进而构造具有较高综合科学能力的"AI 科研助手"系统模型；

（2）生成式模拟与反演。可以提供复杂流体、多物理场、复杂物质结构等科学现象生成及其 AI 加速的超大规模模拟能力，以缓解维度灾难、激发科学直觉；

（3）高通量自主无人实验。高通量自主无人实验将自动化实验室和 AI 模型结合，实现合成化学、合成药物、材料基因组等领域的"干湿闭环"自主实验验证；

（4）大规模可信科研协作。大规模可信科研协作通过区块链、群体智能等技术，实现科学模型及数据集的链上溯源、确权、共享、流通，加速科学新思想和新方法的涌现。

3）数据的有序获取和共享

研究更高效的数据收集、整理、共享、分析的方法。近几年大数据技术得到了广泛的发展，通过大数据技术可以高效地存储、管理和分析这些数据。这也是近些年来推动像 AI 快速发展重要的原因，例如，在基因测序中，研究人员需要处理数以亿计的基因数据，但是数据质量和数据完全问题一直困扰科研工作者。未来的科研会更强调科研数据治理，并引入隐私计算、联邦学习等技术来保障科研数据的安全使用。

10.4　产业数字化的重要方向：平台经济

10.4.1　平台经济的定义与特征

1. 平台经济定义

平台经济是一种基于数字技术，由数据驱动、平台支撑、网络协同的经济活动单元所构成的新经济系统，它属于数字经济范畴，是基于数字平台的各种经济关系的总称。平台在本质上是一种虚拟或真实的交易场所，平台本身不一定生产产品，但可以促成双方或多方供求之间在平台上的交易，平台可以收取恰当的技术服务费用。平台经济既覆盖了传统的互联网领域，也包括了传统产业的平台化转型，是数字经济阶段企业变革的一个重要方向。

2. 平台经济的特征

平台经济作为数字经济的主要形式，其主要特征包括：

（1）典型的双边市场：平台企业一方面对消费者，一方面对商家，这个平台上的众多参与者有着明确的分工，平台运营商负责聚集社会资源和合作伙伴，通过聚集交易，扩大用户规模，使参与各方受益，达到平台价值、客户价值和服务价值最大化。

（2）较强的规模经济性：如果某一平台企业率先进入一个领域，或者由于技术、营销优势占据这一领域较大市场份额时，由于交叉网络外部效应和锚定效应的存在，这家企业就会越来越大，出现强者愈强的局面。

（3）一定的公共基础设施属性：平台经济涉及领域经常包括事关人们衣食住行的民生领域，公共服务提供者的属性特征突出。平台还具有非排他性和非竞争性的特征，呈现出一定的公共基础设施属性，因而需要按照公共设施＋市场的规律运行。

（4）数据要素的重要性较为显著：平台经济根植于互联网，是在新一代信息技术高速发展的基础上、以数据作为生产要素或有价值的资产进行资源配置的一种新的经济模式，促进数据要素的流通与数据价值的兑现，是平台经济的重要目标。

近年来，随着数字信息技术的迅猛发展和产业结构的不断优化升级，我国平台经济快速发展，平台经济已在我国经济发展中承担重要角色。为推动平台经济规范健康持续发展，发挥其在促进就业、稳定经济大盘的积极作用，需要遵循市场规律和平台经济发展规律，建立健全规则制度，优化平台经济发展环境。

10.4.2　平台经济的分类

平台经济作为数字经济时代的重要经济形态,可以从多个角度对其进行分类,以下是几种主要的分类方式。

1．从平台的经济属性进行分类。

(1) 市场交易平台经济:主要特点是市场交易实体或平台＋互联网,实现需求方和供给方的直接对接,例如上海的贵金属交易平台等。

(2) 网络平台经济:主要是通过互联网直接连接关联方,包括产品、服务、第三方支付、社会需求、监督、评价等,例如淘宝、京东、百度等。

(3) 企业平台经济:主要是指企业自身的交易平台,以优化资源配置为目的,通过互联网、物联网等整合企业的生产、管理、销售、服务等各种资源,从而提高企业管理水平、降低成本、改善服务,培养企业的核心竞争能力,如美国苹果、波音等跨国公司。

2．从平台上的应用特点进行分类。

(1) 在线交易平台:如各种在线购物平台、拍卖平台等。
(2) 媒体信息平台:如各类新闻网站、社交媒体平台等。
(3) 支付平台:如支付宝、微信支付等。
(4) 网络金融平台:如各类金融服务提供商的在线平台。
(5) 专业服务类平台:如滴滴网络约车平台、教育平台、互联网医疗平台等。

3．从平台的商业模式进行分类。

(1) C2C(消费者对消费者):如淘宝、闲鱼等。
(2) B2C(企业对消费者):如京东、天猫等。
(3) P2P(个人对个人):如某些借贷平台。
(4) B2B(企业对企业):如阿里巴巴的 B2B 平台等。

4．从平台功能进行分类。

(1) 网络销售类平台:连接的是人与商品,如各类电商平台。
(2) 生活服务类平台:连接的是人与服务,如外卖平台、家政服务平台等。
(3) 社交娱乐类平台:连接的是人与人,如微信、微博、抖音、脸书等。
(4) 信息资讯类平台:连接的是人与信息,如新闻网站、搜索引擎等。
(5) 金融服务类平台:连接的是人与资金,如银行、证券、保险等金融机构的在线平台。
(6) 计算应用类平台:连接的是人与计算能力,如云计算、大数据等平台。

上述这些分类方式并不是孤立的,而是可以相互交叉和重叠的。平台经济的具体分类取决于不同的角度和观察点。

10.4.3　平台经济的发展现状

我国平台经济体量庞大、业态丰富。全球百亿美元估值的平台经济中,美国占比 71.5％,

中国占比24.8％,全球前十大平台企业被中美包揽,其中美国8家,中国2家。2021年中国数字经济规模达到7.1万亿美元,位居世界第二。经过二十多年的发展,中国的平台经济作为新经济的产物,吸纳了2亿灵活就业人员,平台的信息整合效应提高了各类网上交易的效率、降低了企业运营成本、便利了人民生活。但在发展过程中,部分平台经济片面追求流量,产生了网络上的马太效应,可能会形成垄断、排挤竞争、侵害消费者权益。近两年来,受国内外环境变化影响,早期的平台经济企业也在调整发展步伐,2022年我国互联网平台服务收入同比增长−1.1％,是有统计以来首次出现下滑,但这些平台的研发费用却逆势增长,中国的互联网平台走到了新发展阶段的关键时期。

美国:作为全球最大的平台经济发源地,美国开创了互联网包容性规则——"避风港原则"。该原则强调第三方责任、豁免平台直接责任,现已被世界各国广泛采用,这在一定程度上客观促进了美国互联网巨头向全球扩张。2020年美国民主党发布《数字市场竞争调查报告》指出脸书、亚马逊、谷歌和苹果等四大巨头存在的问题,两党议员也为此提出了数十件草案,但到目前为止,美国也尚未有相关的立法成功落地。

欧洲:错失了平台经济最初的发展机遇,首创了"守门人原则",强调平台经济的公平性。欧洲互联网市场被美国企业占据较大市场份额,有更强的数据安全诉求。为此,欧盟出台了《数字服务法案》(DMA)草案和《数字市场法案》(DSA)草案等一揽子平台责任的规则和法律。欧盟创造性地引入了"守门人"概念,要求平台企业主动承担禁止自我优待、保证用户数据安全等治理责任,相比于通行的"避风港原则"更为严格。

中国:十八大以来,中国抓住了平台经济的发展主导权,立足自身发展需要,通过激活数据要素市场引导平台经济全面健康发展。与欧洲相比,我国一直牢牢把握平台经济发展的主导权,并已经培育出了世界级企业。中国发展平台经济具有规模优势,不能简单照搬欧洲过于严苛的监管制度;同时与美国相比,一方面我国法治环境和反垄断手段尚不完善,另一方面我国平台企业与美国整体技术水平上仍存在差距。在这种情况下,我们更需要权衡平台经济的发展与规范,奋发图强、补齐短板,增强自身的竞争力。2021年以来,我国持续推进平台经济规范发展,在反垄断、用户信息保护、特定行业完善牌照准入等几方面都取得了一定进展。如今,中国已经初步形成了平台企业金融业务发展与监管制度框架,在监管部门的督促指导下,平台企业金融业务存在的大部分突出问题已完成整改,常态化监管条件已经逐渐成熟。

中国平台经济规模不断扩大,已经成为推动经济发展的重要引擎。许多互联网平台在中国取得了显著的成功,如百度、阿里巴巴、腾讯、京东等,中国政府对平台经济发展给予了大力支持,出台了一系列政策措施,鼓励平台经济的发展和创新。中国企业在互联网、大数据、人工智能等领域的技术创新不断涌现,为平台经济发展提供了有力支撑。

10.4.4　平台经济的发展趋势

平台经济是数字经济发展的主要形式,是中国企业数字化转型的重要方向,未来一段时间平台经济的发展趋势包括以下几方面。

(1)平台经济基础设施的建设加速。随着云计算、区块链、人工智能等技术的不断发展,平台经济基础设施的建设将进一步加速。这将为平台经济提供更强大的支撑,推动其向更广泛的领域扩展。

（2）传统产业逐渐走向平台化。平台经济将进一步与其他产业融合，形成更加紧密的产业链和生态圈。例如，传统制造业、物流业、金融业融合发展，逐渐走向平台化，推动了制造业的数字化转型。

（3）平台经济逐渐以多样化服务为中心。随着消费市场对服务需求的日益增加，平台经济将更加注重向多样化服务转型。例如，电子商务平台将不再仅仅关注产品销售，而是向服务类销售转变，提供更加多元化的服务。

（4）下沉市场与国际化并进。平台经济将进一步拓展区域和行业下沉市场，特别是在农村和三四线城市等区域，以及各个细分产业生态。同时，随着全球化的推进，平台经济也将加速国际化步伐，拓展海外产业生态市场。

（5）数据要素的重要性提升。数据是平台经济的核心要素之一。随着数据技术的不断发展，数据要素的重要性将进一步提升。平台经济将更加注重数据的收集、分析和应用，以优化资源配置和提升运营效率。

（6）平台监管与鼓励创新的平衡。随着平台经济的不断发展，监管也将面临新的挑战，监管科技不断涌现。未来，监管将更加注重与鼓励创新的平衡，既要保障市场公平竞争和消费者权益，又要鼓励和支持平台经济的创新发展。

（7）平台经济的百花齐放取代头部效应。尽管平台经济头部企业有一定的发展优势，但因为数据要素所带来的产业透明度的增加，各产业生态会涌现一批聚焦本区域、本产业链的平台企业，平台企业将展现百花齐放的发展态势。

总之，平台经济未来的发展将受到政策、市场、技术等多种因素的影响，但总体来看，平台经济在我国的发展还处于初级阶段，具备广阔的发展空间。随着我国新质生产力的普及和新质生产关系的创新，平台经济将继续保持快速发展的态势，为中国经济增长和社会发展做出更大的贡献。

10.5　产业数字化的实现途径：产业互联网

10.5.1　产业互联网的定义与特征

产业互联网（Industrial Internet）是从消费互联网引申出的概念，它主要是指传统产业借助大数据、云计算、人工智能以及网络平台等数字技术，激活产业生态内的数据要素、提高产业生态运作效率，让企业围绕产业生态创新自身商业模式、创造更大社会经济价值。这是传统产业通过"互联网＋""数据要素×"实现转型升级的重要路径之一。

数据要素是产业互联网的核心要素，产业互联网注重数据的真实性、可信性、实时性、准确性、追溯性、多元性和安全性等，这些数据在产业互联网上的有效流通和交易，是产业互联网的活力和价值所在。产业互联网平台为平台上企业提供了多方数据的汇聚和整合、流通和交易，为企业结合产业链资源进行模式创新和跨界融合提供了可能，从而促进了传统企业走向以产业互联网为单位的转型升级和创新发展。

产业互联网在多个领域都有广泛的应用，例如在制造业中，可以改变制造业产业生态伙伴的协作关系，实现生产过程的数字化和自动化控制，提高产品质量和交付速度；在物流领域，可以实现物流过程的可追溯和透明化，开发基于可信物流数据的金融服务，提高物流效率和降低物流成本;在农业领域,可以改变农产品、农民、农业的定义,用数据要素赋能农产品,实现农业的智能化和精细化管理,提高农业生产的效益和可持续发展。

总的来说,产业互联网正在以产业生态为单位逐步改变传统产业的运营模式和商业模式,推动产业的数字化、智能化转型升级和可持续发展。

近年来,中国政府出台了一系列关于产业互联网的中央政策,以促进其发展和应用。在2024年的政府工作报告中,李强总理明确指出要深入推进数字经济创新发展,包括实施制造业数字化转型行动、加快工业互联网规模化应用、推进服务业数字化等。这些政策将促进产业互联网在制造业、服务业等领域的广泛应用。2020年公布的《工业互联网创新发展行动计划(2021—2023年)》,旨在深入实施工业互联网创新发展战略,推动工业化和信息化在更广范围、更深程度、更高水平上融合发展。该计划设定了明确的发展目标,包括完善新型基础设施、推动融合应用、提升安全保障能力等。2023年12月工业和信息化部等八部门印发《关于加快传统制造业转型升级的指导意见》强调通过工业互联网等新一代信息技术推动传统制造业的转型升级,提升产业竞争力。2023年11月工信部印发《5G＋工业互联网"融合应用先导区试点建设指南》,提出在全国各地建设"5G＋工业互联网"融合应用先导区,推动5G技术在工业互联网领域的应用和发展。

中国产业互联网、工业互联网的快速发展展现出如下几方面的特征:

(1)技术引领。产业互联网的发展离不开技术的支撑,特别是云计算、大数据、物联网、区块链和人工智能等新一代信息技术。这些技术为产业互联网的运营提供了强大的技术支撑,推动了产业互联网模式的快速创新。

(2)数据基础。数据是产业互联网的基础要素。产业互联网注重数据的收集、存储、分析和应用,通过对大量数据的分析,产业互联网上的企业可以更加精准地了解市场需求、优化产品设计和生产流程、提高产品质量和效率。

(3)信用核心。产业互联网是以信用为核心建立起来的,在产业互联网生态内,必须建立以数据为基础的数字信用体系,用以支持产业互联网上企业间建立智能合约,开展金融服务等。

(4)跨界融合。产业互联网打破了传统产业的边界,促进了产业互联网生态内不同行业之间的跨界融合,产业、金融、物流、交易市场、社交网络等生产性服务业成为产业互联网必不可少的组成部分。通过与其他产业的融合,企业可以获取更多的资源、信息和市场机会,推动产业的创新和发展。

(5)平台化运营。产业互联网强调平台化运营,通过构建平台来连接产业链上下游企业、消费者和其他利益相关者。平台可以提供多种服务,包括交易、物流、金融、信息等,实现资源在产业生态内的优化配置和共享。

(6)智能化生产。产业互联网推动了智能化生产的发展。通过引入智能制造技术,企业可以实现生产过程的自动化、智能化和柔性化,提高生产效率和质量,降低生产成本。

(7)服务化转型。随着消费市场需求的升级和市场竞争的加剧,产业互联网正逐步向服务化转型。企业不再仅仅关注产品的生产和销售,而是更加注重提供优质的服务和解决方案,满足消费者的多元化需求。

(8)全球化发展。随着全球产业链和产业生态的重构,产业互联网也呈现出全球化发展的趋势。企业可以通过产业互联网将产品和服务推向全球市场,拓展海外业务,实现跨国经营的新模式。

10.5.2　产业大脑与产业互联网

产业大脑的概念最初在浙江省的《浙江省数字经济发展"十四五"规划》中被提出，随后逐渐在全国范围内得到推广和应用。目前，产业大脑正处于探索萌芽阶段，预计在未来几年内将逐渐成熟并发挥重要作用。产业大脑是一个综合性的互联网平台，它主要面向产业上下游企业间协作、政企服务、政府应用等领域，运用云计算、大数据、人工智能等信息技术，推动地方传统产业进行数字化转型发展，辅助政府进行产业分析与决策。其目标是通过"建设平台、汇聚数据、分析规律"等措施，实现产业更快速、更低成本、更高效率地步入数字化新时代。

产业大脑和产业互联网相互关联，它们都是数字经济时代的产物，都是为了提升产业效率、促进产业数字化转型而产生的概念。但两者在发展历程中也表现出不同的侧重点：产业互联网更侧重市场侧，强调传统产业商业模式的数字化转型能力；产业大脑更侧重治理侧，强调对产业数据的智能化分析能力。产业大脑可以作为产业互联网的一个组成部分，为产业互联网提供强大的数据分析和决策推理能力。产业大脑利用人工智能、大数据、云计算等技术，对海量数据进行深度挖掘和分析，为各行业提供定制化的解决方案，帮助企业优化生产流程、提高效率、降低成本。

产业大脑给产业互联网带来的价值主要包括以下几点：

（1）给产业互联网提供更丰富的数据支持。产业大脑以收集和分析数据为主要目标，因而可以为产业互联网上各企业提供丰富的数据支持。

（2）为产业互联网上各企业提供资源优化配置方案。产业大脑通过分析行业动态、市场需求、竞争对手情况等，为产业互联网平台企业提供资源优化配置方案，为企业转型发展提供建议方向，并给出对企业未来商业模式的深度分析。

（3）为产业互联网提供智能治理服务。产业大脑是政府产业治理的重要手段，通过产业大脑可以为产业互联网平台企业提供一个更加宽松、智能的监管环境，有利于平台上的企业良性发展。

10.5.3　产业互联网平台分类

产业互联网平台可以根据不同的维度进行分类，从目前发展出来的一些平台来看，可以归纳为如下几个维度：

1. 按照服务内容分类

（1）交易型平台。主要服务于产业生态内的交易活动，包括 B2B 电商平台、供应链金融平台等，它们通过提供交易撮合、支付结算、物流配送等服务，促进产业内交易的高效进行。

（2）服务型平台。主要提供产业生态相关的增值服务，如供应链管理、智能仓储、物流配送优化等，通过物联网、云计算等技术手段，提升产业运营效率。

（3）智能制造平台。该类产业互联网平台专注于智能制造领域，提供智能制造解决方案，如设备联网、数据采集、远程监控、故障诊断、备品备件管理等，帮助企业实现智能化生产。

2. 按照行业领域分类

（1）农业互联网平台。服务于农业领域，提供农民和农产品的数字化服务，包括农机具租赁、农业生产资料采购融资等金融服务，以及农业技术培训和农产品销售渠道拓展等服务。

（2）工业互联网平台。针对工业领域，提供工业互联网解决方案，帮助企业实现设备联网、数据采集、远程监控等功能，提升工业企业的生产效率和产品质量。

（3）服务业互联网平台。如互联网医疗、互联网教育、互联网旅游等，通过互联网整合服务资源，对传统服务业进行重构，提供全新的服务体验。

3. 按照运营模式分类

（1）综合性平台。如阿里巴巴、京东等，提供多元化的服务，包括交易、物流、金融等，满足产业内不同主体的需求。

（2）垂直型平台。针对特定行业或领域，提供专业化的服务，如化工服务平台、农业服务平台等。

（3）供应链协同平台。通过整合供应链上的各个环节，提供供应链管理、智能仓储、物流配送等服务，实现供应链的协同优化。

4. 按照技术架构分类

（1）IaaS 层平台。为产业生态提供数字技术基础设施类服务，如计算、存储、网络等资源，支持产业内各类技术应用的开发和运行。

（2）PaaS 层平台。为产业生态提供平台类服务，包括数据库、中间件、开发工具等，帮助产业互联网开发者快速构建和部署各种应用。

（3）SaaS 层平台。为产业生态提供软件类服务，该类平台直接面向用户提供软件套装，如 ERP、CRM 等管理软件，以满足企业的产业互联网业务需求。

10.5.4　产业互联网的发展路径

国内外产业互联网的发展存在一定差异。在国外，以美国为首的发达国家在产业互联网技术领域处于领先地位，其技术实力和应用范围都非常广泛。例如，美国的 GE、德国的西门子等公司在工业互联网领域都有非常成熟的产品和服务。而在国内，虽然产业互联网的起步较晚，但近年来也取得了长足的进步。政府大力支持、企业积极参与、市场前景广阔等因素都为国内产业互联网的发展提供了有力保障，全国各地出现了各类由区域政府或者产业骨干企业打造的产业互联网平台。

1. 行业龙头企业的裂变式增长

大型行业龙头企业发起推动的产业互联网平台，其特点是将过去在产业积累的客户、人才、技术等方面的综合资源优势和核心能力通过平台开放化，进而打造出产业级生产性服务业共享平台，为产业链上下游企业进行赋能，以大企业带动产业链中小企业共同发展，实现产业链整体转型提升。同时，大企业自身也在传统业务之外打造出一家基于产业互联网商业模式的新公司,实现原有企业裂变式增长。

2. 区域特色产业集群的转型升级

区域政府、行业协会或产业骨干企业等多方共同发起打造的产业互联网平台。该类平台能带动区域产业集群的整体转型升级,将成为推进区域经济创新发展的重要手段。这类产业互联网实践具有鲜明的区域产业集群特色,通过产业链的打通实现一、二、三、产业的融合。区域特色产业集群往往由当地政府支持行业协会中的骨干企业以及当地国有投资控股企业、金融和投资机构等联合发起,它们具有熟悉产业生态、掌握产业关键资源要素、易获得投资等天然优势,也更容易得到政策倾斜、孵化期资源支持等。要保证这类平台的健康发展,必须设立合理的公司市场化运作股权架构和治理体系,同时考虑建立对核心管理团队的有效激励机制。

3. 专业商贸市场的数字化转型

专业商贸市场具有天然的平台优势,以及丰富的产业资源,通过数字化转型,将线下客户资源优势与线上平台一体化融合打通,可以为产业链上的从业者提供从交易、支付,到物流、供应链金融等领域的专业服务。该类平台通过线上交易数据的累积,为交易双方提供信用保证体系,促进交易双方的强粘性服务,提升复购率和交易效率,大大降低交易成本,推动了整个产业生态的提升。

4. 商贸/物流商到供应链集成服务商转型

在传统产业链中提供贸易、物流等服务的企业,基于过去比较好的品牌影响力、线下资源等优势积累,正在进一步向产业供应链的集成服务商转型,进而发展为产业互联网平台。商贸/物流商到供应链集成服务商转型,其关键成功要素是从全产业链的视角对于产业场景需求和痛点的挖掘,在前期需做好产业互联网的顶层设计规划。

5. 行业资讯平台/SaaS 解决方案商的产业互联网升级

在早期互联网的发展过程中,涌现出一批行业资讯平台,往往名称为"某某网",为行业圈子提供行情资讯、价格指数等,积累了大量的行业用户信息和流量。由于早期业务缺乏服务深度和粘性,往往难以为继,因此这些企业纷纷转型产业互联网,利用产业互联网平台提供撮合交易、产业链集成服务等内容。

10.5.5　产业互联网的发展趋势

产业互联网是实现产业数字化的重要工具,其未来的发展趋势主要体现在以下几方面:

(1)技术驱动与创新。随着云计算、大数据、物联网、人工智能等新一代信息技术的持续进步,产业互联网将越来越依赖这些技术进行创新和发展。这些技术将帮助企业实现更高效、更智能的生产和管理,推动产业向数字化、智能化、绿色化方向发展。

(2)平台化运营与生态构建。产业互联网平台将成为推动产业发展的重要力量。平台化运营将促进资源的优化配置和共享,提高产业协同效率。同时,平台将构建生态圈,吸引更多的合作伙伴、开发者、投资者等加入,共同推动产业互联网的发展。

（3）数据驱动与决策。数据将成为产业互联网的核心驱动力。通过对海量数据的收集、存储、分析和应用,企业可以更加精准地了解市场需求、优化产品设计、提高生产效率等。同时,数据还将推动企业向数字化、智能化、个性化方向发展,提高决策的科学性和准确性。

（4）跨界融合与创新。随着技术的不断进步和市场的不断变化,不同产业之间的边界将逐渐模糊,跨界融合和创新将成为常态。产业互联网将推动不同产业之间的融合和协同发展,形成新的产业形态和商业模式。

（5）国际化拓展与合作。随着全球化和贸易自由化的推进,产业互联网将逐渐拓展国际市场。企业将利用产业互联网平台与全球供应商、客户等进行合作和交流,实现资源的全球配置和市场的全球拓展。同时,国际化拓展还将带来竞争和挑战的加剧,企业需要不断提高自身的竞争力和创新能力。

（6）可持续发展与绿色经济。随着环保意识的提高和绿色经济的发展,产业互联网将越来越注重可持续发展和绿色经济。企业将采用节能减排、循环经济等措施降低环境污染和资源浪费推动产业的绿色转型和可持续发展。

总之,产业互联网未来的发展趋势将是可信化、多元化、融合化、数字化、智能化和绿色化。这些趋势将推动产业互联网不断创新和发展为传统产业的转型升级和高质量发展提供有力支持。

10.6　数实融合

10.6.1　数实融合定义

数实融合是指数字经济和实体经济深度融合,两者之间相辅相成、相互促进、一体化发展。

数实融合主要体现在数字技术和实体经济的融合应用上,包括数字化各要素（如互联网、5G、云计算、数据资源、数字人才等）和非数字实体经济的融合应用。数实融合的目的是使数字经济赋能实体经济,二者实现互促发展。在数实融合的过程中,数字技术和实体经济的融合应用是关键。这包括通过数字化手段对实体经济进行改造和升级,提高生产效率、降低运营成本、优化产品和服务质量等。同时,数字经济也需要实体经济的支撑和推动,通过实体经济的需求和反馈,不断优化和完善数字技术和应用。

数实融合的发展有助于推动产业数字化、智能化和绿色化转型,促进经济高质量发展。同时,数实融合也有助于解决实体经济面临的转型升级需求,通过数字化转型实现降本增效提质,完成转型升级,实现产业、企业的高质量发展,进而增强企业的全球竞争力。

10.6.2　数实融合的发展特点和存在问题

数实融合是新质生产力时代,我国经济发展的主要途径,它充分体现了中国政府对实体经济、数字科技的重视。中国的数实融合具有以下几方面的突出特点:

（1）先进数字技术主导。数字技术的不断创新和发展,是推动数字经济与实体经济深度融合的关键因素。这些技术包括移动互联网、5G、云计算、大数据、人工智能等，它们为实体经济提供了强大的技术支持，开辟了广阔的模式创新空间，推动了产业升级和转型。

（2）数据要素驱动。在数实融合的过程中，数据成为关键资源和生产要素。通过收集、存储、分析和应用海量数据，可以形成数实融合的全新环境，企业可以更加精准地了解市场需求、优化产品设计、提高生产效率等。同时，数据还推动了价值链的重构和创新，为企业带来了新的增长点。

（3）以实体产业变革为主。在大力发展数字经济的同时，数实融合更注重对传统实体产业的变革。数字技术应用于各行各业，正在展现出巨大的创新潜力。如前所述，在制造业中，智能制造、工业互联网等技术的应用，提高了生产效率和质量；在农业中，智慧农业、精准农业等技术的应用，提高了农作物的产量和品质。

（4）推动产业价值创新。数实融合推动了产业价值链的重构和创新。通过数字化手段，企业可以打破传统的商业模式和价值链，创造出基于数据要素的新价值。例如，共享经济、互联网金融等新兴业态，就是数实融合推动价值创新的典型例子。

（5）新业态新模式不断涌现。数字经济的发展带来了一系列新的业态和模式。这些新业态和新模式改变了人们的生活方式，也为企业提供了新的发展机会。例如，开放创新、远程办公等新兴领域，都是数实融合推动新业态和新模式发展的体现。

（6）相关政策不断出台。数实融合需要政策的引导和支持。各级政府正在制定相关政策，推动数字技术的创新和应用，促进实体经济的发展。同时，政府也在不断加强对数实融合新模式的监管和治理，保障数实融合的健康发展。

数实融合在推动数字经济和实体经济深度融合的过程中，虽然已经取得了一定的成效，但同时也面临着一系列问题：

（1）数实融合发展还不充分。数实融合在深度与广度上仍不够充分。许多传统企业在数字化转型方面还存在思维理念、资金投入和转型路径等现实制约，很多企业还存在"不转型等死、转型是找死"等观念。一些企业对于数字技术应用、数据资源开发的重视程度不足，尚未形成数字化渗透生产工艺的底层逻辑思维架构，导致数字化与企业生产经营的深度融合难以实现。

（2）数实融合各区域、各产业发展不均衡。不同行业、不同区域在数实融合方面的发展不均衡，有的行业或地区已经取得显著成效，而有的则相对滞后。行业内部也存在发展不均衡的现象，大型企业更易于实现数字化转型，而中小企业则面临更多的挑战。

（3）先进数字技术与行业需求适配性不强。当前的先进数字技术可能难以完全满足不同行业、不同企业的实际需求，导致技术与行业的融合效果往往不佳。不同数字工具间难以打通、互操作性弱，也制约了数实融合的深入发展。

（4）数实融合的市场机制还不健全。数字化供需还难以完全匹配，缺乏规模化对接平台，使得数字经济与实体经济的融合面临市场机制方面的障碍。智慧城市等项目缺乏高水平的统筹协调、高质量的公共数据开放应用，也影响了数实融合的推进。

（5）民生类数字应用建设效果不及预期。各地开发了大量数实融合的应用，一些民生类数字应用在实际使用过程中可能还存在功能不完善、操作不便捷等问题，导致用户满意度不高，甚至出现"僵尸 APP"现象。

（6）新兴数字技术带来了风险隐患。随着"元宇宙"、NFT（非同质化通证）、Web3.0 等新概念的兴起,在某些领域会出现投机炒作、避实就虚的现象,可能带来金融、技术和社会治理等领域的新风险隐患。为了解决这些问题,需要政府、企业和社会各方共同努力,加强政策引导、资金投入和技术研发。

10.6.3 数实融合的发展对策

数实融合是中国经济发展的重要路径,各级政府和企业都在积极推动数实融合的发展,探索数实融合的方法,从已有的一些尝试来看,一个区域要做好数实融合,需要考虑以下几方面:

(1)加强数实融合的政策引导与支持。各级政府应出台相关政策,明确数实融合的战略目标和方向,为各部门、行业、企业提供清晰的发展指引。各级政府还可以提供税收优惠、资金扶持等政策措施,鼓励企业加大对数字化转型的投入。政府还要加强基于数字技术的监管和治理,确保数实融合的健康发展,防范和化解潜在风险。

(2)推动先进数字技术的创新发展。加大对数字技术创新的投入,支持科研机构和企业加强合作,推动新技术、新产品、新模式的研发和应用。加强数字技术的普及和培训,提高企业和个人的数字化素养,为数实融合提供人才支持。鼓励企业利用数字技术优化生产流程、提高产品质量、降低能耗等,推动产业向数字化、智能化、绿色化方向发展。

(3)促进产业融合与协同发展。打破行业壁垒,推动不同行业之间的业务融合与协同发展,形成数字化生态圈。加强产业链上下游之间的合作与协同,实现数据互通、资源共享、优势互补、互利共赢。鼓励企业开展跨界创新,探索新的商业模式和增长点。

(4)构建区域数字化基础设施。加强信息通信网络、数据中心等数字化基础设施建设,提高网络覆盖率和数据传输速度。推动工业互联网、物联网等新型基础设施建设,为产业数字化转型提供有力支撑。加强数字化基础设施建设的安全保障,确保数实融合过程中的数据安全和隐私保护。

(5)持续优化数实融合的营商环境。简化行政审批流程,降低企业数实融合市场的准入门槛,激发市场活力和创造力。加强知识产权保护,维护公平竞争的市场秩序,为数字经济发展提供有力保障。加强数字化公共服务建设,提高政府服务效率和水平,满足人民群众对美好生活的需求。

(6)加强国际合作与交流。加强与其他国家和地区的合作与交流,分享数实融合的经验和做法。积极参与国际数字经济治理体系建设,推动数字经济的全球化和普惠化发展。加强跨国企业之间的合作与协同,共同推动全球经济的数字化转型和升级。

通过实施以上对策,可以有效帮助区域加快发展数实融合的经济体系,实现地方产业的升级和转型,为经济社会发展注入新的动力。

10.7 小结

产业数字化是数字经济发展在供给侧的重要组成,各产业尤其是传统产业,通过与数字经济的紧密融合,建立覆盖全产业生态的产业互联网平台,进而转变企业价值创造的方式,为企业建立数实融合的发展模式。

当前阶段,中国的产业数字化水平正在不断提升。随着信息技术的不断进步和应用,越来越多的企业开始将数字技术应用于生产、管理、销售等各个环节，实现了数字化转型。这不仅提高了企业的生产效率，还实现了对资源的优化配置，为企业带来了更大的经济效益。同时，数字化产业链也在不断完善，包括数字化设备制造、数字化软件开发、数字化服务等多个环节，这些环节相互衔接，形成了完整的数字化产业生态。

未来几年，中国的产业数字化将呈现出以下几个方向：一是数字化程度更高的产业将对中国经济的拉动作用不断增强。以金融、科学研究等生产性服务业为主导的高度数字化产业比重将进一步提升，从而推动中国整体产业结构的数字化升级。二是产业数字化将与数据、金融、信息、交通等领域实现更紧密的融合。例如，"产业大脑＋未来工厂＋园区"的模式将成为地方培育产业集群的新范式，通过技术创新和模式创新双向推进，放大创新示范效应。三是数据资产化进程将加速。2022 年出台的"数据二十条"进一步确立了现代数据产权制度、数据交易流通市场机制、数据收益分配机制等；2023 年财政部也就数据资产入表给出了基本规则，这将促进产业生态中数据资产的流动和增值。四是数字化基础设施建设加速，并将与产业数字生态进一步融合。面向数据要素市场、企业数字化场景的云计算、区块链、人工智能等基础设施建设将提速，这些基础设施将为产业数字化提供强有力的支撑。五是数字化应用将进一步拓展、产业互联网平台大量涌现。除了制造业和服务业外，数字化技术还将应用于更多领域，如农业、医疗、教育等，推动这些领域的产业互联网平台大量涌现。

总之，中国的产业数字化发展呈现出蓬勃的生机和活力，未来一段时间，产业数字化仍将继续保持快速发展的态势。同时，随着技术的不断进步和应用场景的不断拓展，产业数字化将呼唤更多的产业技术、模式、治理的创新，打造国际领先的数实融合新模式，为中国经济的高质量发展、实现中国式现代化注入新的动力。

思考题

1. 你身边有哪些人工智能和本行业结合的案例，请按照背景、问题、价值和未来应用规划撰写一篇文章做个介绍。

2. 结合前几章学到的理论和本章智能制造的部分，思考未来制造业企业的生产要素、生产力和生产关系会发生哪些变化？

3. 思考人工智能对各产业定义、产业结构、产业生态的影响。

4. 思考人工智能对产业变革的影响因素，分析讨论下一个产业范式的内容。

5. 国家建立了各个行业的"十四五"产业数字化发展规划，利用本章所学，请就你所感兴趣的方向，深入分析它的发展潜力。

第 11 章　数字金融

内容摘要

金融是经济发展的血脉,是现代社会经济系统的重要组成部分。近年来,随着数字技术全面融入社会生活的方方面面,传统金融体系正在面临着新的发展机遇,发展数字金融已成为国家发展战略。在产业数字金融兴起之前,数字金融主要面向消费端客户。随着产业互联网的发展,企业端数据被准确、规模化采集,从而为实体经济带来了数字金融新生态,也就是产业数字金融。产业数字金融是对传统供应链金融的继承和发展,也是对传统供应链金融的超越。产业数字金融建立了"主体信用+交易信用"的数字信用体系,创造出更完备的数字风控体系,进而摆脱了传统供应链金融对核心企业授信的过度依赖,消除了传统供应链金融的风险。因为建立了企业多样化的数字信用体系,金融机构可以创新大量的新产品来服务产业生态内的所有企业,从而系统性地解决中小企业融资难、融资贵问题。

本章重点

- 了解金融体系发展四个重点阶段以及数字金融概念的提出;
- 理解数字金融的内涵;
- 了解数字金融创新过程中取得的成绩以及爆雷;
- 理解产业数字金融的内涵和意义;
- 了解人工智能在智能金融中的应用。

重要概念

- 数字金融:是应用数字技术面向实体经济需要而建立的现代金融体系,它应用物联网、产业互联网等平台从企业端获取全方位、可穿透的金融相关数据,基于这些数据构建服务实体经济的产业数字信用体系,进而应用人工智能等数字技术完成金融产品创新和风险控制。

- 产业数字金融:是指以产业互联网为依托,以数据为重要生产要素,在产业政策指导下,利用人工智能、物联网等数字技术,实现链上信息全透明全上链,从而实现产业链上的资产情况全穿透,并实时追踪一手风控数据,对潜在风险进行实时监控、提前预警,为特定产业提供数字化投融资、支付结算、租赁信托、保险等综合金融服务,促进产业转型升级的新金融业态。

- 数字信用:是指基于静态数据的信用和基于动态数据的信用的结合,静态数据主要是指传统的主体信用评级所需要的数据,适用于传统的金融服务;动态数据主要是指揭示企业日常交易运营活动的数据,适用于支持建立数字金融服务体系。

11.1　金融体系的发展历程与数字金融的提出

金融创新、产业发展与科技进步之间通常呈现良性互动的关系。人类社会发展至今经历了四次科技革命,历次科技革命也都推动了金融行业的创新发展。

11.1.1　金融体系的发展历程

1. 第一次科技革命:蒸汽时代推动了现代银行体系的诞生

18 世纪 60 年代,以蒸汽机的发明和广泛普及为主要标志的第一次科技革命兴起,手工业生产方式向机器生产方式迈进,现代工业逐渐兴起。蒸汽机的出现和广泛使用也推动了其他产业的机械化,从而引起了工程技术上的全面改革。在工业上,导致了机器制造业、钢铁工业、运输工业的蓬勃兴起,初步形成了完整的工业技术体系。

此时,人类摆脱了小农经济,出现了大规模工业生产,异地交易和国际贸易也进一步发展,商业往来的规模越来越大。而当时银行过高的利率几乎吞噬了产业资本家的全部利润,使新兴的资产阶级无利可图,因此当时的银行服务已不能适应资本主义工商企业的发展需要。随着社会化大生产和工业革命的兴起,迫切需要建立起能够服务、支持和推动资本主义生产方式发展,并能以合理的贷款利率服务工商企业的新型商业银行。

为此,在第一次技术革命后,以中央银行和商业银行为代表的现代银行体系初见雏形,它们能提供短期贷款和短债长投等金融产品,从而让资金大量涌入了工商企业。这些新金融服务公司建立了信用体系,提高了自身的风险控制能力,通过为工业生产源源不断地输送资本推动了人类社会的进步。

2. 第二次科技革命:电气时代推动了全能型银行和投资银行的诞生

19 世纪 70 年代到 20 世纪初,在美国、德国的引领下爆发了以电力为主要动力的第二次科技革命,电力、化工、石油开采和加工、汽车制造、轮船制造、飞机制造等重工业相继出现。电气时代是产业规模经济诞生的年代,它更加需要大规模的资本投入。而当时的商业银行业务是针对蒸汽时代企业的需要而设计的,主要经营债务属性的存贷款业务,无法满足市场大规模资金的需求。

为了满足电气时代企业的金融新需求,在德国出现了全能型银行、美国出现了投资银行。这些银行新业态拉近了产业和金融之间的关系,通过制定完善的风险评估体系,降低了这类银行为重工业发展提供大规模资金的风险,有效推动了具有大资金需求的工业企业的发展。

德国的全能型银行是一种金融混业经营的模式,银行对企业既发放贷款,也帮其发行股票、债券,甚至对其进行直接投资。美国的投资银行也是一种混业经营的银行,它以摩根银行、卡内基投资银行、洛克菲勒财团等为代表,能够为大规模基础设施投资等匹配资金,从而起到了优化资源配置、促进产业整合的作用。

无论是德国的全能型银行、还是美国的投资银行,都是为了满足大规模长期资金需求而进行的金融创新。新型的金融服务模式将工业资本转化为金融资本,在此期间,电报、海

213

底电缆等技术的创新使金融机构更好地摆脱了时间和空间的限制去配置金融资源,使美、德等国家在第二次科技革命中迅速崛起,成为世界主要的经济强国。

3. 第三次科技革命：信息技术时代推动了风险投资体系的诞生

第三次科技革命始于 20 世纪中叶,是以计算机、网络技术的广泛应用为主要标志,涉及了新能源、新材料、生物科技、航空航天和海洋探索等诸多产业领域的一场基于信息技术的产业革命。在这一阶段,技术密集型和知识密集型产业的发展逐渐超过了传统的劳动密集型产业,大批信息科技类创新产业涌现。这些创新企业的发展特征与前两次科技革命时企业的发展特征不同,其轻资产、高技术、高投入、高回报的特点,需要资本以更加长远的眼光、更加有效的手段来支持这些企业的发展。由于当时既有的金融机构业务很难覆盖到这类业务,因此以风险投资为代表的创业投资基金兴起,它们采用了新型的风险管理和服务模式,可以为创新企业提供更具战略性的投资,从而促进了这些企业的发展。

随着创业投资规模的扩大,市场逐渐总结出了这些投资行为的规律。为了进一步满足多样化的投资需求、降低投资风险,私募股权投资/风险投资(PE/VC)等现代风投体系也逐渐诞生。

风险投资在创业企业发展初期投入风险资本,待其发育相对成熟后,可以通过市场退出机制将所投入的资本由股权形态转化为资金形态,以收回投资,具有高风险、高收益的特点。风险投资是把科学技术转化为生产力的催化剂,能强化市场对科技型企业的优胜劣汰。

4. 第四次科技革命：数字经济时代推动了金融产业底层数据的革命,数字金融应运而生

第四次科技革命发端于 21 世纪,随着数字技术全面融入生产与生活之中,各个产业都面临着基于海量数据的运营逻辑的根本性变革,数字产业化和产业数字化为各个国家和地区带来了全新的发展机遇,人类文明开始进入数字文明时代。与前三次科技革命相比,第四次科技革命呈现出数字化、智能化、绿色化、定制化等新特征。

随着数字技术带来了越来越多高质量的可信数据,产业链逐渐被打通、产业生态的范围发生变化,产业创新的发起者也逐渐从单一企业向产业生态转变。由于产业数据日益丰富,用以构建金融体系的信用基础也在发生改变,金融企业急需一套可以实时、准确衡量企业资产回报能力的方式方法,于是数字金融的理念和方法逐渐诞生。所谓数字金融就是要充分利用数字技术,建立一套客观、准确、实时获取各类资产数据的技术体系,并基于这些数据设计一套评价企业资产运营能力的数字信用体系,根据这些信用数据用人工智能等工具完成对各类市场主体的金融服务。

11.1.2 数字金融的提出

1. 从互联网金融,到金融科技,再到数字金融

2014 年的《政府工作报告》第一次提出"互联网金融"的发展方向。2015 年 7 月,人民银行等十部门发布的《关于促进互联网金融健康发展的指导意见》界定,"互联网金融是传统

金融机构与互联网企业利用互联网技术和信息通信技术实现资金融通、支付、投资和信息中介服务的新型金融业务模式"。为促进互联网金融健康有序发展,2016 年 4 月,党中央、国务院部署了互联网金融风险专项整治工作,探索建立互联网金融监管长效机制。

互联网金融是在互联网经济蓬勃发展背景下诞生的一种全新的获取金融业务流量的手段,由于其缺少了底层业务数据的可信性,其服务对象还是以 2C 业务为主,在 2B 市场上无法充分发挥作用,因此并未给传统金融行业带来真正意义上的改变。随着大数据、云计算、人工智能、物联网、区块链等技术的逐步成熟,金融科技、科技金融的概念逐渐被广为接受,金融市场开始思考数字科技对金融服务底层逻辑的改变。

2017 年 5 月,为了加强金融科技工作的研究规划和统筹协调,中国人民银行成立金融科技(FinTech)委员会。在 2019 年 9 月央行颁布的《金融科技(FinTech)发展规划(2019—2021 年)》中,采用了金融稳定理事会(FSB)2016 年提出的金融科技的定义,认为"金融科技是技术驱动的金融创新,核心是运用现代科技成果改造或创新金融产品、经营模式和业务流程等,推动金融发展、提质增效"。

2019 年以来,我国的金融监管层逐步完成了对 P2P 借贷为代表的互联网金融的治理整顿,消除了金融科技盲目创新、流量创新所蕴含的隐患,让金融科技回归服务实体经济数字化转型发展的本源,从而开启了我国数字金融创新发展的新阶段。

2. 中国数字金融的发展历程

2019 年 10 月 24 日,习近平总书记在中共中央政治局就区块链技术发展现状和趋势进行第十八次集体学习时指出:"区块链技术应用已延伸到数字金融、物联网、智能制造、供应链管理、数字资产交易等多个领域",要求"推动区块链和实体经济深度融合,解决中小企业贷款融资难、银行风控难、部门监管难等问题",数字金融的概念得到了社会各界的广泛关注。2021 年 7 月 6 日,国务院金融稳定发展委员会召开会议强调,当前及未来一段时期,要"发展普惠金融、绿色金融、数字金融,建设中国特色资本市场,促进金融、科技、产业良性循环等重大课题"。会议所提及的数字金融,更强调金融市场主体的数字化转型,也就是各金融市场主体要充分利用数字技术,创新服务传统产业的模式,提高监管科技水平。

2022 年 1 月,国务院印发的《"十四五"数字经济发展规划》中"全面深化重点产业数字化转型"部分,提出"全面加快商贸、物流、金融等服务业数字化转型"。此外,在"着力强化数字经济安全体系"中要求"规范数字金融有序创新,严防衍生业务风险"的要求。2022 年 1 月,原中国银保监会发布的《关于银行业保险业数字化转型的指导意见》中进一步提出"构建适应现代经济发展的数字金融新格局""积极发展产业数字金融"。中国人民银行印发的《金融科技发展规划(2022—2025 年)》,要求将数字元素注入金融服务全流程,将数字思维贯穿业务运营全链条,注重金融创新的科技驱动和数据赋能,部署高质量推进金融数字化转型,健全适应数字经济发展的现代金融体系。

在数字金融发展初期,主要面向消费端客户进行创新,提供了线上的移动支付、个人信贷、理财等业务。随着产业互联网的发展,企业端数据可以被高质量、高效率、低成本地汇聚,数字金融开始全方位服务实体经济。近年来,各金融机构按照国家战略部署,积极发展产业数字金融,打造数字化金融服务平台,推进开放银行建设,加强场景聚合、生态对接。金融机构依据各地发展机遇与比较优势,探索打造绿色产业数字金融、跨境产业数字金融、科创产业数字金融、乡村产业数字金融等特色模式,实现了差异化市场竞争。2023年10月中央金融工作会议明确提出"要加快构建金融强国的方针,以促使我国金融体系建设从'规模'到'质量'转变""坚持把金融服务实体经济作为根本宗旨,为经济高质量发展服务""做好科技金融、绿色金融、普惠金融、养老金融、数字金融五篇大文章。"

11.2　数字金融的基本概念和主要内容

11.2.1　数字金融的基本概念

关于数字金融的概念和内涵,学术界已经开展了广泛的研究。任图南、陈昊、鲁政委等人提出,数字金融是一个兼容并包的概念,其主要包括三方面:一是在资源运用层面,数字金融是数据要素价值的重点开发;二是在技术运用层面,是金融体系对金融科技的深度应用;三是在展业模式层面,是数字化金融业务模式和渠道的全面创新。黄益平认为,数字金融是指数字技术与传统金融结合的新型金融业态,既包括科技公司为金融业务、流程与产品提供技术支持,也涵盖传统金融机构利用数字技术改善金融服务。崔大勇认为,数字金融指互联网公司和传统金融机构等多方利用网络数字技术实现借贷、支付、投资以及其他金融创新业务的模式。数字金融的概念与互联网金融以及金融科技存在共通的内容,比如都是借助技术手段推动金融创新,但是互联网金融更多地侧重基于互联网开展的金融业务,金融科技更多体现科学技术在金融业的应用,相比较之下,数字金融是更多触及金融底层逻辑的一个概念。

本书所讨论的数字金融,是指应用数字技术面向实体经济需要而建立的现代金融体系,它应用物联网、产业互联网等平台获取全方位、可穿透的金融相关数据,基于这些数据构建服务实体经济的产业数字信用体系,进而应用人工智能等数字技术完成服务实体经济的金融产品创新和风险控制。

11.2.2　数字金融的重要意义

数字金融具有数字与金融的双重属性,能够加速资本、数据等要素的自由流通和有效配置,能够有效发挥我国海量数据和丰富应用场景的优势,提高金融触达、服务效率和风险管理水平,弥补地区和城乡差距。另外,数字金融通过建设金融服务的数字基础设施,提高金融数字化产品供给和生态化链接能力,进而为科技金融、绿色金融、普惠金融、养老金融等重点领域,源源不断地注入发展动力。

1. 数字金融是中国式金融理论体系的重要组成部分

现代金融体系起源于西方,极大地促进了人类社会经济系统的发展。中国的金融市场起步较晚,但发展速度很快,在发展过程中也逐渐总结了具有中国金融市场的经验教训。尤其是随着数字经济时代的到来,中国的全国统一数据大市场,为数字金融体系的构建提供了全球独一无二的场景。在这一场景中所做的数字金融探索,将会是建立中国式金融理论的重要途径。

2. 数字金融提升金融服务效率和拓展金融服务边界

数字金融通过激活数据要素,使金融产品和服务的供需双方点对点相连,大幅缩短了传统的金融业务流程,改善资金的融通环境,通过减少信息不对称来不断提高金融服务效率。同时,数字金融可以有效突破传统金融产品的空间界限和数量约束,创新金融机构的经营管理模式,提升金融服务的效率和覆盖范围。金融服务质量效率的提升以及边界的拓展能够更好地服务实体经济,为实体经济提供更多元、更灵活、更精准的金融支持。

3. 数字金融增进金融服务的普惠性和精准靶向性

数字金融的便捷高效、低成本、广覆盖的普惠特点能够有效克服地理障碍,消除传统金融风险评估的盲点,降低金融服务的边际成本,实现以较低资金成本向小微企业和各地各类人群尤其是欠发达地区提供更多的金融产品和服务选择。另外,数字金融通过大数据分析可以对中小微企业的运营状况和盈利前景进行精准判断,有利于金融资本对有创新潜质的中小微企业进行"精准滴灌",满足他们的融资需求。

4. 数字金融增强金融机构的风险管理能力

数字金融体系的建立可以减少金融市场中的信息不对称,增强金融机构的风险识别与管理能力。具体而言,数字金融在风险管控方面的作用包括两方面:一是减少商业银行的资产和负债之间的期限错配风险和流动性错配风险。数字金融引入了大数据、人工智能等数字技术,提高了商业银行对资产负债结构的优化能力,促进了其负债结构向多元化转型。银行通过建立实时大数据动态风险评估框架,可以提高对自身资产负债期限结构和流动性结构的判断能力,继而降低资产负债到期损失,增强对流动性头寸数量的有效控制。二是有效弥补传统金融机构的量化风险管理短板。数字金融可以利用人工智能、大数据等技术,提升风险评估、反欺诈、金融服务合同分析、贷前审查和贷后管理等方面的风险管控能力。

11.2.3　数字信用

数字金融不仅是金融产品和风控技术的创新,也是金融理念的创新。数字金融创新的基础是基于大数据建立的数字信用体系,数字信用是传统社会信用体系的数字化转型。

1. 社会信用体系的定义与构成

在市场经济中,无论是宏观经济方面的经济增长、价格变动、商品均衡和国际收支平衡,还是微观经济方面的各类经济主体的交易、收入、支出、盈亏、储蓄和投资,都与信用机制紧密相连。完善的社会信用体系是现代化经济体系和社会治理体系的重要组成部分,是供需有效衔接的重要保障,是资源优化配置的坚实基础,是良好营商环境的重要组成部分,是促进国民经济循环高效畅通、实现经济社会高质量发展的重要保障。为推进社会信用体系高质量发展,促进形成新发展格局,中共中央办公厅、国务院办公厅于 2022 年 3 月专门印发了《关于推进社会信用体系建设高质量发展促进形成新发展格局的意见》,提出要健全信用基础设施,统筹推进公共信用信息系统建设。中国的信用体系已经进入数字化发展阶段。

2014 年 6 月,国务院发布的《社会信用体系建设规划纲要(2014—2020 年)》提出,社会信用体系是社会主义市场经济体制和社会治理体制的重要组成部分。它以法律法规、标准和契约为依据，以健全覆盖社会成员的信用记录和信用基础设施网络为基础，以信用信息合规应用和信用服务体系为支撑，以树立诚信文化理念、弘扬诚信传统美德为内在要求，以守信激励和失信约束为奖惩机制，目的是提高全社会的诚信意识和信用水平。

社会信用体系建设的主要目标是：到 2020 年，社会信用基础性法律法规和标准体系基本建立，以信用信息资源共享为基础的覆盖全社会的征信系统基本建成，信用监管体制基本健全，信用服务市场体系比较完善，守信激励和失信惩戒机制全面发挥作用。政务诚信、商务诚信、社会诚信和司法公信建设取得明显进展，市场和社会满意度大幅提高。全社会诚信意识普遍增强，经济社会发展信用环境明显改善，经济社会秩序显著好转。

根据社会信用体系建设目标，社会信用体系由以下四方面组成：

（1）社会信用制度。主要包括建立完善的信用法律体系、行政规章和行业自律规则等。

（2）信用管理和服务系统。信用管理和服务系统是由各社会主体单位，包括行政机关、企业、事业单位内部的信用管理系统，以及社会专业机构承担的资信调查、联合征信、信用评级、信用担保、信用管理咨询和商账催收等社会专业服务系统所构成。

（3）社会信用活动。主要包括消费者信用活动、企业信用活动、商业信用活动、政府信用活动和司法信用活动等。

（4）监督与惩戒机制。主要包括信用监管制度和失信惩戒制度，运用行政、经济、道德等多种手段，依法对信用活动行为进行监管和失信惩戒，将有严重失信行为的企业单位和个人从市场经济的主流中剔除出去，同时激励守信企业单位和个人。

2. 国内外社会信用体系的不同

中国社会信用体系包括四个重点领域：政务诚信、商务诚信、社会诚信和司法公信。中国的社会信用体系，不是西方国家"主要围绕着经济交易和金融活动展开的信用交易风险管理体系"，而是"一个包含经济交易信用体系和社会诚信体系在内的广义的社会信用体系"。

西方国家的社会信用体系偏重消费信用领域，主要以解决商业失信、金融失信为目的，围绕市场经济展开。以美国为例，个人信用信息范围较为狭窄，主要包括四方面：一是消费者的身份识别信息；二是信用行为方面的信息，主要包括贷款、信用卡使用等信息；三是公共信息记录，包括欠税记录、被追账记录、判决记录、破产记录等；四是消费者信用报告的查询记录，包括消费者自己的主动查询和授信机构的查询。信用报告机构是以营利为目的的企业，它以市场需求为导向，在合法使用目的之下收集、出售信用信息，不必经过信息主体的同意。政府只是从隐私保护和公平竞争的角度出发，在《隐私权法》《平等信用机会法》等法律中规定不能进入信用信息范围的原则。在此条件下，美国逐渐形成了以消费为中心的信用信息范围。我国市场经济和法治建设的时间还不长，且处于社会转型时期，经济信用风险和社会诚信缺失问题同时存在，因此必须统筹解决经济信用和社会诚信问题，建立更广泛的社会信用体系。

3. 我国信用体系建设存在的问题

（1）**信用信息体系体量大但信息分散且不完备**。信用信息具有非常重要的地位，征信、评信和用信都依赖信用信息，高质量的信用信息是信用要素有效参与资源精准对接和优化配置的必要条件。因此,完备的信用信息体系是社会信用体系建设高质量发展的重要基础。

但目前,公共信用信息平台存在着标准不统一、与政府各职能部门应用软件不对接、监督管理部门不明确、安全隐患和异议处理得不到重视等问题。而且,我国尚未形成全国互联互通的信用信息体系,信用信息资源基本上分散在工商、税务、海关、司法、证券监管、质检、环保等政府部门以及银行、电商、通信等行业中,成为众多的信息孤岛,公共信用信息的归集工作与共享开放之间一直存在着依据存疑、动力匮乏和标准不一等制度衔接问题以及政府信息公开制度不足问题。当前信用信息体系中还存在正面信息偏少,负面信息偏多等问题。

(2)**信用服务体系场景缺乏**。信用价值的实现离不开应用场景,让守信主体获得更多信任、实现更多价值,需要有效市场和政府在金融领域、政务领域和商业领域相结合,打造各类应用场景。"十三五"时期,金融、政务和商业领域都已构建起相应的信用服务场景,但第三方信用服务和公共服务领域的信用服务场景还较为缺乏,政府应用的模式还不够成熟稳定,市场应用对实体经济的支撑有待加强,社会服务应用的惠民力度不足。

(3)**信用监管体系仍待完善**。当前,信用监管已经应用到各个领域,信用监管体系逐渐成型,信用监管信息平台建设日趋成熟,重点领域信用监管效果显著,营商环境得到优化。但信用相关的法律法规、标准化建设尚未完成,多元化监管和部门协同机制尚不完善,信用信息共享壁垒亟待打破,市场主体权益保护机制仍待完善。全国市场主体信用监管还存在制度机制建设与信用监管法治化要求不相适应、信息共享开发与信用监管智慧化趋势不相适应、社会治理力量与信用监管共治化需求不相适应的问题。

(4)**信用扶助覆盖面依然过窄**。在金融创新方面,各部门信用信息共享困难、供应链核心企业数据开放不足、个人信息应用面临法律障碍等问题导致对小微企业的融资覆盖面过窄。社会层面的风险补偿机制欠缺和社会信用基础薄弱、银行层面的操作方式局限和信息不对称以及农牧民的道德风险和思想观念落后等问题,导致了对农牧民信用循环贷支持的效用难以发挥。另外,国家尚未出台相关政策措施主导开展针对中小微企业的信用救助工作,帮助中小微企业重建信用的途径主要是公共管理领域的信用修复与金融领域的异议信息处理,但存在信用修复认定机构不统一、信用修复的法律文书不规范和修复事项不明确等问题。

4. 数字信用的内涵

数字信用的提出最初发生在信贷领域。互联网、大数据、人工智能等数字技术的进步,催生了一批数字平台企业,后来在这些平台上衍生发展出信贷业务。目前基于数字平台的信贷业务大致可以分为三类:第一类是新型互联网银行的信贷业务,如网商银行、微众银行和新网银行;第二类是平台提供的小额贷款或消费金融业务,如蚂蚁花呗和京东白条;第三类是数字平台提供的助贷业务或者联合贷款,目前已经成立了百行征信和朴道征信两家大数据征信公司。

数字信用是数字时代的重要金融创新,它是指利用包括大数据和机器学习方法等的数字技术积累信用数据、识别信用信息的创新型信用体系。数字技术本身并不创造信用,它只是帮助辨识、发现信用,这种信用本来就存在,只是用传统的手段无法很好地辨识出来。

数字信用是把基于静态数据的信用和基于动态数据的信用融合的产物。静态数据主要是指传统的主体信用评级所需要的数据,适用于传统的金融服务;动态数据主要是指揭示企业日常交易运营活动的数据,适用于支持建立数字金融服务体系。前者可以简称为主体信用,后者可以简称为交易信用。

交易信用与主体信用的区别在于,交易信用是指企业在交易过程中因预收账款或延期付款而产生借贷关系,将交易本身产生的现金流作为偿还债务的第一来源,实现自我清偿的能力。数字经济时代,数字技术手段能够捕捉各交易环节真实可信、多维动态、可追踪、可控制的"四流"数据,并形成交易闭环和资金闭环后,交易信用才得以揭示。这一概念强调交易项下的自我清偿性,以该笔交易项下的应收账款、货物、权益等作为押品和权利,更加适用于主体信用数据不充分、难验真,且缺乏传统抵质押物的中小企业。交易环节承载的是产业链上下游的价值创造,价值的如期创造是中小企业自我清偿能力的来源与根基。信用通过对以往被淹没的、企业在生产经营交易过程中价值创造的揭示和释放,对产业金融的普惠化发展带来可能。

交易信用的构建基于从不同渠道获取的交易相关数据。一是交易结果数据,如应收账款、应付账款、存货等数据,可以从企业的三张报表中获得;二是交易过程数据,如交易合同数据、销售和采购的订单数据、付款信息(发票数据等)、物流信息(提货、仓储入库等),以及物联网数据(资产入库状态)等从不同统计口径侧面反映的交易信息;三是其他反映企业运营情况的数据,如行政数据(企业缴纳的税收、水电费、社保信息等)、舆情数据(工商舆情信息、司法舆情信息等),以及中国人民银行的企业征信数据等。同时,对这些交易数据还要从商流、物流、资金流、信息流的角度,对其交易背景进行交叉验证,以确保其真实性。值得注意的是,对于数据的获取,产业数字金融不仅关注多方数据源的数据整合,更关注一手实时数据的获取,后者更能保证数据的及时性、真实性和精准性。

11.2.4 数字风险控制

1. 数字风险控制的内涵

加快建设金融强国,要把金融安全放在更加重要的位置。在当今复杂多变的金融环境中,我国金融系统风险隐患仍然较多,既要防范中小金融机构、地方债等国内金融风险隐患,也要防范国际金融风险对我国金融系统的冲击。

数字风险控制简称"数字风控",是利用数据资源、数字技术完成对金融活动全过程的风险识别、评估、控制以及监测的一种新型金融风险管理模式。数字风控有助于消除传统金融风险监管的空白和盲区,增强金融数字化发展的安全性。与传统风险管理相比,数字风控具有明显的全面化、智慧化、全程化、精准化和效益化等特点。

十三届全国政协经济委员会主任、原中国银监会主席、中国证监会原主席尚福林在第二十届中国国际金融论坛中表示,数字技术在金融领域的创新应用始终要以风险防控为底线。科技没有改变金融业务的风险属性,相反由于技术的进步诞生了新的风险、加速了风险的传播、扩大了风险的影响范围。

2. "主体信用＋交易信用"完善的数字信用体系对风险管控的作用

交易信用将交易本身产生的现金流作为偿还债务的第一来源,实现自我清偿的能力,具有重债项轻主体、重用信轻授信等特征,是主体信用的有益补充。金融机构通过建立"主体信用＋交易信用"的风险评估体系,能更好识别和判断风险。通过数字信用体系,能够建立金融机构更加完善的风险评估指标,使风险得到更精准把控、更快速预警。

金融机构使用范围最广也最普遍的是主体信用指标,它能为风险管控提供最基础、直观的信息。主体信用以主体机构的静态数据为主,信用指标多基于主体的历史数据,采用基本的统计汇总方法,具有低频、粗颗粒度等特点,更适用于长期生产性贷款的风控。

交易信用作为主体信用的补充,其对风险控制独特的价值可总结为以下四个方面:

一是交易信用重债项轻主体。交易数据来自交易过程中产生的商流、物流、资金流和信息流等。通过应用数字技术,收集和分析"四流"数据,对交易项下的货物、应收账款、预付账款或其他权益进行动态监控,验证交易背景的真实性,监测交易关键流程,强调通过交易产生的现金流偿还相应债务,实现资金闭环管理。基于交易信用的风险控制把焦点放在产业链中企业间的真实交易上,从而将金融风险控制下沉至产业链中的二级、三级乃至若干级供应商和经销商。

二是交易信用更重时效性和准确性,便于实现动态化、精细化的风险管理。由于企业交易具有动态化、不稳定性等特点,因此对企业交易信用的揭示也需要具备实时和动态的特征。在数字技术赋能下,交易数据可以实时、高频、连续更新,这些数据可以交叉验证、便于做多维度分析,从而使得金融风险控制也更具时效性。

三是交易信用重用信轻授信,对贷中、贷后风险管理价值大。交易信用能够基于单笔交易的审批(如出账审批)进行风险识别和应对,风险后移至执行环节,让风控更加关注贷中反欺诈和贷后实时监控。数字技术赋能下的自动化、实时化、智能化的风控监控及预警,对金融机构存续期资产管理体系的完善及效率的提升也具有重要意义。

四是交易信用对产业链供应链整体风险判断将起到越来越重要的作用。数字经济时代,企业资产数据化、轻型化趋势明显,各产业分工进一步细化,产业链供应链关系进一步关联交织,交易关系越发复杂高频,市场主体间风险传导加速。此时仅依靠既有的主体信用体系来管理产业链供应链风险,已无法满足新时期经济发展的需要。交易信用对风险的揭示模式与产业链供应链数字化发展的趋势相适应,通过激活数据要素对产业链供应链整体风险进行识别和管理,从而能全面降低产业链供应链的风险。

11.3　数字金融创新的主要领域

改革开放以来,中国金融业栉风沐雨、砥砺前行,积极利用信息技术优化业务流程、拓宽客户渠道、提升服务质效,金融服务方式发生了根本性变革,人民群众对金融产品和服务的满意度不断增加。尤其是进入数字时代,我国积极布局数字金融,在数字金融的一些领域已取得一些成绩,某些领域甚至已经站在国际前列。但不容回避的是,金融业在我国起步较晚,在快速发展中也存在一些问题,需要在发展数字金融时加以解决。

11.3.1　我国数字金融建设的成果

近 10 年来,中国持续在数字金融领域深耕,取得了不错的成效,特别是在消费互联网的金融科技创新和应用方面在全球已属于领先行列。

在消费互联网领域,移动支付是数字金融的起点和发展基础。中国金融科技企业利用全球领先的移动支付技术,让中国数亿居民享受到了便捷的数字支付服务。发达的移动支付背后是中国广大居民的数字生活方式,数亿居民足不出户,仅凭手机就可以完成在线购物、在线医疗、缴纳水电煤气费、交通罚款等各种支付活动。此外,移动支付作为数字普惠金融的重要工具,提高了落后地区金融服务的便捷性与可得性,缩小了区域金融服务发展的不平衡性。

便捷的支付方式还带动了金融配套服务的发展。信贷方面,随着第三方支付的普及,阿里巴巴、腾讯、京东等互联网企业利用平台上累积的大数据,建立了基于实时数据的风控体系,因而可以通过旗下的数字银行或互联网小贷公司,向平台生态内的小微企业和消费者发放贷款。保险方面,我国近10年保险增长速度较快,居民对保险业务的需求呈快速上升态势,业内预计我国在2030年前后有望超过美国,成为全球第一大保险市场。由于保险行业数据密集的特性,我国近年来的数字保险获得快速发展。很多保险公司已经开始建设线上保险销售渠道,或与保险科技平台合作线上销售保险产品,一些商业保险公司还与互联网保险科技平台合作,创新推出多种定制化互联网保险产品,并把服务触达到原本难以获得保险服务的群体。

此外,我国的数字金融在产业领域也取得了不少成绩,围绕交易信用体系而进行的金融创新越来越多,为我国开辟产业数字金融服务新模式奠定了基础。

11.3.2　数字金融在消费领域遇到的问题

中国的数字金融在快速发展的过程中,暴露出很多创新中的风险管控问题,从P2P贷款爆雷到校园贷、现金贷等,监管能力不足让这些创新付出了沉重的代价。技术在推进数字金融进步的同时,我们也必须总结经验教训、扎紧风险防控的篱笆。

1. P2P借贷

P2P借贷模式本质是一种信息中介,它与作为信用中介的传统金融机构有根本区别。P2P借贷交易模式诞生于欧美,本来仅是针对特定范围的小众商业模式,但是2006年传入我国后,打着金融创新的旗号,这一模式的经营开始变质。总结P2P借贷在我国发展的教训,一是监管不完善、风险无控制;二是P2P借贷商业模式存在缺陷,容易爆雷。

P2P借贷兴起之初是为企业和个人解决融资渠道狭窄的问题,初心还是为了更好地服务实体经济。在2012年以后的几年时间里,P2P贷款业务迅速发展,最高峰时我国网络借贷平台数量超过5000家。由于行业的进入门槛低,同时国内的相关监管机构对于这种新兴的借贷平台没有及时出台相应的监管政策,这类企业的经营风险开始暴露。为维护金融稳定、保护投资者利益,2016年开始,国家陆续出台监管措施整治P2P借贷行业,在2017年以后的强监管下,开始出现P2P清退潮,到2020年11月中旬,我国P2P借贷行业清零落幕。

P2P借贷的业务模式主要分为两类:一类是正规的信息中介,只对借贷双方进行信息匹配,以拍拍贷为代表;另一类是违规的类信用中介,包括担保模式、超级债权人模式、类资产证券化模式等等,其共性均为采用资金池方式运营,背离了其信息中介的职能,存在期限错配、自融、庞氏融资等多种违规操作。随着P2P借贷规模越来越大,缺乏监管的问题开始涌现,大量P2P借贷公司都采用类信用中介模式冲规模,挤压了正规信息中介企业生存的空间,导致风险在这些违规企业中快速积聚。当经济发展出现波动时,这些缺乏风险监控的资金池开始入不敷出,坏账现象越来越多,导致全国 1000 多家 P2P 借贷平台集中爆雷,危及了我国当时的金融稳定局面。

2. 互联网消费信贷

互联网消费信贷是指金融机构、各类金融组织以及互联网企业等借助互联网技术向消费者提供的以个人消费为目的,无担保、无抵押的短期、小额信用类消费贷款服务,其申请、审核、放款和还款等全流程都在互联网上完成。与传统消费金融相比,互联网消费信贷在降低资金成本、提高业务效率、减少信息不对称性等方面具有无可比拟的优势。

我国个人消费信贷从 20 世纪 80 年代中期开始发展至今,业务范围已经得到了明显的扩大。随着经济的发展,各类银行为满足个人正常消费需求而纷纷开展了针对个人的贷款业务,如个人住房抵押贷款、汽车消费贷款、教育助学金贷款、大额耐用消费品贷款、家居装修贷款、度假旅游消费贷款等。这些个人信贷品种的发展,拉动了市场内需,推动了相关产业的发展。

随着居民对线上生活、消费接受程度的不断提升,互联网消费信贷开始涌现,并得到了快速发展。虽然我国狭义消费信贷余额已经超过美国,达到 15 万亿元左右,但我国人均狭义消费信贷余额、人均收入和人均消费支出等指标仍处于较低水平,消费信贷还有很大的发展空间,发展互联网消费信贷也就成为经济发展的必然。因此,商业银行还将继续在数字消费信贷上发力,创新个人消费金融产品,把个人数字消费信贷作为拓展业务的一个重要领域。

但随着互联网消费信贷量的增加,该项业务的风险也逐步暴露出来。目前,互联网消费信贷的风险主要表现在以下三方面:

(1) 信用风险。借款人信用风险会直接导致消费贷款逾期、违约等,它的风险大小主要取决于平台公司的征信水平和风控能力。互联网金融平台虽然借贷方便,但利息成本较高,其客户大多是很难在商业银行获取贷款的客户。由于互联网消费金融产品的实际利率远远高于市场利率,在市场利率波动或者市场竞争激烈的情况下,借款人违约的可能性开始变大。此外,由于互联网金融平台在对借款人的相关数据采集时,难以保证数据的真实性、有效性,因此对借款人的信用风险较难做出准确评估。

(2) 监管手段有待完善。首先,国家鼓励消费信贷开展的政策是明确的,但相应的配套政策、法律法规、施政措施尚未到位。其次,规范互联网金融发展的指导性文件或者整治方案滞后,缺乏长效性。数字消费信贷创新产品层出不穷,立法和监管的滞后性无法应对互联网金融市场不断涌现的创新。

(3) 引导过度消费,侵害消费者合法权益。越来越低的借钱门槛、对过度消费的刻意诱导等,对涉世未深的年轻人具有很大诱惑力。曾经有一段时间,借条贷、校园贷等乱象频发,超前消费、借贷消费不仅裹挟年轻人陷入债务危机,更有可能威胁个人人身安全、危害社会稳定性。在这些互联网消费借贷平台上,它们拥有消费者无法比拟的信息优势,消费者很难获得互联网金融平台在产品创新、产品定价和风险控制等方面的相关信息,信息不对称使得消费者的合法权益很容易受到侵犯。

11.3.3　消费互联网时代数字金融发展的启示

总体而言,数字金融的创新发展要以确保金融安全、维护消费者权益为底线,以遵守公平竞争的市场秩序为准则。数字金融的监管要以持牌经营为前提,以严格监管为关键。数字金融的监管需要调整监管理念,加强监管能力建设,在理念和行动上将严格监管贯穿于金融机构和金融活动生命周期的全过程。

1. 持牌经营

由于金融企业存在专业性、杠杆性、信用性、风险性,必须有专业监管机构予以持牌许可才能经营,无牌经营就是非法经营,就可能产生信用风险、流动性风险、交叉金融业务风险等诸多风险。凡是互联网平台公司业务涉及金融领域的,必须提高注册门槛,实行严格的"先证后照",即有关监管部门在基于对相应资质和人员素质条件的确认基础上发出许可证,之后工商部门才能发经营执照。

2. 加强监管能力建设

随着数字科技水平的提升,数字金融行业健康有序发展对监管能力也提出了更高要求。推进科技与监管深度融合,加强监管科技能力建设,一方面要积极开展监管数字新技术研究,提高数据分析能力、信息处理能力,为监管科技建设提供强有力的技术保障;另一方面,要加强监管科技与现有金融监管体系的有效配合,明确监管科技的应用是对现有金融监管的补充,进一步完善统一的金融监管框架。例如,可依托数字监管协议、实时数据采集、智能风险感知等科技手段,优化金融监管流程,提升金融监管的效率。

3. 促进公平竞争,维护市场秩序

针对数字金融平台的不当行为实施反垄断监管,加快完善相关法律法规机制,维护市场公平。例如,可加快健全市场准入制度、公平竞争审查机制、数字经济公平竞争监管制度、预防和制止滥用行政权力排除限制竞争制度等。监管部门应关注科技企业利用其垄断地位采取捆绑销售、畸高定价、限制竞争等垄断行为,并对烧钱补贴等非正常竞争手段进行穿透式审查,切实落实反垄断法。同时,加快完善反垄断体制机制,建立全方位、多层次、立体化监管体系,实现对数字金融平台的事前事中事后全链条、全领域监管。

4. 加强消费者保护

要分别从法律监管和平台机构两方面入手,双管齐下,保护消费者合法权益。首先,监管法律法规方面,构建权责明确、保护有效、执行规范的个人信息处理和保护制度,通过加快立法、强化监管、严格执法,及时弥补规则空白和漏洞,加强数据产权制度建设,强化平台企业数据安全责任,保障消费者信息数据的产权和安全。其次,平台机构方面,要增强平台自身金融科技伦理意识,平台需保障消费者的知情权,做到信贷产品信息的全面告知、风险提醒,遵循"适当性原则"进行额度授信。平台要承担起金融教育的责任,帮助用户提升理性借贷、理性消费意识和风险防范能力。

11.4　服务数字经济发展的产业数字金融

产业数字金融是在数字经济时代背景下,金融服务实体经济的全新发展方向,是数字科技在金融领域应用空间最广泛、潜在价值最丰富的领域。产业数字金融借助数据要素市场,把产业与金融紧密结合,能有效降低产业链上各类中小企业的融资成本,真正助力实体企业降本增效,提升企业生产活力,实现金融回归服务实体经济的本源与初心。

11.4.1　产业金融的服务创新

数字时代消费金融服务的创新基于消费互联网的发展,产业互联网时代的到来,孕育着产业金融服务的创新。

实体经济是一国经济的立身之本,也是国家财富的主要来源。党的十八大以来,以习近平同志为核心的党中央高度重视发展实体经济,多次强调实体经济在国民经济中的基础性作用,要牢牢把握发展实体经济这一坚实基础。《中华人民共和国国民经济和社会发展第十四个五年规划和 2023 年远景目标纲要》提出"深入实施制造强国战略",在加强产业基础能力、提升产业链供应链现代化水平、推动制造业优化升级、实施制造降本减负行动等多个方面作出了战略部署。同时,中小企业作为实体经济的重要组成部分,是保护产业链供应链稳定性和竞争力的关键环节,在助力我国实现制造强国的目标中发挥着重要作用。我国中小企业具有"56789"的典型特征,即中小企业贡献了全国 50％以上的税收,创造了 60％以上的国内生产总值,完成了 70％以上的技术创新,提供了 80％以上的城镇劳动就业,占据了 90％以上的企业数量。

经济是肌体,金融是血脉,实体经济的健康发展离不开金融的支持,金融在促进经济增长中发挥着不可替代的作用。在此背景下,要实现传统实体产业的转型升级,还需要大量的资金支持,金融服务任务依然艰巨。自党的十八大以来,金融服务实体经济的能力稳步提升。根据原中国银保监会统计数据,2022 年普惠型小微企业贷款余额达到 23.6 万亿元,近 5 年年均增速约 25％。在金融服务实体经济取得较好成效的同时,我国产业端金融供给不平衡不充分、中小企业融资难融资贵等问题依然较为突出。不充分的问题主要表现在我国的制造业企业有着大量的资金需求,但一方面直接融资比重低,企业缺乏融资渠道或融资渠道不畅通;另一方面间接融资成本高,企业缺乏信用担保。因此,企业的合理融资需求不能得到很好的满足。不均衡主要表现为更多的金融资源流向供应链中具有绝对话语权的核心企业或者有政府信用背书的企业和项目,中小企业融资难、融资贵的问题仍然非常突出。

为解决这一问题,多年来,从中央到地方,各级政府出台了一系列政策措施;从金融界到科技圈,许多机构和企业做了大量的探索。但问题依然存在,究其根本主要在于风险控制的技术能力上。过往的风控技术和理念,过分依赖主体信用,金融机构天然地倾向于贷款给安全度高、风险低的大企业。对大多数中小企业而言,由于金融机构缺少他们的一手客观数据,对中小企业的经营情况难以掌握,底层资产难以穿透,真实贸易背景难以确认。传统的"供应链金融"模式试图通过核心企业对上下游中小企业的确权、增信来解决这些问题,但由于数据不透明和激励机制的缺乏,真正被核心企业惠及的中小企业只是产业链上很小的部分。

随着第四次工业革命的到来以及产业互联网的发展,5G、物联网、区块链、人工智能、云计算、大数据等数字技术得到广泛应用,产业链上各企业在数字技术赋能下可以产生大量客观的企业交易数据,这些数据具备较强的金融属性,为产业金融风控的技术和理念创新提供了可能。

11.4.2　我国产业金融的发展历程

改革开放四十多年以来,我国产业金融发展大致经历了三个阶段。第一阶段,产业金融1.0。即传统银行的公司业务模式,通常表现为点对点地服务具备较强主体信用的企业,其客户以有政府背景或政府背书的企业为主。第二阶段,产业金融2.0。即以核心企业为中心的传统供应链金融模式。该模式依托核心企业的主体信用,通过核心企业的担保、确权、增信,使金融服务延伸到与核心企业有供需关系的上下游企业。第三阶段,产业金融3.0。随着产业互联网的发展,通过产业互联网上的可信机制,可以获取产业链上所有企业经营相关的客观、实时数据,实现全产业链封闭场景中交易的数字化、透明化、可控化,从而实现全新的产业金融服务模式。

1. 产业金融1.0与产业金融2.0

产业金融1.0阶段金融机构只服务单一企业,服务范围非常有限。产业金融2.0阶段的供应链金融,又分为两种典型版本:其一是金融机构主导的供应链金融;其二是核心企业主导的供应链金融。

在金融机构主导的供应链金融版本中,银行主导、企业配合。金融机构主要服务产业链核心企业和核心企业愿意担保、确权、增信的上下游核心供应商企业,供应链金融链条拓展长度有限。这是因为银行的专长在于资金安排,其对产业链上的各种业务把控能力相对不足,这体现在四方面:

一是看不清。实体产业链结构复杂、风险敞口大,银行缺乏垂直行业细分领域的经验和业务穿透能力,无法针对底层资产深入提供金融服务。

二是摸不透。底层资产不透明,银行缺乏通过技术手段获取底层资产实时一手数据和有效的风险预警能力,无法监控底层资产的金融服务产品。

三是不信任。除行业龙头企业外,产业链上绝大部分中小微实体企业主体信用不足,缺乏必要的抵押物,他们在主体信用模式下无法获得必要的金融服务。

四是不完整。产业链金融服务和金融监管之间存在区位错配,金融机构无法按照产业链全链路思维拓客,没有形成全链路闭环的风险控制模式。

核心企业主导的供应链金融版本,银行配合核心企业推动供应链金融。由核心企业管理供应链运营,把握其上下游中小微企业的状况,并提出金融服务的对象和要求,商业银行参与评估、直接给中小微企业提供流动性。这种模式下,由于推进的主体就是供应链上的核心企业,他对供应链上的中小微企业状况更为了解,能有针对性地将合适的资金在合适的时间以合适的成本提供给合适的对象,因而金融与产业的结合更趋紧密。但这种模式也存在不足,核心企业推动的供应链金融的服务对象往往是核心企业的直接上下游合作伙伴,这是一种"链条"化的金融服务,而无法聚合更为广泛的供应链参与者,特别是同产业的融合合作,即供应链和供应链之间的合作无法有效实现,因而无法形成全行业、全产业更大范围的金融疏通。此外,产业中除了核心龙头企业,还有一些准大型企业甚至偏中型企业,这些企业在行业中也具有一定的竞争力,但是它们缺乏足够的资源和能力构建供应链服务体系,很难与金融机构合作为上下游客户企业提供金融服务。

2. 产业金融 3.0 阶段——产业数字金融及其内涵

无论是产业金融的 1.0 阶段还是 2.0 阶段,都过度依赖产业链上核心企业的主体信用,过度看重核心企业对上下游企业的确权、增信,因而只对与核心企业有供需关系的企业提供金融服务,对产业链企业服务的门槛高、范围窄、深度浅。

与产业金融 1.0、产业金融 2.0 模式相比,产业金融 3.0 阶段的产业数字金融依托物联网、大数据、区块链、人工智能、云计算等数字技术,解决了上述痛点。具体来说:产业数字金融根据不同行业的业务流程特点、风险特点,一行一策地定制数据采集与算法模型;通过物联网布点、企业系统无缝直连、第三方交易平台数据自动采集等多种手段,以及区块链不可篡改、可追溯的特点,一是将每一笔资产背后交易情况全数字化、透明化、可视化,对交易标的进行实时的、可信的全方位监控;二是借由物流、商流、资金流和信息流“四流合一”的数据交叉验证,完成资产穿透、交易背景验真、风险揭示,实现基于交易信用的风控新模型,这对金融机构传统的主体信用风控体系提供了有益补充,提升了对中小微企业提供金融服务的风控模型的准确性。

产业数字金融最大的特点是金融服务的公平性和普惠性。通过以上方法,产业数字金融理念创新了“主体信用＋交易信用”的数字风控体系,创新了资产确权的数据逻辑,摆脱了传统供应链金融对核心企业确权的过度依赖,实现了对企业底层资产和贸易背景的认定,从而从根本上解决了金融机构对供应链产业链上下游中小微企业看不穿、看不透、不信任等问题,为系统性解决中小企业融资难、融资贵这一世界性难题提供了解决方案。在产业数字金融模式下,产业链上中下游所有企业,不论大小,不论是否与核心企业建立了直接的供应关系,无论是否获得了核心企业的确权、增信与担保,均可平等地获得金融服务。产业链上的金融血脉得以疏通,金融的中介效率和分配效率得以提升。

总体来讲,产业数字金融是对传统供应链金融的继承和发展,也是对传统供应链金融的超越。在第四次科技革命和数字经济发展的大背景下,产业数字金融依托物联网、区块链、人工智能和大数据等技术和产业链上下游相关数据要素,能够实现链上信息全透明、全上链,从而实现产业链上的各类资产情况全穿透,并实时追踪一手风控数据,对潜在风险进行实时监控、提前预警,能够破解一直以来金融机构对企业交易背景和底层资产看不清、摸不透、管不住、信不过的痛点,显著降低金融服务的风险成本,因而能帮助众多中小企业获得普惠金融服务,从而破解中小微企业融资难融资贵难题。

11.4.3　大力发展产业数字金融的价值

产业数字金融是产业互联网时代金融服务的创新理念,发展产业数字金融有三方面价值。

1. 从产业链现代化的角度看

第一，产业数字金融能在较大程度上化解产业端金融信息不对称的问题，提升金融机构对特定产业的风控能力和服务能力，从而更高效地发挥其资源配置的功能。

第二，产业数字金融能够持续优化市场主体的资产负债结构，形成金融服务实体经济高质量发展的正向循环。首先，产业数字金融能够通过资产数字化等手段，以特定数据流作为基础资产，通过资产证券化等方式将应收账款、信贷、仓单等资产流转到资本市场，进一步提高资金运行管理效率，释放更多信贷额度以加大对实体产业的资金供给。其次，产业数字金融能够通过数字化的链接、穿透、赋能，联动商业银行及投资机构等生态相关方，设计、制定投贷联动风险隔离、管理机制，为中小微企业尤其是"专精特新"企业提供包括对公金融服务和财务管理、生产经营咨询等在内的全生命周期综合性服务，实现企业资产负债结构优化和价值持续提升。

第三，产业数字金融能为实体经济带来显著的降本增效。我国实体企业应收账款、应付账款和存量固定资产总额超 100 万亿元，如果通过在全社会大力发展产业数字金融，每降低企业这几块资产 1% 的融资利率，就能为实体企业释放总量超过 1 万亿元的融资成本。这在社会融资成本较高的民营中小微企业中，发挥的作用将更加显著。也就是说，通过采用数字化融资模式，可以为实体经济带来数万亿元规模的成本减负。

第四，产业数字金融还能助力加速各实体产业自身的数字化转型，提高企业转型的积极性。通过构建产业数字金融体系，企业的数字化改造不仅给企业带来业务上的转型升级，还可以通过提供可信数据，让企业在较短时间内获得数字金融服务带来的降本增效实际便利，从而减轻企业数字化转型的成本压力。

第五，为数字时代商业信用体系建设提供了新的路径和抓手。信用是市场经济的基石，企业的商业信用是社会信用体系的重要组成部分，特别是在解决中小微企业融资难融资贵的问题上，其价值更加突出。近年来，我国商业信用的水平和质量与当前社会经济发展的需求之间还存在一定的距离。建设基于现代数字技术、数据市场的商业信用体系，对疏通金融血脉、系统性解决中小微企业融资问题，都将产生关键作用。

2. 从金融稳定和发展的角度看

产业数字金融将助力金融机构数字化转型，改变金融机构经营服务模式，提升金融机构的市场竞争力，全面提升金融服务实体经济的质效。这主要体现在以下四个方面：

第一，提升我国产业金融服务的科技水平，健全融资增信支持体系，引导社会金融服务从主体信用向交易信用转变。产业数字金融充分利用了数字时代以可信计算为代表的技术体系，保证产业链上数据的客观、公允、难篡改等特点，建立全新的智能化产业金融服务模式，并以此赋能实体经济的数字化转型。发展产业数字金融还能够引导我国的金融服务从过去供应链金融模式下只看重企业主体信用向同时关注企业交易信用转变，有助于各金融机构开展金融产品创新，健全融资增信支持体系，降低综合融资成本，从而激发中小企业作为市场主体的活力。

第二，为金融机构带来显著的"三升三降"，提升金融机构的经营表现和市场竞争力。产业数字金融模式可以有效解决产业链金融服务区位错配，金融服务不均衡、不充分的痛点,从而提升金融机构全产业链服务能力。产业数字金融全程数字化的闭环管理,符合监管机构监管要求,从而提升金融机构的风险合规能力。产业数字金融通过打造产业金融服务真正的"数字化"商业模式,从而提升金融机构整体商业模式的竞争力。与此同时,产业数字金融模式还能降低金融机构资金成本、风险成本和运营成本,从而实现金融机构整体ROE(净资产收益率)、ROA(资产收益率)的提升。

第三,通过全程数据透明、可控,能有效控制全社会的系统性金融风险。金融科技的创新往往因为伴随高风险而被市场诟病。但产业数字金融恰恰是有效控制社会系统性金融风险的重要创新。产业数字金融的本质是通过数字技术,最大限度地透明化产业金融服务的各个环节,使虚假贸易背景、虚假交易过程、虚假资金往来、虚假账户管理、虚假数据等传统金融风险点无处遁藏。产业数字金融将通过数字化手段充分暴露并极大地降低当前金融系统中各类潜在的风险,打造全透明化的数字金融市场。

第四,为监管机构提供数字监管、科技监管奠定了坚实的数据基础。通过产业数字金融系统,监管机构也可以实时监控各金融机构开展产业数字金融的服务过程,并可以通过基于实时数据的预警模型提前揭示潜在风险,这将显著提升我国金融行业监管的科技能力。

第五,推动生态联结、价值共生的新型银企关系的形成。在产业数字金融模式下,数字技术的创新集成应用促使金融机构和企业的数据外部化、共享化。金融机构能够利用物联网、大数据、人工智能等技术直接采集企业生产经营的一手数据信息,使企业的生产经营状况实时、动态、准确地反馈给金融机构。同时,企业的数字化转型也使企业与金融机构建立起数据传输和处理机制,形成数字化反馈闭环,参与金融机构产品服务的设计和决策,帮助金融机构更好地捕捉企业融资需求的痛点和难点、优化风控模型,推出具有创新性、精准性、定制化特征的产品服务。在此基础上,金融机构与企业之间的业务及流程边界逐渐模糊,二者通过数字技术化数据要素参与和渗透相关流程环节,使得有限的业务联结转向无限的生态联结。与此同时,数据要素具有在分享融合中创造价值的特殊属性。金融机构与企业会逐渐形成同频共振、彼此赋能的价值共同体。由此,银企关系从有限联结、相对独立的关系逐渐转变为生态联结、价值共生的新型关系。

3. 从建设中国特色金融体系的角度看

产业数字金融是在解决产业端金融供给不平衡不充分,以及中小企业融资难融资贵问题的背景下产生的,是基于中国的产业结构与金融体系特点,以及产业互联网时代我国金融、科技、产业界的各方共同探索而提出的。

第一,产业数字金融立足中国实际情况,能解决中国的实际问题,一方面,我国是制造业大国,是全世界唯一拥有联合国分类中所列全部工业门类的国家。制造业已经成为振兴我国实体经济的"主战场",产业端金融供给不平衡不充分问题在制造业领域更为突出。同时,我国制造业存在产业链链条长且复杂,供应链稳定性受环境影响较大等问题,使融资问题在制造业领域更为突出。另一方面,我国已经建立了各个层次的资本市场体系,但银行业依然是产业端金融服务的主要供给方,对于实体经济融资意义重大,是我国金融体系的主导产业。与美国相比,我国银行非金融类贷款以对公贷款为主,银行业始终承担着服务实体经济的重大使命。

产业数字金融在助力银行等金融机构数字化转型的同时,通过对资产的数字化穿透、对交易场景的数字化追踪预警,帮助金融机构揭示了潜在风险,与银行传统主体信用风险管理相结合,能够更好地揭示产业金融服务的整体风险概貌,减少了对企业主体信用的过度依赖,从而系统性解决了产业链上中小微企业融资难融资贵问题。

第二,产业数字金融体现了新发展理念,是深化金融供给侧结构性改革的重要方式,对服务构建"双循环"新发展格局和现代化经济体系,以及中国特色金融体系的形成发展具有积极意义。产业数字金融通过创新技术手段,赋能金融机构和传统企业转型升级;通过系统性疏通产业链金融血脉,使上下游企业协调发展,产业链现代化水平不断提高;通过对绿色资产的穿透,实现风险可控,从而可以有力、有序、有效地支持绿色低碳转型发展;通过搭建开放的产融平台,实现产融生态各方互利共享;通过技术赋能对产业链上下游企业,特别是中小企业底层资产的穿透验真,帮助金融机构看得清、摸得透、信得过、管得住,让产业链上各类企业都能获得平等的金融服务,实现金融回归实体经济的本源。产业数字金融集中体现了创新、协调、绿色、开放、共享的新发展理念,是推进和深化我国金融供给侧结构性改革的重要方式,是强化金融服务功能、找准金融服务重点、推动金融服务实体经济的重要手段。积极推动产业数字金融创新发展,集中力量破解产业端金融供给难题有利于我国金融供给侧结构性改革、丰富中国特色金融体系内涵、服务构建"双循环"新发展格局。

11.4.4 产业数字金融的建设要点

行稳致远地发展产业数字金融,需要更加注重金融机构、科技公司、产业企业、政府部门、监管机构等的对立统一关系,在政府引导下,统筹生态各方行动,推动产业、金融、监管的协同发展,具体建设要点包括:

一是积极构建开放合作、价值共生的产业数字金融生态。产业数字金融的建设需要生态主体各司其职、取长补短、共同参与。其中,金融机构提供专业的金融服务,科技公司提供数字技术赋能、搭建好金融机构与产业端"以数为媒"的桥梁,产业端做好企业尤其是中小微企业的数字化转型,政府及监管机构提供友好的基础设施、政策与制度保障。同时,生态各方需要在安全可控的前提下,秉承开放生态的战略与心态,实现数据资源的融通共享。

二是构筑产业互联网时代下的新型金融机构与科技公司的合作关系。与消费互联网时代的情况不同,产业互联网时代的金融机构与科技企业的合作关系应当是一种长期的战略合作与价值共创关系。一方面,科技公司应当汲取消费互联网时代的经验,不抢占金融机构既有的市场,专注于服务金融的科技能力创新,帮助金融机构看清、看透产业,制定和提供定制化、特色化的产业金融服务方案,帮助金融机构扩大服务覆盖面。另一方面,科技公司要切实帮助金融机构提高在产业端的风控能力和服务能力,建立与金融机构在技术和业务方面的长期合作关系,与金融机构一同成长。

三是进一步提升金融机构数据管理与治理能力。建设产业数字金融,科技是基础、数据是关键。金融机构要制定以数据资产管理为核心的发展战略方针,坚持问题导向、系统观念,建立自上而下、协调一致的数据治理体系,搭建覆盖全生命周期的数据资产管理和治理体系,运用科技手段推动数据治理系统化、自动化和智能化。协调推进各部门数字化进程,建设各业务条线数据团队并明确其职能,打破"数据孤岛",促进部门间数据合理流动和开放共享。

金融机构要进一步优化数据资源管理,保证数据质量。搭建企业级大数据平台,优化和完善如管理信息系统、联机分析处理、数据集市、数据仓库以及大数据存储和计算平台等数据基础设施和应用系统平台,有效整合金融机构内部数据资源,实现全域数据的统一管理、集中开发和融合共享;构建面向各种应用场景的柔性化业务和技术平台,提出跨区域、跨产业、跨场景的数据统一管理办法。金融机构可以与既懂金融又懂产业的科技公司合作,做好精细化、定制化场景的开发工作,帮助做好数据采集、清洗、维护等专业工作。为了保证数据的质量,金融机构应建立健全数据质量管理办法与技术规范,形成以数据认责为基础的数据质量管控机制,从数据来源处把控质量,强化公用数据和基础性数据管理并完善数据使用权限机制,以数据标准体系提升数据质量。

四是加强数据安全保护,防范模型和算法风险。首先,加强数据安全保护。数据在采集、共享、分析、流动和使用过程中会面临不同层面的风险,其中包括数据所有权不清、数据存储安全、数据传输的及时性和数据连接的连续性等风险问题。《网络数据安全标准体系建设指南》为数据安全管理提供了制度保障,未来需要行业内各企业主动提高数据安全技术能力,建立统一、高效、协同的数据安全管理体系,做好信息保护和数据安全管理。特别是对于交由第三方处理的数据,更要加强安全评估,应遵循最小、必要原则进行脱敏处理(国家法律法规及行业主管、监管部门另有规定的除外),同时,在发展过程中,生态中各主体都应准确把握自身发展定位和方向,避免对新兴技术应用的高估而带来风险暴露。

其次,防范模型和算法风险。模型和算法是数字化转型的新生产力工具,因此任何平台、机构或者企业在使用模型时,都应该对模型数据的准确性和充足性进行交叉验证和定期评估,制定并实施好产业数字金融生态的模型和算法管理制度。金融机构和产业数字金融服务平台应审慎调整、优化企业筛选和贷款风险评估模型,并进行压力测试,以确保模型可以经受关键变量压力下的突变表现。对于产业金融的同一场景,可能有多个可解释的模型,因此也应当注意模型的比较与选择。

五是金融机构因地制宜聚焦特定产业链,打造差异化竞争优势。金融机构亟须通过数字化转型锻造对公业务的差异化竞争优势,而产业数字金融为金融机构特别是中小型金融机构对公业务的发展提供了契机。

数字金融能够通过业务场景化、资产数字化、风控智能化和经营服务生态化全面提升金融机构的定制化服务能力,帮助机构因地制宜,塑造服务特定产业链的差异化优势。在业务推进方面,金融机构拓展对公业务应面向产业链逐个突破,深度挖掘产业链的共性和个性,在此基础上搭建平台或与已有平台合作,打造特色业务、产品和服务。对于地方性金融机构而言,可以根据自身服务地方产业积累的经验和资源,有的放矢、有所侧重地加强对特色产业、优势产业、品牌产业的服务。在风险管理方面,金融机构应全面推进风控的数字化、智能化改造。中小型金融机构要善于借助外部力量,比如借助科技公司的场景数字化、资产数据化等基础能力,沉淀和提升数据资产的价值,提炼和夯实大数据风控的内功,特别是要充分发挥自身贴近场景、了解场景、服务当地的优势。

六是通过对公服务的多元化,提升金融机构产业数字金融服务质效。金融机构可以通过提供投资融资、支付结算、现金管理、财务管理、国际业务等对公综合化金融服务,更大范围、更广维度地采集、整理和分析企业的生产经营数据,提升数据价值,为提升风险管理能力和经营服务生态化提供更多更好的原材料,也为资产在存续期的管理提供更多的方法和渠道。

金融机构不仅要为企业提供快、准、狠的优质精准的金融服务,还要利用金融机构基于数据所产生的对于产业和企业的洞察为企业提供经营管理咨询、产品研发建议、数字化转型方案、人才培养计划等非金融服务。这些非金融服务能够进一步提升企业的经营管理能力,增强生产经营的稳定性和可持续性,进而降低风险,使企业获得额度更高、质量更好的金融服务,形成良性循环。

七是科技公司要不断创新,做金融机构懂技术、懂金融又懂产业的科技合作伙伴。在产业数字金融生态中,科技企业是连接金融与产业之间的桥梁,是长期合作的科技伙伴。不管是为金融机构提供综合解决方案的科技企业,还是提供数据服务、软硬件服务、系统搭建的科技企业,仅埋头钻研数据如何采集和分析、做单一技术创新突破是远远不够的。他们还需要构建并融入技术生态,实现灵活集成创新应用,同时具备看懂、看透金融和产业运作机制及经营模式的格局和眼光。

产业数字金融生态中的科技公司需要具备以下三种能力。一是懂技术。高度的定制化服务需要高度灵活的集成创新能力,而灵活的集成创新能力需要庞大的技术生态加以支撑。二是懂金融。科技公司要在金融机构业务逻辑的基础上,看清、读懂金融机构的现实需求和愿景,重点帮助金融机构选择并采集所需要的数据,以实现业务场景化、资产数据化,进而将产业和企业的数据加以转化成风控需要的关键指标,并对其进行分析,建立与目标产业风险特征相适应的风控模型。三是懂产业。科技公司一方面要深入产业,把握产业格局和产业链特色及发展方向,深度了解产业端交易特点和交易风险特征;另一方面要在服务金融机构和产业的过程中,沉淀开发特定产业链的技术共性能力,以实现敏捷对接,帮助金融机构实现相对低成本的产业链场景开发,提升银企对接效率。

八是推动产业企业与金融机构数字化转型同频共振,实现银企高效对接。产业企业在加快数字化转型的同时,需要注意与银行数字化转型同频共振,帮助银行更好地理解企业融资需求。一方面,产业企业应以《中小企业数字化转型指南》为指导,在重点把握数字化、网络化、智能化方向,增强数字化转型意识和提升数字化能力的基础上,采取由易到难、由点到面、长期迭代、多方协同的数字化思路。另一方面,产业企业应主动将企业数据与信贷产品相连接,帮助银行更好地理解自身融资需求。为了做到银企高效对接,一是产业企业应根据实际情况,重点构建大数据平台,对生产制造设备实施联网,实现对设备、工艺等信息的实时采集;应用质量检测设备,实现生产过程质量信息的采集与追溯;搭建销售服务数字化平台,实现对营销业务数据的采集。在此基础上,使用数字技术对相关数据进行标准化和结构化处理,为银企间数据的高效传输、存储及分析奠定基础。二是在系统搭建时,产业企业应注重系统架构的开放性和安全性,以便与银行系统实现高效对接,更好、更快地与银行搭建低成本、全覆盖、实时、动态、精准的风险管理体系,实现银企共同管控风险。

九是政府部门鼓励数据共享,支持和引导产业数字金融高质量发展。第一,打破数据壁垒,鼓励数据共享。政府可以利用多种模式打造产业内公共数据、交易数据、金融数据资源的融合应用平台。第二,支持从事产业数字金融相关业务的科技企业做大做强。由于产业数字金融的前期投入成本较高、中短期收益不显著,建议国家相关部门设立相应的扶持基金,支持从事产业数字金融相关业务的科技企业做大做强,不断丰富产业数字金融每一个细分领域的创新成果。第三,开展新型金融服务试点示范,鼓励、引导产业数字金融服务平台发挥更大价值。地方政府可以"牵线搭桥"加强金融机构、产业互联网平台、科技公司之间的合作,开展新型金融服务试点示范。

十是监管机构不断完善"监管沙盒"制度,鼓励金融机构探索"主体信用＋交易信用"的风控体系及授信评级体系。 监管机构要不断完善"监管沙盒"制度,加强对产业数字金融科技平台的创新支持。要鼓励银行等金融机构在产业数字金融方面进一步践行"开放银行"的理念,积极拥抱接受沙盒监管的第三方科技平台,规范市场准入机制。监管机构要鼓励金融机构探索"主体信用＋交易信用"的风控体系及授信评级体系,支持金融机构建立和完善交易信用数据的采集、管理、分享、利用机制,鼓励在特定场景中扩展交易信用数据维度,提高关键指标在综合评分卡中的比重,鼓励金融机构逐步探索建立"主体信用＋交易信用"综合评分卡模型,实现对原有主体信用评价体系的有效补充,建立针对"主体信用＋交易信用"的风控体系。

11.5 面向人工智能的数字金融：智能金融

随着人工智能技术的不断发展和应用领域的不断扩大,金融领域正迎来一场智能革命。机器学习、知识图谱、深度学习算法、自然语言处理、计算机视觉等人工智能技术正在改变传统金融服务的内容,打造更加丰富的智能金融应用场景,人工智能正在从风险管理、投资策略和金融服务等方面为金融行业带来全新的思考方式。

2024 年 1 月,由清华大学经济管理学院、度小满等机构联合编写的《2024 年金融业生成式人工智能应用报告》发布。报告指出,2023 年是我国大模型爆发之年,截至 2023 年 10 月初,我国生成式人工智能大模型数量超过 230 个,占据全球各国新开发大模型数量的一半以上。除百度公司推出的"文心大模型"、阿里公司发布的"通义千问"大模型、华为公司推出的"盘古"系列大模型以及智谱、腾讯、京东等数字技术公司相继推出的通用基础大模型外,度小满、蚂蚁集团、恒生电子、众安科技、同花顺、马上消费等金融科技公司也开发了一系列具有金融专业知识的金融大模型,探索了金融垂直行业的大模型应用场景,如图 11-1 所示。

图 11-1 金融大模型产业链图谱

图片来源:《2024 年金融业生成式人工智能应用报告》

另外报告认为,生成式人工智能正在席卷金融业,有望给金融业带来 3 万亿人民币规模的价值增量。但生成式人工智能技术在金融业中的应用尚处于技术探索和试点应用的并行期,预计未来两年首批大模型增强的金融机构会进入应用的成熟期,几年后将逐渐形成规模化应用。

11.5.1　人工智能在金融风险控制中的应用

在风险预测中,深度学习和神经网络技术能够自动学习复杂的非线性关系,帮助金融机构更好地理解市场变化和金融产品的风险。例如,美国的 Quandl 公司利用深度学习算法,对大量市场数据进行高效处理,为投资者提供更准确的风险评估和投资建议。JPMorgan Chase 通过机器学习模型,有效识别市场波动中的潜在风险,并迅速做出相应决策,以确保相应金融资产的稳健性。

人工智能在风险评估方面正在发挥重要作用,在金融海量数据的基础上,人工智能为金融机构提供了更为精准和高效的评估手段。中国招商银行已充分利用人工智能技术,通过大数据分析、机器学习和深度学习等手段,分析客户的交易历史、信用记录和其他关联数据,利用人工智能算法能够更全面评估每位客户的信用状况,从而更精准地判断其贷款违约风险,成功提高了对客户信用风险识别的准确度,实现了风险评估的智能化。

人工智能在欺诈检测方面也发挥着日益关键的作用,为金融机构提供了强大的工具来识别和防范欺诈行为。例如,支付宝作为中国领先的支付平台,通过引入机器学习和深度学习技术,构建了先进的欺诈检测系统。该系统通过对用户的交易行为、设备信息、地理位置等多维度数据的实时监测和分析,能够快速识别出平台上潜在的欺诈活动。

11.5.2　人工智能在金融投资决策中的应用

智能投顾基于大数据和 AI 技术,根据用户提供的财务状况、风险偏好等数据,结合目前的资本市场预期以及各资产种类的风险、收益预期,为用户提供个性化的投资建议,优化投资组合,管理配置策略,降低投资风险。

量化投资应用人工智能算法,通过分析大量的金融数据,识别投资机会、预测市场趋势、做出快速决策,实现更高的交易效率和频率。量化投资工具有助于投资者敏锐地做出精准投资策略,避免行为偏差,从而最大限度地提高投资的潜在回报。

11.5.3　人工智能在金融服务中的应用

大模型支持的聊天机器人和虚拟助理可以基于市场数据为客户提供即时的服务,量身定制解决客户问题。

案例一：券商公司基于大模型的数智化解决方案。

某券商公司提出,公司业务目前存在**痛点一：人工处理有瓶颈,询报价服务响应滞后**。场外衍生品业务采用人工操作,交易员每天需要处理大量交易询价沟通工作,机构客户询价格式不一,人工对非结构化数据的判断、分析,难以沉淀录入并快速响应客户达成交易,尤其是在机构业务量激增的情况下,人工处理很容易出现遗漏、难以应对新格式及新业务等情况,容易造成客户流失；**痛点二：业务的标准化程度低,运营成本高**。场外衍生品交易具有标准化程度低、一名交易员对多个机构客户、交易询价时间集中在开盘阶段及询价交易要素众多的特征,导致业务运营成本很高,无法快速达成交易;**痛点三:企业知识资产难以复用。**企业业务高度依赖人工挖掘、梳理信息,往往忽略大量长尾价值信息,影响研究分析效果。既有各系统间知识成果无法全面共享,数据流、业务流无法互通。

基于百度公司的大模型技术,公司建立了数智化解决方案。

一是提供了非结构化数据解析能力。基于大模型的场外衍生品智能询报价平台泛化能力优异,通过少量的样本训练就可以达到业界顶级的信息分析效果,目前已支持香草、雪球等期权交易的自动询报价服务。

二是提高了模型平台管控能力。智能场外交易平台支持解析模型自助优化,可进行自主标注、训练、调优及模型效果监控,使模型可以快速响应新业务、新资产标的。

三是提高了大模型意图识别能力。场外衍生品智能询报价平台能够解析交易规则询问意图,基于证券公司管理的内部交易规则知识文档,提供智能交易业务问答服务,帮助券商机构实现交易规则问答从知识沉淀到应用的闭环,从而让企业门户具备了实现智能问答服务的能力。

该项目上线后,降本增效成果斐然,公司交易规模相较过去增长 100%,撮合成功率增长 3 倍。整个系统有力地支持了客户数量和合约数量的爆发式增长,同时保障了业务的风控合规、满足监管的各项要求。

案例二:某金融机构基于人工智能感知和认知技术的智能知识生产和应用方案。

某金融机构经过多年的持续经营积累了大量、丰富且专业性强的知识内容,形式多样但分散在各处。该机构现有的知识体系建立在传统的知识库基础上,主要靠人工维护,产生了难查、难管、难用的问题。该机构总行没有官方、完整、准确的业务知识传递渠道,分支行没有向上咨询、查阅新业务的平台,无法响应客户多样式的经营服务诉求。该金融机构希望构建全行级知识体系以及面向全行提供知识服务的能力,从而全面赋能银行通过知识中台支撑对内、对外的知识应用,助力银行向知识型组织转型。最终实现全行知识的汇聚以及基于全行知识的深度挖掘和智能生产,建立提高业务整体决策效率的辅助智能决策,从而降低对人的依赖。

对此,百度公司提供了基于智能知识生产和应用的方案,相较于传统知识生产和管理方案,充分集成了人工智能领域的各种感知和认知技术,将业务的决策从人的视角提升到机器的视角,实现全链路自动化知识提取、管理和维护,最终实现辅助智能决策。此外,通过一系列知识标准化手段将人的知识沉淀为机器可理解的形态,消除机器-机器之间信息交互的鸿沟,对内可以提升员工效能,同时对外可以优化外部用户体验,从而帮助银行实现向知识型组织的转型。

该金融机构知识体系与知识服务项目的建设内容由知识底座和知识服务两个核心部分组成。其中,底层的知识底座,用于基于金融机构现有数据和业务系统,实现数据的接入和知识的生产、搜索、推荐和运营;上层的知识服务,实现面向座席人员提供知识的智能采编、知识管理、知识审核和知识检索;在手机端也提供了面向 C 端用户的智能化搜索能力。

11.6　小结

数字金融具有数字与金融的双重属性,能够加速资本、数据等要素的自由流通和有效配置。随着数字经济时代的到来,数字金融体系的构建能够有效发挥我国统一数据大市场中海量数据和丰富应用场景的优势,成为中国式金融理论体系的重要组成部分。数字金融创新的基础是基于大数据建立的数字信用体系,数字信用是从不同渠道获取的交易相关数据构建的交易信用与主体信用的融合。交易信用作为主体信用的补充,通过对以往被淹没的、企业在生产经营交易过程中的价值创造进行揭示和释放,为产业金融的普惠化发展带来可能,对风险控制产生独特的价值。

近年来,中国持续在数字金融领域深耕,特别是在消费互联网的金融科技创新和应用方面在全球已属于领先行列。但技术在推进数字金融进步的同时,由于监管能力不足暴露出很多的风险管控问题,我们必须总结经验教训。在数字经济时代背景下,产业数字金融是金融服务实体经济的全新发展方向,能有效降低产业链上各类中小企业的融资成本,实现金融回归服务实体经济的本源与初心,从加速产业链升级、促进金融稳定与发展、建设中国特色金融体系等方面发挥着独特的价值。发展产业数字金融,需要统筹生态各方行动,推动产业、金融、监管的协同发展。

思考题

1. 请简述发展数字金融的关键问题及挑战。
2. 请简述数字金融的发展模式,以及数字金融的发展趋势。
3. 对企业来说,需要制定哪些数字金融相关战略以适应快速变化的数字市场环境?
4. 当前数字金融的快速发展对现有金融监管体系提出了哪些挑战?假如你是金融监管者,如何构建一个有效的数字金融监管框架,以促进创新的同时控制风险?
5. 建设交易信用体系的关键是什么?
6. 请分析数据要素市场在数字金融体系中的作用。

第 12 章　数字治理

内容摘要

伴随着第四次工业革命走向纵深,大数据、人工智能、区块链等新兴技术深刻地影响着国家治理的方方面面,新兴数字与智能技术的快速迭代,正在加速全社会数字化进程。数字技术的飞速发展对政府治理提出了一定的挑战,传统的政务信息化、信息公开已经不再适应时代的需求,政府须更大程度地整合与公开政府的数据资源。此外,新技术的发展也促使公众参与意识的提高,其越发重视对政务信息的知情权和民意表达权,以及对公共治理的过程参与。因此,传统的政府治理方式已经无法满足当前的时代发展和治理需求。进入数字时代,基于数据、面向数据和经由数据的数字治理正在成为全球数字化转型的最强劲引擎。数字技术为解决各类治理难题提供了新思路、新方法、新手段,因此如何利用好大数据、人工智能等数字技术提升社会治理现代化水平,更好地服务经济社会发展和人民生活改善,成为重要的时代命题。

本章主要阐述数字治理的基本概念,介绍其起源、概念与特征;围绕数字政府、数字治理生态、数字经济监管科技等问题介绍政府的数字治理体系;围绕数字化发展脉络与数字化治理特征介绍企业的数字治理体系,并列举相关案例;以及介绍国际数字治理发展中的互联网治理、人工智能治理、数字经济治理等问题。

本章重点

- 理解数字治理的概念;
- 理解政府的数字治理体系;
- 理解企业的数字治理体系;
- 理解国际数字治理的发展趋势;
- 理解基于人工智能的智能治理。

重要概念

- 数字治理:数字治理是现代信息技术在治理上的创新应用,其本质是对物质城市及其经济社会等相关现象的数字化重现和认识,基于互联互通的数据资源、利用人工智能等信息化、数字化、智能化创新技术,面向数字中国的建设目标,而建立的政府、企业的治理体系。
- 监管沙盒:监管沙盒(Regulatory Sandbox)本质是一种通过隔离实现的安全机制,旨在维护市场稳定性、保护消费者的同时,增强监管机制容错性,促进创新。

12.1　数字治理的基本概念

12.1.1　数字治理的起源

1. 治理的缘起

治理的概念是 20 世纪 90 年代在全球范围逐步兴起的。治理理论的主要创始人之一詹姆斯·N·罗西瑙认为,治理是通行于规制空隙之间的那些制度安排,或许更重要的是当两个或更多规制出现重叠、冲突时,或者在相互竞争的利益之间需要调解时才发挥作用的原则、规范、规则和决策程序。格里·斯托克指出:"治理的本质在于,它所偏重的统治机制并不依靠政府的权威和制裁。'治理的概念是,它所要创造的结构和秩序不能从外部强加;它之所以发挥作用,是要依靠多种进行统治的以及互相发生影响的行为者的互动'。"

在治理的各种定义中,全球治理委员会的表述具有很大的代表性和权威性。该委员会于 1995 年对治理作出如下界定:治理是或公或私的个人和机构经营管理相同事务的诸多方式的总和。它是使相互冲突或不同的利益得以调和并且采取联合行动的持续的过程。它包括有权迫使人们服从的正式机构和规章制度,以及种种非正式安排。而凡此种种均由人民和机构或者同意,或者认为符合他们的利益而授予其权力。它有四个特征:治理不是一套规则条例,也不是一种活动,而是一个过程;治理的建立不以支配为基础,而以调和为基础;治理同时涉及公、私部门;治理并不意味着一种正式制度,而确实有赖于持续的相互作用。

2. 数字治理的提出

数字治理理论是治理理论与互联网数字技术结合催生的新的公共管理理论准范式,是治理理论与不断发展的数字技术结合而产生的理论产物。其代表人物为英国学者帕特里克·邓利维(Patrick Dun-leavy),他主张信息技术和信息系统在公共部门改革中的重要作用,从而构建公共部门扁平化的管理机制,促进权力运行的共享,逐步实现还权于社会,还权于民的善治过程。他从新公共管理运动的衰微以及数字时代治理兴起的时代背景阐述数字治理理论。数字治理理论指的是各种变化的复杂性,其中信息技术以及信息处理是各种变化的核心,这一变化与以前任何时候的变化相比,它的波及面更广并且在更广泛的层面上发挥着作用。

3. 数字治理发展脉络

张鸿教授在主持编撰的,由清华大学出版社出版《数字治理》一书中,将数字治理发展脉络划分为四个阶段:

(1) 第一个阶段,雏形期——政府信息化阶段。

我国自 20 世纪 80 年代初期,开始开展政府信息化建设:"七五"期间,重点建设由国家、省、中心城市和县级四级国家经济信息主系统;1992 年,国务院办公厅下发《国务院办公厅关于建设全国行政首脑机关办公决策服务系统的通知》,全面推动行政机关办公自动化的建设;1993 年,国务院信息化工作领导小组拟定《国家信息化"九五"规划和 2010 年远景目标(纲要)》;1996 年,国务院信息化工作领导小组成立,并于次年召开第一次全国信息化工作会议。

在国际上,20 世纪 60 年代,美国和少数发达国家开始把计算机应用于重复性强的规范数据处理业务。20 世纪 70 年代,西方发达国家普遍应用计算机于事务处理领域;中后期,计算机开始应用于综合性管理业务;部分发展中国家也开始在政府部门运用计算机。20 世纪 80 年代,局域网和管理信息系统成为政府信息技术应用的主流,对决策分析的支持也取得了一定进展;大多数发展中国家开始应用 IT(信息技术)技术。20 世纪 90 年代,政府广泛采用先进的信息网络技术,应用领域渗透到政府职能的各个方面。

(2)第二个阶段,雏形期——政府信息化阶段。

这一阶段,国内数字治理的发展以电子政务为主,通过计算机网络技术,为政府治理提供数据支持。我国电子政务发展从实现政府办公自动化着手,后期顺应全球信息化建设的潮流。这一阶段的电子政务是最低层次、最简单意义上的数字化建设,与真正意义上的数字治理还存在一定的差距。

20 世纪 90 年代末期,电子政务的发展进入快车道。1999 年,我国实施政府上网工程,标志着进入了电子政务阶段;2002 年被称为“电子政务年”,《国家信息化领导小组关于我国电子政务建设指导意见》正式发布;2000 年 10 月,《中共中央关于制定国民经济和社会发展第十个五年计划的建议》中指出,“要把推进国民经济和社会信息化放在优先位置”,并将信息化确定为我国产业优化升级的关键环节;2001 年 8 月,组建了以朱镕基为组长的国家信息化领导小组;2006 年发布《国家电子政务总体框架》,基本奠定了之后十多年电子政务建设的总体范畴。之后,随着我国网络社会的崛起,公民网络参与成为一种不可忽视的社会力量。

同时期国际上,美国电子政务起源于 20 世纪 80 年代末,1992 年,克林顿(Bill Clinton)提出电子政府(E-government)的概念,要把美国联邦政府改造成一个无纸化的政府;1995 年和 1996 年,克林顿政府先后出台《政府纸张消除法案》《重塑政府计划》。英国开展电子政务较早,在 20 世纪 90 年代末,英国政府先后发布了《政府现代化白皮书》《21 世纪政府电子服务》《电子政务协同框架》等政策规划,提出到 2008 年要全面实现“电子政府”。英国从1994 年着手于电子政务的建设。加拿大政府在 1999 年的国情咨文中提到,政府要做使用信息技术和因特网的模范,计划到 2004 年实现电子政府。

(3)第三个阶段,过渡期——数字政府阶段。

进入 21 世纪,微博、微信、今日头条等社交媒体的迅速普及,政府和民众的双向互动日益增强。这一阶段的数字治理随着互联网技术的迅速发展,其形式愈发多元化。党的十八大以来,中央、国务院积极推动“互联网＋”和数字政府建设,数字政府建设成为智慧中国的重要组成部分。2015 年,我国提出了“互联网＋政务服务”战略。

这一阶段,英国政府成立了“政府数字服务小组”,主要负责定制公众的数字服务,英国数字政府战略包含 16 项行动计划,并出台了详细的实施路线图和主要业绩指标,旨在实现“默认数字化”,为选择数字化的人提供条件,为无法数字化的人创造条件。在 2012 年联合国电子政务调查排名中,英国政府的在线服务排名第四,可见英国政府十分注重扩大并提升在线政府服务的规模和质量。

(4)第四个阶段,高速期——数字治理阶段。

这一阶段的数字治理是电子政务、政务服务的高级形态,政府服务走向公民参与的互动式民主,服务的重心由“以政府为中心”向“以公众为中心”转变。近年来,数字化技术飞速发展,我国数字治理的内容和形式得以丰富,并进入高速发展期。2015年12月16日,在第二届世界互联网大会开幕式上,习近平主席正式提出推进"数字中国"建设。《国家信息化发展战略纲要》提出加快建设数字中国。《"十三五"国家信息化规划》将"数字中国建设取得显著成效"作为我国信息化发展的总目标。

2018年,由国务院办公厅主办、国务院办公厅电子政务办公室负责运行维护的国家政务服务平台开始试运行,形成了全国一体化政务服务平台,为跨地区、跨部门和跨层级的信息共享和业务协同提供了基础支撑。2019年4月26日,《国务院关于在线政务服务的若干规定》开始施行,为线上服务创新提供了制度保障。

这一阶段,国际上:2015年,新加坡提出了"智慧国家2025计划(2015—2025)";2016年,德国和丹麦分别制定了"数字化战略2025"和"数字化战略(2016—2020)";2017年,美国发布《政府技术现代化法案》;英国发布《政府转型战略(2017—2020)》;2018年,澳大利亚发布《政府数字化转型战略(2018—2025)》;2019年,韩国发布《数字政府革新推进计划》。

总体来看,国外数字治理走的是一条利用技术赋能、以用户为中心、数据驱动整体治理的道路。我国的数字治理发展依托的是现代信息技术、数字化网络平台等,逐步由数字管理走向数字治理。

4. 我国数字治理的时代背景

党的十九大以来,党中央高度重视数字化发展,提出了实施国家大数据战略,加快建设数字中国,在全球范围内率先探索数字化转型之路。在顶层设计的指引下,我国数字化进程成效显著,经济和社会生活日益数字化,十几亿人造就的数字红利得以充分发挥。电子商务、社会交往、移动支付、短视频等数字生活方式快速普及,驱动政务服务、经济监管和社会治理的数字化转型,"互联网+"政务服务、数字政府、城市大脑建设成效显著,我国成为全球数字治理的引领者。

党的十九届五中全会进一步提出我国要加快"数字化发展"。统筹数字经济、数字政府和数字社会协同发展,数字治理发挥着全方位赋能数字化转型的不可或缺的作用。数字治理强调基于数据平台的协同与开放,基于数据要素的协同与合作,基于数据资源的决策和服务,对于我国这样一个超大规模、快速数字化的国家来说尤为适用。

党的二十大报告作出加快建设数字中国的重要部署。建设数字中国是数字时代推进中国式现代化的重要引擎,是构筑国家竞争新优势的有力支撑。2023年印发的《数字中国建设整体布局规划》提出:"以数字化驱动生产生活和治理方式变革,为以中国式现代化全面推进中华民族伟大复兴注入强大动力。"将数字技术广泛应用于国家治理,是建设数字中国的应有之义和必然要求,对推进国家治理体系和治理能力现代化具有重要意义。我们要深刻认识数字化给国家治理带来的机遇,把握数字化赋能国家治理的主要方面,创新治理理念和方式,推动治理流程再造和模式优化,不断提升国家治理效能。

习近平总书记指出:"当今时代,数字技术作为世界科技革命和产业变革的先导力量,日益融入经济社会发展各领域全过程,深刻改变着生产方式、生活方式和社会治理方式。"随着互联网、大数据、云计算、人工智能、区块链等有关数据采集、存储、分析、应用的关键技术不断发展,全球数字化进程在21世纪进一步提速,正在深刻改变国家治理的理念、规则、制度与方式。以数字化推动国家治理体系完善和治理能力提升,是抓住数字化时代机遇,适应社会生产生活方式和治理方式变革,推进国家治理现代化的必然选择。

5. 数字治理理论体系

国内学者对于数字治理理论研究的理性回归推动了其进一步发展。如今,数字治理理论不只存在于学术研究,也频繁体现在政策文件中,用来指导实践。未来,数字治理理论将进一步优化、与生活实际相融合、解决现实问题,从而实现深化发展。

数字经济的兴起带动了各个领域开展数字化变革,数字治理理论不仅在政府办公领域,在城市、乡村社区等领域也在不断切入,形成智慧城市、数字乡村等应用实践。

从理论、实践、属性三个层面分别着眼构建数字治理理论的体系框架。理论层面聚焦数字治理理论自身的产生与发展,论证和说明数字治理的理想形态,为数字政府发展提供长远理想参照;实践层面重点关注数字治理在社会中存在的各种具体形态,其中的关键一步是构建新的行为规则,形成稳定的制度框架以调整不同主体的组织内及组织间关系,为社会形态变迁创造新的空间和可能性;属性层面更多聚焦在数字治理理论所包含的工具理性与价值理性,找准数字治理理论的定位,深化公平与效率的有机融合。

从理论层面来看,数字治理理论属于治理理论的范畴,是近几十年里出现的基于数字时代的新型治理理论,仍处于理论的蓬勃发展期,是站在巨人的肩膀上的理论延伸,网络化治理理论、整体性治理理论等都可以作为该理论成长起来的奠基石。

从实践层面来看,数字治理整合了之前出现的电子政务、电子治理、数字政府等政府改革现象,从中汲取经验借鉴,并在新公共管理变革运动中正视改革的局限性并进行超越。理论的实践意义与时代的发展息息相关,随着数字时代的快速更迭,数字治理在实践上逐渐广泛应用。

从属性层面来看,数字治理理论与其他理论的明显区别在于其所使用的工具、手段、治理方式的数字化程度,信息技术、云计算、大数据等现代工具成为数字治理理论的重要支撑,丰富了数字时代公共部门管理的"工具箱",形成治理理念创新和数字技术创新的协同发展局面,以实现社会治理的全方位变革。基于理论、实践、属性三个层面构建的数字治理理论体系框架如图 12-1 所示。

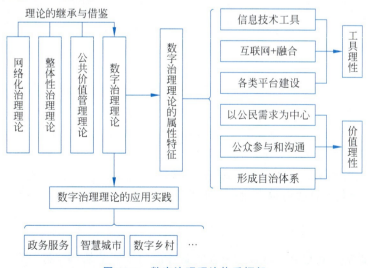

图 12-1　数字治理理论体系框架

注:图片来源于《数字治理》

12.1.2　数字治理的概念

数字治理来源于信息技术发展实践,其理论内涵也随着技术与社会的双向互动而不断丰富与完善,更多地体现为治理哲学、体制、机制与技术的统一复合体。数字治理是现代信息技术在政府治理上的创新应用,其本质是对物质城市及其经济社会等相关现状的数字化重现和认识,基于对城市中如人流、交通流、资金流等信息的数据感知、处理与分析能力,优化现有结构和运行效能。此外,治理本身是一种体制机制、决策、监督和实施的综合性概念,所以数字治理不能仅从"数字化"的角度来看,"智能化"才是其根本。从主体方面看,要实现智能、自驱动、高效实时的功能;从对象方来看,要解决便捷、效率、连通、公平的问题。这样来看,数字治理必然是系统科学问题,因此数字治理更倾向于数智化治理。

狭义的数字治理主要是指对内提升政府的管理效能,对外提升政府的透明度和公共服务水平,类似于数字政府的概念;而广义的数字治理不仅是技术与公共管理的结合,而且要以发展的、动态的视角去审视政府、社会、企业之间的关系,体现的是服务型政府以及善治政府建设的要求,是一种共商、共治、共享的治理模式。广义的数字治理既包括狭义数字治理中的内容,还将数字技术应用于政府、企业、社会公众等多个主体,扩大公共参与治理,优化公共政策的制定,提高公共服务的水平。

因此,可以将数字治理定义为政府采取数字化方式,推进数据信息共享和政务数字化公开,并在此基础上,通过数字治理解决社会发展的治理命题,即利用数字化手段更加全面地考察政府行政行为产生的效果,采用有效的数据分析方法提高政府对政策和措施效果的精准评估能力,尽可能地辅助政府做出符合公共利益的价值判断。数字治理是基于互联互通的数据资源,利用人工智能等数字技术、面向数字中国的建设目标,而建立的社会、政府、企业的系统性治理体系。简言之,就是通过数字化、智能化手段赋能,提升社会治理的科学性、透明性、民主性、多元性和包容性,进而提升社会治理的效能。

12.1.3　数字治理的特征

作为数字时代的全新治理方式,数据治理在治理对象、治理方式、治理场域和治理结构方面形成了新的拓展。总体来看,数字治理具有数据驱动化、协同化、精准化、泛在化以及智能化五大特点。

1. 数据驱动化

数字治理的基本特点就是数据驱动化。政府在数字治理过程中,主张"用数据对话、用数据决策、用数据服务、用数据创新",以数据引导各项变革。数据作为一种新的生产要素参与市场流动已在国家层面提出,随着数字时代的全面来临,各主体数字化转型加快,数据将成为万事万物的表现形式和连接方式,呈现海量、动态、多样的特征,进行数据汇聚整合、挖掘利用、分析研判将是政府数字治理活动的重要内容。

2. 协同化

数字治理的协同化包含两方面:一方面是各部门之间的协同;另一方面是"政府—社会—个人"的协同。

　　一是各部门之间的协同。在当前全面建设社会主义现代化国家的新征程中,总会遇到各种问题需要各领域、各部门的协同配合解决。传统的政府治理更多是科层制的治理方式,导致在政策制定或问题解决过程中,通常以部门利益为中心,缺乏整体性、协同性,对于群众需求的响应和反馈较为迟钝,信息碎片化、应用条块化、服务割裂化问题明显。数字治理基于数字技术,能够有效打通政府社会间、区域间、部门间的壁垒,实现治理流程的再造和联动治理,例如在疫情防控过程中,需要应急、交通、医疗、财政、社区等多个部门和治理主体的协同。

　　二是"政府—社会—个人"的协同。共建共治共享是数字治理的天然基因。在传统治理中,政府治理通常是单向的,无法实现政府、社会、个人间的良性互动。但在数字治理的框架下,互联网与物联网将人、物、服务联系起来,形成政社协同的反馈闭环,政府、社会、企业和个人都可以通过数字技术参与到治理中,发挥各自的比较优势,实现社会治理的"群体智慧"。政府擅长制度设计、政策制定等方面,而在技术层面上,企业、专业机构通常更具优势。"政府—社会—个人"的协同能够让政府的政策和服务更加细化、人性化,群众的满足感也会大幅提升。

3. 精准化

　　数字治理能够实现政策的精准滴灌。在此前的脱贫攻坚和抗击新冠肺炎疫情中,政府政策的精准性越来越高,例如脱贫攻坚战略中提出了精准脱贫,抗击疫情中针对中小微企业出台了一系列金融扶持政策,数字技术能够将这些政策精准地触达到需要服务的对象,防止政策的"大水漫灌"。此外,在抗击新冠肺炎疫情过程中,政府建立的通信大数据平台,运用三大电信运营商的基础数据,借助手机行程追踪功能,辅之以疫情大数据分析模型,有效地实现了对涉疫人群点、线、面三维追踪,快速形成疫情防控对策。

4. 泛在化

　　当前,以人工智能、区块链技术为代表的新科技革命飞速发展,政府将变得"无时不在、无处不在"。一方面,各省市推动政务服务向移动端延伸,实现政务服务事项"掌上办""指尖办",政务服务将变得无处不在、触手可及。另一方面,随着信息技术的发展和应用,传统意义上的实体政府、服务大厅等转变为"线上政府""24 小时不打烊"等虚拟政府形式,政府提供服务不再局限于时间和空间的限制,对公众来说,政府"无时不在",但又隐形不可见。

5. 智能化

　　数字经济时代,国家和国家的核心竞争力是以计算速度、计算方法、通信能力、存储能力、数据总量来代表国家的竞争能力——算力,算力的提升大幅提高了数字治理的预判性。数字治理的预判性一方面来自大数据的运用和算力的提升,另一方面来自数字融合世界。数字治理能够通过数字孪生技术,在线上形成一个与线下相互映射的数字孪生世界,可以在其中进行数字化模拟,为线下政策制定或趋势走势形成参考性的预判。

12.2　政府的数字治理体系

党的二十大擘画了中国式现代化的宏伟蓝图,阐述了中国式现代化具有人口规模巨大、全体人民共同富裕、物质文明和精神文明相协调、人与自然和谐共生、走和平发展道路的中国特色。《数字中国建设整体布局规划》进一步指出,要"以数字化驱动生产生活和治理方式变革,为以中国式现代化全面推进中华民族伟大复兴注入强大动力"。习近平总书记强调,要全面贯彻网络强国战略,把数字技术广泛应用于政府管理服务,推动政府数字化、智能化运行,为推进国家治理体系和治理能力现代化提供有力支撑。

12.2.1　数字政府

《中华人民共和国国民经济和社会发展第十四个五年规划和 2035 年远景目标纲要》第十七章"提高数字政府建设水平"中提出:将数字技术广泛应用于政府管理服务,推动政府治理流程再造和模式优化,不断提高决策科学性和服务效率。可以说,国家治理体系和治理能力的现代化是中国式现代化的重要组成部分,也是数字中国的建设目标之一。政府的数字治理体系,能够使政府运行实现高效互动、治理决策过程科学、治理任务完成智能和治理领域管理精细,从而加快实现治理体系和治理能力现代化,为构筑国家竞争新优势提供有力支撑。

1. 加强公共数据开放共享

建立健全国家公共数据资源体系,确保公共数据安全,推进数据跨部门、跨层级、跨地区汇聚融合和深度利用。健全数据资源目录和责任清单制度,提升国家数据共享交换平台功能,深化国家人口、法人、空间地理等基础信息资源共享利用。扩大基础公共信息数据安全有序开放,探索将公共数据服务纳入公共服务体系,构建统一的国家公共数据开放平台和开发利用端口,优先推动企业登记监管、卫生、交通、气象等高价值数据集向社会开放。开展政府数据授权运营试点,鼓励第三方深化对公共数据的挖掘利用。

数据资源已成为国家重要的战略资源和关键生产要素,健全数据基础制度,大力推动数据开发开放、共享和流通使用是一项长期的系统工程。加强数字政府建设,关键在于推进政务数据的有序开放共享。政务数据共享,主要指政务部门间政务数据资源的共享,包括因履行职责需要使用其他政务部门政务数据资源和为其他政务部门提供政务数据资源。国务院印发的《关于加强数字政府建设的指导意见》明确提出,加快推进全国一体化政务大数据体系建设,加强数据治理,依法依规促进数据高效共享和有序开发利用,充分释放数据要素价值,确保各类数据和个人信息安全。

2. 推动政务信息化共建

共同加大政务信息化建设统筹力度,健全政务信息化项目清单,持续深化政务信息系统整合,布局建设执政能力、依法治国、经济治理、市场监管、公共安全、生态环境等重大信息系统,提升跨部门协同治理能力。完善国家电子政务网络,集约建设政务云平台和数据中心体系,推进政务信息系统云迁移。加强政务信息化建设快速迭代,增强政务信息系统快速部署能力和弹性扩展能力。

中国式现代化目标对提升数字政府建设水平提出更高要求,必须加快创新政务大数据共享协调机制,高水平推动政务信息共建共用,提升政务数字化应用服务效能,探索数字化治理"中国方案",提升网络和数据安全水平。

3. 提高数字化政务服务效能

全面推进政府运行方式、业务流程和服务模式数字化智能化。深化"互联网＋政务服务",提升全流程一体化在线服务平台功能。加快构建数字技术辅助政府决策机制,提高基于高频大数据精准动态监测预测预警水平。强化数字技术在公共卫生、自然灾害、事故灾难、社会安全等突发公共事件应对中的运用,全面提升预警和应急处置能力。

数字政府建设是数字时代创新政府治理理念和方式的重要举措,对加快转变政府职能,建设人民满意的法治政府、创新政府、廉洁政府和服务型政府具有重大的理论意义和实践价值。习近平总书记指出,要把满足人民对美好生活的向往作为数字政府建设的出发点和落脚点,打造泛在可及、智慧便捷、公平普惠的数字化服务体系,让百姓少跑腿、数据多跑路。党的十八大以来,以习近平同志为核心的党中央高度重视数字政府建设,提出一系列重大论断,作出一系列重要部署,对坚持和完善中国特色社会主义行政体制,构建职责明确、依法行政的政府治理体系提供了根本遵循。

近年来,国家层面为加快数字政府建设不断优化顶层设计,强化统筹规划,开拓性建成全国一体化政务服务平台,打出"极简办""掌上办""指尖办""跨省办"等一系列行之有效的组合拳,推动数字政府建设向更深层次、更广领域拓展,有效破解了数字政府建设的痛点难点堵点问题。例如:国务院印发《关于进一步优化政务服务提升行政效能推动"高效办成一件事"的指导意见》,注重数字技术赋能,聚焦群众办事"急难愁盼",精准把握"高效办成一件事"目标,不断优化政务服务、提升行政效能。

12.2.2　数字治理生态

《中华人民共和国国民经济和社会发展第十四个五年规划和 2035 年远景目标纲要》第十八章"营造良好数字生态"中提出:坚持放管并重,促进发展与规范管理相统一,构建数字规则体系,营造开放、健康、安全的数字生态。

1. 建立健全数据要素市场规则

统筹数据开发利用、隐私保护和公共安全,加快建立数据资源产权、交易流通、跨境传输和安全保护等基础制度和标准规范。建立健全数据产权交易和行业自律机制,培育规范的数据交易平台和市场主体,发展数据资产评估、登记结算、交易撮合、争议仲裁等市场运营体系。加强涉及国家利益、商业秘密、个人隐私的数据保护,加快推进数据安全、个人信息保护等领域基础性立法,强化数据资源全生命周期安全保护。完善适用于大数据环境下的数据分类分级保护制度。加强数据安全评估,推动数据跨境安全有序流动。

在数字经济时代,数据已经成为重要战略资源和关键生产要素,深刻改变着人类的生产方式、生活方式和社会治理方式。具体而言,数据由人工采集向自动采集进一步转化,各类传感器被广泛应用在生产、生活及科学研究中,并产生大量数据,这些数据经过人工智能及相应算法提取处理后,在各行各业中共享流通复用,从而真正产生价值。中央财经委员会第九次会议要求,加强数据产权制度建设。《"十四五"数字经济发展规划》也提出,到2025年数据确权要有序开展。数据确权重要性在国家顶层规划中得到了进一步体现。

但不可否认,数据要素市场仍处在培育期,数据产权、交易流通、收益分配以及安全治理等各项基础性制度建设任重道远。例如,作为新一代商品,数据具有非标准化特性,在交易过程中如何计量、定价,尚未形成明确模式;数据平台具有虹吸效应,个人、企业甚至是政府都是数据贡献者,而数据产生价值后的收益分配比例、时序都有待规范。因此,要加快构建数据要素市场规则,培育规范的数据交易平台和市场主体,探索场内与场外相结合的数据交易模式,建立数据资本资产定价机制,推动数据资源交易流通。

2. 营造规范有序的政策环境

构建与数字经济发展相适应的政策法规体系。健全共享经济、平台经济和新个体经济管理规范,清理不合理的行政许可、资质资格事项,支持平台企业创新发展、增强国际竞争力。依法依规加强互联网平台经济监管,明确平台企业定位和监管规则,完善垄断认定法律规范,打击垄断和不正当竞争行为。探索建立无人驾驶、在线医疗、金融科技、智能配送等监管框架,完善相关法律法规和伦理审查规则。健全数字经济统计监测体系。

党的二十大报告提出了全面建成社会主义现代化强国、以中国式现代化推进中华民族伟大复兴的宏伟目标,并明确提出加快建设网络强国、数字中国,加快发展数字经济。习近平总书记在主持中央政治局集体学习时强调,"要完善数字经济治理体系。健全法律法规和政策制度,完善体制机制,提高我国数字经济治理体系和治理能力现代化水平。"人类社会正在进入数字经济时代,数字经济是继农业经济、工业经济之后的主要经济形态,数据生产要素发挥关键作用,深刻改变了经济组织、社会关系和行为模式。统筹中华民族伟大复兴战略全局和世界百年未有之大变局,必须加快数字经济立法,在发展中规范、在规范中发展,做强做优做大我国数字经济。

3. 加强网络安全保护

健全国家网络安全法律法规和制度标准,加强重要领域数据资源、重要网络和信息系统安全保障。建立健全关键信息基础设施保护体系,提升安全防护和维护政治安全能力。加强网络安全风险评估和审查。加强网络安全基础设施建设,强化跨领域网络安全信息共享和工作协同,提升网络安全威胁发现、监测预警、应急指挥、攻击溯源能力。加强网络安全关键技术研发,加快人工智能安全技术创新,提升网络安全产业综合竞争力。加强网络安全宣传教育和人才培养。

总体来看,我国网络安全战略政策法规体系不断健全,工作体制机制日益完善,关键信息基础设施保护、数据安全管理、个人信息保护、新技术新应用风险防范等能力持续加强,网络安全教育、技术、产业融合发展,全社会网络安全意识和能力显著提高,网络安全保障体系和能力持续构建,为维护国家网络空间主权、安全和发展利益提供了坚实保障。

网络安全政策法规体系基本形成。我国制定出台了相关战略规划,颁布《网络安全法》《数据安全法》《个人信息保护法》《关键信息基础设施安全保护条例》等法律法规,出台了《网络安全审查办法》《云计算服务安全评估办法》《汽车数据安全管理若干规定(试行)》《生成式人工智能服务管理暂行办法》等政策文件,建立关键信息基础设施安全保护、网络安全审查、云计算服务安全评估、数据出境安全管理、网络安全服务认证等一系列重要制度,制定发布 300 多项网络安全领域国家标准,基本构建起网络安全政策法规体系架构,网络安全法律体系建设日趋完善。

4. 推动构建网络空间命运共同体

推进网络空间国际交流与合作,推动以联合国为主渠道、以联合国宪章为基本原则制定数字和网络空间国际规则。推动建立多边、民主、透明的全球互联网治理体系,建立更加公平合理的网络基础设施和资源治理机制。积极参与数据安全、数字货币、数字税等国际规则和数字技术标准制定。推动全球网络安全保障合作机制建设,构建保护数据要素、处置网络安全事件、打击网络犯罪的国际协调合作机制。向欠发达国家提供技术、设备、服务等数字援助,使各国共享数字时代红利。积极推进网络文化交流互鉴。

习近平总书记向 2023 年世界互联网大会乌镇峰会开幕式发表视频致辞中指出,互联网日益成为推动发展的新动能、维护安全的新疆域、文明互鉴的新平台,构建网络空间命运共同体既是回答时代课题的必然选择,也是国际社会的共同呼声。把我国建设成为网络强国,要从国际国内形势出发,总体布局,统筹各方,创新发展,也要聚焦重点难点问题,把握好建设网络强国的着力点,尽快补齐短板弱项,通过构建网络空间命运共同体推进新时代网络强国建设。

12.2.3　面向数字经济的监管科技

数字经济时代,传统监管体系和监管治理手段不能适应数字和互联网经济发展要求。需要结合国内外监管实践和经验,秉承规范与发展并重原则,充分吸收先进监管科技手段,构建动态、适时和有效平衡包容监管与规则治理的监管治理框架,不断推进数字经济监管体系和监管能力现代化。

1. 监管科技对于数字经济的意义

数字经济时代,传统监管体系和监管治理手段不能适应数字和互联网经济发展要求。需要结合国内外监管实践和经验,秉承规范与发展并重原则,充分吸收先进监管科技手段,构建动态、适时和有效平衡包容监管与规则治理的监管治理框架,不断推进数字经济监管体系和监管能力现代化。

实现数字经济健康有序发展,要规范数字经济发展,坚持促进发展和监管规范两手抓、两手都要硬,在发展中规范、在规范中发展。同时,要完善数字经济治理体系,健全法律法规和政策制度,完善体制机制,提高我国数字经济治理体系和治理能力现代化水平。数字经济时代,传统监管体系和监管治理手段不能适应数字和互联网经济发展要求。为此,需要不断推进数字经济监管体系和监管能力现代化。

2. 监管科技对于数字经济的作用

人类社会如今正快速步入数字经济时代。2021 年 10 月 18 日,习近平总书记在中共中央政治局第三十四次集体学习时强调:近年来,互联网、大数据、云计算、人工智能、区块链等技术加速创新,日益融入经济社会发展各领域全过程,数字经济发展速度之快、辐射范围之广、影响程度之深前所未有,正在成为重组全球要素资源、重塑全球经济结构、改变全球竞争格局的关键力量。发展数字经济需要与之相适应的治理能力,监管科技将为数字经济时代金融高质量发展持续助力。

1) 监管科技可以助力发展数字经济的顶层设计

习近平总书记在中共中央政治局第三十四次集体学习时强调:数字经济事关国家发展大局,要做好我国数字经济发展顶层设计和体制机制建设,加强形势研判,抓住机遇,赢得主动。顶层设计需要高效的传导体系来引导各类社会经济活动,使其发挥最大的社会价值,而监管科技本身就具有贯彻顶层设计的使命。为促进数字经济健康发展,政府和监管部门将大量出台新的政策措施。为了确保这些政策措施得到高效贯彻执行,相关部门可借助监管科技的半形式化语言或形式化语言对法律法规进行设计,实现机器可读、可解释、可执行。

2) 监管科技可以促进新兴产业有序创新发展

发展数字经济是把握新一轮科技革命和产业变革新机遇的战略选择。科技革命和产业变革意味着大量新业态和新业务出现。任何事物的初创时期往往都伴有"初生牛犊不怕虎"的疯长冲动,而传统监管手段对于这些创新往往存在着滞后性,为此需要构建监管科技框架引导和监管沙盒试错保护机制。科学的监管科技框架可以将金融创新活动"收敛"到合理空间。

3) 监管科技可以推动数字经济事业稳健发展

数字经济发展应坚持创新与规范两手抓、两手都要硬,在发展中规范、在规范中发展。为此,要健全市场准入、公平竞争等方面的审查监管制度,建立全方位、多层次、立体化监管体系,实现事前、事中、事后全链条全领域监管。近年来,数字经济快速发展导致的平台垄断、恶性竞争案例层出不穷,社会经济面临大量潜在风险。在这种情况下,监管科技无疑是提高检测、识别和防范风险能力的有效手段。监管科技是穿透式监管的重要技术支撑,其通过收集和梳理经济活动所产生的数据,并且对数据进行持续的跟踪、检测和分析,从而判断市场竞争是否公平、是否存在垄断以及其他阻碍数字经济健康发展的风险因素。

4) 监管科技可以推进数字经济行业治理

数字经济的发展会催生不同的监管目标。这些监管目标来自不同的监管部门、委员会、行业组织、工作小组或者标准制定机构。由于监管主体的不同,监管重叠和监管真空在所难免。基于这种情况,监管部门可以综合利用监管科技手段增强国家战略、行业管理以及业务发展三个层面的协同性,系统提升我国数字经济治理水平。

3. 监管科技的主要方法——监管沙盒

数字时代的创新呈现出日新月异的状态。传统市场监管的重心集中在生产安全及产品质量上,监管维度有限,容错空间低。然而随着服务业、金融业、"互联网+"产业的飞速发展,以及创新模式的不断涌现,市场监管难度不断升高。因此如何在总体风险可控的条件下给予创新模式一定的容错空间,鼓励创新是新时代背景下的监管难题。2019年10月国务院印发的《优化营商环境条例》提出,政府及其有关部门应当完善政策措施、强化创新服务,鼓励和支持市场主体拓展创新空间,持续推进产品、技术、商业模式、管理等创新,充分发挥市场主体在推动科技成果转化中的作用。如果将针对传统经济形态的监管思维、监管方式照搬到数字经济新业态中，不但不能取得良好的监管效果，反而会抑制数字经济的发展。

监管沙盒的提出为市场创新主体和监管者协同探索未来之路提供了新的思路。一方面，监管沙盒在现有监管框架内对创新活动进行一定的豁免，有利于创新项目的顺利开展；另一方面，在沙盒测试开始前，监管部门与创新主体就测试参数、实施范围等进行沟通；在测试进行过程中，双方就沙盒测试的开展情况进行实时沟通，大大畅通监管部门和创新主体的沟通渠道。

1）监管沙盒的基本概念

监管沙盒（Regulatory Sandbox）最早是由英国金融行为监管局提出的，本质是一种通过隔离实现的安全机制，旨在维护金融市场稳定性、保护消费者的同时，增强监管机制容错性，促进金融创新。根据其概念，监管机构为金融科技企业在现实中提供一个缩小版的创新空间，在保证消费者权益的前提下，给予该空间一个较为宽松的监管环境，使空间内部的企业能够对其创新的金融产品、服务、商业模式进行测试，较少受到监管规则的干扰。该模式不仅能够有效防止风险外溢，而且允许金融科技企业在现实生活场景中对其产品进行测试。

监管沙盒相较于试点试验，两者的出发点均是鼓励创新，包容试错，但不同的是，"监管沙盒"更强调监管机构与市场主体的互动性/能动性，彼此能够相互协作，实现正向反馈，同时依托法律法规和沙盒协议，在沙盒测试各阶段采取精细化管理，从而更有效地激励市场创新、防范风险和保护消费者利益。

2）监管沙盒的特点

第一，主动监管：监管沙盒的监管理念更具主动性。在作用方式上，现有监管机制遵循的是一种相对被动的监管逻辑，而监管沙盒机制基于监管者与企业之间的沟通，是一种相对主动的监管理念。监管沙盒作为一种监管创新方式，提供了相对包容的空间与弹性的监管方式。监管者在数字产品或服务设计早期便展开调研，这有助于其理解隐私保护法律法规在哪些阶段才能实现，如何得到运用。基于此，监管沙盒能为公共政策的制定者提供更立体的、与实践相关的经验和参照，供监管者制定更有效的法规政策。

第二，事前监管：现有监管机制对市场创新的监管模式依旧属于事后监管，而监管沙盒的作用时间则是在任何制度创新推向市场之前的测试阶段。对于监管者，其能够实现与新兴领域内市场主体的对话，并获得一手、新鲜的信息和资讯。进而能够了解当下产业中的需求，并集中于法律法规存在的亟须明确的部分进行完善，缓解当前隐私保护立法与技术高速更新间较大的滞后性问题。对于入盒企业来说，在推向市场以前，能够同监管者展开积极、广泛的合作，并在真实世界而不是模拟环境中去测试它们的创新产品是否满足合规要求，由此得到的结果及对产品的修正更加具有实践指向性。

第三，隐私保护：虽然"监管沙盒"是一项起源于金融领域的监管创新模式，但其能够有效平衡隐私保护与激发科技创新两者之间的关系，近年来其在数字治理领域的积极效用也在逐步显现，很多国家和组织进行了相关探索。例如，2018 年 9 月，英国信息专员办公室（ICO）开始研究如何借助监管沙盒在促进技术创新的同时保护隐私，截至目前，项目涉及包括交通、安全、住房、医疗、金融、青少年保护等场景中的隐私保护问题。

第四,鼓励创新:现有监管机制的重点在于要求创新符合所有已定规则,而监管沙盒则主要站在创新的角度,在现有监管框架内对创新活动进行一定的豁免,在保证消费者权益的原则下,就不同个案提供其能够提供的便利,有利于创新项目的顺利开展。

但是监管沙盒也存在一些局限。监管沙盒本质上是一种小范围的业务试点,业务规模有限,许多创新的风险点需要足够规模才能暴露,或者必须依托于一定规模之上才能发挥其降本增效作用,小规模试点则让这种规模优势无从施展。此外,受限于规模,监管沙盒里的科技创新试点只是有限试点,局限于表面,要探究深层次问题,仍不得不回归现实环境。最后,企业需自己带着市场和用户来做实验,许多针对 B 端机构用户的创新,通常因为找不到愿意配合的用户,从而无法在沙盒中试点。

尽管监管沙盒有其局限性,但是监管沙盒作为一种数字监管手段和监管理念,依然为探索数字治理的未来之路提供了一种重要的方法论。随着越来越多的创新被纳入沙盒监管,如何更恰当有效地利用监管沙盒并发挥其作用,将会基于实践被进一步总结研究。

12.3 企业的数字治理体系

企业是数字经济发展的重要基础,是数字治理的重要客体,是数据要素开发的市场主体,在数字经济背景下,传统企业的商业模式正在发生根本性改变。

12.3.1 我国企业数字化发展脉络

我国企业数字化发展经历了一段较长时间的演变,从信息传播到电子商务,从网络服务到智能决策,新模式和新企业不断涌现,技术创新成为行业核心的驱动力,企业数字化渗透的程度成为商业模式成功的关键要素。具体而言,我国企业数字化发展脉络大致可分为三个阶段:

第一阶段:1994—2002 年。1994 年,中国正式接入国际互联网,进入互联网时代,数字产业化开始萌芽。以互联网行业崛起为显著特征,伴随互联网用户数量的高速增长,一大批业内的先锋企业相继成立。三大门户网站新浪、搜狐、网易先后创立,阿里巴巴、京东等电子商务网站进入初创阶段,百度、腾讯等搜索引擎和社交媒体得到空前发展。90 年代开始,企业对数据共享、协同工作产生了需求,也更加重视业务流程的优化,开始采用局域网络联接企业各职能部门,发展功能更强大的管理信息系统和办公自动化系统。许多较高层次的企业信息化应用,如 ERP、产品生命周期管理 PDM 系统等开始进入很多企业,这些集成应用给企业带来了显著的经济效益和管理的进步。

第二阶段:2003—2012 年。随着互联网用户数量持续保持两位数增长,以网络零售为代表的电子商务首先发力,带动数字产业化由萌芽期进入新的发展阶段。例如,2003 年上半年,阿里巴巴推出个人电子商务网站"淘宝网",此后发展为全球最大的 C2C 电子商务平台;同年推出的支付宝业务,则逐渐成为第三方支付领域的龙头。新兴业态不断涌现,这一阶段网民规模的高速增长,为数字产业化的崛起提供了优质土壤。进入新世纪后,我国企业普遍进入到信息化应用阶段,基于互联网的信息化应用技术迅速普及。借鉴供应链管理的思想,具有一定信息化基础的企业开始尝试对供应链上下游企业的数据综合集成利用,加大数据资源集成的力度与范围,实现供应链上下游企业间的数据共享。

第三阶段:2013—至今。互联网平台逐步发展成为全要素、全产业链和全价值链连接的载体和枢纽,平台经济、共享经济成为全新增长点,助力提升资源配置、产业分工、价值创造的共享协同水平,资源富集、多方参与、创新活跃、高效协同的数字产业新生态初步建成。人工智能、大数据、区块链、云计算、网络安全等技术、产品及服务不断成熟,5G 网络和千兆光网等信息基础设施加速建设,应用场景得以丰富,数字产业化的增长潜力日渐显现。

在新一代数字科技支撑和引领下,传统企业以数据为关键要素,推动数据赋能、价值释放,对产业链上下游的全要素数字化升级、转型和再造。数字孪生基础设施启动建设,基于数据自动流动的状态感知、实时分析、科学决策、精准执行的闭环赋能体系在企业中得到广泛应用。工业互联网、智能制造、车联网等融合型新模式大量涌现,企业利用数据驱动资金、技术、人才等要素资源配置的效率大幅提升。

12.3.2　企业的数字治理体系内容

1. 企业数字化治理框架

中国信息通信研究院在《企业数字化治理应用发展报告(2021 年)》中提出了一种企业数字化治理体系,如图 12-2 所示。

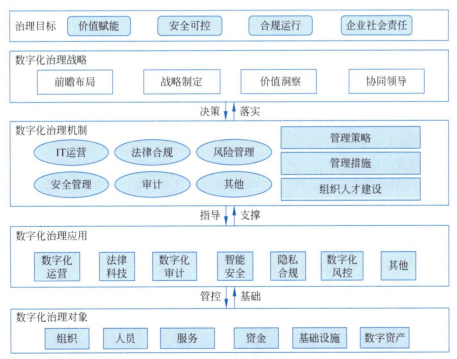

图 12-2　企业数字化治理框架

来源:中国信息通信研究院

企业数字化治理体系是以价值赋能、安全可控、合规运行、企业社会责任为治理目标,以人员、组织、业务、流程、基础设施、数字资产为治理对象,自上向下通过数字化治理战略、数字化治理机制、数字化治理应用来构建。具体为：数字化治理战略，企业数字化治理战略需要企业管理者对数字化转型中企业应具备的数字化治理能力进行敏锐洞察和前瞻布局，以及由一把手、决策层成员、其他各级领导、生态合作伙伴领导等共同形成协同领导和协调机制。数字化治理机制，是针对价值管理、IT运营、合规管理、安全及风险管理、组织人员管理等核心领域建立的标准规范和管理措施。数字化治理应用是支撑数字化治理机制有效运行的数字化手段，关键应用领域包括：数字化运营、法律科技、数字化审计、智能安全与隐私合规、数字化风控等。

2. 企业数字化治理特征

1) 企业数字化治理的内涵与价值效益

企业的数字化治理是顺应新一轮科技革命和产业变革趋势，不断深化应用云计算、大数据、物联网、人工智能、区块链等新一代信息技术，激发数据要素创新驱动潜能，打造和提升信息时代的生存与发展能力，加速业务优化升级和创新转型，改造提升传统动能，培育发展新动能，创造、传递并获取新价值，实现转型升级和创新发展的过程。数字化价值效益按照业务创新转型方向和价值空间大小可分为生产运营优化、产品/服务创新和业态转变三大类。

生产运营优化：基于传统存量业务，价值创造和传递活动主要集中在企业内部价值链，价值获取主要来源于传统产品规模化生产与交易，通过数字化转型促进成本降低与质量提高。

产品/服务创新：业务体系总体不大变，专注于拓展基于传统业务的延伸服务，价值创造和传递活动沿着产品/服务链延长价值链，开拓业务增量发展空间，价值获取主要来源于已有技术/产品体系的增量价值。

产业业态转变：业务体系颠覆式创新，专注于发展壮大数字业务，价值创造和传递活动由线性关联的价值链、企业内部价值网络转变为开放价值生态，价值获取主要来源于与生态合作伙伴共建的业务生态。

2) 企业的数字治理能力

数据能力：完善数据采集手段；推进数据集成与共享；强化数据建模与应用。

技术能力：有序开展生产和服务设备设施自动化、数字化、网络化、智能化改造升级；部署适宜的IT软硬件资源、系统集成架构，推动IT软硬件的组件化、平台化和社会化按需开发与共享利用；建设覆盖生产/服务区域统一的运营技术（OT）网络基础设施；自建或应用第三方平台，推动基础资源和能力模块化、数字化、平台化。

组织能力：根据业务流程优化要求确立业务流程职责，匹配调整有关的合作伙伴关系、部门职责、岗位职责。

流程优化能力：开展跨部门/跨层级流程、核心业务端到端流程以及产业生态合作伙伴间端到端业务流程等的优化设计；应用数字化手段开展业务流程的运行状态跟踪过程管控和动态优化。

治理体系优化能力：建立匹配的治理体系并推进管理模式持续变革，以提供管理保障。治理体系视角包括数字化治理、组织机制、管理方式、组织文化。

数字化治理能力：数字化领导力培育、数字化人才培养、数字化资金统筹安排、安全可控建设。组织机制：建立流程化、网络化、生态化的柔性组织结构；建立覆盖全过程和全员的数据驱动型职能职责动态分工体系。

管理优化能力：管理方式创新（流程驱动的矩阵式管理、数据驱动的网络型管理、职能驱动的价值生态共生管理）；员工工作模式变革（自我管理、自主学习、价值实现）。

业务创新能力：企业应充分发挥新型能力的赋能作用，加速业务体系和业务模式创新，推进传统业务创新转型升级，培育发展数字新业务，通过业务全面服务化，构建开放合作的价值模式，快速响应、满足和引领市场需求，最大化获得价值效益。可从业务数字化、业务集成融合、业务模式创新、数字业务培育方面推进。

12.3.3 案例分析

1. 中央管理企业的数字治理发展案例

2020 年 9 月，国资委《关于加快推进国有企业数字化转型工作的通知》中提出要促进国有企业数字化、网络化、智能化发展。包括建设基础数字技术平台、构建数据治理体系、推进产品创新数字化、生产运营智能化、用户服务敏捷化、加快新型基础设施建设、加快关键核心技术攻关等。此外，"上云用数赋智行动""十四五规划"等相关政策均对央企数字化转型提出了指导方向。

1）中国海油

中国海油积极推动数字化转型工作，正式发布了《中国海油数字化转型顶层设计纲要》和《智能油田顶层设计纲要》，2020 年，集团公司召开"数字化转型、智能化发展"专题座谈会，进一步明确了数字化转型的方向和路径。

2）中国石油

中国石油坚持"价值导向、战略引领、创新驱动、平台支撑"总体原则，按照业务发展、管理变革、技术赋能三大主线实施数字化转型，通过工业互联网技术体系建设和云平台为核心的应用生态系统建设，打造"一个整体、两个层次"数字化转型战略架构。一是业务数字化。二是管理数字化。三是数字技术平台（工业互联网技术体系）。集团层面通过建设"三地四中心"云数据中心和统一的智能云技术平台，构建统一的数据湖、边缘计算等技术标准体系以及适应云生态的网络安全体系，以支撑总部和专业板块两级分工协作的云应用生态系统建设。在总部层面，重点推动决策支持、经营管理、协同研发、协同办公、共享服务支持五大应用平台建设；在专业板块，发力专业云、专业数据湖、智能物联网系统建设，以及数据中台、业务中台、工业 APP 应用体系十大领域。

3）中国煤科

中国煤科是一家为煤炭行业提供全产业链服务的科技创新型企业，其高度重视数字化转型工作，在集团公司成立了加快推进数字化转型工作领导小组，系统谋划数字化转型发展路径。一是促进研发数字化转型。成立中央研究院，搭建集成研发系统（IPD）、实验室"一张网"管理数字化平台，推动科技研发协同高效、高端实验室共建共享共用。二是推动生产制造数字化转型。发展智能制造、高端制造，打造煤机装备、钻机装备、安全仪器仪表、选煤装备智能制造基地，广泛应用产品全生命周期管理系统（PLM）、车间制造执行系统（MES）、供应链管理系统（SCM），提升核心产品上云能力。三是加快设计开发数字化转型。

积极应用 BIM、CIM、GIS 等数字化技术搭建三维协同设计平台,促进勘察、设计、建设、运营等各环节的信息共享和业务协同。四是完善基础平台建设。构建 1 个统一数据平台以及基础、数据、运营、决策 4 层架构,建设 9 大应用系统和大数据中心与工业互联网平台,加快数据资产积累。

4)中国移动

聚焦"四个三"战略内核,牢牢把握数字化转型加速的发展机遇。加快"三转",即推动业务发展从通信服务向信息服务拓展延伸,推动业务市场从 ToC 为主向 CHBN 全向发力、融合发展,推动发展方式从资源驱动向创新驱动转型升级;聚力"三新",即推进新基建、融合新要素、激发新动能;深化"三融",即构建基于规模的融合、融通、融智价值经营体系;提升"三力",即打造高效协同的能力、合力、活力组织运营体系。

中国联通数字经济主航道,将"大联接、大计算、大数据、大应用、大安全"作为主责主业;加快构建"多元共建、互补互促、跨界融合、竞合共生"的数字生态;要创建贯穿创新链、产业链、价值链的全新生态体系;构建"全覆盖、全在线、全云化、绿色化、一站式"数字化服务。

5)鞍钢集团

打造数字鞍钢,"数字鞍钢"建设围绕自动化、信息化、数字化、智慧化建设制定"四化"攻关指标;聚焦"智慧管理、智慧生产、数字产业创新发展"三条路径;全面优化升级"管控、钢铁、矿山、钒钛、交易、金融、物流、技术"八大体系;到 2025 年,鞍钢集团两化深度融合整体水平大幅提升,大数据、人工智能等新一代信息技术得到深入应用。

2. 地区企业的数字治理发展案例

对于数字经济发展较为充分的地区,通过政府公共部门和互联网平台公司的协同合作,能够有效提升数字治理能力,推进数字治理的体系构建和系统集成。数字政府建设要借鉴企业市场化的组织方式,提升用户满意度。广东省、浙江省和海南省是数字治理体系构建政企合作模式的典型案例。数字治理的政企合作模式,主要是体现在省一级的大数据管理运行主体方面。为了有效满足数字经济发展的客观需求,提升政务服务的数字化智能化水平,通过国有资本和市场资本合作设立省级数字服务公司,有效推进了数字治理的系统建设和服务集成。

广东省在 2017 年 10 月成立了数字广东网络建设有限公司。数字广东公司私有资本占主体,国有资本在其中起到一定作用。其中腾讯公司股权占比最高,达到了 49%。股权占比紧随其后的是国有的三大电信运营公司,中国联通的股权占比分别为 18%,中国电信集团和中国移动公司的股权占比均为 16.5%。实际上,数字广东公司在数字治理的技术储备方面起到了积极的作用,广东省在 2018 年 10 月 26 日发布了《广东省"数字政府"建设总体规划(2018—2020)实施方案》(粤府办〔2018〕48 号),明确提出要充分发挥数字广东公司的支撑作用。海南省在 2019 年 10 月成立了数字海南有限公司,采用市场资本和国有资本合作的方式,为数字海南建设提供技术支持和服务。数字海南有限公司注册资本 2 亿元人民币,其中海南省大数据管理局作为国有资本出资方,占比 30%。阿里巴巴集团股份出资 9800 万元人民币,占比 49%,中国电信天翼资本集团占比 10.5%,太极软件服务公司占比 10.5%。浙江省数字产业发展走在全国前列,基于阿里巴巴集团,浙江省在 2019 年 11 月成立了数字浙江技术运营有限公司。其中阿里巴巴集团股份占比 49%,浙报智慧盈动创业投资有限公司占比 17%,其他投资公司和技术企业占比 34%。数字浙江技术运营有限公司注册资本 5 亿元人民币,主要负责提供大型数据基础设施建设、软件开发和信息系统集成服务和技术咨询服务等数字化产品。

12.4　国际数字治理的发展趋势

近年来,新一代信息技术加速创新应用,全球数字化转型步伐大幅加快,为全球经济发展注入新动能。与此同时,数字领域发展不平衡、规则不健全、秩序不合理更为突出,叠加复杂多变的全球政治经济环境,全球数字治理面临更大挑战。深入分析全球数字治理核心议题和重要机制趋势动态,研究各国数字治理模式和主要经验,对积极参与全球数字治理进程、合作构建公平、公正、非歧视的数字发展环境至关重要。

习近平总书记强调,"积极参与数字经济国际合作。要密切观察、主动作为,主动参与国际组织数字经济议题谈判,开展双多边数字治理合作,维护和完善多边数字经济治理机制,及时提出中国方案,发出中国声音"。数字经济事关我国发展大局,围绕数字经济积极开展双多边国际合作,是推动我国经济高质量发展、加快构建新发展格局的客观要求,也是我国积极参与全球经济治理体系变革、构建数字合作格局的重要举措。通过与数字伙伴安全互通和合作开发数据资源,加强数字技术合作,参与数字技术国际标准制定,推动数字贸易领域扩大开放,有助于在国际上及时提出中国方案、发出中国声音。

12.4.1　国际互联网治理

1. 国际互联网治理发展情况

近年来,许多国家开始加强互联网治理,建立起网络空间的国家战略。

1) 美国

美国是"多利益攸关方"模式的倡导者,但实际上美国并非不重视政府在网络空间治理中的作用。在近年来的国家战略中,美国一方面继续倡导"多利益攸关方"模式,另一方面则主张通过政府行动保护本国的关键基础设施,应对网络安全挑战。美国发布网络战略,维持网络空间优势。

2018 年 9 月,美国接连发布《国防部网络空间战略》和《国家网络空间战略》两份网络战略报告。报告提出:为"保护美国人民、国土及美国生活方式",需要确保联邦网络与信息安全,维护关键基础设施安全,与网络犯罪作斗争并完善事件上报机制。为"促进美国繁荣",需要加速推进数字经济建设,培育和保护创造力、培养优秀网络人才。为达到"以实力求和平"目标,一方面需推动各国达成"负责任国家行为"的准则,从而促进网络稳定;另一方面也要针对"不可接受的网络行为",全方位提升溯源能力和形成威慑效应。为"提升美国影响力",则需与"志同道合"的国家、企业、学术界和民间机构合作,保护"互联网自由",推动以"多利益攸关方"模式实现互联网治理,建设开放、互操作、可靠、安全的互联网,完善可依赖、可互操作的通信基础设施,推动形成有利于美国企业创新的海外市场,并帮助美国的盟友、伙伴提升各自的网络实力,形成网络空间国际伙伴关系。

2）俄罗斯

俄罗斯采用政府主导型治理模式,通过构建顶层设计、完善管理机制、制定法律法规、提高技术研发平台、完善市场环境等路径,建立了较为完备的互联网治理工作体系。以整体规划统领国家互联网治理工作。近年来,俄罗斯注重加强制度建设与立法工作,接连颁布新版《国家安全战略》(2015)、《信息安全学说》(2016)等国家战略和规划。俄罗斯不断加强对本国信息资源的管理和控制,包括组建信息战部队成立网络安全事故响应中心,制定实施危机应对计划,以应对网络空间安全威胁,增强网络安全应急响应能力。在治理机制上,俄罗斯政府主张以政府为主导,社会参与的网络治理工作机制,确保互联网治理的有效运行。

俄罗斯谋求建立"国际信息安全新秩序",一直主张制定国际间网络空间的行为准则,是"网络主权"倡导国之一。近年来,通过加强合作、联合声明等形式不断在国际组织和国际社会上发出声音。2011 年,俄罗斯等国向联合国大会提交了《信息安全国际行为准则》(草案),并在 2015 年提交该准则的更新版;2012 年,俄罗斯等国在国际电信大会提出议案,成员国政府对互联网管理以及各国在互联网资源分配等方面拥有平等权利,加强政府在互联网发展与管理中的作用;2013 年,俄罗斯在联合国国际电信联盟大会上提出"网络主权"倡议,呼吁世界各国之间加强互联网发展与管理中政府的作用。

3）欧盟

欧盟支持网络安全研究,保护数字单一市场。从欧盟 2019 年 9 月发布的《建设强大的网络安全》手册获悉,网络安全、信任和隐私是欧洲数字单一市场繁荣的基础,因此,欧盟采取了一系列相关措施。

当前,欧洲共有 6 万余家网络安全企业、660 余家网络安全专业机构;在全球国家网络安全指数排名前 20 位的国家中,欧洲国家占据了 18 个席位;自 20 世纪 90 年代初,欧盟就开始资助网络安全与隐私领域的研究与创新(R&I),截至目前,全欧已有 1352 家机构组织参与了 132 项 R&I 项目。

未来,欧盟将建立欧洲网络安全产业、技术和研究能力中心,负责网络协调与支持,以及研究规划与实施;建设网络安全国家中心网络,各成员国将设立一个国家协调中心,以便在该网络中开展工作,该网络将支持欧盟的关键网络研究和发展;在网络安全产业公私合作方面,至 2020 年,欧盟委员会与欧洲网络安全组织(ECSO)签署的公私合作协议将为网络安全领域带来超过 18 亿欧元的投资。

欧盟制定史上"最严"数据保护法规,制定了大量的网络法律,包括《网络犯罪公约》《隐私与电子通信指令》《电子商务指令》《版权指令》等,并要求成员国通过国内法落实欧盟指令。

4）英国

英国作为互联网发展起步最早的国家之一,在网络治理方面积极探索,从立法、行政两处双管齐下,同时积极调动社会力量参与治理,形成了一套较为完备的网络治理体系。英国将网络经济安全与国家安全并重,2016 年,英国政府发布《国家网络安全战略》。报告指出,英国将在 2016~2021 年期间投资约 19 亿英镑(约合 23 亿美元)用于加强网络安全和能力。

在英国政府的大力倡导下,网络技术安全已被设立为一门必修课,成为个人教育中的重要组成部分。英国政府规定每一个五岁以上的儿童都要学习"打包、压缩、标记"等网络安全技术,目的是帮助孩子们形成在网络上保护个人隐私的习惯,例如不能在网络购物中轻易让人知道自己的行踪。

5）日本

日本互联网监管机构比较精简,有明细的分工又有合作,官方和民间机构并存;互联网立法上针对特定人群和特定领域有细致的法律;互联网治理上有严格的行业自律。在网络安全与治理方面,日本设置了互联网监管的政府职能机构,包括总务省、经济产业省、警察厅、法务公正贸易委员会、法务省、内阁官房、官办"网络防卫队"等。互联网治理的民间机构包括"手机内容审查运营监管机构"日本网络安全协会和日本数据通信协会。与此同时,日本还制定了互联网治理法律法规,如针对青少年网络使用安全的法案、针对青少年使用手机移动互联网的法律、网络信息安全的法案。

6）韩国

韩国是世界上最早建立互联网审查专门机构的国家之一,先后成立了互联网信息通信道德委员会、信息通信部、互联网安全委员会等管理机构。

互联网安全委员会是韩国管理互联网内容的专门机构,隶属于韩国信息和通信部。该委员会的目标是:阻止有害信息在互联网和移动网络上的流通;促进健康的网络文化发展;保护信息用户权益;开展国际合作;研究、制定相关政策。委员会由来自相关领域的专家组成,负责公正处理并鉴别通过电信网络传播给公众的信息,以及完成事件的评估报告,针对未来可能出现的违法或有害信息形式提出相关的鉴定标准等。

7）新加坡

新加坡是世界上网络普及率较高和率先公开推行网络监管制度的国家,也是典型的政府主导型网络监管国家。新加坡政府在强化网络信息监管和治理方面形成了一套独特、高效的管理思想和管理体制机制,其组织机制主要涉及内容管理、国家政治安全、行政许可及登记注册、政策咨询、公共教育及网络指导使用等方面。

新加坡构筑四大支柱,打好网络安全战。2016 年,新加坡设立网络安全局,旨在建立国家网络安全政策,避免网络威胁,在优化网络安全行业的生态系统中推动经济发展。新加坡在制定网络安全战略中确定了四大支柱:第一,建立有弹性的基础设施。新加坡政府力争确保能源、水利、信息、银行业在网络攻击的情况下免受损害。2018 年,新加坡通过并执行《网络安全法案》,旨在积极防护网络安全,尤其是关键基础设施的安全。第二,创建安全的网络空间。通过宣传和教育企业、公民、政府共同合作,让人们意识到网络安全的重要性,并把这些转化成企业可以利用的资源。第三,建立充满生机活力的网络安全系统。新加坡不断吸引世界顶级网络安全公司入驻,还建立了优质网络安全专业技能人才库,推动行业发展。第四,加强国际合作伙伴关系。通过建立基于规则的国际化多边网络安全秩序,共同应对跨国网络威胁。

8）澳大利亚

2016 年,澳大利亚政府制定了《网络安全战略》四年规划,匹配了 2.3 亿美元的资金支持,构建了澳大利亚网络安全的基础,增强了在线威胁感知的能力。

战略发布以来,澳大利亚在网络安全方面展开了很多举措:设立澳大利亚网络安全中心,汇聚政府网络安全人才力量,加强应对当前和新兴威胁的能力;与企业、政府和学术界加强合作,在 5 个首府城市建立联合网络安全中心;建立 7×24 小时的"环球观察"(Global Watch)机制,以快速应对网络安全事件;推出 cyber.gov.au 网站,作为网络安全建议的一站式解决方案;推出澳大利亚网络安全发展网络(AustCyber)、澳大利亚贸易委员会的创客登陆计划(Landing Pad Program),并投资 5000 万元用于支持网络安全联合研发中心;加大对教育和技能培训的投入,包括墨尔本大学和伊迪丝考恩大学的网络安全卓越学术中心、国家专业认证和高级学位项目。

2. 中国互联网治理发展现状

互联网是人类社会发展的重要成果,是人类文明向信息时代演进的关键标志。当前,以新一代网络与信息技术为代表的科技革命和产业变革深刻影响和改变着世界,互联网真正让世界变成了地球村。同时,互联网的发展对国家主权、安全、发展利益也提出了新挑战,互联网发展不平衡、规则不健全、秩序不合理等问题日益凸显,迫切需要国际社会认真应对。习近平总书记提出构建网络空间命运共同体这一新理念,为破解全球网络空间治理难题和推动全球互联网治理体系变革提供了中国方案。

当前,发展中国家与发达国家存在巨大的"数字鸿沟",随着互联网、大数据、云计算、人工智能、区块链等新技术的不断升级,发展中国家可能面临"数字鸿沟"和"智能鸿沟"叠加困境。由于不同国家和地区互联网普及、基础设施建设以及技术水平等方面发展不均衡,现有网络空间治理规则难以有效地反映各方利益关切特别是广大发展中国家利益。欧美等发达国家在全球互联网治理领域占据主导地位,倡导和主张"多利益攸关方"模式,认为网络空间属于"全球公域",应该主要依托政府以外的行为体进行治理,以中国为代表的发展中国家和新兴经济体则倡导以尊重网络主权为基础,实行"多边主义"治理,构建更加公正合理的网络空间治理体系。

破解全球互联网治理的难题,需要有新的理念,构建网络空间命运共同体对于全球互联网治理领域至关重要。2014 年在首届世界互联网大会上,习近平总书记在贺信中提出"互联网真正让世界变成了地球村,让国际社会越来越成为你中有我、我中有你的命运共同体"。在 2015 年第二届世界互联网大会上,习近平总书记正式提出"构建网络空间命运共同体"的倡议,他指出,"网络空间是人类共同的活动空间,网络空间前途命运应由世界各国共同掌握。各国应该加强沟通、扩大共识、深化合作,共同构建网络空间命运共同体"。这一新理念得到国际社会广泛认同和积极响应。在向 2023 年 11 月召开的新一届世界互联网大会开幕式发表视频致辞中,习近平总书记就推动构建网络空间命运共同体提出三点倡议,即倡导发展优先、倡导安危与共、倡导文明互鉴,为推动网络空间命运共同体建设迈向新阶段指明了方向。

网络空间命运共同体所包含的关于发展、安全、治理、普惠等方面的理念主张,与人类命运共同体理念既一脉相承,又充分体现了网络空间的客观规律和鲜明特征。同时,推动构建网络空间命运共同体,将为构建人类命运共同体提供数字化动力,构筑坚实的安全屏障,凝聚更广泛的合作共识。

中国针对全球互联网治理提出了一系列倡议和主张,不仅体现了大国担当,也提升了中国在全球互联网治理体系中的话语权。2020 年 9 月,中国提出《全球数据安全倡议》,提出各方应在相互尊重基础上,加强沟通交流,深化对话与合作,共同构建和平、安全、开放、合作、有序的网络空间命运共同体。2022 年 11 月,国务院新闻办公室发布《携手构建网络空间命运共同体》白皮书,全面介绍了中国参与全球互联网治理体系改革和建设的实践以及中国主张。面对当前全球人工智能技术快速发展的现实,2023 年 10 月,中国又发布了《全球人工智能治理倡议》,主张各国应通过对话与合作凝聚共识,促进人工智能技术造福于人类。

全球互联网治理体系变革进入关键时期,中国提出构建网络空间命运共同体,为全球互联网治理注入了新动能。中国提出的网络空间命运共同体理念,秉持共商共建共享的全球治理观,积极推进网络空间命运共同体的建设。

持续深化网络安全合作,构建更加和平安全的网络空间。安全是发展的前提,发展是安全的保障,安全和发展要同步推进。当前网络空间成为国家继陆、海、空、天之后的第五疆域,保障网络空间安全就是保障国家主权。要以尊重网络主权为原则,尊重各国的互联网发展道路和治理模式,遵守网络空间国际规则,不搞网络霸权,同时,要妥善应对科技发展带来的规则冲突、社会风险、伦理挑战。中国积极开展针对网络安全的双边和多边合作,推动构建更加和平安全的网络空间。其中,与印度尼西亚签署《关于发展网络安全能力建设和技术合作的谅解备忘录》、与泰国签署《关于网络安全合作的谅解备忘录》、同阿拉伯国家联盟秘书处发表《中阿数据安全合作倡议》、2017 年与金砖国家达成《金砖国家网络安全务实合作路线图》、在上海合作组织框架下发布《上合组织成员国保障国际信息安全 2022—2023 年合作计划》等,有力推动了和平安全的网络空间建设。

不断拓展数字经济合作,构建更加普惠繁荣的网络空间。当前,全球数字经济发展整体呈上升趋势,但数字经济指数的平均水平从高收入国家、中高收入国家、中低收入国家和低收入国家依次递减。习近平总书记指出,"发展是世界各国的权利,而不是少数国家的专利"。深化数字领域国际交流合作,加速科技成果转化,有利于促进发展。加快信息化服务普及,缩小数字鸿沟,在互联网发展中保障和改善民生,让更多国家和人民共享互联网发展成果。中国以数字丝绸之路建设为契机,以自己的实际行动推动数字领域的国际交流合作。自 2017 年以来,中国已与 17 个国家签署"数字丝绸之路"合作谅解备忘录,与五大洲 23 个国家建立"丝路电商"双边合作机制,建立中国—中东欧国家、中国—中亚五国电子商务合作对话机制,推进中国—东盟信息港、中阿网上丝绸之路建设,积极为非洲、中东、东南亚国家以及共建"一带一路"国家提供云服务支持。此外,还与二十国集团、亚太经合组织、金砖国家、世贸组织等开展多边框架下的数字经济合作。

12.4.2　国际数字经济治理

1. 国际数字治理概况

中国信通院在《全球数字治理白皮书(2023 年)》中指出:全球数字治理赤字仍然严峻,数字化转型全面加速,发展失衡问题日趋复杂,人工智能技术突破进一步凸显国际规则不健全风险,平行体系和单边主义、排他主义加剧秩序不合理问题,全球数字治理合作仍面临较大挑战。

随着全球信息技术的发展和普及,数据成为经济社会发展的关键驱动力。然而,数字全球化在为全球经济发展提供新动能的同时,数据共享和开放、数据安全和隐私保护、数据质量和标准等数据治理问题也愈加凸显。在数字时代背景下,如何搭建公平、包容、高效的全球数字治理框架,从某种程度上影响着全球发展和安全,数据治理的重要性日益凸显。

主要国家数字经济发展持续提速。《全球数字经济白皮书(2023年)》显示,2022年,美国、中国、德国、日本、韩国5个世界主要国家数字经济占GDP比重达到58%,规模同比增长7.6%,高于GDP增速5.4个百分点;产业数字化持续带动5个国家数字经济发展,占数字经济比重达到86.4%。全球各国加快推动数字经济重点领域发展,在数字技术与产业、产业数字化、数据要素等领域积极抢抓发展机遇。

数字全球化发展不均衡问题突出。随着数字全球化的不断推进,全球网络覆盖范围和质量都有较大提升,全球跨境数据流动更是保持高位增速。《全球数字治理白皮书》显示,2015—2021年,国际宽带从155Tbit/s升至932Tbit/s,3G及以上移动网络人口覆盖率从78.3%升至95%,跨境数据流动规模增长超14倍。但与之相伴的是,国家间数字基础设施鸿沟不断扩大,全球数字平台"极化"格局进一步加剧。例如,2021年最不发达国家4G人口覆盖率仅为53%,远低于世界平均水平的87.6%和发达国家的98.6%;截至2021年底,全球前5的数字平台企业皆为美国企业,占据全球市场约70%的价值总额。

数字治理上升至国家安全战略高度。当前多边经贸规则已难以承载数字经济时代的需求,各成员国出于公共政策或国家安全考虑纷纷发布相应的规则和标准,各国治理模式竞争加剧。欧盟近年来陆续出台《一般数据保护条例》《数字服务法》《数字市场法案》,以更好地管理数字服务领域;美国于2022发布《美国数据隐私和保护法案》,以更好地保护公民权利;我国第一部有关数据安全的专门法律《数据安全法》也于2021年正式施行,与《网络安全法》《个人信息保护法》一起,全面构筑中国信息安全领域的法律框架。

主要国家数据治理理念和诉求差异较大。当前,数据跨境流动国际治理格局呈现出立体化、多层次、碎片式的规制特征,主要国家对如何规制数据跨境流动尚未达成有效共识。整体来看,以美国为首的国家采取的是典型的"进取型"模式,旨在通过促进数据自由流动来拓展网络空间疆土以满足自身利益需求;欧盟、英国、新加坡和日本等国采取的则是各具特色的"规制型"模式,在高标准隐私保护前提下支持跨境数据流动;俄罗斯、印度、巴西、南非等国则属于"限制型",限制重要数据出境,优先考虑安全保护的"本地化"模式。

全球数字治理是一个复杂而长期的过程,围绕网络安全、数据、平台、人工智能的数字治理规则尚处于探索期。考虑到当下数据跨境流动国际治理态势,应加快构建适应数字全球化的全球治理新秩序,以优先构建规范共识为突破口,创设新型包容性治理机制与模式,确保全球数据市场的安全、公正和可持续发展。

2. 国际数字治理路径

1) 全球数字契约

联合国系统正在加速构筑全球数字治理图景。2024年9月,联合国举办了未来峰会。联合国将此次会议视作弥合数字治理分歧、检验全球共识、促进数字合作的关键里程碑。会议涉及数据、网络、外层太空、人工智能等各数字领域重点问题,并发布了经各方广泛讨论后形成《全球数字契约》。经过多年发展积累,联合国已形成40余个数字治理合作机制,推动形成一系列数字治理共识。在当前复杂多变的外部环境下,联合国能否及时回应全球数字治理新问题、能否促成各方达成共识并推进务实行动、能否促进系统内部协调高效运作均成为各方高度关心的问题,也将对全球数字治理的未来产生深远影响。此外,2025 年,信息社会世界峰会(WSIS)将迎来二十年审查进程,将系统盘点 WSIS 在网络安全、互联网管理、互联网人权等关键治理问题上的重要成果,并对数字领域多利益攸关方合作模式的有效性进行检验。

2) 数字领域南南合作

全球南方塑造全球数字治理议程。金砖国家巴西、南非将接连担任 G20 2024 年、2025 年轮值主席国,扩员后的金砖国家、上合组织和 G20 将以更多的全球南方视角,引领全球数字治理发展导向,表达发展中国家核心关切。2024 年巴西主席国将在 G20 数字经济工作组就普遍和有意义的连接、人工智能、数字环境中的信息完整性与可信性、数字政府四大议题组织成员国开展讨论。

"一带一路"框架下国际交流频繁。第八届"一带一路"高峰论坛、"一带一路"科技交流大会、"一带一路"科技创新部长级会议、"一带一路"国际大数据竞赛等活动密集开展。中国-区域机制合作"开花结果"。2024 年,举办了中拉论坛峰会十周年、中拉数字技术合作论坛、中非合作论坛第九届部长级会议等会议,共同检验《中国—拉共体成员国重点领域合作共同行动计划(2022—2024)》《中非合作论坛—达喀尔行动计划(2022—2024)》合作成果。中国—东盟自贸区 3.0 正在谈判,将继续提升双方经贸领域开放,拓展数字经济、供应链互联互通等领域互利合作。

3) DEPA

2021 年,习近平主席在出席二十国集团领导人第十六次峰会时宣布,中国高度重视数字经济国际合作,已经决定申请加入《数字经济伙伴关系协定》(DEPA)。中国正式提出申请加入 DEPA,以及此前申请加入《全面与进步跨太平洋伙伴关系协定》(CPTPP),宣示了中国正以开放的态度积极参与全球数字经贸规则制定。2024 年 5 月 7 日,中国加入《数字经济伙伴关系协定》(DEPA)工作组第五次首席谈判代表会议在新西兰奥克兰举行。

由新加坡、新西兰、智利三国于 2020 年 6 月签署的 DEPA 内容广泛,是世界上第一个多国参与的专门数字贸易协议。就具体内容而言,DEPA 参考了先进的贸易协议例如 CPTPP 的相关条款,但采取了更为灵活的模块化结构形式。与其他数字贸易相关协议相较,DEPA 最契合中国的诉求,其倡导的开放、合作、普惠的数字贸易发展取向与中国秉承的理念基本一致。

客观来看,由于 DEPA 对数字贸易提出较高标准,中国加入需进一步完善法规细则落地,进一步推进制度型开放。国家网信办发布《网络数据安全管理条例(征求意见稿)》,在《网络安全法》《数据安全法》《个人信息保护法》"三法"的立法宗旨下,数据跨境流动和数据安全领域的一系列规章落地,有助于中国加快数字贸易领域的改革开放,尽早加入 DEPA 这一在全球数字贸易领域领先的、高标准的国际协议。

DEPA 与数字贸易协议:在数字经济高速发展的背景下,各国普遍认识到数字贸易的巨大潜力和重要性,纷纷出台政策,旨在规制国与国之间数字贸易的国际谈判和协定,这已渐成主流。目前,国际数字经济和贸易相关政策主要分为几个层面。一是在世界贸易组织(WTO)框架下的电子商务谈判,截至目前已有超过 80 个 WTO 成员加入,各成员在完善贸易相关制度安排和缩小数字鸿沟等方面有一定共识,但在跨境数据流动、市场开放和知识产权保护等方面分歧较大。二是将数字贸易协议内容纳入自由贸易协定中,如 CPTPP 中有一章专门阐述电了商务和数字贸易,《区域全面经济伙伴关系协定》(RCEP)、《美墨加协定》(USMCA)等均包含数字贸易相关政策。三是部分国家间签订专门的数字贸易协定,如美国和日本 2019 年 10 月签署的《美日数字贸易协定》、澳大利亚和新加坡 2020 年 8 月签署的数字经济协议(DEA)以及 DEPA 等。

与 WTO 电子商务谈判相较,DEPA 涉及内容广泛且更具操作可行性。DEPA 在数字贸易合作方面已取得重要进展,但在 WTO 框架内核心分歧问题上并未尝试突破。需要指出的是,作为一个高标准的数字贸易协议,DEPA 在跨境数据流动、网络空间开放等方面提出了较高要求。

在跨境数据自由流动方面,DEPA 规定,数字贸易过程中,原则上应允许数据(包括个人信息)跨境自由流动、禁止要求数据本地存储或处理。在网络空间管理方面,DEPA 要求缔约方之间应建立信任,尽量减少数字贸易中的限制措施。对于包含密码的数字产品,缔约国不得要求以另一缔约国交出密钥作为数字产品准入的条件,等等。

为加快数据跨境流动规则落地,我国在推动数字贸易和数据跨境流动、提高数据跨境流动治理能力方面作出了不懈努力。《网络安全法》《个人信息保护法》和《数据安全法》这三部法律构建起中国一般数据尤其是个人信息和重要数据本地化存储、数据出境需遵守安全评估和安全审查相结合的总体框架,《网络安全审查办法》《数据出境安全评估办法》和《网络数据安全管理条例》相继发布。

中国对跨境数据流动的管理框架是在优先保障国家安全和个人隐私基础上构建的,对网络空间的管理也以国家安全、网络主权和国家利益为优先选项。比照 DEPA 的相关内容,中国需在保障国家安全、网络主权和个人隐私的前提下,推进数据跨境流动的规则落地,加快数字贸易领域的制度性开放和先行先试。

第一,推动数字贸易领域的制度性开放,核心是可落地执行的跨境数据流动评估体系。除须本土化储存的重要数据外,在保障安全和保护个人隐私的前提下,推动数据安全、有序、合规跨境流动,是中国加入 DEPA 等国际数字贸易协议的前提条件,对于提升我国数据要素市场的国际竞争力至关重要。同时,安全评估制度除了要管理数据出口外,还要为促进数据进口营造环境,鼓励国外数据向我国流动。

对于数据出境,《网络数据安全管理条例》做出了完整界定,在出境数据中包含重要数据、关键信息基础设施运营者和处理 100 万人以上个人信息的数据处理者向境外提供个人信息等情形,数据出境应当具备国家网信部门组织的数据出境安全评估,通过国家网信部门认定的专业机构进行的个人信息保护认证,以及符合国家网信部门规定的其他条件。

第二,上海自贸区临港新片区、海南省等拥有政策空间的地区应积极试点推进跨境数据流动创新。上海自贸区临港新片区和海南省作为国家跨境数据流动的前沿试点地区,在跨境数据流动政策创新方面有较大空间。近年来,国务院、相关部委和两地政府均出台了关于支持跨境数据流动创新的诸多政策。综合各项政策看,临港新片区创新政策重点在数据跨境流动的安全评估、数据安全管理、离岸数据中心建设等方面,旨在于跨境数据流动安全和自由传输之间取得平衡。海南省政策重点则在数据跨境传输安全管理试点、个人信息安全出境评估等方面,与自由贸易港的地位和发展需要相契合。

上海和海南可在《网络数据安全管理条例》的框架下先行先试。例如,根据《上海市数据条例》,上海可按照国家相关法律法规的规定,在临港新片区内探索制定低风险跨境流动数据目录,促进数据跨境安全、自由流动。同时,在临港新片区建设离岸数据中心,按照国际协定和法律规定引进境外数据,支持企业开展相关数据处理活动。

第三,可与 DEPA 创始国新加坡及东盟开展跨境数据流动先行先试。2021 年 1 月,新加坡牵头更新《东盟数据管理框架》(DMF)和制定《东盟跨境数据流动示范合同条款》(MCCs),其中 MCCs 是东盟跨境数据流动机制实施的第一步,明确了数据整个生命周期内的治理结构和保护措施,下一步则是开展跨境数据流动认证。在中国东盟全面战略伙伴关系的背景下,上海临港新片区等地区可结合自身实际,与新加坡和东盟在跨境数据分级分类、流动机制、流动认证、个人数据传输等方面率先开展合作,例如先从低风险数据入手,推动数据非本地存储和跨境数据流动。

第四,推动政府开放公共数据、支持中小企业,推动可信人工智能。DEPA 的创始国新加坡、新西兰、智利非常关注数字产品和贸易对经济的促进作用、中小企业数字化转型、数字包容性等问题,这与中国提出的构建开放、公平、普惠、非歧视的数字发展环境不谋而合。政府的公共数据开放,对于支持中小企业、构建普惠数字环境至关重要。同时,确保知识产权数据库公开可访问,运用联邦学习、隐私计算等最新技术方法,支持可信、安全和负责任地使用人工智能,有助于营造良好的数字贸易和数字经济环境。推进这些与 DEPA 协议相关条款高度一致的数字经济政策,有助于中国早日加入 DEPA。

第五,充分运用例外条款。例外条款是一国在国际贸易协定中充分保护自身的通行办法。在加入 DEPA 等数字贸易协定的谈判中,中国可充分运用一般例外、安全例外、审慎例外和货币、汇率政策例外等例外政策,在开放和安全之间取得平衡。

12.4.3　国际人工智能治理

1. 国际人工智能治理概况

目前,全球人工智能治理已形成各国政府领衔主导、国际组织积极推进、科技企业协同治理的多方参与格局。但与此同时,发展中国家与发达经济体之间在人工智能技术发展和治理能力上依然存在"智能鸿沟"和治理代差。

各国高度重视并积极参与全球人工智能新秩序的形成。当前,作为全球科技竞争中最为激烈的领域,人工智能的国际竞争早已超越技术和产业的竞争,并实质拓展到以法律规制和规章制度为代表的人工智能治理竞争。可以看到,近期美国、欧盟、日本、韩国等国家和地区均高度重视人工智能治理优势的塑造,纷纷抢占全球人工智能治理的制高点和主导地,形成"技术赛道""产品赛道"和"制度赛道"多轨并行的新格局。可以说,从全球范围来,人工智能已步入技术发展的"奇点时刻"与人工智能治理的"关键时刻"。

1)美国

作为世界人工智能科技发展大国,美国近年来颁布了一系列法律法规和行政命令,积极布局其在全球人工智能治理秩序中的领导地位。2021 年,美国颁布《国家人工智能倡议法》,设立了人工智能发展协调统筹机构促进联邦加速人工智能研究和应用,以保障其在人工智能治理领域的国际领导力。2022 年,美国白宫科技政策办公室发布《人工智能权利法案蓝图：让自动化系统为美国人民服务》，规定了关于人工智能或自动化系统设计、使用和部署的多项原则和相关实践。2023 年以来，美国国家标准和技术研究院（NIST）于午初发布了《人工智能风险管理框架》，旨在对人工智能系统全生命周期实行有效的风险管理。美国《国家人工智能咨询委员会首年年度报告》则明确提出，应采取一系列积极措施将 NIST 提出的人工智能风险管理框架推广为全球人工智能风险管控的"通用语言"。同时，美国政府就人工智能监管发布了行政命令，强势推动美国生成式人工智能科技企业践行自愿承诺的监管路径，为美国在日后能够填补日本在七国集团"广岛人工智能进程"中的领导地位提前布局。

2）英国

AI 发展实力位居世界前列的英国为最大程度发挥人工智能带来的社会效益，鼓励人工智能在值得信赖的前提下不断创新发展，在 2023 年 3 月发布了《促进创新的人工智能监管方法》白皮书，提出基于比例和场景的人工智能治理路线，以为企业和用户对人工智能的使用提供信心，为行业提供具有确定性、一致性的监管方法。白皮书特别强调政府和行业、企业等多主体开展协同治理的重要性，以及加强人工智能治理全球合作和互操作性的重要性，以尽快实现英国在人工智能领域的全球领导者地位。2023 年 11 月，英国主办了首届人工智能安全峰会，达成了全球首个人工智能治理协议《布莱切利宣言》，包括中国、美国、英国等 28 个国家及欧盟共同签署了该项声明。

3）欧盟

作为全球首部人工智能法律草案，欧盟的《人工智能法案》（AI Act）已经进入立法程序的最后阶段。该法案于 2021 年被首次提出，将适用于任何使用人工智能系统的产品或服务。该法案根据 4 个级别的风险对人工智能系统进行分类，从最小到不可接受。风险较高的应用程序，例如招聘和针对儿童的技术将面临更严格要求，包括更加透明和使用准确的数据。2023 年 12 月 8 日，欧盟就《人工智能法案》达成协议，该项法案旨在通过全面监管人工智能，为这一技术的开发和使用提供更好的条件，谈判同意对生成式人工智能工具实施一系列控制措施。2024 年 2 月 2 日，欧盟 27 国代表一致支持《人工智能法案》文本。2024 年 3 月 13 日，欧洲议会通过了《人工智能法案》。《人工智能法案》是全球首个 AI 监管法案。

加拿大、日本、韩国、新加坡、巴西等国均就人工智能治理陆续开展实质性立法和监管工作。可以说，全球人工智能治理新秩序正在加速形成，各国均积极布局并参与其中。

2. 中国人工智能治理实践

人工智能是人类发展的新领域。作为引领新一轮科技革命和产业变革的重要驱动力，人工智能技术的纵深扩张既深刻改变人们的生产、生活、学习方式，为人类社会实现人机协同、跨界融合、共创分享带来重大机遇，也带来了数据争夺、数据安全风险、知识产权侵权风险、虚假信息或恶性内容风险、技术霸权风险等各种不确定风险和全球性挑战，需要国际社会共同应对。习近平主席在第三届"一带一路"国际合作高峰论坛开幕式主旨演讲中提出《全球人工智能治理倡议》（以下简称《倡议》），是我国积极践行人类命运共同体理念，落实全球发展倡议、全球安全倡议、全球文明倡议的具体行动。

中国积极践行人类命运共同体理念，《倡议》围绕发展、安全、治理三个方面系统阐述，就各方普遍关切的人工智能发展与治理问题提出建设性解决思路，贡献了中国智慧和中国方案,体现了中国的大国责任担当,对于共同构建人类命运共同体意义重大。

作为负责任的人工智能大国,中国始终不忘构建人类命运共同体的初心,坚持做全球人工智能治理领域的积极推动者、参与者和贡献者,在人工智能治理实践中积累了宝贵的经验,在推动全球人工智能治理中贡献中国方案。

以"负责任、可持续"为目标,探索建设政府治理和企业自治相结合的人工智能治理生态。近年来,国家和地方层面人工智能治理相关指导文件和法律法规不断规范,相关部门发布了《新一代人工智能治理原则——发展负责任的人工智能》《最高人民法院关于审理使用人脸识别技术处理个人信息相关民事案件适用法律若干问题的规定》《深圳经济特区人工智能产业促进条例》等政策性文件和地方法规。不仅如此,国家先后发布了 2 份重要的相关政策文件,包括 2022 年 3 月中办、国办印发的《关于加强科技伦理治理的意见》和 2023 年 7 月国家网信办联合国家发展改革委、教育部、科技部、工业和信息化部、公安部、广电总局公布的《生成式人工智能服务管理暂行办法》,为促进人工智能健康发展和规范应用保驾护航。与此同时,百度、腾讯、旷视等头部企业积极进行人工智能治理探索,先后发布了《腾讯人工智能白皮书:泛在智能》《2021 十大人工智能趋势》《人工智能应用准则》等,开源了飞桨对抗样本工具包 Advbox、联邦学习框架 PaddleFL 等,设立了 AI 道德委员会、AI 治理研究院等机构。

坚持"伦理先行"原则,积极为全球人工智能治理建言献策。党的十八大以来,国家对科技伦理的重视程度不断提升,明确提出科技伦理是科技活动必须遵循的价值准则,并将科技伦理纳入顶层政策设计,在国际社会积极倡导"以人为本"和"智能向善",致力于增进各国对人工智能伦理问题的理解。2021 年 12 月,中国向联合国《特定常规武器公约》第六次审议大会提交《中国关于规范人工智能军事应用的立场文件》。2022 年 11 月,中国又向联合国《特定常规武器公约》缔约国大会提交《中国关于加强人工智能伦理治理的立场文件》。这些文件中的主张结合了中国在科技伦理领域的政策实践,参考了国际社会有益成果,坚持维护人类福祉,坚守公平正义,为解决全球人工智能治理难题贡献了中国智慧和中国方案。

发挥政策引领作用,推动人工智能产业创新发展。2017 年 7 月,国务院印发《新一代人工智能发展规划》(以下简称《规划》),确立了新一代人工智能发展三步走战略目标,将人工智能上升到国家战略层面。此后各部委陆续出台相关配套政策共 19 份,从科技、教育、农业、林草及交通运输等各领域进一步落实《规划》,深圳、北京、成都等多地也陆续发布人工智能产业相关发展政策与目标。根据中国科学技术信息研究所发布的《2022 全球人工智能创新指数报告》,中国人工智能创新指数近 3 年一直保持全球第二水平,优势指标数量从 2021 年的 15 个不断增长至 2022 年的 18 个,中国人工智能发展成效显著。与此同时,《"十四五"国家信息化规划》中,人工智能词频高达 47 次,远高于其在《"十三五"国家信息化规划》中出现的次数,也预示着国家对人工智能产业发展加大力度支持,政策引领对人工智能产业未来发展至关重要。

人工智能治理是世界各国面临的共同课题。应以《倡议》内容为基础,以人类命运共同体理念为指引,加快构建凝聚广泛共识的全球人工智能治理体系,为国际社会共应时代挑战、共促人类和平与发展注入动力。

12.5 基于人工智能的智能治理

百度公司创始人李彦宏在《智能革命：迎接人工智能时代的社会、经济与文化变革》一书中提到，在技术与人的关系上，智能革命不同于前几次技术革命，不是人去适应机器，而是机器主动来学习和适应人类，并同人类一起学习和创新这个世界。可以说，在数字经济背景下，人工智能愈发影响着包括智能治理在内的人类社会发展的方方面面。

12.5.1 乡村智能治理

百度公司 AI 市场版块的"智慧乡村"业务，补齐乡村治理的信息化短板，提升乡村治理智能化、精细化、专业化水平。提升疫情监测分析预警水平，提高突发事件应急处置能力，深化"互联网＋党建"业务功能。

百度公司自 2019 年起深耕预训练模型研发，发布了文心大模型 1.0。经过近四年积累，百度于 2023 年 3 月在全球科技大厂中率先发布了知识增强大语言模型文心一言。同月，百度智能云推出全球首个一站式的企业级大模型生产平台百度智能云千帆大模型平台。2023 年 12 月，百度智能云全面开放千帆 AppBuilder，提供多个预置应用框架的零代码创建能力或代码态开发能力，降低 AI 原生应用开发门槛。其中，百度智能千帆 AppBuilder 知识问答应用（RAG 框架），通过基于大模型的知识点挖掘技术，对用户上传的知识库文档进行知识生产提炼，形成可被语义检索的知识点，打造高准确率的特定领域智能知识问答应用。

百度人工智能技术运用于智慧乡村以及乡村智能治理具体可应用于以下场景：

智慧治理，通过建立信息化平台，实现乡村党务、村务、财务等各方面的信息公开，提高乡村治理的透明度和效率。同时，利用大数据、人工智能等技术，对乡村治理数据进行挖掘和分析，为政府决策提供科学依据。

智慧农业：通过引进现代农业技术，推广智能化的农业生产方式，提高农业生产效率和质量。同时，利用互联网、人工智能等技术，实现农产品销售的线上化和品牌化，增加农民收入。

智慧旅游：通过开发旅游资源，推广智慧旅游服务，提高游客的旅游体验。同时，利用互联网、大数据等技术，实现旅游数据的实时监测和分析，为政府决策提供科学依据。

智慧教育：通过引进现代信息技术，推动乡村教育的数字化和智能化发展。同时，利用互联网、物联网等技术，实现教育资源的共享和优化配置，提高乡村教育的质量和水平。

智慧医疗：通过引进现代医疗技术，提高乡村医疗服务的水平和质量。同时，利用互联网、大数据等技术，实现医疗数据的实时监测和分析，为政府决策提供科学依据。

过去在乡村地区，由于基础设施和技术条件的限制，数字鸿沟成为一个突出的问题。百度智能云千帆大模型平台，让乡村基层组织无须拥有深厚的技术背景或大量的资金投入，就能通过简单易用的工具和平台接触并应用大模型技术。为乡村地区的发展带来了新的契机，提升了当地居民的生活质量和便利性。

以丰都县"居民助手"为例，通过百度智能千帆 AppBuilder 知识问答应用（RAG 框架），构建本地政务知识库，"居民助手"能够高效、准确的回答具有地区特点的问题。同时，大模型消除了口语表达和政务术语之间的鸿沟,为居民提供了"所问即所得,问答即服务"的服务。支持居民通过语音(普通话及本地方言)或文字输入的方式,大大降低居民使用门槛,贴近民生使用习惯,提高居民感知度。让每个居民拥有专属政务服务助手,真正享受及时、高效,又"有灵魂""有人格"的政务便民服务。让基层人员从烦琐的工作中解脱,提高工作效率,提升服务响应速度,增加居民信任度。

12.5.2　城市智能治理

随着数字化改革向更深层次推进,以大语言模型为代表的人工智能技术加速落地,驱动全球科技和产业智能化再升级,同时也为城市治理和经济社会发展注入了新动能。

当下,政务工作作为政府为公众提供公共服务的重要手段,包括面向民众提供便捷的公共服务和面向政府内部的城市治理提效,但在传统模式下,政务服务信息分布分散难查询,政策条款专业性较强理解成本高,以及城市海量事件信息研判难,数据分析维度固化等痛点为政府和民众带来诸多困扰,因此也成为对大模型应用需求最高的领域之一。

2023 年 6 月 6 日,百度智能云文心大模型技术交流会在成都成功召开,百度智能云政务产品研发总经理娄双双发表《基于大模型实现 AI 产业应用新升级》主题演讲,介绍了百度智能云在政务领域的产品布局与最新技术进展,并通过语音指令对百度智能云城市指挥平台的能力进行了现场演示。娄双双表示,基于"芯片—框架—模型—应用"四层技术架构优势,百度智能云在政务领域形成了全面的产品力,未来将帮助客户开发和构建大模型智能应用,并提供端到端开箱即用的应用产品。

例如,在"一网通办"场景中,百度智能云面向民众推出的"政务服务助手",可结合大模型能力,加强咨询过程的意图理解和专业术语的通俗解释,有效解决了用户服务找不到、政策看不懂等难题;同时,通过"社区咨询助手"百度智能云打通了社区与居民之间的交互式智能沟通通路,满足社区居民日常生活咨询、基层问题及时解决、社区服务直达等诉求,极大改善了基层通知难触达、社区咨询难处理、居民问题难统计等情况。

另外,在"一网统管"场景中,百度智能云面向政府推出的"城运洞察助手",结合文心对话 Bot 能力及城市多模态事件解析能力,为各级城运中心提供城市全域全景实时洞察,辅助城市管理者进行城市热点、突发事件、舆情事件的发掘和研判,把握事件主动权。此外,百度智能云全新推出基于大模型的"智能分析助手",与城市指挥平台相结合,在综合呈现城市运行指标的基础上,"智能分析助手"可以通过对话式交互方式,进一步实时灵活地进行城市数据实时统计、分析、查询、预测,以及智能生成报告等,让固化的驾驶舱变得可灵活洞察、动态生成,为城市管理者提供决策建议和专家服务,辅助城市治理与服务能力的全面提升。

据统计显示,百度智能云目前已为全国 70 余座城市提供智慧化场景应用解决方案,服务政府客户 200 余家。例如,在北京海淀,海淀城市大脑实现了 127 个应用模型服务"三融五跨"55 个城市大脑业务场景应用;在云南丽江,丽江城市大脑拥有 12 项国内领先 AI 能力、3000 路视频识别能力,支持全天候不间断 7 * 24 小时智能识别处理城市事件;在昆明官渡,城市大脑实现了城市火灾风险 10 秒内预警、30 秒内甄别,24 小时保障城市消防安全;在辽宁大连,百度智能云打造的大连城市数字底座,用一网统管汇聚 40 多个市区部门数据。

当前,数字政府建设进入全面加速期,加快建设平台支撑体系成为构建数字政府的"先手棋"。面向未来,百度智能云也将持续深化数字赋能政务服务创新,全面助力政府客户加速数字化转型,为促进经济社会高质量发展、城市治理体系和治理能力现代化积极贡献力量。

12.5.3　交通智能治理

作为国内唯一的"车路云图"全栈闭环的高科技企业,百度 ACE 智慧交管解决方案是在新基建背景下的新交通应用,较好顺应了交通行业"数字化升级、网联化转型、自动化变革"的发展需要。该方案包括:

一个数字底座:网联交通时代从路侧和车端两方面提升新型基础设施,路侧设备包括 AI 感知相机、边缘计算单元和路侧通信,车端设备包含前装 OBU 设备、后装车载度小镜设备等;

三大智能引擎:包括数据引擎、AI 引擎和地图引擎;

N 个交管应用:聚焦"预防交通事故、缓解交通拥堵和助力'放管服'改革"等行业需求,构建面向各类场景的行业解决方案。

在安全管控领域,"百度 ACE 智慧交管解决方案"通过建立道路安全风险评估模型,对事故空间分布及高发隐患点段进行识别分析,辅助管理者进行事故预防及风险治理,主要包含道路事故预防系统、重点车辆监管、舆情监管和 AI 非现场执法等系统。基于以上各类场景化解决方案,实现安全风险评估预警、安全隐患源头治理,提升城市交通出行安全指数。

在缓堵保畅领域,百度以城市交通管理面临的"路口管理不精细、停车服务不准确、信控优化不智能、交通态势不掌握"等关键问题为切入点,形成综合缓堵保畅解决方案。

智能路口以车道级高精地图为基础,多源融合前端感知设备和车路协同等多维数据,使感知准确率达到 99.99%,实现路口全要素精准监测;智能信控优化系统基于大数据、AI 视频识别、车路协同等技术,结合路口全息精准感知,实现点线面全域智能信控优化,形成感知、分析、优化、评价的全流程闭环;智能停车系统结合百度地图,以百度地图 APP 为媒介,为市民提供车位查询、车位预约、车位级导航等服务;交通态势研判系统基于百度高精地图及国产自主 AI 能力,形成"一图感知、一图展示、一图研判、一图评价"的交通研判体系,管理者可第一时间获取实时、精准的路网动态。通过以上技术与方案的融合,从源头上减少拥堵诱因,实现全域交通实时优化,让城市交通效率显著提升。

在出行服务领域,百度可将交管部门掌握的红绿灯态信息、绿波车速、违停预警等信息精准推送至智能终端,实现交通管理者与出行者信息实时互通,提供精准、精细的伴随式出行服务及数据订阅服务;基于百度地图 APP 快速规划最优路径,根据车辆实时位置,利用百度独有的动态绿波优化算法实时动态调整路口信号配时,实现特种车辆的畅通高效通行;基于十亿 C 端触达能力,结合诱导发布、权威事件统一融媒体发布以及广播媒体的实时路况播报等多样化出行解决方案,让出行更便捷、更高效,不断提升市民的获得感和幸福感。

12.6　小结

随着经济社会的快速发展,数字技术开始不断升级迭代,信息化、数字化、智能化等技术发展日新月异。人类社会正经历着一场大数据发展的数字化时代变革,数字治理正在深刻地影响着国家治理的方方面面,也引发了人们对数字治理发展的不断思考。在这一背景下,我国持续出台关于数字治理的各项政策。在推进国家治理体系和治理能力现代化的背景下,数字治理为数字时代政府治理实践提供了新的理念和方法,数字治理已经成为新时代的主题。

思考题

1. 数字治理相较于传统治理模式,其优势与特点是什么?
2. 数字治理在推进我国治理体系和治理能力现代化进程中发挥了怎样的作用?
3. 数字经济发展为什么需要监管科技?
4. 人工智能在治理领域还可能有哪些作用?

第 13 章　伦理与安全

内容摘要

人工智能技术的不断突破和应用,也带来了一些新的挑战和问题,其中最为突出的是智能伦理问题,例如隐私保护、信息安全、责任机制、社会公平、人类尊严和权利等方面的问题。2023 年 3 月发布的《人工智能伦理治理标准化指南》将人工智能伦理总结为三方面:一是人类在开发和使用人工智能相关技术、产品及系统时的道德准则及行为规范;二是人工智能体本身所具有的符合伦理准则的道德编程或价值嵌入方法;三是人工智能体通过自我学习推理而形成的伦理规范。

世界各国和地区在大力推动人工智能技术突破和产业发展的同时,高度重视人工智能的全面健康发展,并将伦理治理纳入其人工智能战略,相应地推出政策或发布规划、指南与规范等文件用于建立人工智能伦理保障体系,开展人工智能伦理相关技术的管理。在激励人工智能产业发展的同时约束人工智能风险,体现了发展与治理并重的基本原则。人工智能各类活动应遵循增进人类福祉、促进公平公正、保护隐私安全、确保可控可信、强化责任担当、提升伦理素养等六项基本伦理规范。

本章重点

- 人工智能伦理的概念和内涵;
- 中国人工智能伦理准则;
- 人工智能伦理风险分类;
- 人工智能伦理治理工具。

重要概念

- 人工智能伦理:人工智能伦理是指人工智能发展过程中所面临的道德、伦理和社会问题。

13.1　人工智能伦理概念

随着人工智能技术的不断突破和应用,也给社会经济系统带来了一些新的挑战和问题,其中最为突出的是人工智能应用中的各种伦理与安全问题,例如隐私保护、信息安全、责任机制、社会公平、人类尊严和权利分配等方面的问题。

人工智能伦理问题是指人工智能发展过程中所面临的道德、伦理和社会公正等相关问题。2023 年 3 月发布的《人工智能伦理治理标准化指南》将人工智能伦理总结为三方面:

一是人类在开发和使用人工智能相关技术、产品及系统时的道德准则及行为规范；二是人工智能体本身所具有的符合伦理准则的道德编程或价值嵌入方法；三是人工智能体通过自我学习推理而形成的伦理规范。

基于人工智能技术的伦理反思和基于伦理的人工智能技术批判共同构成了人工智能伦理的基本进路，也是人工智能伦理体系下的两大主要知识脉络。

13.1.1 伦理与道德的关系

"伦理"是人类实现个体利益与社会整体利益协调发展过程中，形成的具有广泛共识的，并能引导社会人际和谐和可持续发展的一系列公序良俗，诸如向善、公平、正义等，其内涵会根据研究主体的特性而改变。"道德"则表现为善恶对立的心理意识、原则规范和行为活动的总和。

13.1.2 伦理与科技的关系

科学技术是人对客观物质世界的运动及其相互关系和规律的认识并运用于生产实践的产物，可以说一项科学技术从一诞生开始就内嵌着人类伦理道德的成分。21 世纪以来，科学技术的进步日益走向系统化、复杂化，技术应用对社会的影响更加深远、多元。现代科学技术不仅将自然作为干预和改造的对象，也可以把人变成改造、增强和控制的对象，甚至出现了人机共生等研究领域。比如人工智能作为一种前沿的科学技术，不仅实现了对人类某些体力劳动的替代，也可以在某些领域越来越多地代替人类的智力劳动，甚至于模仿人类的活动，这势必会带来更加宽泛深远的社会伦理问题。

13.1.3 伦理、科技伦理、人工智能伦理的关系

如图 13-1 所示，科技伦理是更一般化的人工智能伦理，因此对人工智能的伦理思考需要回归到科技伦理的分析框架下，确定人工智能伦理的出发点和着眼点。当前人工智能技术在全球很多国家都在被快速研发、并开始在各个领域得到应用，由于当前人工智能技术本身还存在的不确定性等问题，它相比传统信息技术更加具有伦理反思的必要。另外，科技伦理的要在技术、人、社会、自然等综合的关联环境中，针对科技进步的条件、使用技术想要达到的目的，以及实现目的的拟采用的手段和可能的后果，进行综合评价与治理。

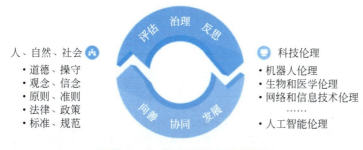

图 13-1 人、自然、社会与科技伦理

13.2 人工智能伦理治理发展现状

世界各国和地区在大力推动人工智能技术突破和产业发展的同时,高度重视人工智能的全面健康发展,并将伦理治理纳入其人工智能战略,推出相应的政策或发布规划、指南与规范等文件用于建立人工智能伦理保障体系,开展人工智能伦理治理工作。所以,我们在激励人工智能产业发展的同时,也必须约束人工智能风险,体现发展与治理并重的基本原则。

中国将人工智能伦理规范作为促进人工智能发展的重要保证措施,并通过制定伦理框架和伦理规范,确保人工智能技术创新与应用的安全、可靠和可控。2017 年 7 月,国务院印发的《新一代人工智能发展规划》中提出"分三步走"的战略目标,掀起了中国人工智能发展的新热潮,并明确提出要"加强人工智能相关法律、伦理和社会问题研究,建立保障人工智能健康发展的法律法规和伦理道德框架"。

2019 年 6 月,中国国家新一代人工智能治理专业委员会发布《新一代人工智能治理原则——发展负责任的人工智能》,提出了人工智能治理的框架和行动指南。治理原则突出了发展负责任的人工智能这一主题,强调了和谐友好、公平公正、包容共享、尊重隐私、安全可控、共担责任、开放协作、敏捷治理等八条原则。

2021 年 9 月 25 日,国家新一代人工智能治理专业委员会发布《新一代人工智能伦理规范》,《规范》提出了增进人类福祉、促进公平公正、保护隐私安全、确保可控可信、强化责任担当、提升伦理素养等 6 项基本伦理规范。同时,提出人工智能管理、研发、供应、使用等特定活动的 18 项具体伦理要求。

2022 年 3 月 20 日,国务院办公厅印发《关于加强科技伦理治理的意见》,为进一步完善科技伦理体系,提升科技伦理治理能力,有效防控科技伦理风险,该意见提出应加强科技伦理的治理要求、明确科技伦理原则、健全科技伦理治理体制、加强科技伦理治理制度保障、强化科技伦理审查和监管以及深入开展科技伦理教育和宣传。

2023 年 10 月,《科技伦理审查办法(试行)》划定了科技伦理范围,明确了科技伦理审查的责任主体、科技伦理(审查)委员会的设立标准和组织运行机制,明确了科技伦理审查的基本程序,确定了伦理审查内容和审查标准,为各地方和相关行业主管部门、创新主体等组织开展科技伦理审查提供了制度依据。

表 13-1 汇总了近年我国制定的人工智能相关法律法规及文件。

表 13-1 中国人工智能伦理的相关法律法规及文件

发布机构	法律法规/文件名称	发布时间
国务院	《新一代人工智能发展规划》	2017 年 7 月
中华人民共和国工业和信息化部	《促进新一代人工智能产业发展三年行动计划(2018—2020 年)》	2017 年 12 月
国家新一代人工智能治理专业委员会	《新一代人工智能治理原则——发展负责任的人工智能》	2019 年 6 月
全国人民代表大会常务委员会	《新一代人工智能伦理规范》	2021 年 9 月
国家互联网信息办公室	《互联网信息服务算法推荐管理规定》	2021 年 12 月

续表

发布机构	法律法规/文件名称	发布时间
中共中央办公厅、国务院办公厅	《关于加强科技伦理治理的意见》	2022 年 3 月
国家互联网信息办公室	《互联网信息服务深度合成管理规定》	2022 年 11 月
中华人民共和国外交部	《中国关于加强人工智能治理的立场文件》	2022 年 11 月
国家人工智能标准化总体组、全国信标委人工智能分委会	《人工智能治理治理标准化指南》	2023 年 3 月
国家网信办、国家发展改革委、教育部、科技部、工业和信息化部、公安部、广电总局	《生成式人工智能服务管理暂行办法》	2023 年 7 月
科技部、教育部、工业和信息化部科技司、农业农村部、国家卫生健康委、中国科学院、中国社科院、中国工程院、中国科协、中央军委科技委	《科技伦理审查办法(试行)》	2023 年 10 月

13.3　人工智能伦理准则

13.3.1　人工智能伦理的原则和框架

人工智能伦理的原则和框架是指导人工智能发展过程中道德、伦理和社会问题的基本原则和方法。其中,原则是指人工智能发展应该遵循的基本准则,例如尊重人权、保障安全、促进公正等;框架方法是指如何设计和实施人工智能系统的伦理框架和评估体系,以确保其符合道德和伦理标准;评估决策则是指如何对人工智能系统进行道德和伦理评估和决策,以确保其符合社会价值和人类共同利益。

人工智能伦理的原则和框架对于保障人工智能技术的可持续发展和人类共同利益具有重要意义。其中,原则的制定应该考虑人工智能技术的特点和应用场景;框架方法则应该注重人工智能系统的可解释性、透明性和公正性;评估决策则应该考虑人工智能系统的使用环境和应用场景。

在人工智能伦理的原则和框架方面,一些国际组织和标准机构已经制定了一些重要的标准和规范。例如,联合国教科文组织(UNESCO)提出了《人工智能伦理准则》,该准则提出了尊重人权、平等、公正、透明、可追溯等原则,为人工智能的发展提供了基本的道德和伦理指导。同时,一些研究机构和学者也提出了各种智能伦理的框架和评估体系,例如哈佛大学的《人工智能伦理框架》、斯坦福大学的《人工智能伦理评估框架》等,这些框架和评估体系为设计和实施人工智能系统提供了重要的参考和指导。

13.3.2　中国人工智能伦理的基本准则

2022 年 3 月中共中央办公厅、国务院办公厅印发的《关于加强科技伦理治理的意见》,明确了科技伦理的五大原则。《人工智能伦理治理标准化指南》以五大原则为基础,梳理细化了十类可实施性较强的人工智能伦理准则,为后续具体标准的研制提供可操作的方向。

中国人工智能伦理准则：

1．增进人类福祉

（1）以人为本（For Human）：福祉、尊严、自主自由。
（2）可持续性（Sustainability）：远期人工智能、环境友好、向善性。

2．尊重生命权利

（1）合作（Collaboration）：跨文化交流、协作。
（2）隐私（Privacy）：知情与被通知、个人数据权利、隐私保护设计。

3．坚持公平公正

（1）公平（Fairness）：公正、平等、包容性、合理分配、无偏见、不歧视。
（2）共享（Share）：数据传递、平等沟通。

4．合理控制风险

（1）外部安全（Security）：网络安全、保密、风险控制、物理安全、主动防御。
（2）内部安全（Safety）：可控性、鲁棒性、可靠性、冗余、稳定性。

5．保持公开透明

（1）透明（Transparency）：可解释、可预测、定期披露和开源、可追溯。
（2）可问责（Accountability）：责任、审查和监管。

13.4　人工智能伦理风险分析

人工智能技术影响面广且影响程度深远，因而人工智能伦理风险也更加巨大，并可能隐藏在人工智能技术的各个应用场景中。人工智能伦理风险可能导致各类伦理问题的出现，极端情况下甚至可能引发重大公共安全问题。因此有必要对常见人工智能技术在具体场景中应用产生的伦理风险进行分类、识别与分析，以在人工智能技术从研发到工程转化和场景应用的全生命周期中提前规避和最大程度消解其伦理风险。

《人工智能伦理治理标准化指南》将人工智能发展所面临的伦理风险总结为四大类，包括数据，算法，系统（决策方式）和人为因素。

13.4.1　数据

数据时代，数据集规模正呈指数级扩大，人工智能大模型更是需要海量数据来训练。大量的训练数据加剧了个人信息泄露的风险，使得保护个人隐私和识别个人敏感信息的重要性日益突出。人工智能的发展已经开始带来数据盗用、信息泄漏等伦理风险。在人工智能系统的开发过程中，数据集的代表性、规模以及均衡性等设计问题，可能会影响数据集的公平性，进而关系到算法的公平性。同时，数据标注过程中的数据泄露等数据预处理安全问题，也会对个人信息保护造成威胁。此外，缺乏对数据层面的可追溯技术，也会增加人工智能系统在责任认定以及问责风险方面的压力。

因此,发展人工智能技术必须关注数据集的公平性、安全性、个人隐私保护等问题,并积极寻求解决方案,以期在充分利用数据价值的同时,避免相关的伦理风险。

13.4.2　算法

在人工智能算法的实现过程中,主要包括以下三种主要风险:首先,由于模型参数的泄漏或被恶意篡改,或者模型的容错和韧性不足,就会存在算法安全风险。其次,由于大模型等技术采用了复杂的神经网络算法,导致算法的计算过程不透明,无法给予算法结构充分的可解释性。同时,对模型数据的输入输出关系理解存在不清晰的可能,也会引发可解释性安全风险。最后,由于算法推理结果的不可预见性和人类认知能力的局限性,无法预测人工智能系统的决策原因和结果,从而产生算法决策的偏见。

此外,在人工智能算法的运行和推理环节,存在被错误使用或滥用的可能。例如,一旦人工智能推荐算法被不法分子利用,将会使虚假信息、违规言论等不良信息的传播更具针对性和隐蔽性,从而在扩大负面影响的同时,降低被举报的可能性。为此,及时针对算法的潜在风险实施有效的防控措施,将有助于确保人工智能算法的安全、可靠和公平运行,从而更好地服务于社会和用户。

13.4.3　系统(决策方式)

随着人工智能在生产生活的各个领域的广泛应用,某些人工智能技术固有的不透明性、低可解释性等特性,以及系统漏洞、设计缺陷等风险,可能导致个人信息等数据泄露、工业生产线停止等社会和安全问题,进而可能威胁到个人权益、社会秩序以及国家安全。例如,人工智能武器的滥用可能在全球范围内加剧不平等、威胁人类生命和世界和平;借助人工智能系统进行犯罪,会挑战现有的法律系统、增加案件的侦查难度等。

13.4.4　人为因素

人为因素在造成算法歧视的各项因素中占据主要地位,主要包括两类:一是算法设计者导致的算法歧视,二是用户导致的算法歧视。首先,算法设计者可能会为了追求利益或表达主观观点而设计出具有歧视性的算法,算法的设计目的、数据运用以及结果表征等都反映了开发者、设计者的主观价值观和偏好。更有甚者,某些设计者会将自己的偏见和喜好嵌入或固化到智能算法中。这会导致人工智能算法在学习过程中,将这种歧视或倾向进一步放大或强化,从而产生出带有偏见的算法结果,最终使得基于算法的决策带有偏见。此外,用户也可能会导致算法歧视。这种情况主要出现在需要从与用户的互动过程中进行学习的算法中。由于用户与算法的交互方式存在差异,算法的执行结果可能产生偏见。在人工智能模型运行过程中,算法会向周围环境学习,但它无法决定保留或丢弃哪些数据、判断数据的准确性,而只能在用户提供的数据基础上进行判断,无论这些数据质量如何。

由此可见,人为因素在算法歧视中起着关键作用,要想消除这种歧视,就需要从规范算法设计者和用户两方面入手,以确保算法的公平性、安全性和中立性。

13.5 人工智能伦理治理的工具

人工智能伦理原则要融入 AI 技术研发和产品开发的全过程,不仅要应用各种技术工具,还应通过建立完善的人工智能伦理风险管理体系,确保伦理原则的实施和技术工具的使用贯穿于组织运行的全流程之中。伦理风险管理工具应服务于伦理风险管理流程中不同阶段的治理目标和治理要求,成为伦理治理理念和原则的有形载体。人工智能伦理风险管理工具的开发应紧密围绕组织的伦理原则开展,按照工具的功能性,可分为伦理风险评估工具和人工智能管理工具两类。

13.5.1 伦理风险评估工具

"伦理风险评估工具"主要运用于人工智能系统的设计与开发阶段,主要包括伦理风险评估模板和伦理风险分级管理机制。

1. 伦理风险评估模板

伦理风险评估模板应当基于统一的伦理风险评估框架,通过考察系统设计使用的场景、涉及的相关主体、预期实现的功能以及对社会和个人的影响,并结合场景、主体和功能定义人工智能系统全生命周期的风险点位和相应的干预措施。

2. 伦理风险分级管理机制

综合欧盟《人工智能法案》(草案)以及美国国家标准技术研究院《人工智能风险框架》(草案)、加拿大《自动化决策指令》等相关人工智能风险分级思路,以及我国人工智能伦理相关政策指导文件,并结合人工智能产品开发和应用的实际情况,可总结出人工智能系统伦理风险分级参考原则,如表 13-2 所示。根据上述公开、明确的伦理风险等级,并结合个人权益、公平性、透明度、安全性等影响程度,建立伦理风险分级管理机制,帮助系统开发团队建立伦理风险清单。

表 13-2　人工智能系统伦理风险分级表

伦理风险等级	伦理风险等级简介
E4	即禁止类系统,指背离人工智能伦理原则、违反法律法规要求的人工智能系统
E3	即伦理高风险系统,指直接关系最终产品安全、个人权益、市场公平、公共安全和生态安全的人工智能系统
E2	即伦理中风险系统,指对最终产品安全、个人权益、市场公平、公共安全和生态安全具有间接或潜在重要影响的人工智能系统
E1	即伦理低风险系统,指对最终产品安全、个人权益、市场公平、公共安全和生态安全不具备明显影响的人工智能系统
E0	即伦理无风险系统,不包含机器学习算法、不具备人工智能功能的人工智能系统

13.5.2 人工智能管理工具

人工智能管理工具包括隐私保护管理工具、问责性管理工具、可解释性管理工具和安全性鲁棒性管理工具。

1. 隐私保护管理工具

隐私保护管理工具的使用贯穿于 AI 系统的全生命周期,其基本内容包括:

个人信息安全影响评估:针对 AI 产品研发全生命周期流程,依据《中华人民共和国个人信息保护法》、GB/T 35273-2020 等要求,对产品在进行数据收集、数据传输、数据存储、数据使用以及数据加工等数据处理活动时,进行个人信息保护自评估,明确产品在数据处理活动中应具备的信息安全功能,包括但不限于个人信息的无痕模式、去标识化处理、申请删除以及全链路加密等功能。

数据出境评估:针对存在数据出境的产品,依据《数据出境安全评估办法》等要求,对数据出境活动中双方的资质、传输目的和渠道、数据的规模、范围、种类、敏感程度等进行评估。

2. 公平性管理工具

公平性管理工具的使用同样可以贯穿 AI 系统的全生命周期,其基本内容包括:

(1) 数据集公平性说明:用于说明所选取的数据集的完整性、可用性、具备充分的代表性等,从而降低由于数据集的缺陷、规模不足或者存在脏数据等情况所导致后续模型训练环节训练出来的模型存在偏见;

(2) 系统运行机制说明:在系统开发过程中,应提供系统的运行机制说明文件,帮助用户理解系统用途、解释系统决策及可能存在的偏差;

(3) 产品适用性说明:用于说明产品设计及相关功能在满足不同群体方面的考虑,是否有考虑弱势群体或十四岁及以下未成年人群体的使用需求。

3. 问责性管理工具

问责性管理工具的使用也同样贯穿于 AI 系统的全生命周期,其基本内容包括:

(1) 系统开发日志:系统开发的全流程应保持完整记录,并能够明确具体责任方;

(2) 系统运营日志:系统上线应完整记录系统的操作、运行及客户使用和反馈信息等。

4. 可解释性管理工具

可解释性管理工具的使用也需要贯穿 AI 系统的全生命周期,并可结合披露对象的不同调整信息披露的形式和内容,其基本内容包括:

(1) 披露对象识别要求:基于系统的伦理风险等级,以及相关法规和政策要求,明确系统信息应披露的范围及要求;

(2) 算法可解释性说明:用于说明所选取的算法类型是否具备充分的可解释性等,保障在开发设计阶段对算法的决策机制有一定的解释性说明文件,从而为算法的可解释性提供恰当、合理的说明;

(3) 数据处理日志:系统开发过程中,为保证数据的可追溯性、完整性、可用性,可对数据处理活动进行记录,形成审计日志,包括但不限于数据采集、数据预处理、特征工程、模型训练、模型部署等过程;

（4）透明性功能检查清单：结合系统信息披露要求（如显著标识、更新提示等），设置上线前的功能检查列表。

5．安全性和鲁棒性管理工具

安全性和鲁棒性管理工具的使用也是贯穿于 AI 系统的全生命周期，同时应考虑与技术工具配合使用进行协同治理，其基本内容包括：

（1）算法分级备案管理：在系统开发过程中，应根据有关部门规定对算法进行分级备案管理；

（2）算法安全评估：在设计开发阶段对算法进行安全评估，从人身安全、社会伦理、国家安全等方面评估算法的技术合理性和伦理安全性；

（3）算法违法违规处置机制：针对算法违法违规事件，应设立算法安全应急管理机制和违法违规处理条例；

（4）数据安全管理机制：根据《中华人民共和国网络安全法》《中华人民共和国数据安全法》等数据安全法律法规和标准文件，设立数据安全管理机制，对人工智能系统开发过程中所涉及的数据处理活动进行规范管理。

13.6　人工智能伦理治理的企业实践

13.6.1　企业 AI 治理的工具

从人工智能产品全生命周期视角，企业 AI 治理要对系统进行全生命周期的评估评测。评估评测主要包括产品上市前企业内部的评估，以及上市后的政府组织评估。在产品上市前，企业会对产品进行一系列内部测试与验证。目前，IBM、微软、谷歌、百度、华为等面向偏见检测、隐私保护、安全性、风险管理、提高公平性、透明度、可解释性等均开发了一系列内部测评工具推行自我审查工作与机制。例如，Google 发布了名为 What-If 的交互式可视化工具，该工具能够以直观的方式检查负责的机器学习模型，以评估和诊断机器学习模型的公平性。此外，IBM、Facebook 以及微软均发布了关于人工智能解释的工具。例如，IBM 推出 AI Explainability 360 工具包，集成了 8 种人工智能解释方法和 2 种评估指标。微软基于 Explainable Boosting Machine 算法开发的 InterpretML，可用于训练可解释机器学习模型和黑盒模型，其使预测结果更精准，且有可解释性。

13.6.2　百度公司 AI 伦理原则与实践

AI 大模型的迅速崛起为 AI 行业和社会带来了崭新的机遇，百度公司坚信人工智能的使命是服务于人，为此百度不断完善人工智能伦理标准，确保 AI 技术为人类带来福祉。

2018 年，百度 CEO 李彦宏提出"AI 伦理四大原则"，即：AI 的最高原则是安全可控；AI 的创新愿景是促进人类更平等地获取技术和能力；AI 的存在价值是教人学习，让人成长，而非超越人、代替人；AI 的终极理想是为人类带来更多自由与可能。2023 年 10 月，百度正式成立科技伦理委员会，旨在降低 AI 算法的「黑箱风险」，实现更有预见性的 AI 治理。百度科技伦理委员会积极探索大模型等生成式人工智能领域的伦理治理，持续健全 AI 伦理标准条例,升级百度 AI 治理体系,把握好 AI 伦理"方向盘"。百度在 AI 技术和产品研发中持续探索 AI 算法可解释性、透明性、可控性和公平性。百度构建了完整异构数据集,从数据获取方面优化了 AI 公平性。此外,百度在大模型产品的研发与应用过程中,不断改进推荐策略,力图有效规避信息茧房问题,为用户提供更加多样化的信息。2023 年,百度制定多项 AI 安全与伦理标准,覆盖了算法、隐私保护、深度学习、自动驾驶、智能终端、系统服务等诸多方面,为建设健康可信的人工智能产业发展生态奠定基础。

1. AI 技术助力打击"黑灰产业"

依托人工智能技术和情报大数据,百度搭建基于全网搜索生态、内容平台的安全态势感知系统,进行智能建模和 7×24 小时实时监控,对恶意网站、浏览器、APP 等采取风险标注、拦截提示、搜索屏蔽等拦截措施,从源头阻断网络"黑灰产业"触达用户。

2. AI 技术助力听力障碍人士

目前,我国听障人士已超 2780 万,但专业手语翻译却不足 1 万人,听障用户学习手语的巨大需求亟待满足。2022 年 3 月,百度智能云曦灵正式发布"AI 手语平台",其手语合成视频、手语主播实时放送等功能可为听障用户"讲述"新闻。同时,百度发布"AI 手语平台一体机",插电即用、操作简单,可被规模化用于医院、银行、车站等多种公共场所,帮助听障用户顺畅交流,满足基本生活需求。

3. 人工智能提升基层医疗水平

针对我国医疗资源分布不均、基层医疗诊疗能力薄弱的现状,百度打造 AI 医疗品牌灵医智惠,构建医疗知识和数据中台,面向各种医疗场景提供医疗决策支持,并辅助优质医疗知识资源向基层医疗机构下沉。截至 2023 年 4 月,百度灵医智惠已触达 31 省市区的 600多家医院、3400 多家基层医疗机构,切实赋能基层医疗机构诊疗能力提升。

4. 保障智能驾驶隐私安全

百度自动驾驶为避免黑客攻击与数据泄露事件,从网络安全、数据安全、隐私保护三个方面开展工作。

在网络安全方面,百度采用静态防护＋动态防护的方式,防御网络攻击。静态防护是指通过安全启动、双向认证、安全升级、安全登录等措施形成一套纵深防御体系。动态防护是指基于汽车可能受攻击的知识图谱,形成动态防御系统。同时,开展网络安全应急演练,模拟黑客攻击行为,确保自动驾驶网络安全监控准确灵敏,提升抵御黑客攻击的能力。

在数据安全方面,基于《汽车数据分类分级规范》,对数据进行分类、分级管理,包括数据加密、数据脱敏、坐标偏转等措施,并定期进行数据风险评估。

在隐私保护方面,百度已针对萝卜快跑 APP 开展个人信息影响评估(Personnel Information Assessment,PIA),同时在隐私条款和协议中,有效征得个人同意,明确数据采集的内容与使用目的。

5. 利用 AI 技术保障人们的生命权

2023 年,百度参与甘肃省临洮县智慧水务项目建设,落实涉水安全专项行动,为洮河流域提供 AI 视频分析能力。重点以人群聚集地中天桥为中心,对流经闹市区的高危河道进行人员行为动作分析识别,对可能的轻生行为如翻越栏杆、靠近水流、危险区域徘徊等危险动作第一时间识别和告警,并联动当地公安巡警、消防队,进行劝离、提供救援,避免溺水悲剧的发生。

6. 推进医疗平权

针对医疗资源短缺和看病难问题,百度健康利用 AI 大模型算法推出"精准医患匹配机制",提升医疗资源使用效率,切实匹配用户就医需求。"精准医患匹配机制"主要解决群众看病时间长、流程烦琐、接触信息繁杂等痛点。通过将用户搜索的相关信息与已有疾病知识图谱进行匹配,参考患者所在区域,向患者推荐相应区域权威的就医门诊,并为患者在百度小程序中提供在线挂号、到院诊疗等全流程指引。此机制由百度首创并完成实践验证,极大提高了患者获取就医信息的效率,降低了患者就医成本。

2023 年,百度与重庆市第五人民医院合作,基于双方数字化与 AI 优势和学科优势,实现患者搜索与医院优势学科、医生的匹配,打造患者从线上问诊、精准匹配、在线诊疗的"一键式"就医流程,从患者角度提供就医的智能化解决方案。目前,百度健康已设立覆盖 19 省、70 余家三甲公立医院的就医服务网络,大幅提高了公共医疗的服务效率和质量。

7. 赋能行业提升信息安全治理水平

2023 年 9 月,百度召开 APP 开发者个人信息保护培训宣讲活动。在本次活动中,百度向 80 余家企业的 240 余名移动应用开发者分享了自身在 APP"个人信息保护"合规、APP"个人信息保护"工程化等方面的洞察、实践以及思考,是北京互联网行业积极推动《网络安全法》《数据安全法》《个人信息保护法》等相关法律法规在行业纵深推进的成功实践。

13.7　小结

人工智能伦理是指人工智能发展过程中所面临的道德、伦理、安全等社会问题。目前,人工智能伦理的研究已经得到了全社会的广泛关注。人工智能伦理包括三方面:一是人类在开发和使用人工智能相关技术、产品及系统时的道德准则及行为规范;二是人工智能体本身所具有的符合伦理准则的道德编程或价值嵌入方法;三是人工智能体通过自我学习推理而形成的伦理规范。

世界各国和地区在大力推动人工智能技术突破和产业发展的同时,高度重视人工智能的全面健康发展,并将伦理治理纳入其人工智能战略,相应地推出政策或发布规划、指南与规范等文件用于建立人工智能伦理保障体系,开发人工智能伦理治理的相关技术。

中国将人工智能伦理规范作为促进人工智能发展的重要保证措施,不仅重视人工智能的社会伦理影响,而且通过制定伦理框架和伦理规范,以确保人工智能安全、可靠、可控。"增进人类福祉,尊重生命权利,坚持公平公正,合理控制风险和保持公开透明"是中国奉行的人工智能伦理准则。

　　未来,随着人工智能技术的高速发展,人工智能伦理的研究也将不断深入,管理措施也将不断完善,使人工智能在安全可控的范围内提升人类福祉。

思考题

1. 为什么人工智能伦理相比传统技术更需要伦理反思?
2. 进一步了解各国人工智能伦理的原则和框架,我国智能伦理基本准则的特点是什么?

参 考 文 献

[1] 中国政府网,新的一年,龙腾虎跃.[EB/OL].(2024-02-24)[2024-03-01].https://www.gov.cn/yaowen/liebiao/202402/content_6931414.htm

[2] 中国人工智能学会,中国人工智能系列白皮书——深度学习[R].2023

[3] 信通院,人工智能发展白皮书产业应用篇[R].2018

[4] Stuart Russell.人工智能:现代方法,4 版[M].

[5] 中国人工智能协会,"人工智能的历史".[EB/OL]

[6] Google Cloud:https://www.youtube.com/watch?v=G2fqAlgmoPo.[EB/OL]

[7] 斯坦福大学 AI 百年研究计划,2016:ARTIFICIAL INTELLIGENCE AND LIFE IN 2030

[8] 斯坦福大学 AI 百年研究计划,2021:Gathering Strength,Gathering Storms.[EB/OL].

[9] 中国人工智能学会,中国人工智能系列白皮书——大模型技术..[R].2023

[10] Scaling Laws for Neural Language Models,https://arxiv.org/abs/2001.08361.[EB/OL].

[11] 北京市人工智能行业大模型创新应用白皮书.[R].2023

[12] 中国科学技术信息研究所,中国人工智能大模型地图研究报告[R].2023

[13] 北京市人工智能行业大模型创新应用白皮书.[R].2023

[14] Stanford Institute for Human-Centered Artificial Intelligence(HAI):Human-level AI,or Artificial General Intelligence (AGI),seeks broadly intelligent,context-aware machines.[EB/OL].

[15] Gartner:Artificial general intelligence (AGI) is a form of AI that possesses theability to understand,learn and apply knowledge across a wide range of tasks and domains.[EB/OL].

[16] OpenAI:Our mission is to ensure that artificial general intelligence—AI systems that are generally smarter than humans—benefits all of humanity.[EB/OL].

[17] Sparks of Artificial General Intelligence:Early experiments with GPT-4,Microsoft Research,https://arxiv.org/abs/2303.12712.[EB/OL].

[18] BLAISE AGÜERA Y ARCAS and PETER NORVIG . Artificial General Intelligence Is Already Here,https://www.noemamag.com/artificial-general-intelligence-is-already-here/.[EB/OL].

[19] 北京通信信息协会,国内外 AI 治理政策分析及启示建议.[EB/OL].

[20] 信通院,全球人工智能战略与政策观察.[R].2020

[21] 中国信息通信研究院,中国数字经济发展研究院(2023 年)[R].2023

[22] 中研网,2023 年我国数字经济规模现状 2023 中国数字经济发展产业调查.[EB/OL].(2023-12-28)[2024-03-01].https://www.chinairn.com/hyzx/20231228/170209910.shtml

[23] 央视网,学习笔记|总书记频频提到的新质生产力是一种怎样的生产力.[EB/OL].(2024-02-25)[2024-03-01].https://news.cctv.com/2024/02/23/ARTIcsYlKsEBugb5FIm0Q2hc240222.shtml

[24] 央视新闻客户端,什么是新质生产力? 一图全解.[EB/OL].(2024-02-03)[2024-03-01].http://content-static.cctvnews.cctv.com/snow-book/index.html?item_id=113498294231158033398&toc_style_id=feeds_default&track_id=1ED8123F-3BA9-4312-970E-5A8A28A7EDDF_728638712403&share_to=copy_url

[25] 中国政府网,新的一年,龙腾虎跃! [EB/OL].(2024-02-24)[2024-03-01].https://www.gov.cn/yaowen/liebiao/202402/content_6931414.htm

[26] 肖峰,赫军营.新质生产力:智能时代生产力发展的新向度[J].南昌大学学报(人文社会科学版),2023,54(06):37-44.DOI:10.13764/j.cnki.ncds.2023.06.003.

[27] 马克思恩格斯文集:第五卷[M].中共中央马克思恩格斯列宁斯大林著作编译局,译.北京:人民出版社,2009.

[28] 张颖,王一雪.人工智能促进劳动自由实现的理与路[J].福州党校学报,2023(04):79-86.

[29]　杜宇,侯庆海.我国政府数字经济治理问题研究[J].理论观察,2022(12):17-24.

[30]　谭九生,杨建武.智能时代技术治理的价值悖论及其消解[J].电子政务,2020(09):38.

[31]　王俊豪.中国特色政府监管理论体系:需求分析、构建导向与整体框架[J].管理世界,2021,37(02):148-164,184,11.

[32]　张夏恒.类 ChatGPT 人工智能技术嵌入数字政府治理:价值、风险及其防控[J].电子政务,2023(04):45-56.

[33]　本清松,彭小兵.人工智能应用嵌入政府治理:实践、机制与风险架构——以杭州城市大脑为例[J].甘肃行政学院学报,2020(03):29-42,125.

[34]　段永彪,董新宇,徐文鹏.人工智能赋能政府监管的影响因素与实现机制——基于社会技术系统理论的多案例研究[J/OL].电子政务:1-14(2024-02-29)[2024-03-01].https://tlink.lib.tsinghua.edu.cn:443/http/80/net/cnki/kns/yitlink/kcms/detail/11.5181.TP.20240108.0913.012.html.

[35]　张园园.如何破解医保基金监管难题——基于山西省吕梁市"三医联动"医保人工智能审核的分析[J].行政与法,2024(02):117-128.

[36]　任晓明,李熙.自我升级智能体的逻辑与认知问题[J].中国社会科学,2019(12):46-61,200.

[37]　汪波,牛朝文.从 ChatGPT 到 GovGPT:生成式人工智能驱动的政务服务生态系统构建[J].电子政务,2023(09):25-38.DOI:10.16582/j.cnki.dzzw.2023.09.003.

[38]　夏志强,闫星宇.大数据驱动公共服务精准管理的核心议题分析[J].行政论坛,2023,30(04):127-135+2

[39]　何大安,杨益均:《大数据时代政府宏观调控的思维模式》,载《学术月刊》2018 年第 5 期。

[40]　范德志,于水.生成式人工智能大模型助推实体经济高质量发展:理论机理、实践基础与政策路径[J].云南民族大学学报(哲学社会科学版),2024,41(01):152-160.DOI:10.13727/j.cnki.53-1191/c.20240004.002.

[41]　曹磊.习近平:从"数字福建"到"数字中国".[EB/OL].(2020-10-12)[2024-01-31].https://www.xuexi.cn/lgpage/detail/index.html?id=6341180415916054601&item_id=6341180415916054601.

[42]　光明日报.加快推进绿色智慧的数字生态文明建设.[EB/OL].(2023-09-28)[2024-01-31].http://www.xinhuanet.com/politics/20230928/8b8b4311def2416b8972d418f74adc0a/c.html.

[43]　高玉娴.数字中国顶层设计来了,一图读懂"2522"框架.[EB/OL].(2023-03-02)[2024-01-31].https://www.infoq.cn/article/LBC3Rujd6xFoYfS2duGf.

[44]　肖旭,戚聿东.产业数字化转型的价值维度与理论逻辑[J].改革,2019(8).

[45]　黄奇帆,朱岩,邵平.数字经济内涵与路径[M].北京:中信出版社,2022.8

[46]　央视新闻,什么是新质生产力?一图全解,https://baijiahao.baidu.com/s?id=1789868012477491949&wfr=spider&for=pc

[47]　国家信息中心,发展形成新质生产力的实践路径,https://www.ndrc.gov.cn/wsdwhfz/202403/t20240329_1365353_ext.html

[48]　中工网,健全数字经济制度体系 赋能新质生产力发展,https://baijiahao.baidu.com/s?id=1792018268037652501&wfr=spider&for=pc

[49]　人民网,如何发展新质生产力(政策问答·2024 年中国经济这么干)[EB/OL].(2024-01-15)[2024-03-01].https://baijiahao.baidu.com/s?id=1788115739485906824&wfr=spider&for=pc.

[50]　黄奇帆,朱岩,邵平.数字经济:内涵与路径[M].北京:中信出版社,2022.

[51]　肖峰,赫军营.新质生产力:智能时代生产力发展的新向度[J].南昌大学学报(人文社会科学版),2023,54(06):37-44.DOI:10.13764/j.cnki.ncds.2023.06.003.

[52]　乌尔里希·森德勒.工业 4.0:即将来袭的第四次工业革命[M].北京:机械工业出版社,2014:47.

[53]　马克思恩格斯文集:第五卷[M].中共中央马克思恩格斯列宁斯大林著作编译局,译.北京:人民出版社,2009.

[54]　杨述明.人工智能劳动工具属性的生成逻辑与社会适应[J].江汉论坛,2024(04):63-69.

[55]　张琪玮：《大模型重塑智能服务运营范式》，《中国 电子报》2023 年 8 月 11 日。

[56]　《马克思恩格斯选集》第一卷，人民出版社 2012 年版，第 340 页

[57]　《政治经济学(第五版)》，清华大学出版社，第 9 页

[58]　《马克思主义基本原理(2023 年版)》，高等教育出版社，第 135 页

[59]　习近平在中共中央政治局第十一次集体学习时强调：加快发展新质生产力 扎实推进高质量发展[N].人民日报，2024-02-02.

[60]　刘文祥.塑造与新质生产力相适应的新型生产关系[J].思想理论教育，2024(05)：41-47. DOI：10.16075/j.cnki.cn31-1220/g4.2024.05.012.

[61]　中国互联网络信息中心.(2024).第 53 次中国互联网络发展状况统计报告[R].2024-03

[62]　麦肯锡全球研究院.《中国的技能转型：推动全球规模最大的劳动者队伍成为终身学习者》[R].

[63]　新华社.方案来了！中国数字人才培育行动启航[EB/OL].(2024-04-18)[2024-05-30].https://www.gov.cn/zhengce/202404/content_6945917.htm.

[64]　洪永森，史九领.人工智能的政治经济学分析[J].学术月刊，2024,56(01)：43-59. DOI：10.19862/j.cnki.xsyk.000771.

[65]　陆志鹏，孟庆国，王钺.《 数据要素化治理：理论方法与工程实践》

[66]　中国信息通信研究院.《数据要素白皮书(2023 年)》

[67]　人民邮电报.什么是数字素养.[EB/OL](2022-03-24)[2024-05-30].http://www.xinhuanet.com/info/20220324/c68a51d0cdf6449298befaa335b5e9b1/c.html

[68]　弗若斯特沙利文(北京)咨询有限公司，头豹信息科技南京有限公司，大数据流通与交易技术国家工程实验室，上海数据交易所.《2023 年中国数据交易市场研究分析报告》

[69]　工业和信息化部信息中心.《数据要素市场生态体系研究报告(2023 年)》

[70]　王伟玲，王蕤，贾子君等.《数据要素市场：全球数字经济竞争新蓝海》.中国工信出版集团.

[71]　陆志鹏，孟庆国，王钺.《数据要素化治理：理论方法与工程实践》.清华大学出版社

[72]　科技日报.充分发挥数据要素乘数效应——我国将实施"数据要素×"三年行动计划.[EB/OL].(2024-01-09)[2024-01-31].http://www.xinhuanet.com/info/20240109/3d8319d03cf7446db36e077b9cf52c9c/c.html

[73]　刘赛红，吕颖毅，王连军.《数据要素估值》.清华大学出版社

[74]　《2023 全球智能家居市场报告》，艺恩咨询

[75]　李天祥.Android 物联网开发细致入门与最佳实践.中国铁道出版社.2016 年.14-15

[76]　美国国家标准与技术研究所(NIST)

[77]　(美)Thomas Erl,(英)Zaigham Mahmood,(巴西)Ricardo Puttini ,《云计算：概念、技术与架构》.[M].龚奕利，贺莲，胡创译，机械工业出版，2014

[78]　中国信通院，中国云计算白皮书.[R].2023

[79]　国家信息中心，浪潮信息.《智能计算中心创新发展指南》.[R].2023/01

[80]　工业和信息化部，"十四五"大数据产业发展规划.[EB/OL].2021/11/30

[81]　中国信通院.大数据白皮书.[R].2022.

[82]　IDC.2023 年 V1 全球大数据支出指南[R].2023/04.

[83]　Russell,S.J. and Norvig,P.(2016) Artificial Intelligence：A Modern Approach.Pearson Education Limited,Malaysia.[M].

[84]　李联宁编著，物联网技术基础教程(第二版)，(普通高校物联网工程专业规划教材).[M].

[85]　张勖，王东滨，邵苏杰，智慧，北京同邦卓益科技有限公司研发团队.区块链技术及可信交易应用[M].北京：北京邮电大学出版社.2022/06

[86]　孙溢.区块链安全技术[M].北京：北京邮电大学出版社，2021/07

[87]　IDC.2023 年 V1 全球大数据支出指南[R].2023/04.

[88]　朱岩，罗培.数实融合助力产业高质量发展的方法与路径[M].2023/08.

[89] IDC,生成式 AI 与大模型未来趋势、应用场景、主要供应商与企业应对策略,[R].2023/09

[90] 国家发改委新闻发布会.[EB/OL].2020/4/20

[91] 中国信息通信研究院 & 百度,《AI 大底座价值实现白皮书》.[R].2023

[92] 百度文心一言对外发布会,[EB/OL].2023/03

[93] 中国信息通信研究院,《中国综合算力指数(2023 年)》[R].2023

[94] IDC& 浪潮信息.《2022-2023 中国人工智能计算力发展评估报告》[R].2023

[95] 工业和信息化部、中央网信办、教育部、国家卫生健康委、中国人民银行、国务院国资委《算力基础设施高质量发展行动计划》.[EB/OL].2023

[96] 国家信息中心.《智能计算中心创新发展指南》[R].2023

[97] 前瞻研究院,《中国智算中心行业发展前景预测与投资战略规划分析报告》[R].2023

[98] 中国信通院、深度学习技术及应用国家工程研究中心、深度学习平台发展报告.[R].2022

[99] AI Cloud Day:百度智能云千帆产品发布会,[EB/OL].2024/03/21

[100] Open AI 官网,[EB/OL].

[101] 欧洲委员会,2012;刘建平等[14]Abella[2015]

[102] 邓君.人工智能与工业互联网融合发展促进产业数字化转型的思考[J].信息系统工程,2021,(05):23-25

[103] 胡晟明,王林辉,董直庆.工业机器人应用与劳动技能溢价——理论假说与行业证据[J].产业经济研究,2021,(04):69-84.

[104] 师博.人工智能促进新时代中国经济结构转型升级的路径选择[J].西北大学学报(哲学社会科学版),2019,(05):38-43.

[105] 陈永伟.人工智能与经济学:关于近期文献的一个综述[J].东北财经大学学报,2018,(03):32-35.

[106] 吴滨,韦结余.颠覆性技术创新的政策需求分析-以智能交通为例[J].技术经济,2020,39(6):185-192.

[107] 交通运输部关于推进公路数字化转型加快智慧公路建设发展的意见_规范性文件_邵阳市交通运输局(shaoyang.gov.cn).[EB/OL].https://jtj.shaoyang.gov.cn/syjtj/gfxwj/202309/2d11551ca4ae4f8c98c49cccd70bdfcd.shtml

[108] 国务院安委会办公室关于印发《"十四五"全国道路交通安全规划》的通知_国务院部门文件_中国政府网(www.gov.cn).[EB/OL].https://www.gov.cn/zhengce/zhengceku/2022-07/29/content_5703363.htm

[109] 工信部,《智能制造发展规划(2016-2020 年)》.[EB/OL]

[110] 国际电信联盟.智慧可持续城市:一个分析框架.[EB/OL].2016,https://www.itu.int.

[111] 国家市场监督管理总局,国家标准化管理委员会.《智慧城市城市智能服务体系构建指南》(GB/T 43442-2023).2023/11/27

[112] 《智慧城市城市智能服务体系构建指南》(GB/T 43442-2023)和《"十四五"城镇化与城市发展科技创新专项规划》

[113] 国家市场监督管理总局,国家标准化管理委员会.《智慧城市城市智能服务体系构建指南》(GB/T 43442-2023).2023-11-27

[114] 国家能源局、科学技术部,《"十四五"能源领域科技创新规划》,2022

[115] Loske,M. Smart Energy[M]. In Nanoelectronics (eds M. Van de Voorde,R. Puers,L. Baldi and S. E. van Nooten),2017:471-488.

[116] 国资委,《关于加快推进国有企业数字化转型工作的通知》,[EB/OL].2020/09/21

[117] 科技部,"科技部启动《人工智能驱动的科学研究》专项部署工作",https://www.gov.cn/xinwen/2023-03/27/content_5748495.htm,[EB/OL].2023/03.

[118] 曾伟忠.科学研究的信息化:e-Science 的产生和发展[J].现代情报,2006(2):6.

[119] 魏先龙,杨现民.智慧科研:内涵特征与体系框架[J].黑龙江高教研究,2017(4):80-84

[120] 杨小康等. AI for Science：智能化科学设施变革基础研究[J]. 中国科学院院刊，2024，39（1）：59-691

[121] 李建会，杨宁. AI for Science：科学研究范式的新革命[J]. 广东社会科学，2023[06]：81-92

[122] Jumper J，Evans R，Pritzel A，et al. Highly accurate protein structure prediction with AlphaFold[J]. Nature，2021，596：583-589.

[123] Degrave J，Felici F，Buchli J，et al. Magnetic control of tokamak plasmas through deep reinforcement learning[J]. Nature，2022，602：414-419.

[124] Zhou Y D，Wang F，Tang J，et al. Artificial intelligence in COVID-19 drug repurposing[J]. The Lancet Digital Health，2020，2（12）：e667-e676.

[125] 杨小康等. AI for Science：智能化科学设施变革基础研究[J]. 中国科学院院刊，2024，39（1）：59-691

[126] 科技创新 2030"新一代人工智能"重大项目实施专家组组长、中科院自动化研究所所长徐波，https：//export. shobserver. com/baijiahao/html/596974. html，[EB/OL]. 2023/03.

[127] 杨小康等. AI for Science：智能化科学设施变革基础研究[J]. 中国科学院院刊，2024，39（1）：59-691

[128] hris Bishop. 科学智能（AI4Science）赋能科学发现的第五范式. https：//www. msra. cn/zh-cn/news/features/ai4sci-ence.[EB/OL]. 2022/07/07.

[129] 卢经纬，程相，王飞跃. 求解微分方程的人工智能与深度学习方法：现状及展望[J]. 智能科学与技术学报，2022，4（4）：461-476.

[130] 王飞跃等. 探讨 AI for Science 的影响与意义：现状与展望[J]. 智能科学与技术学报，2023，5（1）：1-6.

[131] 中科大何力新教授：当量子力学遇见 AI——深度学习在超算平台上模拟量子多体问题 https：//baijiahao. baidu. com/s?id=1724186531192913444&wfr=spider&for=pc，[EB/OL]. 2022/02.

[132] Pollice R.，dos Passos Gomes G.，Aldeghi M.，et al. "Data-driven strategies for accelerated materials design"，Accounts of Chemical Research，2021，54（4），pp. 849-860.

[133] Tunyasuvunakool K.，Adler J.，Wu Z.，et al. Highly accurate protein structure prediction for the human proteome[J]Nature，2021，596（7873），pp. 590-596.

[134] 北京科学智能研究院. 科学智能（AI4S）全球发展观察与展望白皮书. 2023

[135] Toms B. A.，Barnes E. A.，Ebert-Uphoff I.，"Physically interpretable neural networks for the geosciences：Applica-tions to earth system variability"，Journal of Advances in Modeling Earth Systems，2020，12（9），pp. 1-20.

[136] Deepclimate 官网，https：//deepclimate. org/

[137] 王飞跃等. 探讨 AI for Science 的影响与意义：现状与展望[J]. 智能科学与技术学报，2023，5（1）：1-6.

[138] 杨小康等. AI for Science：智能化科学设施变革基础研究[J]. 中国科学院院刊，2024，39（1）：59-691

[139] 北京科学智能研究院. 科学智能（AI4S）全球发展观察与展望白皮书. 2023

[140] 邵平. 产业数字金融[M]. 北京：中信出版集团. 15-31

[141] 钛媒体，欧阳日辉、龚强：中国数字金融的内涵、特点及态势，https：//www. tmtpost. com/7022023. html

[142] 任图南、陈昊、鲁政委. "金融强国：做好五篇大文章"之四：做好数字金融大文章 加快建设金融强国[J]. 金融博览，2024（04）：50-52.

[143] 中国经济网，数字金融迎来发展风口，https：//baijiahao. baidu. com/s?id=1785938214459947489&wfr=spider&for=pc

[144] 崔大勇. 数字金融支持实体经济的质效综述[J]. 科技与金融，2024（Z1）：53-60＋65.

[145] 张晓晶. 做好数字金融大文章 加快建设金融强国[N]. 光明日报，2023-12-12.

[146] 钱斌. 以数字金融创新坚定推进高质量发展[J]. 银行家，2024，（04）：39-43.

[147] 曾祥炎，窦宝婷. 数字金融是否促进了区域金融服务均衡化发展？——基于区域金融收敛性的分

析[J/OL].郑州大学学报(哲学社会科学版):1-7[2024-04-24].https://tlink.lib.tsinghua.edu.cn:443/http/80/net/cnki/kns/yitlink/kcms/detail/41.1027.C.20240417.2104.006.html.

[148] 张晓晶.做好数字金融大文章 加快建设金融强国[J].新型城镇化,2024(02):12.

[149] 参见中华人民共和国中央人民政府,国务院关于印发社会信用体系建设规划纲要(2014—2020年)的通知,https://www.gov.cn/gongbao/content/2014/content_2711418.htm

[150] 信用中国,社会信用体系包括哪些? http://www.da.gov.cn/da/cjshxytxjssfcs/201911/b31fa2af3f084f7495faa23685689e2d.shtml

[151] 陈柏峰,有别于西方"征信体系",我国"社会信用体系"独树一帜,https://xyqy.gdqy.gov.cn/NEWXYDTDETAIL/6d94dea4039b4265bf1ce3ae1766a135/8f35f8dec3464f15a8449b54bcd3103f.html

[152] 陈杏头,楼裕胜.社会信用体系建设高质量发展研究:文献综述[J].商业经济,2024(05):124-128.DOI:10.19905/j.cnki.syjj1982.2024.05.006.

[153] 高茜."十四五"时期我国社会信用体系建设高质量发展的特征与推进举措[J].征信,2021,39(5):9-12.

[154] 巩晋伟,刘昕宇.公共信用信息平台创建中存在的问题及对策[J].征信,2016,34(7):42-44.

[155] 刘财林.区块链技术在我国社会信用体系建设中的 应用研究[J].征信,2017,35(8):28-32.

[156] 徐静文.日本社会信用体系建设[J].商业经济,2020(11):93-99.

[157] 余文凯."十四五"时期深化社会信用体系建设若干问题的思考[J].科学发展,2021(1):21-27.

[158] 刘文可,朱新武.我国信用监管机制的构成、现状及完善路径:基于"主体—工具—过程"要素的分析[J].现代交际,2022(12):64-73+123.

[159] 张静,邹艳秋.市场主体信用监管问题研究[J].决策咨询,2022(5):46-48.

[160] 李政为,吴杰.关于应用征信数据支持小微企业信用融资的调研与思考[J].北方金融,2020(10):103-105.

[161] 张榕薇,朱维聪,罗琳.信用信息共享对小微企业"首贷"可得性的影响研究:基于小微企业"首贷"数据的实证分析[J].征信,2021,39(7):32-40.

[162] 樊秀琴,李敏.对农牧民信用循环贷支持乡村振兴发展的思考[J].北方金融,2018(3):111-112.

[163] 胡艳芳.基于融资获得视角下的中小微企业信用救助机制探索[J].河北金融,2019(7):10-14

[164] 参见黄益平:数字信用的应用与创新,https://baijiahao.baidu.com/s?id=1768111873745258418&wfr=spider&for=pc.

[165] 孟虎.数字化风控在信用卡领域的应用[J].审计观察,2024(02):65-67.

[166] 参加2024年金融业生成式AI应用报告,https://www.sohu.com/a/755173606_121709768

[167] 阮一凡.人工智能技术在金融风控中的应用研究[J].商展经济,2024(07):89-

[168] IT桔子.2020-2021中国新经济十大巨头投资布局分析报告[R].2021.

[169] 詹姆斯·N·罗西瑙.没有政府的治理[M].江西人民出版社.2001/9.

[170] 格里·斯托克.作为理论的治理:五个论点[M].国际社会科学(中文版).1999/2.

[171] 俞可平.治理与善治[M].社会科学文献出版社.2000.270-271.

[172] 韩兆柱,马文娟.数字治理理论研究综述[J].甘肃行政学院学报.2016年第1期.

[173] 竺乾威.公共行政理论[M].上海:复旦大学出版社.2015:481,482,496.

[174] 张鸿.数字治理[M].清华大学出版社.2023.

[175] 薛澜.张楠.以数字化提升国家治理效能(人民观察)[N].人民日报.2023年11月03日09版.

[176] 张鸿.数字治理[M].清华大学出版社.2023.

[177] 赵铮.地方数字治理:实践导向、主要障碍与均衡路径[J].重庆理工大学学报(社会科学).2021,35(04):1-7.

[178] 赵亮.数字治理视角下地方政府公共服务能力提升路径研究——以Z市为例[D].南宁:广西大学,2020.

[179] 万相昱,苏萌.数字化治理：大数据时代的社会治理之道[EB/OL].(2020-12-10).https://www.sohu.com/a/437462119_100016190.

[180] 张建峰.数字治理：数字时代的治理现代化[M].北京：电子工业出版社,2021.

[181] 黄国平.推进数字经济监管体系和监管能力现代化[N].中国证券报.2021/11.

[182] 杜宁,赵骏.数字经济时代的监管科技[J].《中国金融》2022年第3期.

[183] 麦肯锡.三大创新打造国际一流的营商环境[EB/OL].

[184] 腾讯研究院."监管沙盒"开启数字治理探索之路[EB/OL].2021/03.

[185] 薛洪言.监管沙盒有何局限性[EB/OL].2020/02.

[186] 胡雯.中国数字经济发展回顾与展望.[EB/OL].2018/8.

[187] 中国信息通信研究院.企业数字化治理应用发展报告(2021年)[R].2021.

[188] 五道口供应链研究院.央企的数字化转型实践.[EB/OL].2023/7.

[189] 廖福崇.数字治理体系建设：要素、特征与生成机制[J].行政管理改革.2022年第7期.

[190] 中国信息通信研究院.全球数字治理白皮书(2023年)[R].2023.

[191] 李涛 徐翔.加强数字经济国际合作 推动全球数字治理变革[N].光明日报.2023/9.

[192] 项阳(整理).各国互联网治理模式与实践[J]中国教育网络.2019/11.

[193] 王启颖.以构建网络空间命运共同体推动全球互联网治理体系变革.学习时报[N]2024/01

[194] 中国信息通信研究院.全球数字治理白皮书(2023年)[R].2023.

[195] 宋荟柯.智库视点|加快构建全球数字治理新秩序.[EB/OL].2023/10.

[196] 中国信息通信研究院.全球数字治理白皮书(2023年)[R].2023.

[197] 杨燕青,吴光豪.参与全球数字经贸规则制定 推动数字经济国际合作[N].光明日报.2021/11/26,第12版)

[198] 李强.中国为全球人工智能治理提供建设性方案——《全球人工智能治理倡议》解读.[J]中国网信.2024年第二期.

[199] 张欣,宋雨鑫.全球人工智能治理的格局、特征与趋势洞察[数字法治].2024(01).

[200] 人工智能法案.[EB/OL].https://baike.baidu.com/item/%E4%BA%BA%E5%B7%A5%E6%99%BA%E8%83%BD%E6%B3%95%E6%A1%88/63099279?fr=ge_ala

[201] 张新平,郭婷屹."全球人工智能治理倡议"致力推动构建人类命运共同体[N].学习时报.2024/2/2.

[202] 本节部分内容由百度集团提供

[203] 戴林.重庆丰都老乡们用上了大模型 百度智能云助力乡村基层治理.[EB/OL].2024/2.

[204] 赋能政务数字化,百度智能云助力城市治理效能再提升[EB/OL].2023/6.http://science.china.com.cn/2023-06/16/content_42413184.htm

[205] 预防事故/缓解拥堵 百度发布智慧交管解决方案[EB/OL].2021/5.https://auto.ifeng.com/qichezixun/20210513/1577369.shtml

[206] 张鸿.数字治理[M].清华大学出版社.2023.

[207] 国家人工智能标准化总体组,全国信标委人工智能分委会.人工智能伦理治理标准化指南[R].2023/03.

[208] 中国国际大数据产业博览会"人工智能高端对话",2018

[209] 百度2022年环境,社会及管治(ESG)报告[R].2022.

[210] 百度2023年环境,社会及管治(ESG)报告[R].2024.

人工智能与数字经济

朱岩　沈抖　著

　　为了助力教学,本书精心制作了立体化的一系列配套资源,旨在为教师和学生提供更加便捷、高效的学习体验。通过这些资源的结合运用,能够更好地帮助学生理解课程内容,提升学习效果,同时也为教师的教学工作提供有力的支持和辅助。

　　本书提供的配套资源有教学课件、知识图谱、示范课程视频等。

知识图谱

教学课件

示范课程视频

第 1 讲　　　第 2 讲　　　第 3 讲　　　第 4 讲　　　第 5 讲

实验

实验项目